微纳结构太赫兹器件

李九生　著

科学出版社

北　京

内 容 简 介

本书全面介绍课题组利用微纳介质调控太赫兹波幅度、相位、偏振等参数的研究成果。本书主要涵盖有机材料、二维材料、硒氧化铋材料、掺杂荧光体发光材料、电流变液材料等介质的太赫兹传输特性，并且进一步详细分析光子晶体、液晶材料、VO_2、钙钛矿量子点微纳介质等与超材料相结合获得各类复合微纳介质超表面，最终实现对太赫兹波谐振及传输特性的调控。微纳介质太赫兹器件主要包括太赫兹调制器、太赫兹滤波器、太赫兹移相器、太赫兹极化转换器等。

本书适用于希望了解太赫兹领域技术的相关研究人员，以及即将从事太赫兹微结构功能器件等研究领域的工程技术人员，各科研院所和大中专院校相关专业的学生与科研人员阅读。

图书在版编目（CIP）数据

微纳结构太赫兹器件 / 李九生著. — 北京：科学出版社，2023.6

ISBN 978-7-03-074849-2

Ⅰ. ①微…　Ⅱ. ①李…　Ⅲ. ①远红外辐射－电磁控制阀－研究

Ⅳ. ①TN21

中国国家版本馆 CIP 数据核字（2023）第 031566 号

责任编辑：陈　静　霍明亮 / 责任校对：胡小洁

责任印制：吴兆东 / 封面设计：迷底书装

科 学 出 版 社 出版

北京东黄城根北街 16 号

邮政编码：100717

http://www.sciencep.com

北京中石油彩色印刷有限责任公司 印刷

科学出版社发行　各地新华书店经销

*

2023 年 6 月第　一　版　　开本：720×1000　1/16

2023 年 6 月第一次印刷　　印张：21 1/2　插页：8

字数：433 000

定价：**188.00 元**

（如有印装质量问题，我社负责调换）

前　　言

　　太赫兹波是指频率位于 0.1～10THz 的电磁波，其拥有独特的波谱特性，在高速无线通信、医学成像、无损检测、安全检查等方面具有广阔的应用前景。在相当长时间里，国内外缺乏太赫兹波产生及灵敏探测的有效方法，该电磁波频段成为电磁波谱研究中的空白区。随着超快光电子技术在太赫兹波有效产生与探测方面取得实际性进展，太赫兹波应用研究成为十分活跃的研究领域并受到国内外研究人员的广泛关注。太赫兹技术的广泛应用离不开各类太赫兹波功能器件的支撑，但是自然界中绝大部分介质在太赫兹波段缺乏有效的响应，利用微纳材料与人工复合介质相结合实现对太赫兹波相位、偏振、振幅等参数的调控成为高性能器件的有效途径。

　　本书主要介绍有机材料、二维材料、硒氧化铋材料、掺杂荧光体发光材料、电流变液材料等介质的太赫兹传输特性，详细分析光子晶体、液晶材料、VO_2、钙钛矿量子点等材料分别与超材料相结合构成的各类微纳介质超表面，实现对太赫兹波谐振及传输特性调控。主要包括太赫兹调制器、太赫兹滤波器、太赫兹移相器、太赫兹极化转换器等。本书共分为 5 章，其中第 1 章介绍有机材料与二维材料、硒氧化铋材料、掺杂荧光体发光材料、电流变液材料等微纳介质对太赫兹波的调控。第 2 章介绍钙钛矿量子点及其与超材料结合实现对太赫兹波的调制。第 3 章介绍光子晶体、液晶材料、VO_2 等材料与超表面结合构成的微纳介质超表面器件，实现了对太赫兹滤波和相移。第 4 章介绍微纳结构实现太赫兹诱导透明及功能切换最新的研究成果。第 5 章介绍利用微纳结构实现太赫兹极化转换的研究成果。

　　感谢浙江省科技领雁研发计划(2021C03153，2022C03166)的支持。

　　书中引用了课题组成果，在此对所有合作者表示感谢！太赫兹技术发展日新月异，书中难免会有不足之处，恳请各位读者批评指正。

李九生

2022 年 10 月 1 日于中国计量大学日月湖畔

目 录

彩图

第 1 章　微纳介质太赫兹调控

太赫兹(terahertz，THz)波是指频率为 0.1～10THz，波长跨度在 30～3000μm 内的电磁波[1]，频谱如图 1.1 所示。从频率角度来看，太赫兹波处在微波和红外范围内，它的长波段重合于亚毫米波，短波段重合于红外波；从能量角度来看，太赫兹波在电子和光子之间，综合了两者优点。1864 年，麦克斯韦(Maxwell)理论揭示电场与磁场之间的关系，预言电磁波存在。1888 年，德国科学家赫兹(Hertz)在实验室成功证实了电磁波的存在，为后世人们认识和使用电磁波奠定了坚实基础。自此以后，电磁波技术不断被认识并使用。随着电磁波频谱资源的不断被占用，为满足更大容量及更高速率的通信需求，人们开始致力于开发利用更高频段的电磁波。处于微波和红外交界处的太赫兹波技术成为一个全新的、多领域交叉的领域，迅速成为研究热点[2-11]。

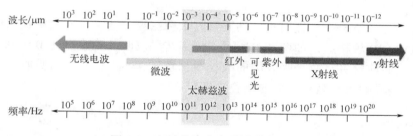

图 1.1　太赫兹波在电磁波谱中位置

太赫兹波位于一个特殊的频段，不同频段的电磁波都有各自特性，而独特的太赫兹波必然会有其不同于其他电磁波段的特性，主要表现如下所示。

(1)瞬态性：太赫兹波脉宽可以达到皮秒量级，可以方便地对各种材料采取时间分辨光谱技术。

(2)宽带性：太赫兹波频宽从吉赫兹跨度到数十太赫兹，多数物质的光谱特性可以由此频段分析，因此太赫兹波的光谱成像技术不仅可以分析物体形貌，还可以识别其组分。

(3)相干性：可以直接且方便地测量出太赫兹波时域电场，并通过傅里叶变换得到振幅和相位信息；基于时域光谱测量的数据可以快速地提取到折射率、吸收系数、介电常数等重要的光学参数。

(4)低能量性：太赫兹光子能量仅为 X 射线光子能量的 1%，其辐射不会破坏被检物质，因此这种特性可以使太赫兹波安检成像更加安全。

(5)高穿透性：太赫兹波可以穿透许多介电材料和非极性物质，在不破坏不透明物质的前提下对其进行透视成像。

(6)吸水性：太赫兹波会被水分吸收，不易穿透含水量较高的物质。

此外，与微波通信技术相比，太赫兹波通信具有更高的响应速度、更大的容量、更窄的波束、更好的方向性、更强的抗干扰性能、更紧凑的通信器件等优点；与光通信技术相比，太赫兹波具有更低的光子能量、较强的穿透性，如太赫兹波能穿透空气中的颗粒物质，在恶劣的天气状况下依旧能够维持正常通信。基于太赫兹波广阔的应用前景，对太赫兹波有效调控显得十分重要，已有太赫兹调控器件主要是太赫兹吸收器、太赫兹滤波器、太赫兹极化转换器等。

1. 太赫兹吸收器

2014 年，Zhu 等[12]提出了一种宽带太赫兹吸收器，其单元由金属-介质结构多层叠加而成，如图 1.2 所示。在设计中，每一层的方形金属板边长从上到下依次增大，不同有效长度在复合结构中提供了多个共振子带，最终在 0.7~2.3THz 频带内产生宽带吸收。此外，通过验证发现在入射角为 40°的情况下吸收器仍能保持良好的吸收性能。

2015 年，Wang 等[13]提出了一种五频段太赫兹吸收器，由四间隙梳状谐振器、金属板及电介质板构成，如图 1.3 所示。仿真结果表明，吸收器在 0.5~3.5THz 频带内有五个吸收峰并且每个吸收峰的吸收率都超过 98%。这种多带吸收特性可以用 LC 共振、偶极响应和高阶共振的重叠来解释。

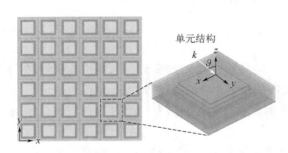

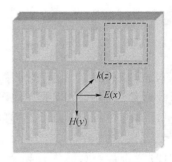

图 1.2　宽带太赫兹吸收器　　　　　图 1.3　五频段太赫兹吸收器

2018 年，Ye 等[14]提出了一种基于图案化石墨烯(graphene)的宽带太赫兹吸收器，如图 1.4 所示。在 1.38~3.4THz 内，超表面可以实现 90% 的吸收。由于中心对称结构，吸收材料对太赫兹波都表现出偏振无关性。在 0°~60°的宽入射角下，吸收率为 60% 的带宽仍然保持在 2.7THz。此外，发现通过在 0~0.7eV 内控制石墨烯费米能级，吸收幅度可以从 90% 以上调整到 20% 以下。

2019 年，Luo 等[15]提出了一种双频段太赫兹吸收器，单元结构由双层全介电聚二甲基硅氧烷谐振器组成，第一层为十字架镂空结构，第二层为方形镂空结构，如图 1.5(a) 所示。由于表面等离子体激元的激发和导模共振，吸收率在 2.167THz 和 2.452THz 两个频点内分别为 99.6% 与 99.9%。此外，吸收器对极化波不敏感。2021 年，Pan 等[16]同样提出了一种双频段太赫兹吸收器，从上到下依次为风车形金属图案、石英(quartz，化学式为 SiO_2) 介质层及金属板，如图 1.5(b) 所示。在 0.371THz 与

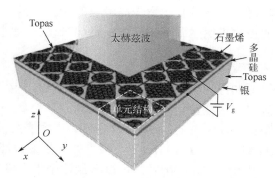

图 1.4　基于图案化石墨烯的宽带
太赫兹吸收器

0.464THz 频点时，吸收器吸收率分别为 99.8% 和 99.2%，对应半峰全宽(full width at half maximum，FWHM) 分别为 0.76% 和 0.31%。

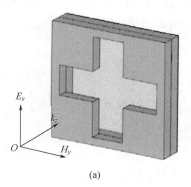

(a)

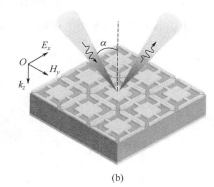

(b)

图 1.5　双频段太赫兹吸收器

2019 年，哈尔滨工程大学 Liu 等[17]提出了一种基于二氧化钒(VO_2) 的宽带太赫兹吸收器，如图 1.6 所示。Liu 等设计结构包括对称 L 形 VO_2 微结构和 VO_2 薄膜层，中间由聚酰亚胺(polyimide，PI) 介质层隔开。仿真结果表明，通过相变状态的改变，

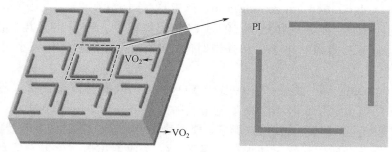

图 1.6　基于 VO_2 的宽带太赫兹吸收器

实现了从低吸收到宽带高吸收的转换。当温度超过 70℃时，80%以上吸收率所对应的吸收带宽达到 2THz。在 1.96THz 处，吸收率达到接近于 100%的完美吸收。

2. 太赫兹滤波器

2019 年，西安电子科技大学 Wang[18]等提出并验证了一种多频段太赫兹带阻滤波器。该滤波器顶层结构由六角开口金属外环和圆形开口内环组成，且沉积在高电阻硅(Si)衬底上，如图 1.7 所示。当太赫兹波入射时，滤波器在 0.46THz、0.57THz、0.63THz 及 0.90THz 四个频点处产生谐振峰，透射率基本为 0。观察发现，当方位角从 0°增加到 90°时，可以调制四个谐振峰的透射振幅。

3. 太赫兹极化转换器

2017 年，Jiang 等[19]提出了一种基于太赫兹超表面的宽带反射式线转圆极化(circular polarization，CP)转换器。该转换器由周期性的单元组成，每个单元由一个双分裂共振方环、介电层和全反射金(Au)层组成，如图 1.8 所示。在 0.6～1.41THz频段内，该转换器可以将线极化(linear polarization，LP)波换为圆极化波。

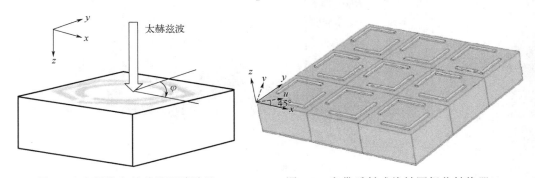

图 1.7　多频段太赫兹带阻滤波器　　　　　图 1.8　宽带反射式线转圆极化转换器

2018 年，Zhu 等[20]提出一种基于石墨烯的反射式宽带极化转换器，从上到下依次为正弦开槽石墨烯、介质层和金属板，如图 1.9 所示。在 1.28～2.13THz 内，极化转换率(polarization conversion rate，PCR)始终保持在 85%以上。该极化转换器对入射角不敏感，当入射角达到 50°时 PCR 仍然大于 85%且带宽几乎没有变化。此外，通过调整石墨烯的化学势和弛豫时间，PCR 的工作带宽和大小可以很容易地调整。

2018 年，Ding 等[21]提出了一种基于 VO₂ 的可切换太赫兹超表面，调节不同温度可以使其功能由宽带吸收器切换为宽带反射式半波片，如图 1.10 所示。该超表面从上到下依次为 45°斜置 VO₂ 长方形条、聚合物上介质层、铬制双方环谐振器、VO₂薄膜、聚合物下介质层和铬金属板。室温下 VO₂ 为绝缘态时，铬制双方环谐振器、聚合物下介质层和铬金属板构成宽带吸收器，吸收率在 0.562～1.232THz 内超过 90%。相变温度下 VO_2 为金属态时，VO_2 长方形条、聚合物上介质层和 VO_2 薄膜组成宽带反射式半波片，在 0.49THz 频带范围内 PCR 超过 95%。

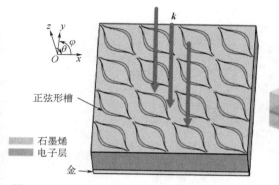

图 1.9　基于石墨烯的反射式宽带极化转换器

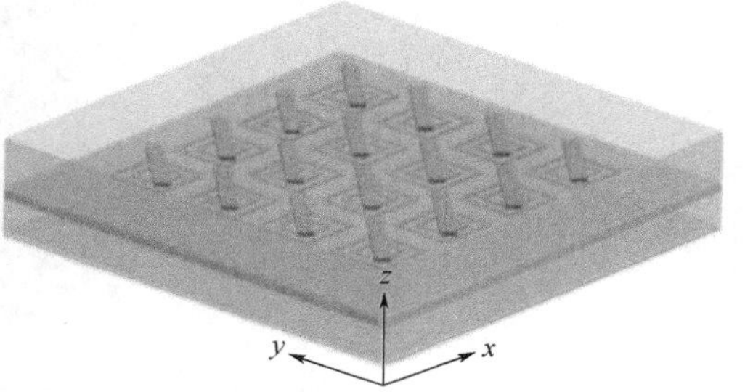

图 1.10　宽带吸收器与宽带反射式半波片可切换太赫兹超表面

2019 年，Ako 等[22]提出并验证了一种宽带反射式线极化转换器，结构顶部为倾斜 45°的 T 形金属谐振器阵列，底部为接地金属板，中间由环烯烃共聚物(copolymers of cycloolefin，COC)介质层隔开，如图 1.11(a) 所示。在 0.36～1.08THz 频带内 PCR 稳定大于 80%。此外，当入射角增加至 45°时，PCR 仍能保持在 80%以上。2020 年，Pan 等[23]提出了一种宽带透射式极化转换器，该器件单元结构由两个正交金属光栅和双 L 形金属微结构组成，如图 1.11(b) 所示。在 0.20～1.97THz 频段内 PCR 超过 99%，并且在 0.37～1.73THz 频段内非对称传输(asymmetric transmission，AT)系数超过 0.8，说明超表面具有良好的非对称传输性能和接近理想的宽带极化转换特性。

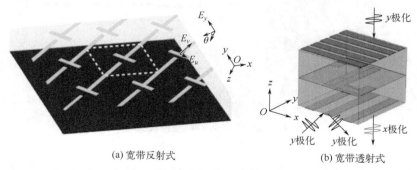

(a) 宽带反射式

(b) 宽带透射式

图 1.11　宽带太赫兹线极化转换器

2018 年，Jeong 等[24]在微波频段使用相变材料碲化锗(GeTe)设计了一种频率可调吸收超表面，两个 GeTe 方形材料嵌入在圆形金片中间间隙处，如图 1.12 所示。当温度由 25℃增加至 250℃时，吸收频率由 10.23GHz 红移至 9.6GHz，吸收率分别为 92%与 91%。经过数值模拟与实验证明，调控 GeTe 相态可以实现吸收频率移动，其本身的非易失性保证了超表面在两种状态下均能稳定工作。

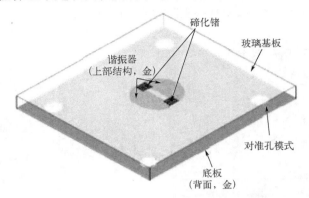

图 1.12 基于 GeTe 的频率可调吸收超表面

2021 年，Fu 等[25]提出了一种可调谐的双波段反射式线转圆极化转换器，其表面为一层图案为 I 型镂空槽的石墨烯，如图 1.13 所示。当线极化波输入且石墨烯费米能级设置为 1eV 时，椭圆率χ在 9.87～11.03THz 内小于−0.95(线极化波转换为右圆极化(right circularly polarized，RCP)波)，在 13.16～14.43THz 内大于 0.95(线极化波转换为左圆极化(left circularly polarized，LCP)波)。而石墨烯费米能级由 1eV 变化至 0.6eV 时发现，10.4THz 处输出波由右圆极化波变为左圆极化波，这说明控制石墨烯费米能级可以实现圆极化波的切换。

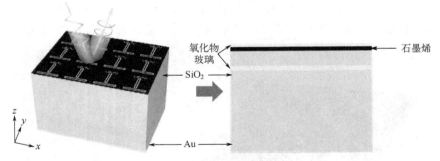

图 1.13 可调谐的双波段反射式
线转圆极化转换器

2021 年，深圳大学 Liu 等[26]提出的太赫兹吸收器引入了 VO$_2$ 和石墨烯两种可调材料，可以在温控和电控两种激励方式下实现双宽带吸收特性的动态可调，如图 1.14 所示。在单元结构中 VO$_2$ 方环层积在石墨烯图案上方，VO$_2$ 薄膜嵌入在两层 Topas 介质层之间。当 VO$_2$ 为金属态且石墨烯费米能级设置为 0eV 时，可以实现

2.05～4.3THz 的高频宽带吸收，最大吸收率接近 100%。当 VO_2 为绝缘态时，可以实现低频宽带吸收，吸收率在 1.1～2.3THz 频带内保持在 90% 以上。同时，通过调节石墨烯的费米能级，低频宽带吸收率幅值可在 5.2%～99.8% 内连续调节。这种双控方式的设计展现出便捷高效的良好操纵特性。

2019 年，Song 等[27]基于 VO_2 的相变特性提出了一种具有吸收和电磁诱导透明的双功能太赫兹超表面，如图 1.15 所示。当 VO_2 为金属态时，顶部金属十字架、SiO_2 上介质层和 VO_2 薄膜构成吸收器与太赫兹波作用，在 0.498THz 处实现理想吸收。吸收峰对极化角不敏感，在 65° 入射角下吸收率仍能达到 75%。当 VO_2 为绝缘态时，顶部金属十字架与底部 U 形谐振器相互作用导致电磁诱导透明现象出现。

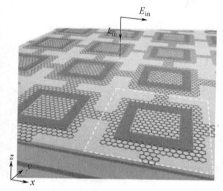

图 1.14　基于 VO_2 和石墨烯的太赫兹双宽带切换吸收器

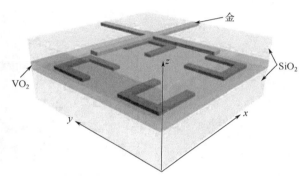

图 1.15　具有吸收和电磁诱导透明的双功能太赫兹超表面

2020 年，Dong 等[28]提出了一种金属-VO_2 混合结构的手性超表面，实现了圆极化太赫兹波的非对称传输开关控制，如图 1.16 所示。该超表面介质层上方的微结构图案由 U 形金条和 L 形 VO_2 条连接而成。当 VO_2 为绝缘态时，只有 U 形金条谐振器与入射太赫兹波相互作用。由于 U 形结构属于镜像对称，本身不具备本征性，所以左圆极化（LCP）波与右圆极化（RCP）波的共极化系数与交叉极化系数相同，不存在非对称传输。当 VO_2 由绝缘态过渡至金属态时，U 形金条和 L 形 VO_2 条构成的 G 形谐振器打破了镜像对称，左圆极化波和右圆极化波的交叉极化系数存在明显差异，使超表面呈现出宽带非对称传输，最大值可达到 0.15。所以，VO_2 相态变化实现了圆极化太赫兹波非对称传输的开关控制。

2020 年，Zhang 等[29]将 VO_2 运用到电磁诱导透明（electromagnetically induced transparency，EIT）效应的主动控制中。Zhang 等设计的超表面中铝（Al）制缺口环与竖条按照不同位置排布可以分别实现单频、双频和宽带电磁诱导透明现象，如图 1.17 所示。利用 VO_2 绝缘态-金属态的过渡，达到调制电磁诱导透明峰振幅效果。同时，透明窗口内光的群时延也可以动态调节，进而实现了慢光效应的调控。

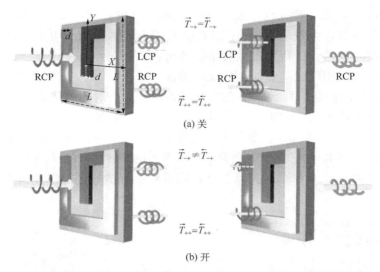

图 1.16 基于金属-VO$_2$混合结构的手性超表面（见彩图）

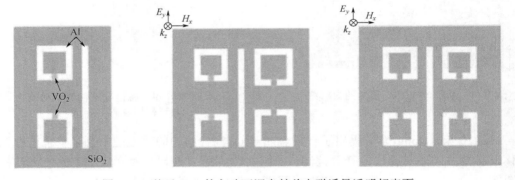

图 1.17 基于 VO$_2$ 的主动可调太赫兹电磁诱导透明超表面

2020 年，Li 等[30]提出了基于 GST（Ge-Sb-Te）的透射式可切换波片，该波片由 GST 矩形条和 BaF$_2$组成，如图 1.18 所示。当 GST 为非晶态时，超表面在 10.0～11.9μm 的波长范围内作为 1/4 波片工作。当 GST 为晶态时，超表面在 10.3～10.9μm 波长范围内作为半波片工作。超表面在不同工作态对应的工作波长范围内均有很高的透射系数及超过 99.9%的极化转换率。此外，改变 GST 形状发现超表面工作范围波长可以进一步扩大。

由于传统介质在太赫兹波段响应较弱，因此各种新兴材料引起研究人员的关注。如有机光电材料和二维材料具备优异的光电响应特性，有望解决太赫兹频段调控匮乏的问题。

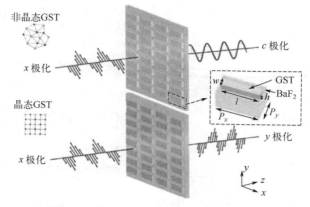

图 1.18 基于 GST 的透射式可切换波片

1.1 有机材料与二维材料太赫兹传输特性

1.1.1 有机薄膜材料太赫兹传输特性

2015 年，He 等[31]研究了基于酞菁化合物有机薄膜材料(CuPc/Si、AlClPc/Si 和 SnCl₂Pc/Si)的太赫兹传输特性(图 1.19)，制备成高效率、宽频带的太赫兹波调制器。He 等使用太赫兹时域光谱技术及连续波系统测量了三种有机薄膜结构的透射、反射调制度，在很低的激光功率激励下，太赫兹波有明显的宽带衰减，且 AlClPc/Si 结构调制效率最高，其在波长为 450nm，1.57W/cm² 的光强下调制度可达 99%，如图 1.19(a) 所示。

2016 年，Lee 等[32]提出了硅基 $CH_3NH_3PbI_3$ 钙钛矿的混合结构，在 0.2～2THz 宽光谱范围内研究其对太赫兹波传输的影响。如图 1.20 所示，利用 532nm 的外置激光器在器件上产生光激发的自由载流子，从而控制太赫兹振幅调制，在 1.5W/cm² 的激光辐照度下获得高达 68%的调制度。

2018 年，Liu 等[33]报道了一种基于聚乙烯醇(poly(vinyl alcohol)，PVA)薄膜的太赫兹传输特性，证明此种结构为一种光抽运超灵敏宽带太赫兹波调制器，如图 1.21 所示。报道中使用了太赫兹时域光谱实验证实，PVA/Si 能显著地增强硅表面的光致太赫兹波调制，特别是在高功率激光加热 PVA 薄膜时，调制效果显著。调制激光功率为 0.55W/cm² 时，调制度可达 72%。

2019 年，Wang 等[34]报道了一种硅基聚酰亚胺薄膜的太赫兹波传输特性，如图 1.22(a) 所示。根据太赫兹波时域光谱的测量结果得出，随着外加光泵浦功率的增加，太赫兹波传输大大降低。在泵浦光功率为 300mW 的情况下，样品的透射率下降到原始样品的 3.4%，如图 1.22(b) 所示。

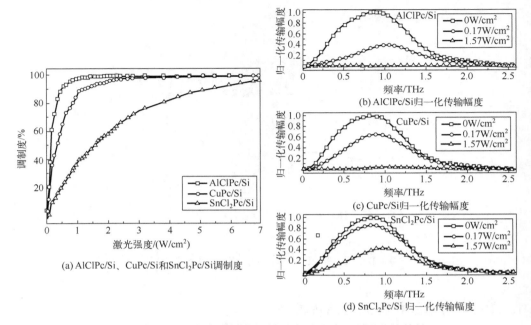

图 1.19　酞菁化合物有机薄膜材料太赫兹波调制器传输特性

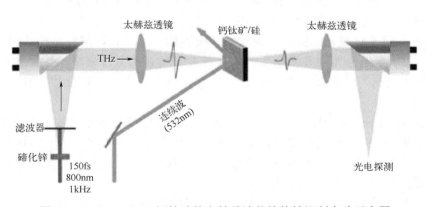

图 1.20　$CH_3NH_3PbI_3$ 钙钛矿的太赫兹波传输特性调制实验示意图

1.1.2　二维材料太赫兹传输特性

2015 年，Wu 等[35]提出了一种基于石墨烯-离子液体-石墨烯的三明治结构的太赫兹波调制器(图 1.23)，使用太赫兹时域光谱技术测量了随外加电压改变的太赫兹传输幅值，结果表明该调制器施加 3V 的小栅极电压时，调制度最高可达 99%。

2015 年，Li 等[36]通过实验证明了石墨烯/硅杂化薄膜在 532nm 连续波(continuous wave, CW)激励和直流偏置电压同时作用下作为太赫兹波二极管的有效

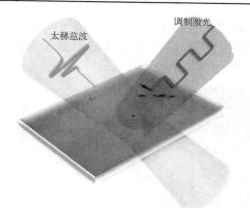

图 1.21 基于聚乙烯醇薄膜的光抽运超灵敏宽带太赫兹波调制器

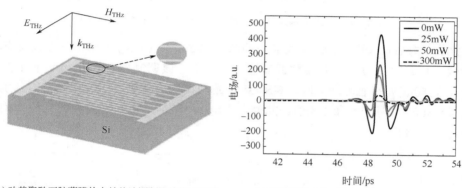

(a) 硅基聚酰亚胺薄膜的太赫兹波调制器结构示意图　　(b) 不同泵浦功率下的太赫兹波时域光谱

图 1.22 硅基聚酰亚胺薄膜的太赫兹波调制器

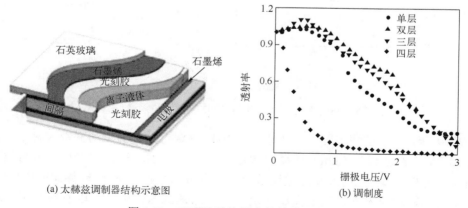

(a) 太赫兹调制器结构示意图　　　　　　　　(b) 调制度

图 1.23 三明治结构的太赫兹波调制器

性(图 1.24)。该二极管在带正压偏置时传输太赫兹波,而在低负压时衰减太赫兹波。与现有的电子控制器件相比,石墨烯-硅太赫兹二极管在较小的负栅偏置电压-4V的作用下,实现了高达 83%的调制度。

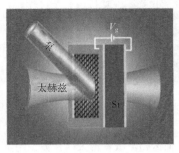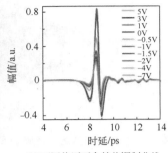

(a) 石墨烯/硅复合结构太赫兹调制器　　　　(b) 不同偏压下太赫兹调制曲线

图 1.24　　石墨烯/硅二极管结构及太赫兹调制特性(见彩图)

2017 年,Yang 等[37]实验测试了一种基于二硫化钨(WS$_2$)纳米片的动态太赫兹传输特性,并证明其为光控太赫兹调制器(图 1.25),该调制器在 800nm 波长的光照条件下,在 50mW 的抽运功率时,WS$_2$/Si 样品的调制度达到 56.7%。这个值分别比裸 Si 和 Gr-Si 样本高 5 倍和 1.8 倍。此外,WS$_2$/Si 样品在 450nm 波长的光照下的调制度也超过了 80%。

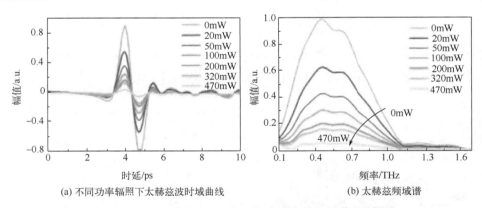

(a) 不同功率辐照下太赫兹波时域曲线　　　　(b) 太赫兹频域谱

图 1.25　　不同光功率下 WS$_2$/Si 的时域波形和频谱(见彩图)

2019 年,Du 等[38]实现了一种基于石墨烯-硅混合结构的主动宽带太赫兹阻抗匹配(图 1.26)。在波长为 532nm 连续波激光激发下,石墨烯-硅混合结构对太赫兹波的调制度可达 92.7%,同时发现通过调节激发功率可以消除石墨烯-硅界面的内反射。

通过上述对国内外将微纳介质应用于太赫兹领域的讨论,可以发现为了实现太赫兹波的调控,大多数研究选择使用有机微纳薄膜和二维材料。

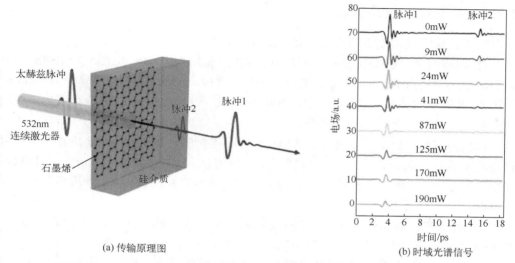

(a) 传输原理图　　　　　　　　　　　　(b) 时域光谱信号

图 1.26　激光照射下石墨烯-硅太赫兹脉冲传输原理图和时域光谱信号

1.2　硒氧化铋介质太赫兹调控

　　二维材料是一类具有原子或分子水平厚度和无限平面尺寸的新型材料，作为一种新兴的材料，它具有以下特点[39-41]：①材料独特的厚度和二维结构特点使二维材料增强了固有性能，具有比半导体材料更独特的光电等特性。②二维层状超薄材料具有丰富多彩的物理特性,同时具有优异的性能和同平面半导体工艺相匹配的优点，深入的研究取代了传统半导体领域的一系列应用，可以为新型光电器件的设计提供更好的性能和紧凑性。这些特点使半导体应用领域焕发出新的光彩。因此，一些具有亚皮秒量级超快载流子复合时间和高载流子迁移率的二维材料，如石墨烯、过渡金属硫化物等，被广泛地应用于太赫兹波的调控[42-44]。

　　新型铋基氧硫族低维材料硒氧化铋(Bi_2O_2Se)具有典型的层状结构，它是由替代性的补偿阳离子和阴离子组成的，即$(Bi_2O_2)_n^{2n+}Se_n^{2n-}$。这种层状结构和云母结构类似，这些层由相对较弱的静电力结合在一起，这与传统的范德瓦耳斯(van der Waals)二维层状结构(如石墨烯和二硫化钼)有很大的不同[45,46]。与黑磷相比，硒氧化铋具有较高的空气稳定性，同时可以在低温下保持较高的霍尔迁移率($>20000cm^2 \cdot V^{-1} \cdot s^{-1}$)和接近理想的阈下摆动值($\approx 65mV/dec$)；与无带隙的石墨烯和1.8eV 较宽带隙的二硫化钼相比，硒氧化铋的禁带宽度为 0.8eV，是一种窄禁带半导体[47]。

1.2.1　硒氧化铋样品制备

硒氧化铋样品的制备流程图如图 1.27 所示[48]。

(1)取厚度为(500±10)μm 的高阻 Si 晶圆片(晶向为<100>、电阻率>10000Ω·cm)切割成 1cm×1cm 的正方形基片,依次用丙酮、酒精、去离子水超声清洗硅片 15min,并用 N₂ 吹干留以备用。再取厚度为(500±10)μm,边长为 1cm 的矩形石英片,使用相同的预处理方法处理后留以备用。

(2)在直径为 2 英寸(1 英寸 = 2.54cm)的石英管中,将硒化铋(Bi₂Se₃)粉末和氧化铋粉末置于中部高温区,将云母置于下游低温区。在 400Torr(1Torr = 1.33322×10²Pa)的压强下,控制生长温度在 25min 内升至 620℃并保持 40min,然后自然冷却至室温。

(3)将聚苯乙烯(polystyrene,PS)旋涂在云母表面,然后在 80℃下烘烤 15min,在去离子水的帮助下,将 PS 膜与硒氧化铋一起从云母上剥离下来。

(4)将已剥离的 PS 膜与硒氧化铋转移至事先准备好的衬底上,并在 70℃下烘烤 1h,最后用甲苯洗净,将硒氧化铋样品留在衬底上。

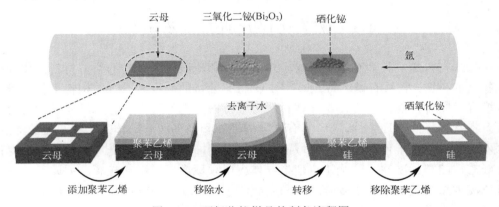

图 1.27　硒氧化铋样品的制备流程图

如图 1.28 所示,使用光学显微镜观察了高阻硅基底上生长的硒氧化铋形态结构。光学显微镜下的硒氧化铋呈现四方结构,且边缘清晰,结构完整。

1.2.2　硒氧化铋性能测试

太赫兹时域光谱系统示意图如图 1.29 所示。采用光电导天线技术测得有限振荡周期持

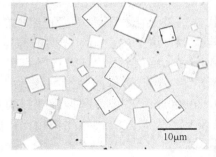

图 1.28　硒氧化铋样品的光学显微图

续时间的太赫兹电磁脉冲。测得的随时间变化的太赫兹电场脉冲信号中含有太赫兹宽带频谱分布，经过进一步的傅里叶频域变换后，可以得到随频率变化的光谱信号。上述的太赫兹时域光谱技术有其独特的优点：

（1）频率覆盖范围跨越几个 THz（0.2～3THz），能在室温下稳定工作；

（2）系统需要对比参考样片，对背景噪声的容限较大，信噪比高达 10^5；

（3）时域光谱信号中可同时获得幅值和相位信息，通过计算能够得出吸收系数、折射率等光学参数。

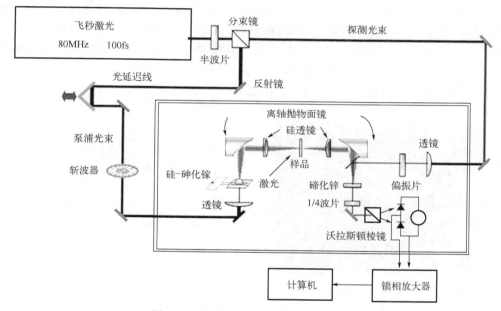

图 1.29　太赫兹时域光谱系统示意图

根据太赫兹波谱的探测方式分类，太赫兹时域光谱系统主要可以分为透射式和反射式两类。透射式太赫兹时域光谱系统探测透过被测样品的太赫兹波，反射式太赫兹时域光谱系统探测被测样品表面的反射太赫兹波。反射式太赫兹时域光谱系统对实验技术水平要求相对苛刻，要求设备中反射镜位置在光路中重合，使得光路的搭建、测量样品和后续的数据处理难度加大。透射式太赫兹时域光谱系统中，太赫兹波透过被测样品时的太赫兹时域信号包含了被测样品的幅值和相位等重要信息，光路搭建较为简单，在信噪比等方面有很大的优势。

在太赫兹时域光谱系统中，产生太赫兹脉冲最常见的方式为光导天线、光整流及空气电离辐射，而相对应的太赫兹脉冲探测方式为光电导取样、电光取样及空气探测。太赫兹时域光谱系统的钛宝石自锁模激光器产生的飞秒激光脉冲（中心波长为800nm、重复频率为 82MHz、持续时间<100fs）经过分束镜后分为两束：泵浦光和探

测光。一束激光泵浦至发射天线,产生的自由载流子在外加电压的作用下形成瞬态电流,辐射出的太赫兹脉冲信号时间短、带宽宽(0.2～2THz);另一束激光经过光延迟线的控制后到达太赫兹波探测器,探测激光采样透射样品后的太赫兹脉冲信号,获得此时太赫兹脉冲的电场强度。控制光延迟线,可以探测到各个时刻的太赫兹脉冲电场采样信号,即太赫兹信号时域波形。太赫兹时域光谱测试平台实物图如图1.30所示。

利用太赫兹时域光谱技术的探测机制可以记录透射太赫兹波的光谱信息,即探测到透射样品信号振幅和相位的变化。因此实验可以通过探测被测样品太赫兹辐射的吸收和增益得到振幅的信息,通过探测被测样品在太赫兹波的时间位移得到相位的信息,通过傅里叶变化得到复值,包含实部和虚部,进一步数据处理可以提取出样品的折射率、吸收系数和介电常数等光学参数[49,50]。

图1.31为太赫兹透射、反射样品示意图。

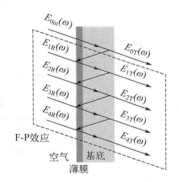

图1.30　太赫兹时域光谱测试平台实物图　　图1.31　太赫兹透射、反射样品示意图

如图1.31所示,当太赫兹波入射至一个表面光滑、厚度均匀的样品时,定义样品的太赫兹透过率为相应的样品信号频谱 $E_{\text{sam}}(\omega)$ 和参考信号 $E_{\text{ref}}(\omega)$ 的比值,则

$$
\begin{aligned}
T(\omega) &= \frac{E_{\text{sam}}(\omega)}{E_{\text{ref}}(\omega)} \\
&= \left(\frac{\tilde{n}(\omega)+1}{\tilde{n}(\omega)+n_{\text{sub}}(\omega)} \right) \cdot \exp\left(\frac{-\mathrm{i}\omega d}{c}(n_{\text{sub}}(\omega)-1) + (\tilde{n}(\omega)-1)\Delta L \right) \cdot \text{FP}(\omega)
\end{aligned}
\tag{1.1}
$$

$$
\text{FP}(\omega) = \frac{1 - \left(\dfrac{1-\tilde{n}(\omega)}{1+\tilde{n}(\omega)} \right)^{2m+2} \exp(-\mathrm{i}\omega d(2m+2)\tilde{n}(\omega))}{1 - \left(\dfrac{1-\tilde{n}(\omega)}{1+\tilde{n}(\omega)} \right)^{2m+2} \exp(-2\mathrm{i}\omega d \cdot \tilde{n}(\omega))}
\tag{1.2}
$$

式中, $\tilde{n}(\omega) = n(\omega) + \mathrm{i}\kappa(\omega)$ 为样品的复折射率, $n(\omega)$ 为样品的折射率, $\kappa(\omega)$ 为样

的消光系数；$n_{sub}(\omega)$ 为基底的折射率；d 为样品的厚度；c 为光速；$m=0$ 或 1，$m=0$ 表示主峰和反射峰重叠，反之，$m=1$；ΔL 为厚度差；$FP(\omega)$ 为入射太赫兹脉冲在薄膜和基底界面反复发生反射引入的 Fabry-Perot 效应（以下简称 F-P 效应）。

由于式 (1.1) 是关于复折射率的超越方程，所以无法准确地解析出复折射率的表达式，只能进行估算。而在实际的运算中，可以根据待测样品的特点对方程式进行化简。

一般将实验中待测的基底视为厚度均匀且表面光滑的块状样品，太赫兹波通过有一定厚度的块状样品时，其透射峰和反射峰两者分离，因此信号可以通过一定的数据处理后再进行离散傅里叶变换，对式 (1.1) 进一步化简后可以得到折射率的表达式为

$$n(\omega) = \frac{c \cdot \phi(\omega)}{\omega d} + 1 \tag{1.3}$$

$$\kappa(\omega) = \frac{-c \cdot \ln\left(|T(\omega)|\dfrac{[n(\omega)+1]}{4n(\omega)}\right)}{\omega d} \tag{1.4}$$

式中，$\phi(\omega)$ 表示相位。则吸收系数 $\alpha(\omega)$ 可以表示为

$$\alpha(\omega) = \frac{2\omega\kappa(\omega)}{c} \tag{1.5}$$

对于薄膜样品，主峰和反射峰二者重叠，此时可以取 $FP(\omega)$ 为

$$FP(\omega) = \frac{1}{1 - \left(\dfrac{1-\tilde{n}(\omega)}{1+\tilde{n}(\omega)}\right)^2 \exp[-2i\omega d \cdot \tilde{n}(\omega)]} \tag{1.6}$$

结合所求得材料的复折射率，可以进一步推导出复介电常数 $\varepsilon_{complex} = \varepsilon_{real} + i\varepsilon_{imag}$ 和复电导率 $\sigma_{complex} = \sigma_{real} + i\sigma_{imag}$。

$$\varepsilon_{real}(\omega) = n^2(\omega) - \kappa^2(\omega) \tag{1.7}$$

$$\varepsilon_{imag} = 2n(\omega)\kappa(\omega) \tag{1.8}$$

$$\sigma_{real}(\omega) = -\omega\varepsilon_{imag}(\omega) \tag{1.9}$$

$$\sigma_{imag}(\omega) = \omega(\varepsilon_{real}(\omega) - \varepsilon_\infty) \tag{1.10}$$

1900 年，科学家 Drude 提出了一种用于解决电子在材料中输运性质的模型，即 Drude 模型，也称为自由电子气模型。它是一种极为经典的理论，是在自由电子近似与碰撞模型近似和玻尔兹曼统计前提条件下建立起来的。

Drude 模型是一种简单却又深刻的物理模型，在一定程度上适用于金属、类

金属和含掺杂半导体的导电原理及一系列相关问题。它忽略材料内部结构的影响，主要关注材料内电子-空穴或自由载流子对材料介电常数的改变。当外加泵浦光激励材料时，大量电子注入，导带内有大量的自由载流子堆积。受光激发而堆积的自由载流子的浓度会比没有光激发时的自由载流子的浓度高 3～6 个数量级，自由载流子浓度的改变会引发材料的介电常数的改变，Drude 模型中，介电常数被定义为[51]

$$\tilde{\varepsilon}(\omega) = \varepsilon_{\infty} - \frac{\omega_{\mathrm{p}}^2}{\omega^2 + \mathrm{i}\gamma\omega} \tag{1.11}$$

式中，ε_{∞} 为材料的高频介电常数；$\omega_{\mathrm{p}} = (Ne^2/(m^*\varepsilon_0))^{1/2}$ 为材料的等离子体振荡频率，ε_0 为真空介电常数，N 为载流子浓度，m^* 为载流子的有效质量；$\gamma = 1/\tau$ 为衰减系数。进一步化简，则介电常数的实部和虚部可以分别表示为

$$\varepsilon_{\mathrm{real}} = 1 - \frac{\omega_{\mathrm{p}}^2}{\omega^2 + \gamma^2} \tag{1.12}$$

$$\varepsilon_{\mathrm{imag}} = \frac{\omega_{\mathrm{p}}^2\gamma}{\omega(\omega^2 + \gamma^2)} \tag{1.13}$$

在众多可以产生太赫兹波信号的方式中，耿氏管是相对便宜且实现起来较为容易的一种方式，成本低、运行稳定。耿氏管一般可以用于毫米波和亚毫米波的频源，其工作频率可以达到太赫兹范围。耿氏管太赫兹源可以在单一频点处产生连续的太赫兹波信号，本书所采用的太赫兹源的中心频率为 0.27THz。

太赫兹波动态传输测试系统示意图如图 1.32 所示，太赫兹源发射出连续太赫兹波，透过样品后由太赫兹探测器探测出太赫兹信号。在太赫兹波路径中放置了两块透镜，太赫兹波经过第一块透镜时，发散的太赫兹波被调整为平行波束，第二块透镜的功能为将平行的太赫兹波束聚焦。探测器的工作频段为 260～400GHz，可以探测快速变化的太赫兹辐射信号。探测器与数字示波器相连，便于动态观察样品对太赫兹波的调控性能。在光控条件下对样品进行不同光功率、不同激光调制频率的光激发，将最高可输出 40MHz 正弦波、方波、TTL(transistor-transistor logic，晶体管-晶体管逻辑)信号的信号发生器与中心波长 808nm 的半导体激光器相连，半导体激光器放置于样品侧前方，激光光束以约 45°照射至待测样品正表面。

测试过程中，将待测样品放置于搭建好的太赫兹时域光谱系统的样品架内，太赫兹波从样品正前方垂直入射，穿过样品后到达探测器。808nm 连续波激光器装置固定在样品侧前方，连续光以一定角度入射至样品正表面。太赫兹波与连续光同时入射且激光的光斑可覆盖太赫兹光斑，如图 1.33 所示。

首先，实验关闭外置激光器光源，并且在测试系统中样品架方位不变的前提下，

依次扫描出空气、硅片和硒氧化铋/硅样品的太赫兹时域光谱曲线，每条数据均测试三次并取其平均。由于外置激光器对整体测试系统密封产生了一定的影响，所以在进行样品测试时，系统未能进行空气干燥或 N_2 处理，因此扫描出的曲线中含有水汽吸收曲线。

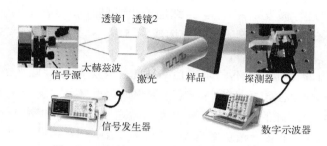

图 1.32　太赫兹动态传输测试系统示意图

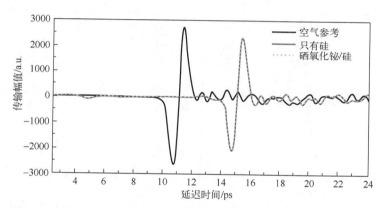

图 1.33　空气、硅片和硒氧化铋/硅样品的太赫兹时域光谱曲线对比（见彩图）

如图 1.33 所示，在没有外加光泵浦的情况下，空气参考谱的主峰位于 11.3ps，而透过硒氧化铋/硅样品和硅片样品的时域光谱曲线主峰位于 15.3ps，相比于空气参考谱延迟了 4ps。此处主峰位置产生延迟是因为用作衬底和对照组的高阻硅片存在一定厚度，根据以往的研究，$0.1 \sim 2\mathrm{THz}$ 内高阻硅的平均折射率约为 $3.4^{[52]}$，空气折射率为 1，高阻硅折射率大于空气的折射率导致了光程差，制备在高阻硅基底上的硒氧化铋纳米片厚度为 5.8nm，厚度在测量时被忽略，所以其延迟时间和高阻硅的延迟时间相一致，没有进一步导致主峰的延迟。同时也可以看到，由于存在一定厚度的高阻硅相较于空气对太赫兹波有一定的损耗，空气的幅值大于透过硒氧化铋/硅样品和硅片样品的幅值。硒氧化铋/硅样品和硅片样品的时域谱曲线幅度大致相同，这是因为几纳米厚度的硒氧化铋纳米片载流子在室温下以空间上束缚的激子形式存在，不会对太赫兹波产生响应。

　　为了系统地研究硒氧化铋/硅在不同的泵浦功率下的太赫兹传输特性，阐明调制机理，实验外置激光器，改变外加光功率的大小，测试出随外加激光泵浦功率改变的太赫兹时域光谱信号。由上面可知硒氧化铋的禁带宽度与高阻硅的禁带宽度分别为 0.8eV 和 1.12eV[53,54]，使用中心波长为 808nm 的激光器产生约 1.5eV 的光子能量对硒氧化铋/硅进行激发。图 1.34 详细地给出了硅片和硒氧化铋/硅在不同泵浦功率下归一化太赫兹时域光谱图。实验中选取了 5 组不同的激光功率（0.5W、0.7W、0.9W、1.1W 和 1.3W）泵浦样品。

　　图 1.34(a) 为硅片样品在不同泵浦功率下归一化太赫兹时域光谱图，图 1.34(b) 为同等条件下硒氧化铋/硅样品的归一化太赫兹时域光谱图。随着泵浦功率的逐渐增加，硅片和硒氧化铋/硅的太赫兹信号强度均随之下降，其中硒氧化铋/硅样品信号下降尤为明显。当外加泵浦光功率升至 1.3W 时，硒氧化铋/硅的时域谱峰值几乎降至 0，而同等条件下硅片的降幅较小，仍能探测到较强的太赫兹波时域信号。

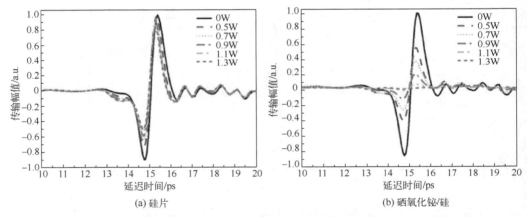

(a) 硅片　　　　　　　　　　　　　(b) 硒氧化铋/硅

图 1.34　硅片和硒氧化铋/硅在不同泵浦功率下归一化太赫兹时域光谱图（见彩图）

　　图 1.35 给出了不同外加激光泵浦功率下硅片和硒氧化铋/硅样品分别对应的归一化太赫兹傅里叶变换频谱图。由于太赫兹波在透射具有一定厚度的样品内部时会产生多次的反射，所产生的 F-P 效应会带来部分附加的干涉信号使傅里叶变化产生振荡，这在使用太赫兹时域光谱进行分析时是一种常见的问题，所以需要在进行数据提取和采集时采用必要的手段，如设置合适的太赫兹时域光谱时间波形取样窗口对附加的干涉信号进行消除[55]。0.2～2THz 内，在没有外加光泵浦激发时，二者对太赫兹波均有较高的透过率。图 1.35(b) 中，随着调高外加光泵浦的激发功率，硒氧化铋/硅样品的太赫兹幅值随着外加泵浦光功率的增加而减小，太赫兹传输强度最高从 1 降至 0.01，降幅远高于图 1.35(a) 所示的高阻硅的强度变化，此现象说明外加光泵浦激发下，硒氧化铋/硅对太赫兹波实现了有效的宽带幅值调控。

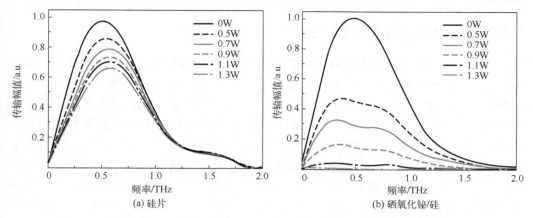

图 1.35　硅片和硒氧化铋/硅在不同泵浦功率下归一化太赫兹傅里叶变化频谱图

以无光条件下的太赫兹透射幅值为参考，定义不同泵浦功率下的调制度为无光条件下和有光条件下太赫兹波透射幅值差值与无光条件下太赫兹波透过幅值的比值 $MD = 1-E_{laser-on}/E_{laser-off}$，因此，得出硅片和硒氧化铋/硅样品在不同泵浦光功率下随频率变化的太赫兹波调制度。从图 1.36(a) 与 (b) 中硅片和硒氧化铋/硅的对比中可以看出，在 $0.2\sim2THz$ 内，在相同的外加泵浦光功率下，硒氧化铋/硅样品的调制度远大于硅片的调制度，在 1.3W 外加泵浦光功率下，硒氧化铋/硅样品在 0.5THz 频率处的调制度为 99.9%，而硅片的调制度仅达到 38.4%，在同等外加光泵浦功率条件下，硒氧化铋/硅样品的调制度约是硅片调制度的 2.5 倍。同时，随着太赫兹频率的增加，所有样品的调制度均呈下降的趋势，在 1.55THz 处，硅片的调制度下降至 0。

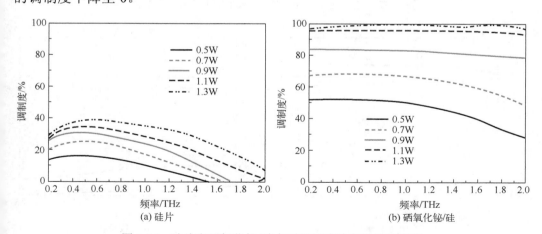

图 1.36　硅片和硒氧化铋/硅在不同泵浦功率下的调制度

1.2.3　硒氧化铋太赫兹调控分析

　　样品对于太赫兹波传输的调控性能主要取决于外加光泵浦下样品产生的载流子密度，为了进一步讨论这一特性，此处将硒氧化铋/硅考虑为一个整体，研究硒氧化铋/硅样品的宏观性能，并与硅片进行对比。从硅片和硒氧化铋/硅的时域光谱中提取数据，分别计算了不同外加泵浦光功率下硅片和硒氧化铋/硅样品的折射率与吸收系数，图 1.37(a) 和(b)分别为硅片在不同泵浦功率下的折射率与吸收系数，图 1.38(a)和(b)分别为硒氧化铋/硅在不同泵浦功率下的折射率与吸收系数[56]。从图 1.37 中可以看到，随着外加泵浦激光功率的增加，吸收系数发生了显著的变化。图 1.37(b)中，在 0.5THz 处，当功率从 0W 上升至最大 1.3W 时，硅片的吸收系数从 10.04cm^{-1}

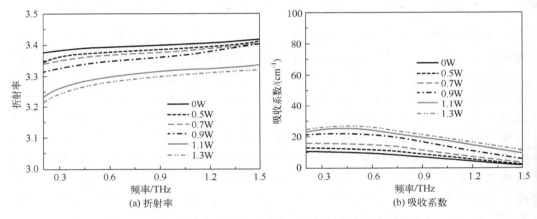

图 1.37　硅片在不同泵浦功率下的折射率和吸收系数

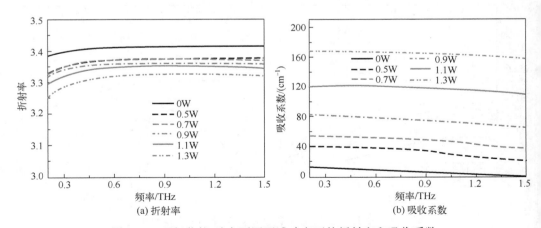

图 1.38　硒氧化铋/硅在不同泵浦功率下的折射率和吸收系数

仅增加至 26.97cm^{-1}，而与之相比，图 1.38(b)中硒氧化铋/硅样品的吸收系数则从 10.32cm^{-1} 急剧增加至 173.32cm^{-1}，可见泵浦光的激发使得样品对太赫兹波有了更多的吸收。

　　吸收系数与折射率的变化和光照条件下样品介电特性的变化有着密不可分的关系，进一步来说，是因为外加泵浦激光使得样品内部的载流子密度发生了改变，从而改变了样品的介电特性。因此，如图 1.39(a)和(b)所示，通过光学参数的提取分别计算出硅片和硒氧化铋/硅样品的复介电常数 $\varepsilon = \varepsilon_{\text{real}} + i\varepsilon_{\text{imag}}$。从数据的提取可以看出，光掺杂使得样品的介电性能发生了显著的改变。如图 1.39(b)所示，在 0.5THz 处，硒氧化铋/硅样品的介电常数虚部随着泵浦光功率的增加，从 0.17 变为 6.14，虚部明显随着功率的升高而增加，而作为对比的硅片变化并不明显。

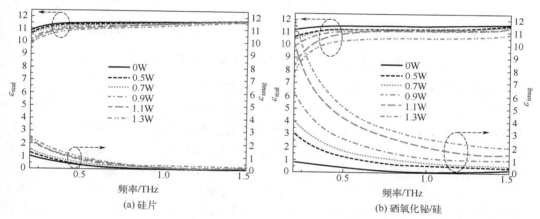

图 1.39　硅片和硒氧化铋/硅在不同泵浦功率下的介电常数

　　同时，基于简单的 Drude 模型通过对介电常数的拟合提取了载流子浓度和等离子体频率[57-59]。图 1.40(a)和(b)分别显示了硒氧化铋/硅器件在不同外加激光泵浦功率下对应的载流子浓度和等离子体频率。随着泵浦功率的增加，硒氧化铋/硅的等离子体频率和载流子浓度都随之增大，同上面的论述一致。如图 1.40(a)所示，当无外加光泵浦，即光功率为 0mW 时，硒氧化铋/硅的载流子浓度约为 $1.45 \times 10^{17}\text{cm}^{-3}$；当外加光泵浦功率上升到 1.3W 时，硒氧化铋/硅的载流子浓度增大到 $5.11 \times 10^{18}\text{cm}^{-3}$，载流子浓度扩大了约 50 倍。如图 1.40(b)所示，1.3W 光功率下的等离子体频率是没有光泵浦时的 4.4 倍。载流子浓度和等离子体频率的显著提高使得硒氧化铋/硅对太赫兹波的幅值调控更为有效且带宽更宽。

　　以上的测试结果和分析均表明，太赫兹波的调制源于外加泵浦光激发了样品内部载流子，使其浓度上升，从而引起样品对太赫兹波的吸收。然而，还有一个问题需要探讨：这些载流子来自哪里？是来自于硒氧化铋二维层状材料还是半导体高阻硅的表面？为了进一步地探究上述问题，实验测试了相同泵浦功率下，时域光谱系统中太赫兹波透过硒氧化铋/石英样品的强度变化。

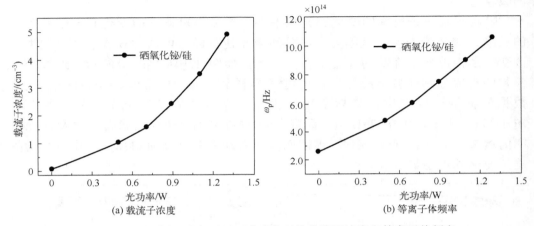

图 1.40　硒氧化铋/硅在不同泵浦功率下的载流子浓度和等离子体频率

　　根据其他研究者相关研究表明，生长在蓝宝石（Sapphire）或石英上的二维材料[60,61]，在使用飞秒激光泵浦源的情况下，可以在超短的时间内达到瞬时的强功率，然后激发二维材料层产生载流子，从而有效地调控太赫兹波。然而，如图 1.41 所示，硒氧化铋/石英样品对太赫兹波几乎没有调制作用。这是因为与可以瞬时产生强大脉冲能量的飞秒激光相比，本书实验所采用的半导体连续激光器只能产生功率较低的连续光。而在低功率的连续激光泵浦条件下，绝缘石英上生长的二维纳米材料硒氧化铋体内的载流子并不能被有效激发，因此测得的数据显示硒氧化铋/石英样品无法对太赫兹波传输进行有效调控。

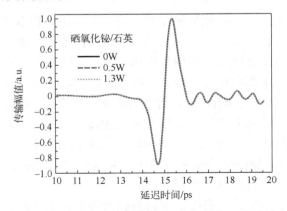

图 1.41　不同泵浦功率下硒氧化铋/石英样品归一化时域光谱图

　　综上，在同等的低功率连续光泵浦条件下，衬底石英作为绝缘体无法产生载流子，生长在绝缘衬底石英上的硒氧化铋二维材料厚度太薄，只有几纳米，在层数较少、厚度较薄的情况下无法产生足够的载流子；高阻硅是块体半导体，大多数光生载流子由高阻硅产生。然而本书的实验结果也表明，在相同的泵浦条件下，只有硒氧化铋/硅这种复合结构可以实现对太赫兹波的有效调控，与之相比的硅片虽然也能对太赫兹波有调控作用，但只能实现有限的调制度，远弱于硒氧化铋/硅对太赫兹的传输调控。这种差异突出了硒氧化铋/硅这种复合结构中，硒氧化铋二维层状纳米片与高阻硅之间的相互作用对太赫兹波调制效应的重要性。因此，当硒氧化铋二维材料生长在高阻表面时，可以将其视为催化剂。硒氧化铋二维材料有助于在硅与硒氧化铋界面上产生更多的光生载流子。

　　根据经典半导体理论，通过化学气相沉积法制备一层、两层及两层以上多种半导体材料，它们在具备相同或者接近的晶格尺寸时可以形成异质结结构。二维材料通过人工定点转移法或化学气相沉积法可以与衬底形成高质量的垂直异质结结构。根据以往的研究，石墨烯、二硫化钼和有机金属卤化物钙钛矿等二维材料可以与高阻硅衬底形成垂直异质结结构[38,62,63]。在这种情况下，得益于两种材料之间相近的层间原子空间距离，隧穿效应可以使泵浦光激发产生的载流子跨越势垒在材料和衬底之间进行转移[64]。

　　如图 1.42 所示，在硒氧化铋纳米片和高阻硅衬底的结合区域，出现了能带弯曲现象。由于硒氧化铋和高阻硅两者禁带宽度较为接近，采用的衬底高阻硅的费米能级位于禁带中部。硒氧化铋作为电子掺杂的半导体，其费米能级靠近导带。当受到外加泵浦光激发后，两者结合的界面处产生的光生电子和空穴在内建电场的作用下相互分离并且漂移到不同的区域中，在这种情况下，大量电子空穴分离。这一机制减少了电子和空穴的直接复合概率，提高了电子-空穴的复合时间，延长了载流

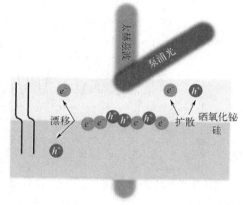

图 1.42　硒氧化铋/硅光生载流子产生及输运示意图

子的寿命。正因为如此，形成异质结结构的硒氧化铋/硅样品才会具有如此有效的调控效果。

　　通过改变信号发生器的输出频率，使外加泵浦激光以不同的调制频率作用于硒氧化铋/硅样品，研究其对太赫兹波的动态调控性能。图 1.43 是在保持外加泵浦激光功率为 1.3W 的情况下，不同激光调制频率的外加泵浦激光作用于硒氧化铋/硅样品的动态响应波形。在 5kHz 调制频率下，硒氧化铋/硅样品的响应波形类似于方波；当调制频率升至 100kHz 时，其波谷波形变为三角波；随着频率的进一步增大，波

形逐渐向三角波靠拢，响应波形开始振荡，且峰峰值有所减小，在 800kHz 的激光调制频率下，仍能探测到太赫兹波的动态传输响应。

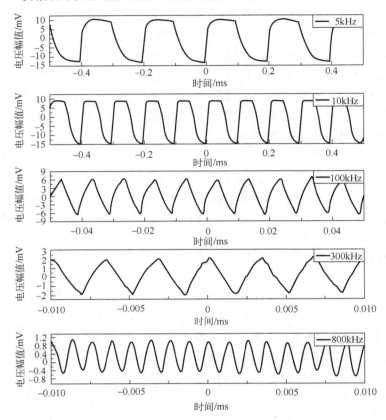

图 1.43　不同激光调制频率下，硒氧化铋/硅样品的动态响应波形

　　图 1.44 (a) 为激光调制频率 1MHz 下的硒氧化铋/硅响应波形。在探测器输出和示波器输入之间增加一个辅助带通滤波器进行处理，获得了 1MHz 的清晰正弦波响应波形。图 1.44 (b) 和 (c) 给出了硅片与硒氧化铋/硅在 10kHz 激光调制频率下的上升和下降响应的局部放大对比图，通过图中的对比曲线，可知硒氧化铋/硅结构的响应速度受限于间接带隙硅的载流子寿命。对于光控太赫兹传输调控，较长的载流子寿命有助于实现非平衡载流子浓度的显著调制，但同时也限制了其响应速度。

　　为了更加直观地看到外加泵浦激光下硒氧化铋/硅样品对太赫兹波的动态操控，实验使用了本书搭建的太赫兹能量传输系统，对有无外加泵浦光的情况下的硒氧化铋/硅样品进行能量传输测试。将硒氧化铋/硅样品放置在样品架上，在保证太赫兹源、透镜、硒氧化铋/硅样品及太赫兹阵列探测器处于同一水平线的前提下，适当地水平移动透镜，观察到显示的强度变化，确保所呈现的图像清晰且光斑大小适中。

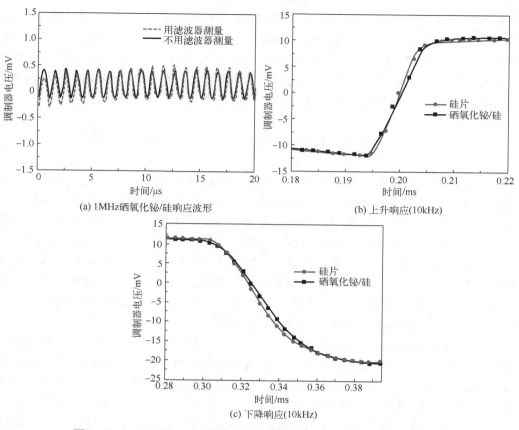

(a) 1MHz硒氧化铋/硅响应波形

(b) 上升响应(10kHz)

(c) 下降响应(10kHz)

图 1.44　1MHz 激光调制频率下硒氧化铋/硅响应波形和 10kHz 激光
调制频率下硅片和硒氧化铋/硅样品的响应波形

如图 1.45 所示，透镜将太赫兹波汇聚，透射传输光斑中间探测到的能量最强，

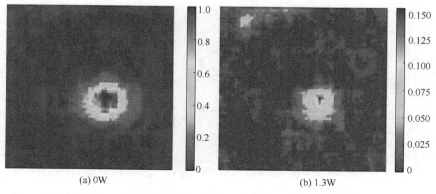

(a) 0W

(b) 1.3W

图 1.45　硒氧化铋/硅样品在不同泵浦光功率下太赫兹能量传输强度分布图

外围探测到的能量较弱；当光照功率为 0W 即没有外加泵浦光照时，能量图最高强度为 1，当外加泵浦光功率设置为 1.3W 时，成像光斑整体缩小，且颜色与背景（金属片遮挡处的成像）几乎融为一体，此时太赫兹波的透射急剧降低，太赫兹阵列探测器难以探测到太赫兹波，探测到的最高强度降至 0.15。与上面所讨论的泵浦光改变样品载流子浓度从而降低太赫兹波透射的结论基本相符。

1.3　基于掺杂荧光体发光材料太赫兹调控

荧光体发光材料是一种可以通过某种方式吸收能量并将能量转化为不平衡光辐射的物质，以某种方式吸收物质内部的能量并将其转化为光辐射的过程称为发光。通过近年来材料的发展与使用，与有色金属有着紧密的关系并且以稀土金属化合物和半导体材料等为主要组成成分的发光材料以多种形态（如粉末、单晶、薄膜等）在生产生活中被广泛使用。发光材料在过去的几十年中广受关注，它具有优异的光电性能，包括荧光量子产率、覆盖可见光发光区域等，同时它的成本低廉、制备工艺简单、化学性质稳定等优点使其被广泛地用于发光二极管（light-emitting diode，LED）、激光、传感器、生物成像等技术领域中[65]。

半导体材料对太赫兹波应用有两方面的优点：较小的衰减和较宽的应用带宽，所以半导体材料，如高阻硅，一直是太赫兹波功能器件中的重要基础材料。然而受限于高阻硅材料较长的载流子寿命，光控硅太赫兹波调控器件只能应用在对响应速度要求不高的应用中。在半导体中引入缺陷是有效提升半导体光学效率的手段之一[66,67]，通过在高阻硅上制备 $Y_3Al_3Ga_2O_{12}:Ce^{3+}$，$V^{3+}$ 材料，引入复合中心，探究 $Y_3Al_3Ga_2O_{12}:Ce^{3+}$，$V^{3+}/Si$ 对太赫兹波响应速度的影响。

1.3.1　掺杂荧光体发光材料样品制备

样品制备流程如下[68]（图 1.46）。

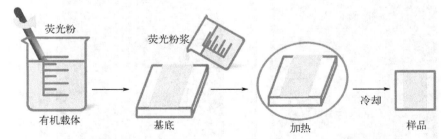

荧光粉　　　荧光粉浆

有机载体　　　基底　　　加热　　　冷却　　　样品

图 1.46　掺杂荧光体发光材料（$Y_3Al_3Ga_2O_{12}:Ce^{3+}$，$V^{3+}/Si$）样品制备流程图

（1）将高阻 Si 晶圆片（晶向为<100>、电阻率>10000Ω·cm）切割成 1cm×1cm 的正

方形样片留作基底备用，并且将高阻硅基底和蓝宝石(Sapphire)基底依次使用丙酮、酒精、去离子水超声清洗 10min 后用 N_2 吹干。

(2)荧光粉末和有机载体以一定的比例称重。

(3)将荧光粉末、松油醇、有机载体混合，形成黏性荧光粉浆。

(4)采用丝网印刷方式，将制备好的荧光粉浆液分别小心均匀地丝印在高阻硅基底和单晶蓝宝石基底上。黏性荧光粉浆的上表面使用刮刀确保其表面光滑，注意刮刀的角度和速度，保证衬底不被压碎且可以丝印均匀。

(5)将涂有 $Y_3Al_3Ga_2O_{12}:Ce^{3+}$, V^{3+}荧光粉浆的样品放入马弗炉，在 200℃的温度下放置 1h。此过程中有机物会相继分解，最终得到 $Y_3Al_3Ga_2O_{12}:Ce^{3+}$, V^{3+}/Si 和 $Y_3Al_3Ga_2O_{12}:Ce^{3+}$, $V^{3+}/Sapphire$ 样品，如图 1.47(a) 所示。扫描电子显微镜图像如图 1.47(b) 所示，$Y_3Al_3Ga_2O_{12}:Ce^{3+}$, V^{3+}薄膜均匀分布在基底上。

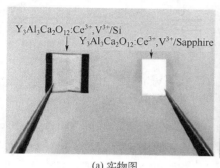

(a) 实物图　　　　　　　　　(b) 扫描电镜图

图 1.47　基于 $Y_3Al_3Ga_2O_{12}:Ce^{3+}$, V^{3+}材料所制备样品的实物图和扫描电镜图

1.3.2　掺杂荧光体发光材料太赫兹谱测试

在测试过程中，将待测样品 $Y_3Al_3Ga_2O_{12}:Ce^{3+}$, V^{3+}/Si 放置于搭建系统的样品架内，太赫兹波从样品正前方垂直入射，穿过样品后到达探测器。808nm 连续波激光器装置固定在样品侧前方，激光以 45°角入射至 $Y_3Al_3Ga_2O_{12}:Ce^{3+}$, V^{3+}正表面，太赫兹波与连续光同时入射且激光的光斑可覆盖太赫兹光斑，如图 1.48 所示。图 1.49(a) 和 (b) 分别为 $Y_3Al_3Ga_2O_{12}:Ce^{3+}$, V^{3+}/Si 样品归一化太赫兹时域光谱图和经过数据处理的傅里叶变换频谱[69]。随着外加泵浦光功率的增加，$Y_3Al_3Ga_2O_{12}:Ce^{3+}$, V^{3+}/Si 样品内部载流子浓度发生改变，导致样品介电特性发生改变，使样品对

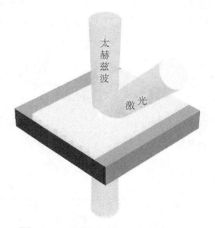

图 1.48　光控太赫兹调控示意图

太赫兹波的吸收增加，太赫兹波的透射强度逐渐减小。归一化太赫兹时域光谱图可以看到 $Y_3Al_3Ga_2O_{12}:Ce^{3+},V^{3+}/Si$ 样品的太赫兹传输和时间的关系。为了研究太赫兹波传输和频率的关系，将时域光谱进行傅里叶变换，如图 1.49(b)所示，当外加泵浦功率从 0W 升至 2.2W 时，太赫兹最高幅值从 1 降至 0.498。

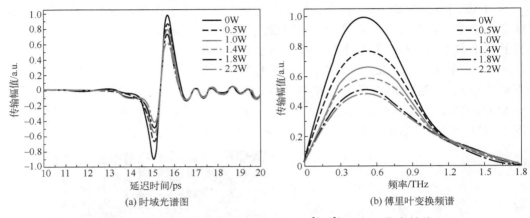

(a) 时域光谱图   (b) 傅里叶变换频谱

图 1.49　不同泵浦功率 $Y_3Al_3Ga_2O_{12}:Ce^{3+},V^{3+}/Si$ 归一化太赫兹
时域光谱图和傅里叶变化频谱

实验同时测量了高阻硅基底、$Y_3Al_3Ga_2O_{12}:Ce^{3+},V^{3+}/Si$ 和 $Y_3Al_3Ga_2O_{12}:Ce^{3+},V^{3+}/Sapphire$ 这三种样品在没有泵浦光时的传输曲线。如图 1.50(a)所示，在无光泵浦条件下，相比高阻硅而言，$Y_3Al_3Ga_2O_{12}:Ce^{3+},V^{3+}/Si$ 和 $Y_3Al_3Ga_2O_{12}:Ce^{3+},V^{3+}/Sapphire$ 这两种样品的传输曲线幅值略有下降，这是因为高温制备的 $Y_3Al_3Ga_2O_{12}:Ce^{3+},V^{3+}$ 薄膜中存在着杂质离子，对太赫兹波有小幅度的吸收。图 1.50(b)给出了在 0.5THz 频率处，不同光功率下的高阻硅基底、$Y_3Al_3Ga_2O_{12}:Ce^{3+},V^{3+}/Si$ 和 $Y_3Al_3Ga_2O_{12}:Ce^{3+},$

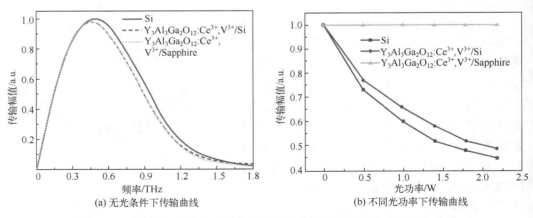

(a) 无光条件下传输曲线   (b) 不同光功率下传输曲线

图 1.50　不同样品在无光泵浦条件下传输曲线和不同光功率下传输曲线

V^{3+}/Sapphire 这三种样品的太赫兹传输变化。当光功率达到最高 2.2W 时，高阻硅基底样品的太赫兹传输降至 0.45，$Y_3Al_3Ga_2O_{12}$:Ce^{3+}, V^{3+}/Si 样品的太赫兹传输降至 0.498，而 $Y_3Al_3Ga_2O_{12}$:Ce^{3+}, V^{3+}/Sapphire 则对太赫兹波无响应。这说明在基底为绝缘体蓝宝石的情况下，单纯的 $Y_3Al_3Ga_2O_{12}$:Ce^{3+}, V^{3+}薄膜无法对太赫兹波进行有效的调控。$Y_3Al_3Ga_2O_{12}$:Ce^{3+}, V^{3+}/Si 复合结构对太赫兹波的传输降幅略小于硅片，除了上面所说的通过 $Y_3Al_3Ga_2O_{12}$:Ce^{3+}, V^{3+}/Si 复合结构中掺杂引入的复合中心，非平衡载流子通过复合中心快速复合，降低了少数载流子的寿命，使得用于贡献光电导的载流子浓度降低，最终导致太赫兹波的透过率有所下降，还有可能因为薄膜本身使泵浦光的穿透深度有所降低，泵浦光激发的载流子层相对较薄。本实验所使用的 808nm 泵浦光功率最高可达到 2.2W，如果继续增大泵浦光功率，则调制度可以有进一步的改善。

外加泵浦激光作用于半导体材料时，半导体内部的电子会通过吸收获得光子能量后受激跃迁，从而产生电子和空穴对，因此导致内部非平衡态载流子的浓度升高，进而引起半导体电导率的升高。当没有外加光辐照时，半导体内部的电导率取决于载流子浓度：

$$\sigma_0 = q(n_0\mu_n + p_0\mu_p) \tag{1.14}$$

式中，n_0、p_0 为半导体平衡载流子的浓度；μ_n、μ_p 为载流子的迁移率；q 为电子电量。外加泵浦光辐照半导体时，半导体内部产生光生载流子对，电导率变为

$$\sigma = \sigma_0 + \Delta\sigma = q(n\mu_n + p\mu_p) \tag{1.15}$$

而作为光控半导体器件，器件在外加泵浦光的辐照下其电导率会发生改变，需要研究光电导的变化规律，即附加电导率$\Delta\sigma$。在光照强度一定时，半导体光生载流子浓度不断积累从而其电导率随光照时间增大。由于光激发的同时也存在非平衡载流子对的复合过程，因此随着时间的增加，光生载流子的浓度最终会趋于稳定，如图 1.51 所示。设光生电子和空穴寿命分别为 τ_n 与 τ_p，光照强度为 A，则一段时间后，达到稳定值的电导率为

$$\Delta\sigma_s = qA \cdot \alpha\beta(\mu_n\tau_n + \mu_p\tau_p) \tag{1.16}$$

式中，α 和 β 分别为半导体器件对光激发的吸收系数与量子产率，这两者决定半导体器件在外加泵浦光的激发下产生光生载流子的过程；μ 和 τ 分别为载流子运动的过程与非平衡载流子复合的过程。外加泵浦光辐照消失后，半导体器件的光电导会随着载流子的复合而下降。通过上述分析，将得到的光生载流子变化方程代入到初始条件内，可以得到光电导上升函数和下降函数：

$$\sigma_{\text{rise}} = \Delta\sigma_s(1 - e^{\frac{-t}{\tau}}) \tag{1.17}$$

$$\sigma_{\text{fall}} = \Delta\sigma_{\text{s}} e^{\frac{-t}{\tau}} \tag{1.18}$$

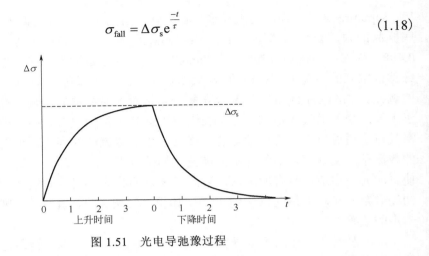

图 1.51　光电导弛豫过程

　　光电导在外部泵浦光源作用下指数上升，光源撤去后指数下降的这种规律，称为光电导弛豫。载流子寿命 τ 是造成弛豫现象的主要因素。

　　然而，并不是所有的光生载流子都对附加光电导有作用，当光激发产生的相等的电子空穴对复合消失前，会有少数载流子被束缚在一些能级和杂质陷阱中，降低了载流子的复合概率。由此可见光电导弛豫现象的实质是半导体器件光生载流子产生与复合的过程，也就是光辐照下的非平衡载流子寿命。

1.3.3　太赫兹动态调控测试

　　在外加泵浦光作用下，Si 和 $Y_3Al_3Ga_2O_{12}$:Ce^{3+},V^{3+}/Si 复合结构可以动态地调控太赫兹波，$Y_3Al_3Ga_2O_{12}$:Ce^{3+},V^{3+}/Sapphire 则无响应，所以本节使用搭建好的太赫兹单频点传输测试系统，对 Si 和 $Y_3Al_3Ga_2O_{12}$:Ce^{3+},V^{3+}/Si 复合结构这两种样品进行进一步的测试分析，重点测试 Si 和 $Y_3Al_3Ga_2O_{12}$:Ce^{3+},V^{3+}/Si 复合结构样品对太赫兹波的响应速度这一指标。太赫兹源发射出频率为 0.27THz 的连续波，最大功率为 mW 量级。

　　通过外置的函数信号发生器产生的不同频率的 TTL 调制信号来驱动 808nm 连续激光器，使激光输出占空比为 0.5 的周期性"通"-"断"方波信号。在 0.27THz 频点处，测得 $Y_3Al_3Ga_2O_{12}$:Ce^{3+},V^{3+}/Si 样品在 10kHz、100kHz 和 500kHz 三种不同泵浦光调制频率下和不同泵浦光功率下的太赫兹波动态调制曲线，如图 1.52 所示。10kHz、100kHz 和 500kHz 对应的周期分别为 0.1ms、0.01ms 和 2μs。首先观察在同样的外加光泵浦功率 2.2W 下，不同激光调制频率下的动态响应波形，当激光调制频率为 10kHz、泵浦激光为 0.5~2.2W 时，$Y_3Al_3Ga_2O_{12}$:Ce^{3+},V^{3+}/Si 样品对太赫兹波的响应波形近似于方波，有较高的信噪比。从图 1.52 中也可以看出，随着外加激光信号的"开"和"关"，样品可以处于"1"和"0"状态，即 $Y_3Al_3Ga_2O_{12}:Ce^{3+},V^{3+}/Si$ 样品可以通过太赫兹波传输实现"通"-"断"调控；当脉冲激光调制频率升至 100kHz 时，样品对太赫兹波的传输波形近似于梯形波，信噪比也较高；当脉冲激光调制频率升至 500kHz 时，由于激光器调制频率较快，响应波形近似于三角波。随着激光调制频率的升高，样品内载流子无法正常响应，导致峰峰值幅度随着光调制频率的升高而降低。同时也可以观察到，在同一脉冲激光调制频率下，随着泵浦光功率由 0.5W 增大到 2.2W，响应波形的峰峰值也随之增大。由于光电导弛豫现象，在 100kHz 脉冲激光频率下，随着激光功率的增加，$Y_3Al_3Ga_2O_{12}:Ce^{3+},V^{3+}/Si$ 样品的调制信号的峰峰值先是增大，随后趋于平缓。当激光为"通"状态时，响应波形的波峰近似于梯形，当激光为"断"状态时，响应波形的波谷近似于三角波，峰峰值随着泵浦光功率的增大而改善。

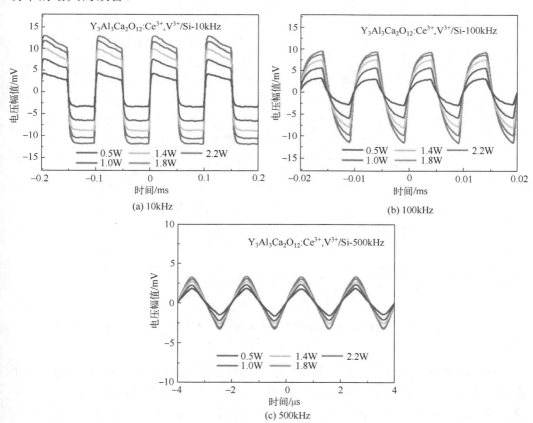

图 1.52　10kHz、100kHz 和 500kHz 三种不同激光调制频率下 $Y_3Al_3Ga_2O_{12}:Ce^{3+}$，
V^{3+}/Si 样品的响应测试曲线（见彩图）

为了探究 $Y_3Al_3Ga_2O_{12}:Ce^{3+},V^{3+}/Si$ 样品和硅片样品响应速度的不同，比较了在

同一频率下 Si 和 $Y_3Al_3Ga_2O_{12}$:Ce^{3+},V^{3+}/Si 样品动态响应的波形，如图 1.53 所示。当脉冲激光调制频率均为 10kHz 时，$Y_3Al_3Ga_2O_{12}$:Ce^{3+},V^{3+}/Si 样品的上升时间和下降时间均可以在半个激光调制周期内快速地响应，故响应波形为方波，而 Si 样品因为拥有较长的下降时间，其下降时间超过了调制频率的半个周期（0.05ms），故 Si 样品内载流子无法有效地快速响应，所以其波谷先于 $Y_3Al_3Ga_2O_{12}$:Ce^{3+},V^{3+}/Si 变成三角波。当脉冲激光频率均为 100kHz 时，因为响应速度的不同，$Y_3Al_3Ga_2O_{12}$:Ce^{3+},V^{3+}/Si 样品内载流子可以在激光"通"-"断"内较 Si 具有更加快速的响应，所以其波形优于同等频率下的 Si，其峰峰值也高于 Si，有利于信号的探测。

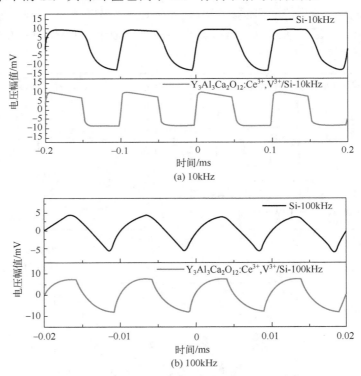

图 1.53　10kHz、100kHz 激光调制频率下 Si 和 $Y_3Al_3Ga_2O_{12}$:Ce^{3+},
V^{3+}/Si 样品动态响应的波形对比图

　　使用峰峰值变化的上升时间和下降时间对样品的太赫兹响应速度进行进一步的描述。图 1.54(a) 和 (b) 分别为 10kHz 激光调制频率下 Si 和 $Y_3Al_3Ga_2O_{12}$:Ce^{3+},V^{3+}/Si 样品响应速度测试对比数据。定义上升时间为调制信号从峰值的 10% 上升到 90% 所经过的时间，下降时间则为调制信号从峰值的 90% 下降到 10% 所经过的时间。可以得出，$Y_3Al_3Ga_2O_{12}$:Ce^{3+},V^{3+}/Si 样品的上升时间约为 0.004ms，下降时间约为 0.0035ms，优于同等条件下 Si 的响应速度。提高激光器的调制频率，当激光调制频率高达 4MHz 时，在 2.2W 的泵浦光功率下，仍能探测 $Y_3Al_3Ga_2O_{12}$:Ce^{3+},V^{3+}/Si 复合结构对太赫兹的动态传输响应，图 1.55 是 4MHz 激光调制频率下传输曲线。在探测器输出和示波器输入之间增加一个辅助带通滤波器可以获得 4MHz 的清晰正弦波响应波形。由于响应速度慢，在 4MHz 的正弦波响应波形中无法观察到 Si 的响应信号。高阻硅由于具有较长的载流子寿命，其响应速度较低，而 $Y_3Al_3Ga_2O_{12}$:Ce^{3+},V^{3+}/Si 复合结构引入了杂质离子形成载流子陷阱中心，束缚了泵浦光激发产生的少数载流子，降低了少数载流子的寿命，影响了半导体高阻硅的光弛豫的过程，在太赫兹波损耗较少的情况下，其动态响应速度远比高阻硅的响应速度要快。

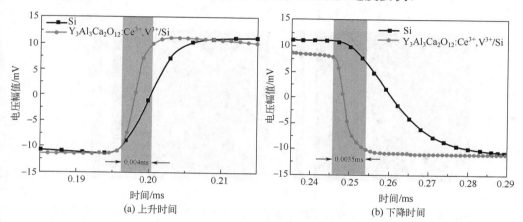

图 1.54　Si 和 $Y_3Al_3Ga_2O_{12}$:Ce^{3+},V^{3+}/Si 样品上升时间和下降时间测试曲线

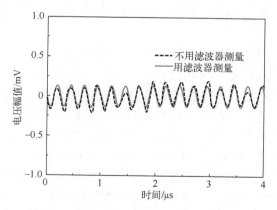

图 1.55　4MHz 激光调制频率下传输曲线

对有无外加泵浦光的情况下的 $Y_3Al_3Ga_2O_{12}$:Ce^{3+},V^{3+}/Si 样品进行传输强度测试，更加直观地观察不同泵浦功率下太赫兹波的透射强度的改变。将 $Y_3Al_3Ga_2O_{12}$:Ce^{3+}, V^{3+}/Si 样品放置于事先准备好的样品架中，为了防止太赫兹波的波动对成像的

影响，样品四周由金属片遮挡。将 100GHz 太赫兹源、透镜、样品及太赫兹阵列探测器放置于同一水平线，适当水平地移动透镜，观察成像清晰且光斑大小合适。图 1.56 分别为没有外加光泵浦(0W)和 2.2W 的外加光泵浦功率辐照 $Y_3Al_3Ga_2O_{12}:Ce^{3+},V^{3+}/Si$ 样品的太赫兹能量传输，可以直观地看到太赫兹波透射强度分布。没有外加泵浦光照时(0W)，能量图最高处强度为 1；当激发样品的外加泵浦光功率为 2.2W 时，泵浦光激发导致样品内电导率增加，使得太赫兹波的透射降低，太赫兹阵列探测器探测到的太赫兹波的电场强度减弱，探测到的最高电场强度降至 0.5V/m。

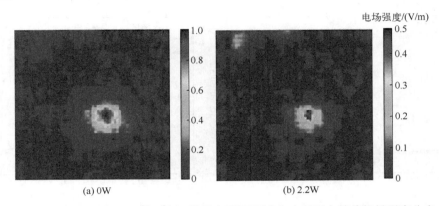

图 1.56　$Y_3Al_3Ga_2O_{12}:Ce^{3+},V^{3+}/Si$ 样品在不同泵浦光功率下太赫兹能量强度分布

1.4　电流变液太赫兹传输特性研究

电流变液是由无序分布在绝缘油中的高介电微纳粒子组成的[70]。在外加电场的作用下，高介电的微纳粒子的流动性发生改变，发生粒子极化，由无序分布转换为沿着电场方向分布的链状或柱状的有序空间结构，电流变液也从流体转变为固体；当外加电场移除后，电流变液的有序空间结构又会回复到无序态，由固体转回到流体。这种转换可以在毫秒内完成。通过改变电场，电流变液的流变特性易于控制，具有可控、可逆、快速、低功耗等优点，从而实现电流变液装置的电响应智能控制，可以运用在如光栅、光子晶体的制备等，在太赫兹领域也有潜在的应用价值。Espin 等[71]研究了电场作用下赤铁矿/硅油悬浮液的光吸收率变化。Jin 等[72]观察到电流变液在较低电场下的光学透过率迅速下降的反常现象。Li[73]提出了一种基于二氧化硅/聚苯胺光子晶体的太赫兹波调制器，将电流变液应用于太赫兹频率范围。本节制备草酸氧钛钙电流变液，并将此种纳米流体应用到太赫兹领域，研究电控条件下电流变液的太赫兹波动态传输。

1.4.1　电流变液效应机理

对于大多数两相电流变液，通过显微镜观察可知：施加直流或交流电场，两相电流变液形成纤维结构。根据纤维化模型，这种纤维化结构的强度决定了电流变效应的强度，因此粒子间的相互作用是这一理论的基础。对电场中粒子成链的观察表明，在一定时间内，随着电场强度和粒子浓度的增加，链长变长；随着电场频率的增加，链长变短。这个结果可以通过考虑粒子间的极化力来理解。然而，纤维化模型不能解释电流变效应的响应时间：电流变效应对电压的响应时间为毫秒级，而成链时间为秒级[74]。电流变响应时间太短，在此时间内无法形成链，剪切场会破坏静态场中链的形成程度。因此纤维化模型是粗糙的。

纤维化模型基于粒子在电场中极化，粒子在电场中相互作用形成桥梁的事实，只能解释部分电流变现象。无机离子等能增强电流变效应的现象是无法解释的。其缺点是：①电偶极子近似和配分函数的处理方法过于简单；②没有进一步考虑到电荷在漏电流的作用下聚集在微纳颗粒表面的迁移和固液界面上的迁移；③只考虑粒子间的引力，而不考虑粒子间的静电斥力。

Klass 等[75,76]首先使用了双电层理论来解释电流变流体的工作机理，即双电层极化理论是通过电离或离子吸附作用，使分散颗粒通过静电力的作用表面带电，带电粒子附近会吸附相反的电荷，使残留电荷趋于附着在带电粒子的表面。同时，由于热运动，颗粒和残余电荷趋于均匀地分布，这防止了残余电荷在分散相颗粒的表面上排列并形成分散层。因此，在静电力和热运动的共同作用下，分散相中的带电粒子与其相反的电荷达到平衡，从而形成双层结构。在施加电场之后，双电层使得粒子发生变形并在彼此之间产生静电引力。Uejima[77]发现，在 1000Hz 交流电场下，颗粒表面的水膜影响了双层的表面电荷密度，并增加了电流变液的介电常数，这进一步证实了双层模型的合理性。Deinega 等[78]进一步开发了双层模型，并考虑了双层扩展区域中的电荷转移。在自由电荷转移到颗粒表面上之前，颗粒电导率的提高可以导致极化作用的增强。一旦电荷在颗粒之间转移，电流变效应将迅速减弱。该理论可以成功地解释电流变效应对外加电场的电场强度、颗粒体积分数含量、温度等条件的依赖性，这是由电流变的非欧姆电导率间接支持的。双电层的变形是一种极化行为，可以简单地认为是极化模型的一种。

无水电流变液极大地拓宽了电流变液的应用范围，重新引起了人们对电流变液领域的关注[79]。介电极化机制阐述了此种无水电流变液的电流变效应。也就是说，在外部施加电场作用下，电流变液中的球形介电粒子会获得感应偶极矩。当电场方向与颗粒中心连线的方向矢量之间的夹角为 90° 时，颗粒与颗粒间互相排斥；当电场方向与颗粒中心连线的方向矢量之间的夹角小于 55° 时，颗粒与颗粒相互吸引；当电场方向与颗粒中心连线的方向矢量之间的夹角大于 55° 时，颗粒与颗粒间相互排斥。所以，电流变液中无规律分散的介电颗粒在外部电场的作用下聚集成链状或柱状[80]。

用来描述电流变液的粒子极化模型主要分为以下几种：电子极化、原子极化、偶极子极化、游离极化和界面极化。在这一模型中，低介电常数的基液和高介电常数的粒子之间的介电差所产生的介电失配导致了电流变效应的产生。

电流变液还存在介电损耗理论模型、极性分子取向模型等多种模型。然而由于电流变液存在的电流变的复杂性和多学科性，至今尚未有较为统一的模型对电流变液进行更加精确的描述。

1.4.2 电流变液的制备与微观结构表征

本实验中采用沉淀法来合成草酸氧钛钙纳米粒子[81]。

(1)将 19.5mmol 的草酸和 6.3mmol 的钛酸正丁酯加入到 200mL 的乙醇/水溶液（体积比为 1∶3）中溶解，形成溶液 A。

(2)同时将 6.5mmol 的氯化钙溶于 50mL 的水中，形成透明均匀的溶液 B。

(3)在 40℃搅拌条件下，将溶液 B 滴加到溶液 A 中。混合液连续搅拌 30min 后放置沉淀 10h。

(4)将得到的沉淀物离心，用水和乙醇洗涤，然后在 60℃干燥 12h，在 120℃干燥 4h，得到了草酸氧钛钙纳米粒子。

(5)选用密度为 0.95g/mL、介电常数为 2.6 的甲基硅油作为电流变液的基液，将制备好的草酸氧钛钙纳米粒子加入到甲基硅油中并且搅拌均匀，分别制备成体积分数为 35.7%和 67%的电流变液。如图 1.57 所示，插入图为制的草酸氧钛钙电流变液实物图。

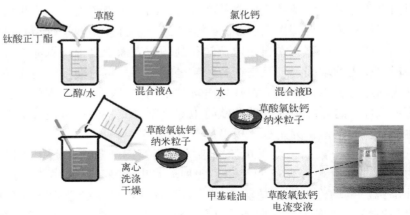

图 1.57　草酸氧钛钙电流变液制作流程图

实验使用日立 S4800 冷场发射扫描电子显微镜(scanning electron microscope, SEM)和 FEI Tecnai G2 F2 透射电子显微镜(transmission electron microscope, TEM)观察了草酸氧钛钙纳米粒子样品的形貌与晶粒尺寸。图 1.58(a)为干燥后草酸氧钛钙纳米粒子样品的扫描电子显微镜图，显示草酸氧钛钙纳米粒子由棒状颗粒组成，颗粒宽度相对均匀，为(23±3)nm，长度为 40～130nm。图 1.58(b)为少量纳米棒的透射电子显微镜图，显示了具有光滑表面的纳米棒的多晶性质。使用 CuKα辐射通过 Bruker D8 Advance/Discover 衍射仪获得了 X 射线衍射图(X-ray diffraction, XRD)，如图 1.58(c)所示，其计算值与报道的脱水草酸钙的 X 射线数据非常吻合。

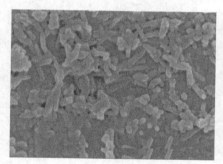
(a) 扫描电子显微镜图

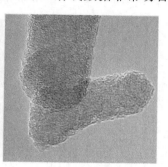
(b) 透射电子显微镜图

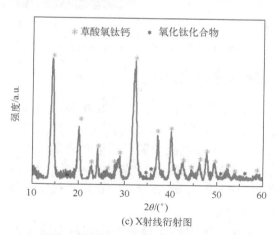
(c) X射线衍射图

图 1.58　草酸氧钛钙电流变液扫描电子显微镜图、透射电子显微镜图和 X 射线衍射图

1.4.3　外加电场下电流变液微观结构

实验使用光学显微镜观察了草酸氧钛钙电流变液的电场响应，如图 1.59 所示，光学显微图将电流变液的微观动态和电场联系了起来。在没有电场的情况下，草酸氧钛钙纳米粒子随机地分散在硅油中；当电场达到 5kV/mm 时，颗粒与颗粒间发生

极化使距离变近，聚集成链。在图 1.59(b)中，暗区域代表草酸氧钛钙纳米粒子簇，此时草酸氧钛钙纳米粒子将大部分的光遮挡住，所以在光学显微镜的视野中整体呈现昏暗的状态，随着外加电场的增大，纳米粒子不断聚集在一起，液相面积增大，此时可以通过纳米粒子聚集成链后的缝隙观察到光，所以相较于初始状态的昏暗，此时光学显微视野中整体呈现明亮状态。通过微观观察，可以清晰地看到电流变液在外加电场的作用下空间结构发生了改变，电流变液也从无外加电场时的液体转变为有外加电场时的固体，介电性质也因此发生改变。

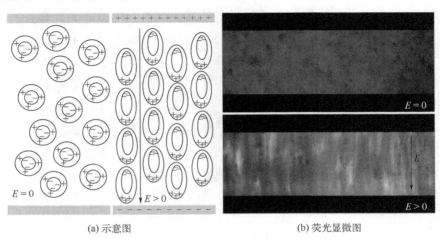

(a) 示意图　　　　　　　　　　　　　　(b) 荧光显微图

图 1.59　外加电场诱导粒子链结构演化示意图和荧光显微图

1.4.4　电流变液太赫兹波调控分析

如图 1.60(a)所示，将上下两片尺寸均为 2cm×2cm×1mm 的石英垫片和中间层厚度为 1mm 的绝缘垫片组合，制作成石英盒[82]。将事先制备好的草酸氧钛钙电流变液滴入石英盒的凹槽内，金属电极放置于石英盒内部的凹槽两侧，电极与电极中间间隔 2mm，电压源的正负极与器件的金属电极相连，图 1.60(b)为制备样品的实物图。注意，实验应做好电极的绝缘处理，防止因电极距离过近而导致的静电击穿对太赫兹实验仪器造成损坏。

如图 1.60 所示，太赫兹源发出太赫兹连续波从电流变液装置的正前方入射，透过器件后由太赫兹波探测器接收，改变外加电源的电压值，实现电流变液对太赫兹波的动态操控。实验采用高压电源(输出电压为 10kV，功率为 300W)。使用搭建系统测量了不同外电场强度下的太赫兹透射传输。首先，实验测试了在不同外加电场下，仅滴入介电常数为 2.6 的纯硅油的石英盒随外加电场变化的太赫兹透射传输曲线，T_0 是无外加电场情况下样品对太赫兹波的透射传输系数。如图 1.61 所示，随着外加电场强度的增加，滴有纯硅油的石英盒的太赫兹波传输系数没有发生改变，这是因为绝缘油在外加电场的作用下，性质不会发生改变，无法影响太赫兹波的传输。

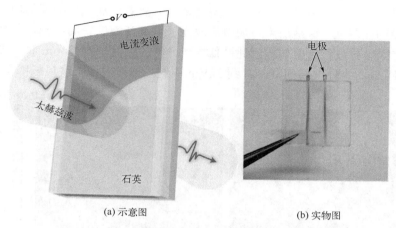

(a) 示意图　　　　　　　　　　(b) 实物图

图 1.60　电流变液样品结构示意图和实物图

接着，实验测试了在不同外加电场强度下，滴入体积分数分别为 35.7% 和 67% 的电流变液的石英盒样品的太赫兹透射传输。图 1.62 是不同外加电场强度下的归一化太赫兹波透射传输曲线。如图 1.62 所示，体积分数为 35.7% 的草酸氧钛钙电流变液对太赫兹波的透射传输从 1 降至 0.88，而体积分数为 67% 的草酸氧钛钙电流变液对太赫兹波的透射传输从 1 降至 0.62。

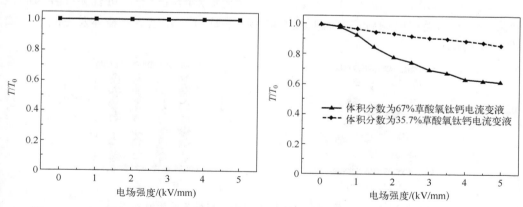

图 1.61　不同外加电场强度下纯硅油　　　　图 1.62　不同外加电场强度下的归一化
　　太赫兹波透射传输曲线　　　　　　　　　　太赫兹波透射传输曲线

为了更加直观地测试外加电场下，电流变液样品对太赫兹波的动态操控，实验使用太赫兹传输强度测试系统，测试不同外加电场强度下，体积分数为 67% 草酸氧钛钙的电流变液的传输光斑强度。在透射实验中，100GHz 太赫兹源输出连续太赫兹波正入射至电流变液样品。图 1.63（a）和（b）分别是在 0kV/mm 和 5kV/mm 电场下的透射传输能量图。由于透镜将太赫兹波汇聚，所以成像图中间的能量最强，周围的能量较弱，从太赫兹透射传输能量图的变化可以直观地看出，随着外加电场强度的增加，光斑中间部分能量明显降低，这是因为外加电场改变了电流变液的空间结构，导致了介电常数的改变，太赫兹波的透射传输因此降低。当外电场强度为 0kV/mm 时，透射成像强度最高为 1V/m；当外电场强度上升到 5kV/mm 时，透射成像强度最低降至 0.62V/m。

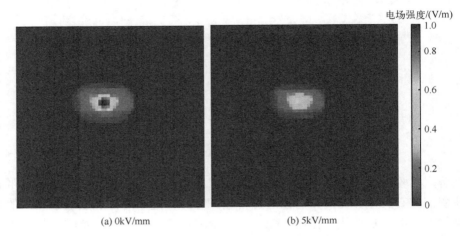

(a) 0kV/mm　　　　　　　　　　　　(b) 5kV/mm

图 1.63　不同外加电场下太赫兹波传输能量图

无外加电场时，电流变液内部的纳米粒子无规则随机分布，可视为准各向同性介质。当外部施加电场后，电流变液的内部聚集成链，介电常数整体发生改变，如图 1.64 所示。

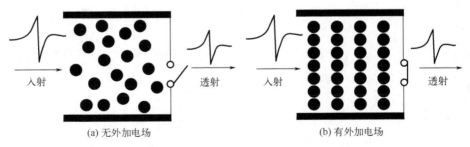

(a) 无外加电场　　　　　　　　　　　(b) 有外加电场

图 1.64　电流变液在有无外加电场下太赫兹波传输示意图

太赫兹波在入射器件到达第一个界面即石英/电流变液界面和太赫兹波穿过电流变液到达第二个界面即电流变液/石英界面时均会发生反射与折射。

如图 1.65 所示，当太赫兹波垂直入射电流变液时，会在石英/电流变液界面发生反射和折射，根据电磁波在电流变界面处的边界条件，可以得出反射率：

$$R_1 = \left(\frac{\theta_1 - \theta_3}{\theta_1 + \theta_3}\right) = \left(\frac{\eta_2 - \eta_1}{\eta_2 + \eta_1}\right)^2 \qquad (1.19)$$

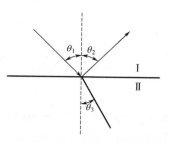

同理可得，当太赫兹波穿过电流变液到达第二个界面时的反射率为

$$R_2 = \left(\frac{\theta_1 - \theta_3}{\theta_1 + \theta_3}\right) = \left(\frac{\eta_2 - \eta_1}{\eta_2 + \eta_1}\right)^2 \qquad (1.20)$$

图 1.65　太赫兹波在电流变液界面入射、反射和折射示意图

式中，η_1 与 η_2 分别为石英和电流变液的波阻抗。因此，可以得出太赫兹波在入射到达第一个界面和穿出到达第二个界面的透射率分别为

$$T_{\text{interface1}} = 1 - R_1 = 1 - \left(\frac{\eta_2 - \eta_1}{\eta_1 + \eta_2}\right)^2 \qquad (1.21)$$

$$T_{\text{interface2}} = 1 - R_2 = 1 - \left(\frac{\eta_2 - \eta_1}{\eta_1 + \eta_2}\right)^2 \qquad (1.22)$$

根据电流变液电导率小（但其电流密度不为 0）的特点，当太赫兹波通过厚度为 d 的电流变流体时，传播常数定义为

$$\gamma = \alpha + \mathrm{j}\beta \qquad (1.23)$$

式中，$\alpha = \omega\sqrt{\dfrac{\mu\varepsilon_{\text{er}}}{2}\left(\sqrt{1 + \left(\dfrac{\sigma}{\omega\varepsilon_{\text{er}}}\right)^2} - 1\right)}$ 为衰减系数，$\beta = \omega\sqrt{\dfrac{\mu\varepsilon_{\text{er}}}{2}\left(\sqrt{1 + \left(\dfrac{\sigma}{\omega\varepsilon_{\text{er}}}\right)^2} + 1\right)}$ 为相移常数，ε_{er} 为电流变液的介电常数。又因为电流变液是一种低损耗介质（$\sigma/(\omega\varepsilon_2) \ll 1$），所以式（1.23）中的衰减系数可以简化为

$$\alpha \approx \omega\sqrt{\frac{\mu\varepsilon_{\text{er}}}{2}\left(1 + \frac{\sigma^2}{2\omega^2\varepsilon_{\text{er}}^2} - 1\right)} = \frac{\sigma}{2}\sqrt{\frac{\mu}{\varepsilon_{\text{er}}}} \qquad (1.24)$$

所以当太赫兹波透过厚度为 d 的电流变液样品时，电流变液对太赫兹波的吸收率 $\alpha = \mathrm{e}^{-2\alpha d}$，透射率 $T_{\text{in}} = 1 - \alpha$。

太赫兹波最终的透射率为太赫兹波在第一个界面、第二个界面及电流变液内部透射率的乘积：

$$T = (1 - \alpha)\cdot\left(1 - \left(\frac{\eta_2 - \eta_1}{\eta_1 + \eta_2}\right)^2\right)^2 \qquad (1.25)$$

对于非磁性介质，波阻抗可以表示为

$$\eta_1 = \frac{\eta_0}{\sqrt{\varepsilon_{\text{quartz}}}} \tag{1.26}$$

$$\eta_2 = \frac{\eta_0}{\sqrt{\varepsilon_{\text{er}}}} \tag{1.27}$$

式中，η_0 为自由空间波阻抗；$\varepsilon_{\text{quartz}}$、$\varepsilon_{\text{er}}$ 分别为石英和电流变液的介电常数。因此，透过率可以转换成透过率与介电常数之间的关系：

$$T = (1-\alpha)\left(1 - \left(\frac{\sqrt{\varepsilon_{\text{er}}} - \sqrt{\varepsilon_{\text{quartz}}}}{\sqrt{\varepsilon_{\text{er}}} + \sqrt{\varepsilon_{\text{quartz}}}}\right)^2\right)^2 \tag{1.28}$$

由式 (1.28) 可以得出，太赫兹波的传输与电流变液的介电常数有关：当 $\varepsilon_{\text{er}} <$ $\varepsilon_{\text{quartz}}$ 时，透射率随 ε_{er} 的增大而增大；当 $\varepsilon_{\text{er}} > \varepsilon_{\text{quartz}}$ 时，透射率随 ε_{er} 的增大而减小。

在外加电场的作用下，电流变液内部的微观结构发生了改变，而电流变液材料特殊的结构和奇特的电响应特性是引起太赫兹波传输变化的主要原因之一。草酸氧钛钙纳米粒子材料具有较高的介电常数，常温状态下均匀地分布在绝缘硅油中，性质稳定且具有良好的抗沉淀性质，经过较长时间的放置后并不会有明显的分层，在外加电场的情况下产生极化，由无序分布变成沿着电场方向分布，在结构的转变过程中，介电常数是结构的函数，而结构与分散相颗粒的浓度和外加电场的强度有关。这种电流变液内部空间结构的改变引起了对太赫兹波的反射。同时，高介电常数的草酸氧钛钙纳米粒子在电场作用下形成的空间有序的链结构被包覆在低介电常数的硅油中，会产生介电常数突变的阶梯结构，介电常数由无外加电场时的各向同性变成有外加电场时的各向异性，从而影响太赫兹波的透射传输。根据 Wen 等[83]提出的关于电流变液在外加电场作用下系统介电常数变化的理论研究，可以得到电流变液的介电常数：

$$\varepsilon_{\text{er}} = \varepsilon_{\text{f}} \cdot \frac{\varepsilon_{\text{p}} + [\varphi - (1-x)](\varepsilon_{\text{p}} - \varepsilon_{\text{f}})}{x\varepsilon_{\text{p}} + (1-x)\varepsilon_{\text{f}}} \tag{1.29}$$

式中，ε_{f} 和 ε_{p} 分别为绝缘油与固体颗粒的介电常数；φ 为电流变液流体中固体颗粒和绝缘油的体积百分比；x 为占据一个链的油的百分比。随着外加电场强度的增加，在沿着外加电场的方向上，电流变液中电极间高介电微纳颗粒堆积形成的链状或柱状结构更加明显。因此，x 将逐渐减小，电流变液的介电常数将随电场强度的增加而线性增加。同时，不同的体积分数的电流变液在外加电场后形成的空间结构不同，硅油的介电常数为 2.6，体积分数为 35.7%草酸氧钛钙的电流变液介电常数为 5.52，而体积分数为 67%草酸氧钛钙的电流变液介电常数为 12.76，较高体积分数的电流变液的介电常数高于较低体积分数电流变液的介电常数，且在外加电场的作用下介电特性的改变更大，对太赫兹波的传输影响更为显著。综上所述，硅油的空间结构和介电特性不随外加电场的改变而改变，无法对太赫兹波的传输产生影响。在外加电场的作用下，电流变液的空间结构和介电特性发生改变，介电常数随外加场强的升高而增大，降低了太赫兹波的透射传输。

参 考 文 献

[1] Ferguson B, Zhang X. Materials for terahertz science and technology. Nature Materials, 2002, 1(1): 26-33.

[2] Federici J, Moeller L. Review of terahertz and subterahertz wireless communications. Journal of Applied Physics, 2010, 107(11): 111101.

[3] Qin J, Ying Y, Xie L. The detection of agricultural products and food using terahertz spectroscopy: A review. Applied Spectroscopy Reviews, 2013, 48(6): 439-457.

[4] Song H, Nagatsuma T. Present and future of terahertz communications. IEEE Transactions on Terahertz Science and Technology, 2011, 1(1): 256-263.

[5] Ok G, Kim H, Chun H, et al. Foreign-body detection in dry food using continuous sub-terahertz wave imaging. Food Control, 2014, 42: 284-289.

[6] Yin M, Tang S, Tong M. The application of terahertz spectroscopy to liquid petrochemicals detection: A review. Applied Spectroscopy Reviews, 2016, 51(5): 379-396.

[7] Zeitler J, Taday P, Newnham D. Terahertz pulsed spectroscopy and imaging in the pharmaceutical setting: A review. Journal of Pharmacy and Pharmacology, 2007, 59(2): 209-223.

[8] Tonouchi M. Cutting-edge terahertz technology. Nature Photonics, 2007, 1(2): 97-105.

[9] Zhang X. Terahertz wave imaging: Horizons and hurdles. Physics in Medicine and Biology, 2002, 47(21): 3667-3677.

[10] Tan Z, Chen Z, Cao J, et al. Wireless terahertz light transmission based on digitally-modulated terahertz quantum-cascade laser. Chinese Optics Letters, 2013, 11(3): 031403.

[11] Kleine-Ostmann T, Nagatsuma T. A review on terahertz communications research. Journal of Infrared, Millimeter, and Terahertz Waves, 2011, 32(2): 143-171.

[12] Zhu J, Ma Z, Sun W, et al. Ultra-broadband terahertz metamaterial absorber. Applied Physics Letters, 2014, 105(2): 4773-4779.

[13] Wang G, Wang B. Five-band terahertz metamaterial absorber based on a four-gap comb resonator. Journal of Lightwave Technology, 2015, 33(24): 5151-5156.

[14] Ye L, Chen X, Cai G, et al. Electrically tunable broadband terahertz absorption with

hybrid-patterned graphene metasurfaces. Nanomaterials, 2018, 8(8): 562.

[15] Luo H, Cheng Y. Dual-band terahertz perfect metasurface absorber based on bi-layered all-dielectric resonator structure. Optical Materials, 2019, 96: 109279.

[16] Pan W, Shen T, Ma Y, et al. Dual-band and polarization-independent metamaterial terahertz narrowband absorber. Applied Optics, 2021, 60(8): 2235-2241.

[17] Liu H, Wang Z, Li L, et al. Vanadium dioxide-assisted broadband tunable terahertz metamaterial absorber. Scientific Reports, 2019, 9: 5751.

[18] Wang Y, Li Z, Li D, et al. Mechanically tunable terahertz multi-band bandstop filter based on near field coupling of metamaterials. Materials Research Express, 2019, 6(5): 055810.

[19] Jiang Y, Wang L, Wang J, et al. Ultra-wideband high-efficiency reflective linear-to-circular polarization converter based on metasurface at terahertz frequencies. Optics Express, 2017, 25(22): 27616-27623.

[20] Zhu J, Li S, Deng L, et al. Broadband tunable terahertz polarization converter based on a sinusoidally-slotted graphene metamaterial. Optical Materials Express, 2018, 8(5): 1164-1173.

[21] Ding F, Zhong S, Bozhevolnyi S. Vanadium dioxide integrated metasurfaces with switchable functionalities at terahertz frequencies. Advanced Optical Materials, 2018, 6(9): 1701204.

[22] Ako R, Lee W, Bhaskaran M, et al. Broadband and wide-angle reflective linear polarization converter for terahertz waves. APL Photonics, 2019, 4(9): 096104.

[23] Pan W, Chen Q, Ma Y, et al. Design and analysis of a broadband terahertz polarization converter with significant asymmetric transmission enhancement. Optics Communications, 2020, 459: 124901.

[24] Jeong H, Park J, Moon Y, et al. Thermal frequency reconfigurable electromagnetic absorber using phase change material. Sensors, 2018, 18(10): 3506.

[25] Fu Y, Wang Y, Yang G, et al. Tunable reflective dual-band line-to-circular polarization convertor with opposite handedness based on graphene metasurfaces. Optics Express, 2021, 29(9): 13373-13387.

[26] Liu Y, Huang R, Ouyang Z. Terahertz absorber with dynamically switchable dual-broadband based on a hybrid metamaterial with vanadium dioxide and graphene. Optics Express, 2021, 29(13): 20839-20850.

[27] Song Z, Chen A, Zhang J, et al. Integrated metamaterial with functionalities of absorption and electromagnetically induced transparency. Optics Express, 2019, 27(18): 25196-25204.

[28] Dong X, Luo X, Zhou Y, et al. Switchable broadband and wide-angular terahertz asymmetric transmission based on a hybrid metal-VO$_2$ metasurface. Optics Express, 2020, 28(21): 30675-30685.

[29] Zhang Z, Yang J, Han Y, et al. Actively tunable terahertz electromagnetically induced transpar-

ency analogue based on vanadium-oxide-assisted metamaterials. Applied Physics A-Materials Science and Processing, 2020, 126(3): 199.

[30] Li Y, Luo J, Li X, et al. Switchable quarter-wave plate and half-wave plate based on phase-change metasurface. IEEE Photonics Journal, 2020, 12(2): 4600410.

[31] He T, Zhang B, Shen J, et al. High-efficiency THz modulator based on phthalocyanine-compound organic films. Applied Physics Letters, 2015, 106(5): 053303.

[32] Lee K, Kang R, Son B, et al. All-optical THz wave switching based on $CH_3NH_3PbI_3$ perovskites. Scientific Reports, 2016, 6(1): 37912.

[33] Liu W, Fan F, Xu S, et al. Terahertz wave modulation enhanced by laser processed PVA film on Si substrate. Scientific Reports, 2018, 8(1): 8304.

[34] Wang W, Xiong W, Ji J, et al. Tunable characteristics of the SWCNTs thin film modulator in the THz region. Optical Materials Express, 2019, 9(4): 1776-1785.

[35] Wu Y, La-o-vorakiat C, Qiu X, et al. Graphene terahertz modulators by ionic liquid gating. Advanced Materials, 2015, 27(11): 1874.

[36] Li Q, Tian Z, Zhang X, et al. Active graphene-silicon hybrid diode for terahertz waves. Nature Communications, 2015, 6: 7082.

[37] Yang D, Jiang T, Cheng X. Optically controlled terahertz modulator by liquid-exfoliated multilayer WS_2 nanosheets. Optics Express, 2017, 25(14): 16364-16377.

[38] Du W, Zhou Y, Yao Z, et al. Active broadband terahertz wave impedance matching based on optically doped graphene-silicon heterojunction. Nanotechnology, 2019, 30(19): 195705.

[39] Xu M, Liang T, Shi M, et al. Graphene-like two-dimensional materials. Chemical Reviews, 2013, 113(5): 3766-3798.

[40] Chhowalla M, Shin H, Eda G, et al. The chemistry of two-dimensional layered transition metal dichalcogenide nanosheets. Nature Chemistry, 2013, 5(4): 263-275.

[41] Zhang H. Ultrathin two-dimensional nanomaterials. ACS Nano, 2015, 9(10): 9451-9469.

[42] Ju L, Geng B, Horng J, et al. Graphene plasmonics for tunable terahertz metamaterials. Nature Nanotechnology, 2011, 6(10): 630-634.

[43] Xing X, Zhao L, Zhan Z, et al. Role of photoinduced exciton in the transient terahertz conductivity of few-layer WS_2 laminate. Journal of Physical Chemistry C, 2017, 121(37): 20451-20457.

[44] Xing X, Zhao L, Zhan Z, et al. The modulation of terahertz photoconductivity in CVD grown n-doped monolayer MoS_2 with gas adsorption. Journal of Physics-Condensed Matter, 2019, 31(24): 245001.

[45] Chen C, Wang M, Wu J, et al. Electronic structures and unusually robust bandgap in an ultrahigh-mobility layered oxide semiconductor, Bi_2O_2Se. Science Advances. 2018, 4(9): eaat8355.

[46] Zhu C, Tong T, Liu Y, et al. Observation of bimolecular recombination in high mobility semiconductor Bi_2O_2Se. Applied Physics Letters, 2018, 113(6): 061104.

[47] Li J, Wang Z, Wen Y, et al. High-performance near-infrared photodetector based on ultrathin Bi_2O_2Se nanosheets. Advanced Functional Materials, 2018, 28(10): 1706437.

[48] Fu Q, Zhu C, Zhao X, et al. Ultrasensitive 2D Bi_2O_2Se phototransistors on silicon substrates. Advanced Materials, 2019, 31(1): 1804945.

[49] Duvillaret L, Garet F, Coutaz J. A reliable method for extraction of material parameters in terahertz time-domain spectroscopy. IEEE Journal of Selected Topics in Quantum Electronics, 1996, 2(3): 739-746.

[50] Pupeza I, Wilk R, Koch M. Highly accurate optical material parameter determination with THz time-domain spectroscopy. Optics Express, 2007, 15(7): 4335-4350.

[51] Huggard P, Cluff J, Moore G, et al. Drude conductivity of highly doped GaAs at terahertz frequencies. Journal of Applied Physics, 2000, 87(5): 2382.

[52] Li J, Li J. Dielectric properties of silicon in terahertz wave region. Microwave and Optical Technology Letters, 2008, 50(5): 1143-1146.

[53] Wang X, Shi W, She G, et al. Using Si and Ge nanostructures as substrates for surface-enhanced Raman scattering based on photoinduced charge transfer mechanism. Journal of the American Chemical Society, 2011, 133(41): 16518-16523.

[54] Wu M, Zeng X. Bismuth oxychalcogenides: A new class of ferroelectric/ferroelastic materials with ultra high mobility. Nano Letters, 2017, 17(10): 6309-6314.

[55] Harris F. On the use of windows for harmonic analysis with the discrete Fourier transform. Proceedings of the IEEE, 1978, 66(1): 51-83.

[56] Li Z, Li J. Bi_2O_2Se for broadband terahertz wave switching. Applied Optics, 2020, 59(35): 11076.

[57] Jeon T, Grischkowsky D. Nature of conduction in doped silicon. Physical Review Letters, 1997, 78(6): 1106-1109.

[58] Kleine-Ostmann T, Koch M, Dawson P. Modulation of THz radiation by semiconductor nanostructures. Microware and Optical Technology Letters, 2002, 35(5): 343-345.

[59] Chen S, Fan F, Miao Y, et al. Ultrasensitive terahertz modulation by silicon-grown MoS_2 nanosheets. Nanoscale, 2016, 8(8): 4713-4719.

[60] Weis P, Garcia-Pomar J, Hoeh M, et al. Spectrally wide-band terahertz wave modulator based on optically tuned graphene. ACS Nano, 2012, 6(10): 9118-9124.

[61] Docherty C, Parkinson P, Joyce H, et al. Ultrafast transient terahertz conductivity of monolayer MoS_2 and WSe_2 grown by chemical vapor deposition. ACS Nano, 2014, 8(11): 11147-11153.

[62] Woodward R, Howe R, Hu G, et al. Few-layer MoS_2 saturable absorbers for short-pulse laser

technology: Current status and future perspectives. Photonics Research, 2015, 3 (2): A30-A42.

[63] Zhang B, Lv L, He T, et al. Active terahertz device based on optically controlled organometal halide perovskite. Applied Physics Letters, 2015, 107 (9): 093301.1-093301.4.

[64] Wang X, Xia F. Van der Waals heterostructures: Stacked 2D materials shed light. Nature Materials, 2015, 14 (3): 264-265.

[65] Binnemans K. Lanthanide-based luminescent hybrid materials. Chemical Reviews, 2009, 109 (9): 4283-4374.

[66] Simmons C, Akey A, Mailoa J, et al. Enhancing the infrared photoresponse of silicon by controlling the Fermi level location within an impurity band. Advanced Functional Materials, 2014, 24 (19): 2852-2858.

[67] Steger M, Saeedi K, Thewalt M L W, et al. Quantum information storage for over 180s using donor spins in a ^{28}Si "semiconductor vacuum". Science, 2012, 336 (6086): 1280-1283.

[68] Wu H, Yi X, Peng Z, et al. Tailoring trap depth and emission wavelength in $Y_3Al_{5-x}Ga_xO_{12}:Ce^{3+}$, V^{3+} phosphor-in-glass films for optical information storage. ACS Applied Materials and Interfaces, 2018, 10 (32): 27150-27159.

[69] Li J, Hu M. Enhancement of silicon modulating properties in the THz range by YAG-Ce coating. Scientific Reports, 2020, 10 (1): 6605.

[70] Bloodworth R, Wendt E. Materials for ER fluids. International Journal of Modern Physics B, 1996, 10 (23n24): 2951-2964.

[71] Espin M, Delgado A, Duran J. Optical properties of dilute hematite/silicone oil suspensions under low electric fields. Journal of Colloid and Interface Science, 2005, 287 (1): 351-359.

[72] Jin T, Cheng Y, He R, et al. Electric-field-induced structure and optical properties of electrorheological fluids with attapulgite nanorods. Smart Materials and Structures, 2014, 23 (7): 075005.

[73] Li J. Terahertz modulator using photonic crystals. Optics Communications, 2007, 269 (1): 98-101.

[74] Wen W, Huang X, Yang S, et al. The giant electrorheological effect in suspensions of nanoparticles. Nature Materials, 2003, 2 (11): 727-730.

[75] Klass D L, Martinek T W. Electroviscous fluids. I. rheological properties. Journal of Applied Physics, 1967, 38 (1): 67.

[76] Klass D L, Martinek T W. Electroviscous fluids. II. electrical properties. Journal of Applied Physics, 1967, 38 (1): 75.

[77] Uejima H. Dielectric mechanism and rheological properties of electro-fluids. Japanese Journal of Applied Physics, 1972, 11 (11): 319-326.

[78] Deinega Y, Vinogradov G. Electric fields in the rheology of disperse systems. Rheologica Acta,

1984, 23 (6): 636-651.

[79] Block H, Kelly J, Qin A, et al. Materials and mechanisms in electrorheology. Langmuir, 1990, 6 (1): 6-14.

[80] Halsey T C. Electrorheological fluids-structure and dynamics. Advanced Materials, 1993, 5 (10): 711-718.

[81] Cheng Y, Wu K, Liu F, et al. Facile approach to large-scale synthesis of 1D calcium and titanium precipitate (CTP) with high electrorheological activity. ACS Applied Materials and Interfaces, 2010, 2 (3): 621-625.

[82] Li J, Hu M. Manipulation terahertz wave with electro-rheological fluid. Optics Communications, 2020, 475: 126244.

[83] Wen W, Men S, Lu K. Structure-induced nonlinear dielectric properties in electrorheological fluids. Physical Review E, 1997, 55 (3): 3015-3020.

第 2 章　钙钛矿量子点太赫兹调控器

　　太赫兹调控器在太赫兹波通信[1]、成像[2,3]、探测[4,5]、生物工程[6,7]等领域具有十分广阔的应用场景，然而已存在的太赫兹调控器件一般在设计加工后，器件的尺寸和结构特征就已经固定，性能无法通过改变外部条件进行调控，由于应用场景千变万化，通常这些器件需要重新设计，造成它们的应用受限。为此，研究人员提出一种可动态调控的太赫兹波器件，通过人工超材料与外部条件可调介质相结合，达到器件性能动态调控的目的。常用调制方式主要可分为温控、电控及光控几大类，采用如掺杂硅（Si）[8]、光子晶体[9,10]、VO_2[11,12]、液晶（liquid crystal）[13]、石墨烯[14,15]、二硫化钨（WS_2）等[16]介质，使其性能会因外界激励条件变化而发生改变，最终实现对太赫兹波的动态调控。

2.1　太赫兹调控器

2.1.1　温控太赫兹调控器

　　温控太赫兹调制器顾名思义是指将性能（介电常数、电导率等）随温度变化的半导体材料加至器件中，并与具有谐振频率的超材料结构结合，使谐振频率和谐振强度随温度的变化而变化，最终实现温度动态调控太赫兹波。一般选用的材料为 VO_2、InSb、拓扑绝缘体等。2017 年，Zhou 等[17]在 *Optics Express* 中发表了一篇关于宽带低电压控制的太赫兹温控调制器论文。如图 2.1 所示，该调制器是以温敏材料 VO_2 为基础的，在蓝宝石基底上排布了周期性的金属偏置线结构，在偏置线之间加入有图案的 VO_2 材料，利用 VO_2 对温度的灵敏性，对 VO_2 材料进行加热，使其产生从半导体到金属态的变化，此时，VO_2 的介电常数及电导率持续改变，与金属偏置线结构结合，VO_2 材料的变性直接影响调制器对太赫兹波的传输特性。在 $0.3\sim1THz$ 的频带范围内，通过电加热使 VO_2 材料的温度达到 79℃，VO_2 材料性能发生突变，在此频段内的幅度调控范围为 $0.28\sim0.78$，达到 87% 的调制度，实现宽频带高深度的幅度调制。

　　2019 年，Hu 等[18]提出了一种基于 VO_2 的复合超材料太赫兹幅度调制器，其由两个环形谐振器和 Si_3N_4-VO_2-Si_3N_4 复合衬底上的中心条组成（图 2.2）。通过施加电流场对材料进行加热，改变了主要调控半导体材料 VO_2 的性能，结合超材料结构，实现了频带宽度为 $0.67THz$ 的太赫兹波幅度调控，调制度达 97%。在实验中发现该调制器具有良好的线性及相位弱滞后等特点，可用于太赫兹波通信、成像及传感等领域。

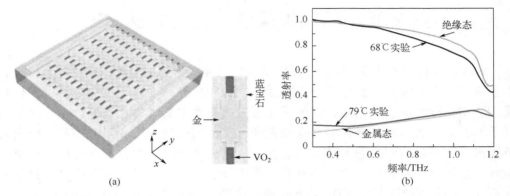

图 2.1　低电压控制的太赫兹温控调制器

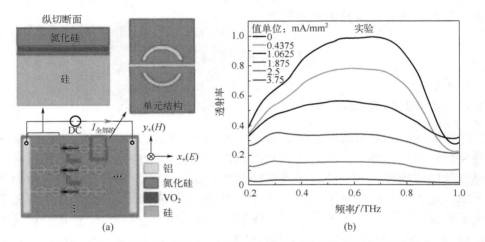

图 2.2　基于低电流控制的 VO_2 复合材料的太赫兹强度调制器（见彩图）

　　除了采用 VO_2 用于太赫兹温控调制器的制作，2017 年，Wang 等[19]设计了一种基于拓扑绝缘体的太赫兹调制器，如图 2.3 所示。三维拓扑绝缘体具有特殊的绝缘间隙和表面金属状态，是一种新的量子形态。大多数拓扑绝缘体材料具有较窄的带隙宽度，这种材料在太赫兹光电子领域有着很大的应用前景。文献[19]中应用的材料是 $BSTS(Bi_{1.5}Sb_{0.5}Te_{1.8}Se_{1.2})$ 单晶拓扑绝缘体材料，在室温条件下，通过施加 100mA 的偏置电流，对材料进行加热操作，实现对 $0.3\sim1.4THz$ 内太赫兹波的动态温度调控，以及最大调制度约为 62% 的宽频谱调控。在低温条件下，其调制度可以进一步加强。这项工作为拓扑绝缘体材料应用在太赫兹温控调制器的研究提供了良好的开端。

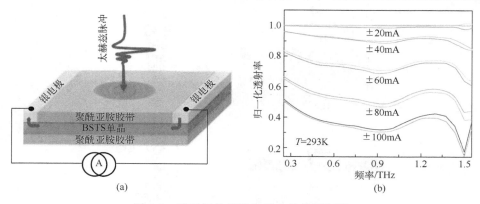

图 2.3　基于拓扑绝缘体的太赫兹调制器

大量的理论研究及实验证明，温控类型的太赫兹波调制器通过温敏材料与人工微结构结合的方式，能很好地实现对太赫兹波谐振频点位置及强度的调控，一般幅度的调制度可达 85% 以上，但是在速度方面只能达到 kHz 量级，因为温度的控制转换时间较长，在速度方面，相比较其他太赫兹调制方式，温控方法存在着明显缺陷。

2.1.2　电控太赫兹调制器

电控太赫兹调制器的主要原理是通过外加电压对太赫兹调制器结构的关键部位施加偏置电压，达到通过电压的方式对太赫兹波进行动态调控的目的。该调制器具有结构简单、操控性高、调制速率高等优点[20-23]。电压调控的机理是利用器件特殊的半导体结构形成二维电子气(2 dimensional electron gas，2DEG)来控制太赫兹波，通过电压的方式对器件注入载流子或者消耗载流子，使半导体材料中的载流子浓度发生变化，以电压的形式控制二维电子气状态，达到间接控制太赫兹波的目的。目前常用的材料主要有砷化镓(GaAs)、氮化镓(GaN)等Ⅲ-Ⅴ族化合物形成的异质结构，如石墨烯、液晶等。

2007 年，美国阿拉莫斯国家实验室 Chen 等[24]首次提出将掺杂 GaAs 与超材料结构相结合的方式来实现对太赫兹波的动态调控。图 2.4 通过将 GaAs 材料添加到共振环超材料的开口处，可以构建类似于肖特基二极管的结构。对于加工步骤，首先在 Si-GaAs 基底上外延生长厚度为 $2\mu m$ 的 n 型 GaAs，电子密度为 $2\times10^{16}cm^{-3}$，随后在 n 型 GaAs 材料上通过标准正胶光刻技术加工超材料结构。当电压为 0V 时，GaAs 材料因为其材料的特性具有良好的导电性，相当于开口处被短路，使原有的开口谐振效应被抑制。当在两侧加入反向偏置电压时，由于 GaAs 材料中的自由载流子被电场抽运，使开口处的电容效应得到恢复，从而使开口谐振结构的谐振效应逐渐增强。当偏置电压增至 16V 时，该调制器在 0.72THz 处的调制度达到 50% 以上。

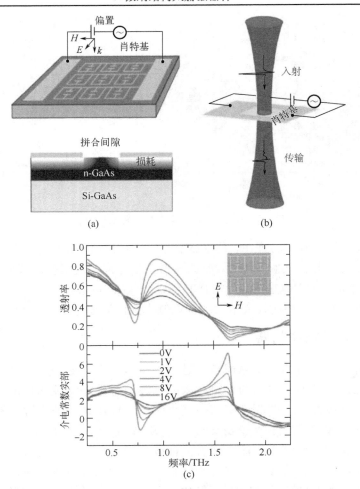

图 2.4　利用掺杂 GaAs 与超材料结构形成肖特基二极管结构，
通过外加偏置电压对太赫兹波进行调控（见彩图）

　　2012 年，韩国先进科技学院 Lee 等[25]将石墨烯材料与超材料结构相结合，成功地设计了栅极电压控制的太赫兹波调制器件。栅极电压控制石墨烯超材料太赫兹波开关器件如图 2.5 所示，该器件是由石墨烯-超材料-介质层多层结构复合形成的，在器件上下端施加偏置电压，因石墨烯材料与超材料结构相结合，石墨烯材料电导率的变化将直接影响超材料结构的谐振效应，从而间接地控制太赫兹波幅度和相位。在室温条件下，可以通过调节电压的形式得到 47%幅度调制度和 32.2°相位调制。该器件在控制太赫兹波传输过程中表现出滞后行为，这说明光子记忆效应具有持久性。

　　石墨烯材料实现太赫兹调制器时，所需要电压高达几十伏，这对实验条件要求较高，且不利于调制速率的提高。因此需要寻找一种低电压调控方式来提高调制速率，而高电子迁移率晶体管（high electron mobility transistor，HEMT）的工作电压一般小于 6V，且该研究方向已经具有相对较多的研究成果。2017 年，Zhou 等[26]将高电子迁移率晶体管结构引入太赫兹波调制器中，如图 2.6 所示，该调制器的顶端是一个四重分裂环超材料谐振结构，在分裂环下方加入了多层复合结构，主要是 n-AlGaAs（20nm）/i-AlGaAs（4nm）/i-InGaAs（7nm）/i-AlGaAs（4nm）/n-AlGaAs（20nm）形成的双异质结结构，由于势阱效应，在 InGaAs 层的界面处形成 2DEG，提高了载流子浓度和电子迁移率，这有利于提高器件的调制速度和调制度。在 -4V 的反向栅极电压调控下，太赫兹调制器在 0.86THz 处最大调制度为 80%，在 0.77THz 处的相移深度为 0.67rad（38.4°），调制速度达到 2.7MHz。

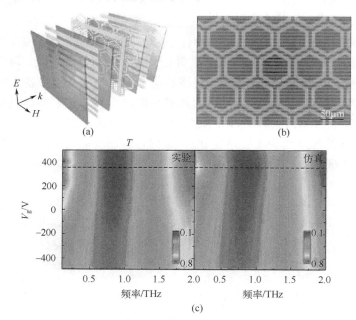

图 2.5　栅极电压控制石墨烯超材料太赫兹波开关器件（见彩图）

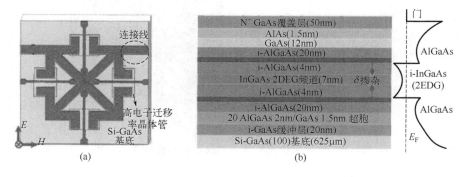

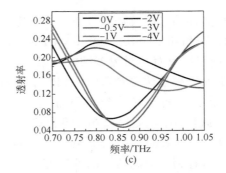

图 2.6　高性能超材料-高电子迁移率晶体管集成太赫兹调制器（见彩图）

除了石墨烯材料、HEMT 结构及 GaAs 材料形成的异质结，液晶也同样成为电控太赫兹波调制器的常用材料。2018 年，Wang 等[27]研究了一种等离子体诱导透明（plasma induced transparency，PIT）超材料液晶太赫兹调制器。如图 2.7 所示，条状结构金属超材料加工在上端基底上，液晶材料处于上下两层基底之间。通过电压的形式主动控制偶极子共振模和非局部表面-布洛赫模之间的干扰来调节器件对太赫兹波的透射光谱。文献[27]中等离子体诱导透明超材料液晶太赫兹调制器通过电压控制两种状态的切换，分别为 OFF 和 ON。在正常入射下，调制度超过 90%，插入损耗低于0.5dB。在斜入射情况下，当入射角为 0°～15°时，调制度超过 90%，太赫兹调制器的频率调谐范围为 60GHz。当入射角为 5°～25°时，调制度超过 80%。

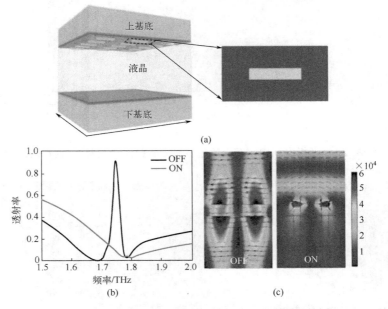

图 2.7　等离子体诱导透明超材料液晶太赫兹调制器

2.1.3　光控太赫兹调制器

半导体内的载流子散射过程一般可在皮秒或飞秒量级内完成,当光束照射到半导体材料表面,并且入射光能量大于半导体材料的能带宽度时,半导体会激发产生自由载流子,这一过程称为光生载流子[28,29]。光生载流子的密度一般与泵浦光子的能量密度有直接的联系,使用 Drude 模型来描述,复电导率与入射光频率的关系可以表示为[30]

$$\sigma(\omega)=\varepsilon_0\frac{\omega_p^2\tau}{1-\mathrm{i}\omega\tau} \tag{2.1}$$

式中, $\omega_p=\sqrt{ne^2/(\varepsilon_0 m)}$ 为等离子体频率, e 为电子电荷量, m 为电子质量; ε_0 为真空的介电常数; τ 为弛豫时间。等离子体频率是决定光波能否进入介质中并进行传输的一个参量,假设有一束光能进入介质中并进行传输,则在该介质中对该光束的折射率可以表示为 $n=\sqrt{1-\omega_p^2/\omega}$,同样地,光波数 $k=\omega n/c$, c 为光速。当入射光频率大于等离子体频率时,介质对该频率光束的介电函数为正,光波数为实数,这说明该频率的光束入射到该介质中并完成传输。然而,当光波的频率小于等离子体频率时,介质对该频率光波的介电函数为负,且光波数为虚数,这表明该频率的光束无法入射到该介质中,一种情况为反射回去,另一种情况是进入该介质后被吸收并衰减。

目前,某些半导体材料已经被证明可以应用在太赫兹调制器中的光控领域。目前主要的研究材料有光子晶体、二硫化钼、二硫化钨、石墨烯、钙钛矿等[9,10,31-33]。主要的研究形式是以可控半导体与人工超材料结构相结合控制关键谐振频点的位置及强度,或通过材料自身的特性以薄膜的形式来直接控制,或通过波导及纳米线、纳米簇[34-36]等。

2012 年 Li 等[37]发表了一种基于有机光子晶体的超快低功率太赫兹调制器。如图 2.8 所示,该调制器采用了高质量因子缺陷腔的有机光子晶体板结构。文献[37]讨论了由泵浦激光器强度引起的缺陷模式的动态位移驱动的超快低功率太赫兹调制器的工作原理。采用有限差分时域方法对该调制器的特性进行了分析与验证,在不同泵浦激光强度的影响下,聚苯乙烯掺杂香豆素的二维光子晶体材料的折射率发生变化,该材料是一种三阶非线性材料,折射率与光强间的关系为 $n=[(\pi\times10^4)/(\varepsilon_0 c^2 n_0^2)]\mathrm{Re}(x^{(3)})(\mathrm{cm}^2/\mathrm{W})$, $x^{(3)}$ 为三阶非线性磁化系数。最终在 12.5mW/cm² 泵浦激光强度的激励下,实现了 95%以上的透射,光子晶体具有尺寸小、易于制造、高调制效率和低泵浦功率的特点,对太赫兹光控调制器领域有重要的意义。

近年来,人们将具有巨大发展潜力的石墨烯材料应用在太赫兹器件中,不但在太赫兹电控调制器方面的研究较为火热,而且在光控太赫兹调制器中石墨烯材料也有一席之地。2014 年，电子科技大学 Wen 等[38]研究了一种基于石墨烯的全光空间太赫兹调制器，通过激光器激发石墨烯材料，实现了对 0.34THz 波的幅度调制，调制度达 94%，调制速率达 200kHz。如图 2.9 所示，Wen 等使用 1550nm 的连续激光器对锗(Ge)上生长的单层石墨烯(GOG)进行光强调控，并通过理论模型计算分析了增强太赫兹波调制的主要原因，即石墨烯单层光学电导率中的三阶非线性效应。文献[38]为石墨烯应用在光控太赫兹调制器领域提供了理论证明和实践应用的创新。

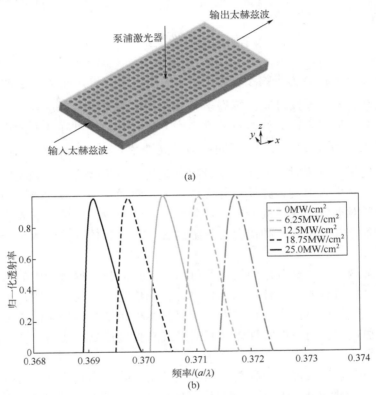

(a)

(b)

图 2.8　基于有机光子晶体的超快低功率太赫兹调制器

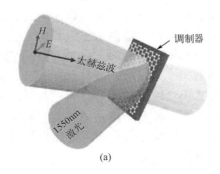

(a)

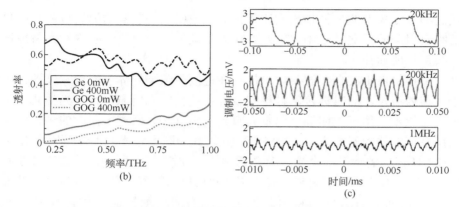

图 2.9　基于石墨烯的全光空间太赫兹调制器

　　二硫化钨（WS_2）也是一种薄膜材料，通过构建异质结结构被强光激发产生光生载流子现象也可以用于光控太赫兹调制器的应用研究。2017 年，国防科技大学的 Yang 等[16]研究了一种液体剥落多层 WS_2 纳米片光控太赫兹调制器。如图 2.10 所示，通过在硅基底上附着 WS_2 液体表面剥落的纳米片，可以控制 WS_2 薄膜的尺寸和厚度，而不是通过化学气相沉积的方法生长 WS_2。在 50mW 激光强度下，调制度达到了 56.7%，比硅衬底强 5 倍以上。在 470mW 的激光强度下，达到了约 80%的调制

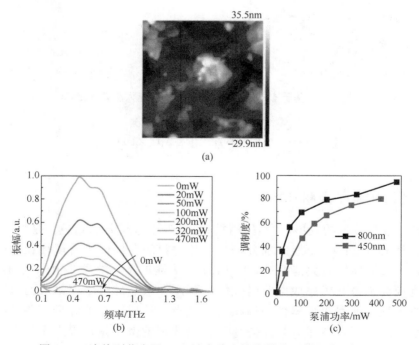

图 2.10　液体剥落多层 WS_2 纳米片光控太赫兹调制器（见彩图）

度，通过 Drude 模型的理论和数值计算分析，证明该调制器的调制机制是由自由载流子的吸收引起的。文献[16]说明以 WS$_2$ 为基础的二维材料来实现对太赫兹波的调控是一条可行的途径。

钙钛矿材料由于其自身的条件，是一种直接带隙半导体且能带宽度被证明可以应用于太赫兹波段，同时钙钛矿材料能被特定波长的光所激发产生光生载流子，研究人员也将原本应用于太阳能电池及光致光发电 LED 研究方向上的钙钛矿材料转向于太赫兹调制器的研究方向。2016 年，韩国光州科学技术院 Lee 等[39]提出了一种基于 CH$_3$NH$_3$PbI$_3$ 钙钛矿的全光太赫兹调制器。如图 2.11 所示，通过在硅基底上生长 CH$_3$NH$_3$PbI$_3$ 有机钙钛矿材料，使用以 45° 斜角入射到设备上的 532nm 外部连续激光，激发钙钛矿材料中的自由载流子，从而间接地控制太赫兹波的幅度，在 1.5W/cm^2 的激光功率下得到了约 68% 的调制度，在此条件下最大的光生载流子密度为 3.8×10^{15}cm^{-3}，表明使用钙钛矿材料设计光控太赫兹调制器具有可行性且拥有很大的优势。

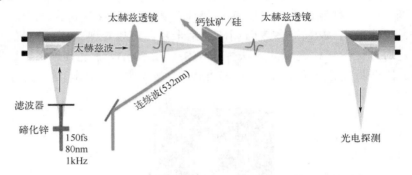

图 2.11　基于 CH$_3$NH$_3$PbI$_3$ 钙钛矿的全光太赫兹调制器

2.2　钙钛矿量子点介质

2.2.1　钙钛矿量子点材料特性

随着社会与技术的发展，半导体材料扮演着十分重要的角色，是加工晶体管、探测器、集成电路的重要组成部分，半导体材料的发展促进着现代社会的进步。硅作为第一代半导体的关键材料，从 1854 年德维尔第一次成功制作得到单晶硅开始，人类社会也拉开了集成电路时代的序幕，在单晶硅衬底上集成的电路替代了笨重的电子管，使得电子器件的体积大大减小，功耗减小了许多，并且在体积与功耗减小的情况下，性能却大大提升[40]。最典型的例子是世界上第一台计算机，其重 30 余吨，占地约为 170m^2，包含 18000 多个电子管，每秒钟运算速度为 5000

次。随着半导体材料更新换代及半导体加工工艺的发展，计算机变得越来越便捷、轻巧，目前所用的家用计算机占用空间、功耗远远小于世界第一台计算机。第二代半导体以 GaAs、InSb 为代表，其有着比硅更大的应用范畴，这类材料是直接带隙半导体材料，主要应用在手机、卫星通信、第五代无线通信系统、光通信等诸多光电领域。其电子迁移率为硅的 6 倍甚至更高，是高速、高频光电子器件和集成电路的重要组成部分。随着时代的变迁，人们对光电子器件和集成电路的需求日益增加，此时，以 GaN、SiC、ZnO 等为代表的第三代半导体材料横空出世，这些材料与第二代半导体材料不同的地方在于其禁带宽度普遍较高，且能耐高温、击穿电压高，同时具有很高的电子迁移率及较低的介电常数，可以应用在更加复杂、极端的环境中。

　　与前三代半导体材料相比，有关于钙钛矿材料特性及应用的研究在全球迅速成为热点，尤其是太阳能电池的应用及材料的光电转换效率的研究。钙钛矿材料最先指的是一种陶瓷氧化物，分子通式为 AMX_3，是由俄罗斯矿物质学家 Perovski 于 1839 年在乌拉尔山变质山岩中挖掘发现的，因此把钙钛矿材料命名为 Perovskite。在之后的研究中，钙钛矿材料类指 AMX_3 面心立方结构的物质，且分子通式中每种元素的占比为 1:1:3，也称其为 113 结构。其中 M 可配位形成八面体的金属阳离子(可由 Ti、Fe 等 50 多种元素构成)，X 可与 A 配位形成八面体阴离子(由 O、Cl、Br、I 等元素组成)。A 的存在是为了平衡 MX_3 阴离子的电荷，使整体呈现电中性，一般 A 为金属阳离子(由 Ca、Ba、Sr、Pb、K、Se、Y 及从 La 到 Lu 的镧族金属等多种元素组成)[41,42]。为了寻找一种既具有有机-无机杂化钙钛矿材料的良好光电性能又具有稳定性的钙钛矿材料，研究人员做了大量的研究，研究出了一种全无机铅卤钙钛矿量子点(Perovskite quantum dots，Perovskite QDs)材料——$CsPbX_3$($X = Cl$, Br, I)，其中 Cs 金属阳离子替代了原晶胞八个角上的有机阳离子，能极大地提高材料稳定性且同样具有良好的光电性能。图 2.12 为钙钛矿的晶体结构模型。

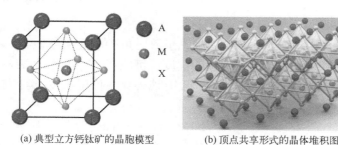

(a) 典型立方钙钛矿的晶胞模型　　　　(b) 顶点共享形式的晶体堆积图

图 2.12　钙钛矿的晶体结构模型

2016 年，Yettapu 等[43]研究了 $CsPbBr_3$ 钙钛矿量子点在太赫兹频段的各项性能，通过太赫兹时域光谱系统测试材料的性能，在太赫兹频段，这种钙钛矿量子点材料具有高电子迁移率(约为 4500cm²·V⁻¹·s⁻¹)及较长的扩散长度(>9.2μm)，图 2.13 为 Yettapu 等得到的 CsPbBr₃ 钙钛矿量子点材料在太赫兹波段的介电常数的实部(ε')与虚部(ε'')曲线。钙钛矿量子点材料的介电性能模型可以通过 Drude 模型来描述，通过推算可知其可以表示为

$$\tilde{\delta}_p(\omega) = \frac{\varepsilon_0 \omega_p^2}{t_\Gamma - i\omega}\left(1 + \frac{Ct_\Gamma}{t_\Gamma - i\omega}\right) \tag{2.2}$$

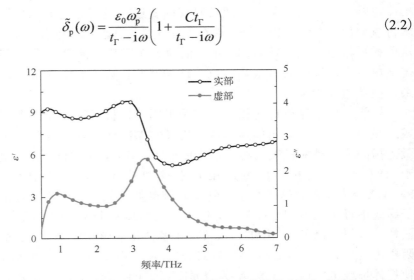

图 2.13　CsPbBr₃ 钙钛矿量子点材料在太赫兹波段的介电常数的实部与虚部曲线

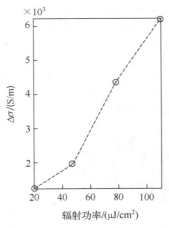

图 2.14　钙钛矿量子点材料电导率与 400nm 泵浦激光辐射功率的关系图

式中，ω_p 为材料的等离子体频率，可以表示为 $\omega_p = \sqrt{ne^2/(\varepsilon_0 m^*)}$；$t_\Gamma$ 为载流子的散射速率，可以表示为 $t_\Gamma = e/(m^* v)$，e 为电子电荷量，m^* 为载流子有效质量，根据该钙钛矿材料电子和中子的有效质量，可得

$$m^* = 0.5(m_e + m_h), \quad m_e = 0.22, \quad m_h = 0.24 \tag{2.3}$$

C 为载流子散射角 θ 的期望值<cosθ>，它表示载波定位的程度，可能在−1～0，0 代表材料最基本的状态，没有被外界条件所激发，−1 代表被外界条件完全激发。

2018 年，Chanana 等[44]设计了一种基于钙钛矿的快速太赫兹器件，图 2.14 为 Chanana 等测得的 CsPbBr₃ 钙钛矿量子点材料电导率与 400nm 泵浦激光辐射功率的关系图，随着激光器辐射功率

的增加，钙钛矿量子点的电导率也随之增加，当辐射功率达到 $110\mu J/cm^2$ 时，钙钛矿量子点的电导率达到了 6000S/m，说明钙钛矿量子点材料应用在太赫兹调制器件中对提高调制器的调制度、调制速度等性能有着重大意义。

2.2.2　钙钛矿量子点应用

目前钙钛矿材料研究主要应用于光电领域和器件开发，分为两大类：太阳能电池领域和钙钛矿 LED 照明领域。20 世纪 90 年代，通过实验测试发现有机钙钛矿材料（$C_6H_6C_2H_4NH_3$）$_2SnI_4$ 薄膜具有较高的电子迁移率，且相比于无机钙钛矿，有机钙钛矿材料更易于加工制备，这种材料的场效应迁移率达到了 $0.6cm^2 \cdot V^{-1} \cdot S^{-1}$，电流调制大于 10^4，说明钙钛矿材料具有较好的光电转换效率。2009 年，Kojima 等[45]利用 TiO_2 敏化有机和无机杂化钙钛矿，使其可以实现光伏电池对可见光范围的光源的光电转换，其高光电压达到了 1V，转化效率达到了 3.8%，这一发现在四年后被 *Science* 评为国际十大科技进展之一。2017 年，韩国蔚山科技院 Shin 等[46]在 *Science* 上发表文章，通过管理具有缺陷的卤素阴离子和精细控制钙钛矿层的生长条件，在实现基于"铅-卤化物-钙钛矿"吸收器中起到了至关重要的作用，通过降低开路电压和短路电流来降低缺陷的浓度，使其光电转换效率达到了 22.1%。2019 年，美国国家可再生能源实验室将卤化铅钙钛矿的表面与硫酸盐或磷酸盐离子反应转化为不溶于水的铅氧盐，其光电转换效率达到了目前为止最高的 25.2%[47]。太阳能电池领域的发展相对较早，相比早期传统太阳能电池，基于钙钛矿的太阳能电池有诸多优势。2009～2019 年，钙钛矿太阳能电池的光电转换效率从 3.8% 一下跃升至 25.2%。2013 年 11 月美国科学家在最新研究中发现，新型钙钛矿太阳能电池的转化效率或可高达 50%，远高于目前的晶硅电池理论上限。

此外，钙钛矿材料具有较高的载流子迁移率，科学家也将目光投至钙钛矿材料的照明与显示研究领域。与目前市面上火热的有机发光二极管（organic light-emitting diode，OLED）显示屏相比，钙钛矿材料具有制作成本低、色度高、容易调控等优点。钙钛矿材料属于直接带隙半导体材料，在照明与显示领域有着广泛的发展应用空间。甚至有研究者提出，钙钛矿材料不仅能应用于照明领域，还可以应用于光通信领域。沙特阿卜杜拉国王科技大学的研究人员采用钙钛矿纳米晶体作为光颜色转化器的材料，通过蓝色激光对其照射后发出的绿光和氮化物荧光体发出的红光，在实现照明的前提下也实现了较高的光通信速率[48]。

钙钛矿材料在这两个领域的研究已经十分火热且已有所成就，但是钙钛矿材料作为一种制作简单、性价比高、光电性能优越的材料，在其他领域的应用还有待发掘。根据钙钛矿材料的特性，将钙钛矿量子点材料引入太赫兹波调控领域中，能够对太赫兹波实现快速动态调控。

2.3　超材料-钙钛矿量子点太赫兹调制

应用于太赫兹通信系统、太赫兹成像系统等应用领域的太赫兹调制器需要达到较高的调制度和调制速度。不同结构的钙钛矿量子点太赫兹器件的调控机理与性能存在巨大差异，本章设计几种钙钛矿量子点太赫兹调制器，并分析其工作机理和调制性能。

2.3.1　无机钙钛矿量子点太赫兹调制

钙钛矿材料因其出色的光电特性，如可调带隙[49-51]、长载流子寿命、超长载流子传输距离、高载流子迁移率、高光吸收系数、低成本和可调谐光电特性[52-56]，已引起研究人员关注，并广泛地应用于光电子器件中，包括下一代太阳能电池[57,58]、发光二极管[59,60]、激光器[61]和光电探测器[62,63]。而且 $CsPbX_3$ 量子点(quantum dot, QD)和 $CsPbX_3$ 纳米薄膜已经被成功制作出来[64-66]。同时，具有量子点结构的二维 $CsPbX_3$ 钙钛矿由于其独有的特性，与传统的胶体量子点相比，其离子性质和优异的光电性能也为有效地操纵太赫兹波传输提供了一种途径。

基于无机钙钛矿量子点太赫兹调制器结构如图 2.15(a)所示。将 $CsPbBr_3$ 钙钛矿量子点沉积在 360μm 厚、高电阻率(>1000Ω·cm)的硅晶片上，厚度约为 150nm(将制作好的 $CsPbBr_3$(2mL)溶液加入到纺丝甲苯(10mL)溶液中，以 2000r/min 的速度搅拌)。$CsPbBr_3$ 钙钛矿的吸收系数为 $7×10^4cm^{-1}$[67]。图 2.15(b)为加工制作好的无机钙钛矿量子点调制器 10μm 横截面扫描电子显微镜图像。从图 2.15(b)中可以清楚地观察到 $CsPbBr_3$ 钙钛矿量子点之间的界面。合成的 $CsPbBr_3$ 钙钛矿量子点的形貌通过 50nm 尺度透射电子显微镜进一步证实并拍照，如图 2.15(c)所示。图 2.15(d)表示 $CsPbBr_3$ 钙钛矿量子吸收光谱，从图中可见 $CsPbBr_3$ 在波长为 510nm 处表现出吸收峰，由此确定该介质的光带能量为 2.25eV。图 2.16 为用于 $CsPbBr_3$ 钙钛矿量子点异质结构的太赫兹调制实验装置。采用后向波振荡器(backward wave oscillator, BWO)作为太赫兹波发射源，二维控制器用于控制测试 $CsPbBr_3$ 钙钛矿量子点异质结构样品的位置。采用零偏置肖特基二极管作为太赫兹波检测器来测量发射的太赫兹功率。外加安装 450nm 连续波激光器辐射光束以 20° 入射角照射到 $CsPbBr_3$ 钙钛矿量子点异质结构，泵浦激光束的最大平均功率为 $2W/cm^2$，实验中 450nm 连续波激光束被扩展光斑直径为 3mm，可以与太赫兹光束直径完全重叠。太赫兹源的平均输出功率为 10mW，使用方波电压驱动 450nm 连续波二极管激光器以产生功率在 0~$2W/cm^2$ 交替变化的泵浦光束，调制器样品放置在开放式返波管太赫兹源前面，并使用肖特基二极管强度检测器测量传输的信号。

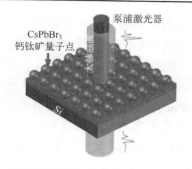

(a) 无机钙钛矿量子点太赫兹调制器结构

(b) 横截面扫描电子显微镜图像

(c) CsPbBr₃钙钛矿量子点的透射电子显微镜照片

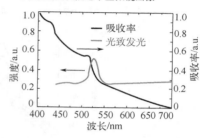

(d) CsPbBr₃钙钛矿量子点的吸收与光致发光曲线

图 2.15 无机钙钛矿量子点太赫兹调制器结构及无机钙钛矿量子点的形貌与响应特性

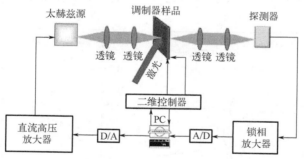

图 2.16 用于 CsPbBr₃钙钛矿量子点异质结构的太赫兹调制实验装置

连续波太赫兹波由返波管产生，并通过四个聚甲基戊烯透镜准直聚焦。450nm 连续波激光以 20°入射到样品表面

用返波管太赫兹系统测量了 CsPbBr₃ 钙钛矿量子点异质结构在外加 450nm 波长泵浦激光激励和不外加泵浦激光激励下的太赫兹波谱透射率，频率为 0.23～0.35THz。不同激光辐照度下 CsPbBr₃ 钙钛矿量子点异质结构的太赫兹传输谱如图 2.17 所示。为了详细地研究钙钛矿量子点结构对太赫兹波的调制机理，现基于返波管太赫兹系统的时频光谱，推导了 CsPbBr₃ 钙钛矿量子点/硅在不同激光辐照下的光学常数。图 2.18 为 CsPbBr₃ 钙钛矿量子点/硅杂化结构的折射率和吸收系数。CsPbBr₃ 钙钛矿量子点由于其禁带和费米能级的不同，可以与半导体硅形成异质结

构，当 CsPbBr$_3$ 钙钛矿量子点/硅杂化结构在泵浦激光照射下，异质结区附近的光激发电子和空穴在内置电场的作用下相互分离并漂移到不同的区域，钙钛矿量子点的费米能级不同于硅，在两种介质界面上形成 p-n 异质结（n 型为钙钛矿，p 型为硅），并根据电子-空穴漂移-扩散平衡建立内部电场。钙钛矿的光载流子迁移率比硅的光载流子迁移率小约 100 倍，导致光载流子在 CsPbBr$_3$ 钙钛矿量子点/硅界面累积，可以有效地增加太赫兹波吸收。在此机制下可以聚集更高浓度的载流子，最终实现高的调制度。这可以解释实验中用外加泵浦激光对 CsPbBr$_3$ 钙钛矿量子点/硅杂化结构进行光掺杂改变了其介电性能的现象。

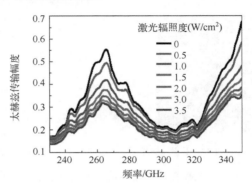

图 2.17　不同激光辐照度下 CsPbBr$_3$ 钙钛矿量子点异质结构的太赫兹传输谱（见彩图）

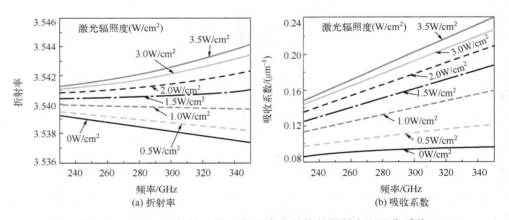

图 2.18　CsPbBr$_3$ 钙钛矿量子点/硅杂化结构的折射率和吸收系数

考虑到样品中存在任意多次反射法布里-珀罗共振，基板和 CsPbBr$_3$ 的透射系数可以由式(2.4)计算：

$$T(\omega) = A \cdot \sum_{\mathrm{FP}=0}^{N} \left(\exp(2jn(\omega)k_0 d) \frac{n(\omega)-1}{n(\omega)+1} (2n(\omega) \cdot X^{-1}) \right)^{\mathrm{FP}} \tag{2.4}$$

式中，$A = \dfrac{4X \cdot n(\omega)}{n(\omega)+1} \exp(-\mathrm{j}(n(\omega)-1)k_0 d)$；$k_0$ 为自由空间波数；$X^{-1} = 1 + n(\omega) + \sigma(\omega)Z_0$，$Z_0$ 为自由空间阻抗。由于 CsPbBr$_3$ 层厚度远小于太赫兹波长，因此必须将 CsPbBr$_3$ 视为表面电导率 $\sigma(\omega)$ 的边界条件，可以表示为

$$\sigma(\omega) = \left(\frac{4 \cdot n(\omega)}{T(\omega) \cdot (n(\omega)+1)} \exp(-\mathrm{j}(n(\omega)-1)k_0 d) - 1 - n(\omega) \right) \Big/ Z_0 \tag{2.5}$$

当法布里-珀罗共振取整数值时，根据表面电导率数值求解上述方程。如图 2.18 所示，可以看到，随着激光辐照度增加，CsPbBr$_3$ 钙钛矿量子点/硅杂化结构的折射率实部略有增加，但 CsPbBr$_3$ 钙钛矿量子点/硅杂化结构的吸收系数在 $0.23 \sim 0.35\mathrm{THz}$ 内从 $0.08\mathrm{\mu m}^{-1}$ 急剧增加至 $0.24\mathrm{\mu m}^{-1}$，导致出现太赫兹波高吸收效应。根据 Drude 模型，CsPbBr$_3$ 钙钛矿量子点/硅杂化结构中与频率相关的复介电常数由式 (2.6) 给出：

$$\tilde{\varepsilon}(\omega) = \varepsilon_\infty + \frac{\mathrm{i}\sigma}{\omega\varepsilon_0} = \varepsilon_\infty - \frac{\omega_{\mathrm{pe}}^2}{\omega(\omega+\mathrm{i}\Gamma_{\mathrm{e}})} - \frac{\omega_{\mathrm{ph}}^2}{\omega(\omega+\mathrm{i}\Gamma_{\mathrm{h}})} \tag{2.6}$$

式中，ε_∞ 为介电常数；e 与 h 分别为电子和空穴；$\Gamma_{\mathrm{e/h}} = 1/\tau_{\mathrm{e/h}}$ 为阻尼率，$\tau_{\mathrm{e/h}}$ 为平均碰撞时间；等离子体角频率 $\omega_{\mathrm{p(e/h)}}$ 由 $\omega_{\mathrm{p(e/h)}}^2 = Ne^2/(\varepsilon_0 m_{\mathrm{e/h}})$ 定义，其中 N 为载流子密度，e 为电荷，ε_0 为自由空间介电常数，$m_{\mathrm{e/h}}$ 为有效载流子质量。阻尼率 $\Gamma_{\mathrm{e/h}}$ 通过 $\Gamma_{\mathrm{e/h}} = e/(m_{\mathrm{e/h}}\mu_{\mathrm{e/h}})$ 计算。在没有激光辐照的情况下，CsPbBr$_3$ 钙钛矿量子点/硅界面的载流子密度很低，CsPbBr$_3$ 钙钛矿量子点/硅杂化结构的介电常数为实数 (约等于 ε_∞)。当 CsPbBr$_3$ 钙钛矿量子点/硅受到光激发时，会产生大量的自由载流子，然后在硅与量子点的界面处积累高浓度的自由载流子。也就是说，当 $\omega_{\mathrm{p(e/h)}}^2$ 的数值大于 $\omega^2 + \omega\Gamma_{\mathrm{e/h}}$ 数值时，CsPbBr$_3$ 钙钛矿量子点/硅界面介电常数的实部变为负值。此时，CsPbBr$_3$ 钙钛矿量子点/硅杂化结构中介电常数的虚部不容忽视。由于介电常数的虚部对应吸收系数，此时透射太赫兹波会降低，大部分太赫兹波能量被吸收衰减。

图 2.19 为载波频率为 $0.27\mathrm{THz}$ 时，不同调制速度下无机钙钛矿量子点太赫兹波调制信号幅度。从图 2.19 可以看出，太赫兹波的传输幅度随着调制频率的增加而减小。在 $2\mathrm{MHz}$ 调制信号峰值的功率为 $-109\mathrm{dBm}$，比吸收峰的噪声功率大 $10\mathrm{dBm}$ 左右。

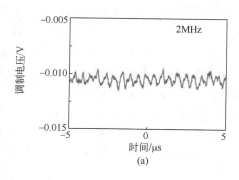

(a)

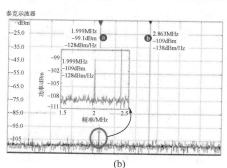

(b)

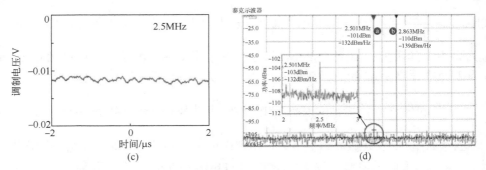

图 2.19　载波频率为 0.27THz 时，不同调制速度下无机钙钛矿量子点
太赫兹波调制信号幅度（见彩图）

在 2.5MHz 调制速度下所设计结构对激发仍有响应，信号峰值功率为−103dBm，但信号大于噪声电平（−132dBm/Hz）。此外，本节设计的 CsPbBr$_3$ 钙钛矿量子点调制器是宽带的，并且只涉及硅材料，因此本节提出的调制器方案可能在太赫兹波集成电路领域具有实际应用价值。

　　本节设计基于 CsPbBr$_3$ 钙钛矿量子点异质结构的太赫兹波调制器，在 0.23～0.35THz 内测量了太赫兹传输特性。本节通过太赫兹返波管系统提取了 CsPbBr$_3$ 钙钛矿量子点异质结构在太赫兹波段的光学性质，利用 2.0W/cm^2 的外部 450nm 激光泵浦辐照，在工作频率为 0.27THz 的实验条件下证明 CsPbBr$_3$ 钙钛矿量子点异质结构可以为微纳结构提供 2.5MHz 的调制速度和 45.5%的调制度。该无机钙钛矿量子点结构太赫兹器件具有调制效率高、速度快、成本低、易于集成的特点，可以成为未来实用的太赫兹波通信系统的关键器件。

2.3.2　双开口金属环-钙钛矿量子点太赫兹调制

　　本节设计一种双开口金属环-钙钛矿量子点太赫兹调制器（图 2.20（a）），该太赫兹调制器由超材料-介质层-超材料的三明治结构组成，中间的介质层材料为普通石英材料，厚度 $h = 100\mu m$，在电磁仿真软件 CST（CST Microwave Studio）中设置其介电常数 $\varepsilon_r = 3.75$。构成顶层和底层超材料的金属材料为铜，其电导率为 5.8×10^7S/m。图 2.20（b）是位于顶层的两个互补开口铜环，两个开口间距 g 都为 $5\mu m$，在开口处加入了钙钛矿量子点材料，其厚度 $h_p = 200nm$，在 0.1～1.9THz 内其介电常数[53] $\varepsilon_p = 9.2$，两个分裂环半径分别为 $r_1 = 35\mu m$，$r_2 = 25\mu m$，宽度 $w = 5\mu m$。图 2.20（c）中，底部超材料结构为两个半径较小的铜环，其半径分别为 $r_3 = 20\mu m$，$r_4 = 10\mu m$，由于太赫兹波对于金属铜的趋肤深度约为 100nm，当铜厚度大于趋肤深度两倍时可以消除趋肤效应。本节优化后铜厚度为 300nm，结构单元周期 $p = 100\mu m$。

　　在电磁仿真软件中，在 x 轴与 y 轴方向上设置周期性单元边界条件，在 z 轴方向上设置开放边界条件及完美匹配边界条件，入射波入射方向是从上至下垂直器件表面的，且电场方向沿 y 轴方向分布，磁场方向沿 x 轴方向分布。为使器件对太赫兹的调控性能达到最优，本节对器件超材料结构的物理尺寸参数进行了优化研究。

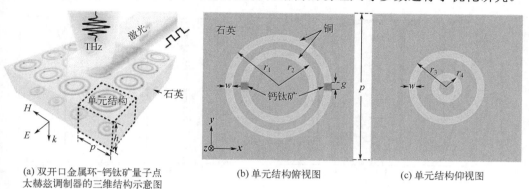

(a) 双开口金属环-钙钛矿量子点
太赫兹调制器的三维结构示意图

(b) 单元结构俯视图

(c) 单元结构仰视图

图 2.20　双开口金属环-钙钛矿量子点太赫兹调制器结构

介质层厚度和材料介电常数都能使超材料器件对太赫兹波的控制性能发生改变。许多人工微结构的共振机理类似于 LC 谐振，而 LC 谐振的频率可以表示为 $\omega \propto 1/\sqrt{LC}$。介质层厚度一方面对器件性能的影响为共振频率的偏移，这主要是由超材料表面金属图案与介质层之间存在的寄生电容改变引起的。另一方面，介质层厚度的变化会改变器件的输入阻抗，根据阻抗匹配原理，若超材料结构的输入阻抗值偏离空气的特性阻抗值 (377Ω) 越多，则谐振点的谐振强度会减弱越多。在固定介质材料性能的情况下，研究介质厚度影响对器件性能的优化有十分重要的意义。

图 2.21 是在无外界激励条件下，优化介质层厚度 h 的太赫兹透射率的仿真结果，可以明显地观察到，随着介质层厚度的增加，谐振频点略微有所偏移，并且谐振强度也有所减弱。除了上述两种影响，在谐振点附近频段的传输损耗也受其影响，这对多频段调制器的隔离度影响非常重要。为此将 $h = 100\mu m$ 的结果作为最终优化结果，在谐振频率 $f_1 = 0.42\text{THz}$ 处的透射率为 -42dB，在谐振频率 $f_2 = 0.83\text{THz}$ 处的透射率为 -33dB，在谐振频率 $f_3 = 1.62\text{THz}$ 处的透射率为 -52dB。超材料性能与单元结构的物理尺寸有直接联系，开口金属环的谐振模式为 LC 谐振模式，更改金属环半径尺寸所带的电感 L 特性对整体控制太赫兹波传播的性能的影响比改变开口处的电容 C 特性带来的影响小得多。图 2.22 为在无外界激励条件下，不同开口处间距 g 优化的太赫兹透射率仿真结果图。由图 2.22 可知，随着开口间距 g 从 $2\mu m$ 增大到 $10\mu m$，第一频点从 0.39THz 处蓝移至 0.44THz 处，第二频点从 0.78THz 处蓝移至 0.92THz 处，第三谐振频点从 1.57THz 处蓝移至 1.68THz 处。且各谐振点不同开口间距的谐振强度也不同，这是因为 g 的改变会引起结构电容值发生改变。由上述可知开口间距的变化影响结构谐振频点位置及该频点处的谐振强度。考虑到器件调制

太赫兹波的谐振强度、谐振频点位置、隔离度等性能，最终选取间距 $g = 5\mu m$ 为最佳的优化结果，应用在之后的仿真分析中。

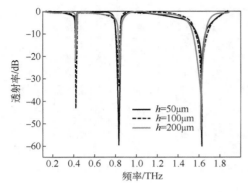 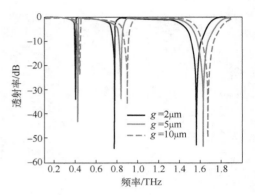

图 2.21　优化介质层厚度 h 的太赫兹透射率　　　图 2.22　不同开口间距 g 优化的太赫兹
　　　　　的仿真结果　　　　　　　　　　　　　　　　　　透射率仿真结果图

　　经过物理尺寸结构的参数优化，最终确定了器件最优性能下的物理尺寸条件。在仿真过程中，设置了两种仿真条件。由于在开口处加入了可被外界条件激励而改变材料性能的二维光电材料-钙钛矿，故首先需要了解器件在外界无激励条件下的性能；其次，另一个条件为通过外界强激光激发使钙钛矿量子点材料实现一定的性能变化[44]。在理想情况下，钙钛矿材料的电导率达到一定量级，可以近似达到电路理论中短路的条件，使整个超材料结构从根本上改变其工作机理而使器件性能发生改变，从而达到完美的调制效果。

　　图 2.23 为双开口金属环-钙钛矿量子点太赫兹调制器在无激光条件及强激光条件下对太赫兹波调控的透射谱仿真结果。图 2.23 中共有四条曲线，黑色曲线及红色曲线分别代表在无激光与强激光条件下在电磁仿真软件 CST 中的太赫兹透射谱结果，而橙线及蓝线是对该调制器进行等效电路模型（ECM）分析所得到的曲线，后者两条曲线与前者两条曲线的结果基本吻合，达到了预期的目的，等效电路模型在下面将具体分析。接下来分析在 CST 中的结果和调制性能，黑线为无激光时的透射曲线，在 0.42THz 处的透射率为 $-42dB$，在 0.83THz 处的透射率为 $-33dB$，在 1.62THz 处的透射率为 $-52dB$，此三处的谐振点幅度几乎接近于 0，在通信原理

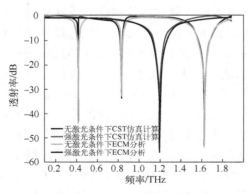

图 2.23　双开口金属环-钙钛矿量子点太赫
兹调制器在无激光条件及强激光条件下对太赫
兹波调控的透射谱仿真结果（见彩图）

中可将其归为 0 码。在强激光条件下，该超材料结构原本三处的共振频点消失，且强度由之前 0 跳转为接近于 1(0dB)，而之前位于 1.18THz 处接近于 0dB 的太赫兹信号由于开口处钙钛矿量子点材料的变性而产生共振响应，其透射率变为-56dB。在 0.42THz、0.83THz、1.18THz 及 1.62THz 处出现由 0 码变 1 码或 1 码变 0 码的情况，代表调制度达到了 99%，并且达到了四频段的调制效果。

为了深入地了解双开口金属环-钙钛矿量子点太赫兹调制器工作的机理，本书在所得到的几个关键谐振点处加入三维场监视器，得到每个关键谐振频率处的电场能量图及表面电流分布图。图 2.24(a) 和(b) 分别为在未加激光辐射时位于 0.42THz 谐振点的电场分布图和表面电流分布图，电场能量主要集中在大半径分裂环的开口处，表面电流主要分布在大半径分裂环上，表面电流无法通过开口处的钙钛矿量子点材料，这代表该点的谐振频率是由大分裂环共振引起的。同样图 2.24(c) 和(d) 代表

 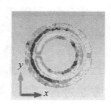

(a)f = 0.42THz电场能量图　　　(b)f = 0.42THz表面电流分布图

(c)f = 0.83THz电场能量图　　　(d)f = 0.83THz表面电流分布图

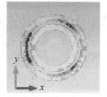

(e)f = 1.62THz电场能量图　　　(f)f = 1.62THz表面电流分布图

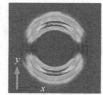 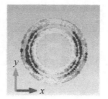

(g)f = 1.18THz电场能量图　　　(h)f = 1.18THz表面电流分布图

图 2.24　单元结构电场能量图及表面电流分布图

0.83THz 处的电场分布图和表面电流分布图，电场能量主要集中在小半径分裂环开口处，电流也主要分布在小半径分裂环上，电流无法通过开口，这表明 0.83THz 处的共振是由小半径分裂环共振引起的。图 2.24(e) 和 (f) 代表 1.62THz 谐振点处的电场分布图和表面电流分布图，其电场能量分为三部分，等间距分布于大半径分裂环处，其中一处位于开口处且能量最大，表面电流图也类似于电场能量的分布，从电场及电流的分布可知，该点的共振是大半径分裂环高阶共振引起的。前三类揭示了该调制器在激光辐射下的工作机理，而图 2.24(g) 和 (h) 表示该调制器在强激光条件下，在 1.18THz 处引起共振时的电场能量图及表面电流分布图。从电场能量图可知，电场能量主要集中在双环间隙，且在 y 轴的上端和下端关于 x 轴对称分布，表面电流分布图与之前不同，与偶极子共振模式的电流分布相似，电流可以流过开口处的钙钛矿量子点材料，因此在强激光条件下，钙钛矿量子点材料变性明显，电导率增大，使该双分裂环结构工作的物理模式发生改变，从双分裂铜环的 LC 谐振模式切换为双环偶极子共振模式。

　　太赫兹波处在微波与光学波段之间，其既具有经典微波理论特性，也具有经典光学理论特点。在 2.3.1 节中用电磁仿真得到双分裂环器件的性能曲线，用麦克斯韦方程组及时域有限元方法进行求解，并从透射强度、各谐振点电场能量图和电流分布图的角度正确地分析了双开口金属环-钙钛矿量子点太赫兹调制器的工作机理。从微波理论的角度来分析相关原理模型。在微波领域中，通常用电路的方式形容和表达系统的传输特性，以特定的电路元器件模型来搭建对应系统单元，一般可以得到传输系统的反射系数、透射系数、相位迁移等不同传输特性结果。超材料结构能对太赫兹的传播产生幅度、相位等方面的影响，故可将超材料结构等效成电路模型进行分析。等效电路中各元器件的类型和参数可以根据所设计器件的结构与尺寸得出，并将其建立在 ADS(advanced design system) 仿真模拟软件中，得到模型的传输特性曲线，并最终与器件在电磁仿真软件中得到的传输特性曲线结果做比较并证实该模型的正确性。

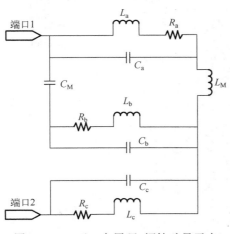

　　图 2.25 为双开口金属环-钙钛矿量子点太赫兹调制器等效电路模型图，其中 C_a、C_b 分别表示大半径分裂环及小半径分裂环开口处的等效电容值，C_M 为两分裂环间的环间电容。L_a、L_b 表示大半径分裂环与小半径分裂环金属部分的等效电感，L_M 为两分裂环间的互感值。R_a、R_b 为大小分裂环金属部分的阻值。C_c、L_c、R_c 为底部双金属圆环结构的

图 2.25　双开口金属环-钙钛矿量子点
太赫兹调制器等效电路模型图

环间电容值、互感值及金属部分阻值。这些参数与结构的物理尺寸参数和材料特性有直接关系，可以表示为

$$C_a = C_b = \frac{\varepsilon_0 \varepsilon_r \varepsilon_p S}{4\pi k g} \tag{2.7}$$

$$C_M = 4r_2 \varepsilon_0 \varepsilon_r \ln\left(\frac{2w}{r_1 - r_2}\right) \tag{2.8}$$

$$C_c = 4r_4 \varepsilon_0 \varepsilon_r \ln\left(\frac{2w}{r_3 - r_4}\right) \tag{2.9}$$

$$L_a = \mu_0 (r_1 + w/2)\left(\lg\frac{8(r_1 + w/2)}{t + w} - \frac{1}{2}\right) \tag{2.10}$$

$$L_b = \mu_0 (r_2 + w/2)\left(\lg\frac{8(r_2 + w/2)}{t + w} - \frac{1}{2}\right) \tag{2.11}$$

$$L_M = \mu_0 (r_2 + d_1 + 1.5w)\left[\left(1 - \frac{r_1}{r_2}\right)\lg\left(\frac{4}{\lambda_1}\right) - 2 + \frac{r_1}{r_2}\right] \tag{2.12}$$

$$\begin{aligned} L_c &= \mu_0 (r_4 + d_2 + 1.5w)\left[\left(1 - \frac{r_3}{r_4}\right)\lg\left(\frac{4r_4}{r_3}\right) - 2 + \frac{r_3}{r_4}\right] \\ &+ \mu_0 (r_3 + w/2)\left(\lg\frac{8(r_3 + w/2)}{t + w} - \frac{1}{2}\right) + \mu_0 (r_4 + w/2)\left(\lg\frac{8(r_4 + w/2)}{t + w} - \frac{1}{2}\right) \end{aligned} \tag{2.13}$$

$$R_a = \frac{1}{\sigma(2\pi r_1 - g)}, \quad R_b = \frac{1}{\sigma(2\pi r_2 - g)}, \quad R_c = \frac{1}{2\pi\sigma(r_3 + r_4)} \tag{2.14}$$

式中，ε_0 为空气介电常数；ε_r 为石英介质层的介电常数；ε_p 为开口处钙钛矿量子点的介电常数；μ_0 为空气磁导率；d_1 为两分裂环间的间距；λ_1 为波长；d_2 为底部双金属圆环结构的环间距；σ 为铜电导率，值为 $5.8 \times 10^7 \text{S/m}$；$t$ 为金属铜的厚度；w 为铜环的宽度；S 为开口处电容板面积，可以表示为 $S = tw$。确定电路中各个元件参数后，可以通过谐振模型计算各个模块的谐振频率：

$$\omega_1 = 1 / \sqrt{L_a(C_a + C_M)} \tag{2.15}$$

$$\omega_2 = 1 / \sqrt{L_b(C_b + C_M)} \tag{2.16}$$

$$\omega_3 = 2 / \sqrt{(L_a + L_b + L_M)\frac{C_M(C_a C_b/(C_a + C_b))}{C_M + (C_a C_b/(C_a + C_b))}} \tag{2.17}$$

式中，ω_1 为大半径分裂环的低阶响应角频率；ω_2 为小半径分裂环的低阶响应角频率；ω_3 为大半径分裂环的二阶响应角频率。底部双圆环谐振频率 $\omega_5 = 1/\sqrt{L_c C_c}$ 大于 1.9THz，用于调整二阶谐振频点的性能，增大隔离度。此前三个频率响应点都是在无激光辐射的条件下产生的，开口处电容 C_a、C_b 都正常工作。在强激光照射条件下，由于钙钛矿材料发生光子跃迁，自由载流子浓度大大增加，开口处可视其为短路模式，即开口间距 g 无限接近于 0，根据式(2.7)可得，C_a、C_b 的值趋向于无穷大，在电路系统中，无限大电容可以视为短路，此时电感 L_a、L_b 被电容短路，使整个模型的工作方式发生改变，只存在一处谐振频率 ω_4：

$$\omega_4 = 1/\sqrt{L_M C_M} \tag{2.18}$$

根据图 2.25 的等效电路模型，为了方便计算，使用电导的表达方式来表示系统的响应系数，系统的整体电导值 Y 可以表示为

$$Y = \left(\left(\frac{Y_1 Y_b}{Y_1 + Y_b} + Y_{CM} \right) Y_c \right) \Big/ \left(\left(\frac{Y_1 Y_b}{Y_1 + Y_b} + Y_{CM} \right) + Y_{CM} + Y_c \right) \tag{2.19}$$

$$Y_1 = \frac{Y_a Y_{LM}}{Y_a + Y_{LM}} \tag{2.20}$$

式中，Y_a 为 C_a、L_a、R_a 构成模块的导纳值；Y_b 为 C_b、L_b、R_b 构成模块的导纳值；Y_c 为 C_c、L_c、R_c 构成模块的导纳值；Y_{CM} 为 C_M 的导纳值；Y_{LM} 为 L_M 的导纳值，这些参数具体表示为

$$Y_a = \frac{1}{R_a} + j\left(\omega C_a - \frac{1}{\omega L_a} \right) \tag{2.21}$$

$$Y_b = \frac{1}{R_b} + j\left(\omega C_b - \frac{1}{\omega L_b} \right) \tag{2.22}$$

$$Y_c = \frac{1}{R_c} + j\left(\omega C_c - \frac{1}{\omega L_c} \right) \tag{2.23}$$

$$Y_{LM} = -\frac{j}{\omega L_M} \tag{2.24}$$

$$Y_{CM} = j\omega_{CM} \tag{2.25}$$

式中，ω 为入射太赫兹波的角频率，至此，整个电路系统的透射系数可以表示为

$$T = \frac{2Y_0}{Y_0 + Y} \tag{2.26}$$

式中，Y_0 为空气特性电导，其值为 $1/(120\pi)S$。由式 (2.26) 可知，当系统的特性电导值 Y 等于空气特性电导值 Y_0 时，达到匹配条件，即透过系数为 1。此电路模型通过 ADS 仿真验证，得到对应两条模式切换前后的透射曲线，在图 2.23 中橙线及蓝线为电路仿真结果，这与该调制器在电磁仿真软件中得到的结果基本吻合，证实了这种等效电路模型对于 LC 谐振的太赫兹超材料物理机理解释具有较高的准确性。

目前太赫兹调制器的研究对于日后太赫兹波应用在通信、生物监测、太赫兹成像、太赫兹安检等领域扮演着十分重要的角色。太赫兹调制器的主要核心性能为调制速度和调制度。图 2.26 (a) 为等效电路模型在 ADS 仿真软件中分析得到的太赫兹调制器的上升响应时间，该器件的上升沿响应时间为 $0.3\mu s$，说明调制速度可以达到 3.3MHz。图 2.26 (b) 为太赫兹调制器的各频段的调制度图，在 0.42THz、0.83THz、1.18THz 及 1.62THz 处调制度均超过了 0.99，调制度计算公式为

$$M = 1 - \int |T_{\max}(\omega)|^2 \, d\omega \Big/ \int |T_{\text{dark}}(\omega)|^2 \, d\omega$$

式中，$T_{\max}$ 和 T_{dark} 分别是该调制器在强激光条件下与无激光条件下的透射幅度。该调制器可以作为一种良好控制太赫兹波传播的器件。

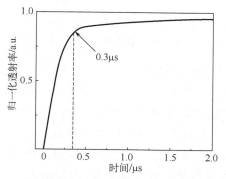

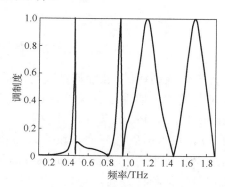

(a) 等效电路模型在 ADS 仿真软件中分析得到的
太赫兹调制器的上升响应时间

(b) 太赫兹调制器各频段调制度

图 2.26　太赫兹调制器等效电路模型及响应特性

2.3.3　双 C 超材料-钙钛矿量子点太赫兹调制

本节设计一种双 C 超材料-钙钛矿量子点太赫兹调制器[68-71]，如图 2.27 (a) 所示，使用的衬底为高阻硅，衬底是由金属铜组成超材料结构和局部分布于超材料结构间隙中的 CsPbBr$_3$ 钙钛矿量子点材料组成。在电磁仿真软件中，设置高阻硅衬底厚度 $h = 300\mu m$，介电常数 $\varepsilon_{\text{Si}} = 11.7$。如图 2.27 (b) 所示，采用的超材料结构单元为两个背对背对称且有间距的双 C 形结构，在 x 方向、y 方向上以周期 $p = 100\mu m$ 排列形成，组成金属超材料结构的材料为金属铜，厚度 $h_{\text{Cu}} = 300\text{nm}$。在背对背双 C 单元

结构空隙处填充了矩形状的钙钛矿量子点材料，其宽度 $w_3 = 20\mu m$，在 $0.2 \sim 1.0THz$ 内设置其介电常数 $\varepsilon_p = 9.5$，厚度 $h_p = 400nm$，其他结构参数 $s = 60\mu m$，$d = 24\mu m$，$w_1 = 8\mu m$，$w_2 = 4\mu m$，$g_1 = 10\mu m$，$g_2 = 10\mu m$。此外，在 $n \times n$ 个单元之外，将所有奇数行的倒 C 结构用宽度为 w_1 的金属线引至 x 轴的负方向处，同样，将所有偶数行的正 C 结构用宽度为 w_1 的金属线引至 x 轴的正方向处，在两边加入宽度长度较大的电极，以方便在实验测试环节中加入电极电压。

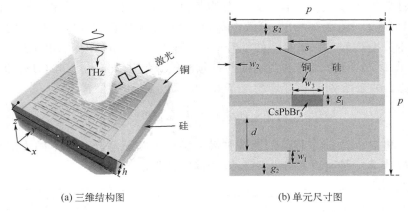

(a) 三维结构图　　　　　　　　　　　　　(b) 单元尺寸图

图 2.27　双 C 超材料-钙钛矿量子点太赫兹调制器

首先对该钙钛矿-硅异质结超材料高速太赫兹调制器进行电磁仿真，在 x 方向和 y 方向上设置周期性边界条件，在 z 方向上使用了开放边界及完美匹配层（perfect matching layer，PML）条件，并设置了大小为 $\lambda/10$ 的自适应网格（λ 为入射太赫兹波的波长）。在入射条件方面，设置太赫兹波的入射方向为垂直器件表面向下（z 的负方向），入射波的模式为横电（transverse electric，TE）波，即电场方向为 y 轴正方向，磁场方向为 x 轴正方向，与之后实验测试样品时的条件一致。根据结构的形状及尺寸，此次研究的频段为 $0.2 \sim 1.0THz$。为了了解该调制器结构单元的工作机理并达到优化性能的目的，对该调制器的物理尺寸进行了优化。

改变单元结构参数 g_1 和 g_2，其中 g_1 在 $8 \sim 12\mu m$ 变化，g_2 在 $5 \sim 15\mu m$ 变化，最终得到了在无激光条件及强激光条件下随参数变化的透射谱幅度等值图，图 2.28 中横坐标是参数的变化范围，纵坐标是 $0.2 \sim 1.0THz$ 的频谱研究范围，色表代表太赫兹的透射系数，蓝色代表 0，红色代表 1。从结果分析可知，不管是在无激光条件下还是在强激光条件下，g_1、g_2 的改变对谐振频点的位置及谐振频率的频带带宽都有较大的影响。考虑到合适的谐振频点的位置、隔离度、调制度等性能，最终确定 $g_1 = 10\mu m$，$g_2 = 10\mu m$。此外还研究了太赫兹波入射角度对调制效果的影响，在仿真过程中，设置入射角 θ 在 $0° \sim 60°$ 变化，随着入射角度的增大，谐振频点在无激光条件下发生蓝移，在强激光条件下，谐振频点发生红移，并且可以明显地观察到谐振频带宽度明显增宽，这对隔离度及调制效果是一个十分不利的因素，最终确定该调制器在 $\theta = 0°$ 时能够达到最好的调制性能。

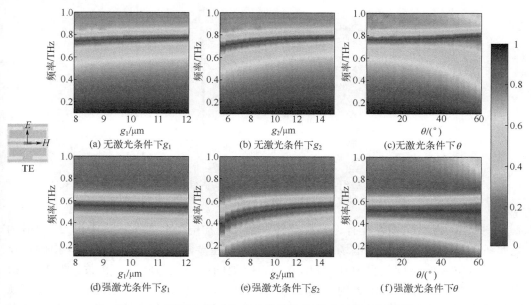

图 2.28　不同参数对仿真结构性能的影响研究（见彩图）

图 2.29 为在电磁仿真软件中得到的双 C 超材料-钙钛矿量子点太赫兹调制器在不同钙钛矿电导率下的太赫兹透射谱结果，透射谱结果用透射系数 S_{21} 表示，其中 S_{21} 的计算公式为

$$S_{21} = 10 \lg(|\tilde{E}_o / \tilde{E}_i|)$$

式中，$\tilde{E}_o$ 为样品的太赫兹透射电场；$\tilde{E}_i$ 为样品的太赫兹入射电场。在无外界激光激励条件下，即电导率为 0S/m（红线），在 0.76THz 处有一个强谐振，此时太赫兹波的透射系数为-56dB。随着激光辐射强度增加，钙钛矿电导率响应增加，使 0.76THz 处的谐振强度逐渐减弱。当电导率增大至 3500S/m 时，谐振频点开始出现红移，此时原谐振点的强度减弱到-11dB。当电导率为 10000S/m 时，出现了明显的红移，原谐振点的谐振响应消失，此时呈现出一个以 0.58THz 为中心且频带较宽的谐振频率。由于钙钛矿材料与硅衬底界面处为不连续的界面，硅衬底为 p 型半导体，钙钛矿量子点材料表征为 n 型半导体，在两者界面处形成了二维电子气，二维电子气具有转变金属性、高迁移率的特点，因此将钙钛矿量子点材料的电导率设置成与金属一样的量级，这种情况可视其具有一定的金属性，最终得到在 0.54THz 处存在一个强谐振，对比没有外界激光条件下的结果，该调制器在 0.54THz 和 0.76THz 处达到了较好的调制效果。

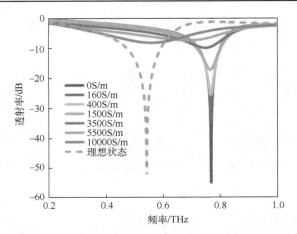

图 2.29 在电磁仿真软件中得到的双 C 超材料-钙钛矿量子点太赫兹调制器
在不同钙钛矿电导率下的太赫兹透射谱结果（见彩图）

图 2.30 为不同频率及有无光照条件下单元结构电场分布图，其中图 2.30(a) 为光照条件下 0.54THz 处的电场分布图，电场能量主要集中在 C 的开口处，中间钙钛矿量子点位置处能量几乎为 0，说明 0.54THz 处的谐振只与此开口相关。图 2.30(b) 为无光照条件下 0.76THz 处的电场分布图，图中能量主要集中在 C 的开口处及钙钛矿量子点材料位置处，说明 0.76THz 处的谐振是由开口处和钙钛矿量子点材料处共同作用得到的。

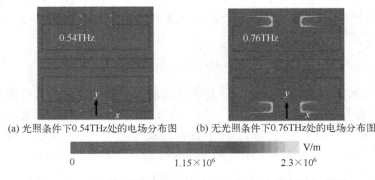

(a) 光照条件下0.54THz处的电场分布图　　(b) 无光照条件下0.76THz处的电场分布图

图 2.30 不同频率及有无光照条件下单元结构电场分布图

图 2.31 为不同频率及有无光照条件下单元结构表面电流分布图，图 2.31(a) 为光照条件下 0.54THz 处的表面电流分布图，可以明显地观察到表面电流通过钙钛矿量子点材料，这是因为此时钙钛矿量子点材料呈金属特性，且从电流流向分析双 C 超材料-钙钛矿量子点太赫兹调制器在光照条件下的共振模式为 LC 谐振模式。图 2.31(b) 为无光照条件下的表面电流分布图，此时表面电流无法从钙钛矿处通过，只能在单个 C 型结构中流动，同样根据表面电流流向分析可知 0.76THz 处的谐振模

式也为 LC 谐振，双 C 超材料-钙钛矿量子点太赫兹调制器也可以通过等效电路模型来解释其工作机理。

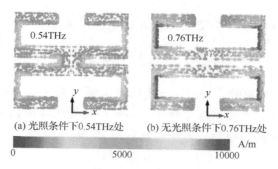

(a) 光照条件下0.54THz处　(b) 无光照条件下0.76THz处

图 2.31　不同频率及有无光照条件下单元结构表面电流分布图

根据图 2.32 所示的等效电路模型，分析金属超材料结构及尺寸得到相应的等效电感、电容和电阻：

$$L = \mu_0 \left(2(p+d) + 0.5(w_1+w_2) - s\right)\left(\lg\frac{2(p+d) + 0.5(w_1+w_2) - s}{h + 0.5(w_1+w_2)} - \frac{1}{3}\right) \tag{2.27}$$

$$C_{g_1} = (\varepsilon_0 \varepsilon_{Si} S_1 + \varepsilon_0 \varepsilon_{Si} \varepsilon_p S_2)/(4\pi k g_1) \tag{2.28}$$

$$C_{g_2} = (\varepsilon_0 \varepsilon_{Si} S_3)/(2\pi k g_2) \tag{2.29}$$

式中，μ_0 为真空磁导率；p 为超材料结构单元的周期；d、w_1、w_2、s、g_1、g_2 和 h 是超材料单元结构的尺寸参数，其中 $w_2 = 0.5 \times w_1$；ε_0、ε_{Si} 和 ε_p 分别为真空、高阻硅和 $CsPbBr_3$ 的介电常数；S_1、S_2、S_3 为超材料结构中的三种缝隙的面积，其分别可以表示为 $S_1 = (p-w_3)h_{Cu}$，$S_2 = w_3 h_{Cu}$，$S_3 = (p-s)h_{Cu}$，其中 w_3 为单元结构双 C 背对背缝隙部分钙钛矿材料的宽度；k 是静电力常数。根据等效电路的 LC 谐振模型，可得出对应的谐振频点位于：

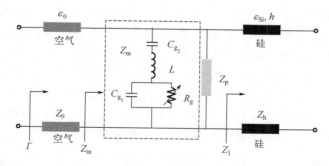

图 2.32　双 C 超材料-钙钛矿量子点太赫兹调制器等效电路模型

$$\omega_r = 1 \Big/ L\left(\frac{C_{g_1} C_{g_2}}{C_{g_1} + C_{g_2}} \right) \qquad (2.30)$$

同样地，也可以计算出 RCL 等效电路模型的阻抗为

$$Z_m = \frac{1}{j\omega C_{g_1}} \mathbin{/\mkern-5mu/} R_g + \frac{1}{j\omega C_{g_2}} + j\omega L \qquad (2.31)$$

式中，ω 为输入太赫兹波的角频率，至此已经得到了 RCL 等效模型的谐振频率点及等效阻抗的表示方法。太赫兹波在介质层传输也会受到其损耗影响，故介质层的损耗模型也应该表示出来，根据传输线理论可得 Z_1 为

$$Z_1 = j Z_h \tan(k_m h) \qquad (2.32)$$

式中，Z_h 为高阻硅介质的传输阻抗，可以表示为 $Z_h = \omega \mu_0 / k_m$；k_m 为太赫兹沿 z 轴传输的传播常数，可以表示为 $k_m = \sqrt{k_{Si}^2 - k_0^2 \sin^2 \theta}$，$k_0$ 为自由空间的波数，k_{Si} 为高阻硅介质中的入射波数。至此，可以计算出该等效电路模型的总等效阻抗为 $\frac{1}{Z_{in}} = \frac{1}{Z_m} + \frac{1}{Z_1}$，这样就可以计算出相应的反射系数 Γ 和透射系数 T：

$$\Gamma = \frac{Re\{Z_{in}\} - Z_0}{Re\{Z_{in}\} + Z_0} \qquad (2.33)$$

$$T = \frac{2 Z_0}{Re\{Z_{in}\} + Z_0} \qquad (2.34)$$

式中，Z_0 为自由空间的阻抗，其值为 $Z_0 = 377\Omega$。根据有效介质理论模型，可以得到等效电路阻抗与自由空间阻抗匹配时（即相等时），太赫兹波在此结构中无损耗传输即反射系数为 0，透射系数为 1；当阻抗的实部与虚部都为 0 时，太赫兹波传输的反射系数为 1，透射系数为 0，这与经典微波理论中的传输线理论相吻合。

图 2.33(a) 是电磁仿真软件和等效电路模型得到的太赫兹透射结果。无激光条件下，在 0.76THz 处有一个谐振峰；外加激光条件下，在 0.54THz 处产生了另外一个谐振峰。当外加激光辐射至钙钛矿量子点材料处时，电导率大幅度增加，在电路模型层面上相当于其电阻率变小。所以在电路模型中，通过改变电阻 R_g 的阻值来调控模型的传输性能。在无激光条件下，R_g 的值趋向于无穷大，此时在 0.76THz 处有一个谐振点，透射系数为 0；在外加激光条件下，R_g 的阻值趋近于 0，也可等效成电阻 R_g 短路，此时模型中的电容 C_{g_1} 在电路中不起作用（$C_{g_1} < C_{g_2}$），此时在 0.54THz 处产生另外一个谐振点，透射系数接近于 0。由此可见，等效电路模型的计算结果与电磁仿真软件的模拟结果吻合较好。图 2.33(b) 是在外加激光条件下和

无激光条件下等效阻抗的实部与虚部变化曲线，图中共有四条曲线，两条实线代表在无激光条件下的阻抗实部和虚部，两条虚线是在外加激光辐射时阻抗的实部和虚部。在 0.76THz 处，两实线同时位于零点；在 0.54THz 处，两条虚线同时处于零点。根据传输线理论，零欧姆阻抗与真空阻抗 $Z_0 = 377\Omega$ 严重不匹配，从而使太赫兹波在该调制器中几乎不能透过，反射系数接近于 1，这与之前所推的公式理论相符。

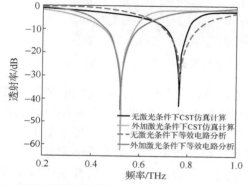

(a) 电磁仿真软件和等效电路模型得到的太赫兹透射结果　　(b) 外加激光条件下与无激光条件下器件等效阻抗的实部与虚部变化曲线

图 2.33　不同工作条件下单元结构的太赫兹电磁响应

将金属超材料结构附着在 200μm 厚的高阻硅基底上。金属超材料结构采用标准的光刻技术进行图案化，其步骤如下：①在硅衬底上涂覆厚度为 1.5μm 的正相光刻胶，并在 105℃ 下预焙 1min。②掩模对齐后在紫外光下曝光，将样品浸泡在显影液中，去除光刻胶的暴露部分。一旦图案准备好，用热蒸发法沉积 300nm 厚的铜金属，并在丙酮溶液中将样品取出，获得所需的金属图案。对于钙钛矿量子点材料部分，首先，用气相沉积法沉积一层薄薄的聚对二甲苯 C 膜，使聚对二甲苯 C 膜完全覆盖样品，接着去除光刻胶中的互补图案，也就是说在不该刻蚀的地方留下光刻胶。③用氧等离子体刻蚀聚对二甲苯 C 膜，留下可以沉积钙钛矿的通孔。在所需的钙钛矿薄膜进行溶液浇铸和退火后，一旦聚对二甲苯 C 膜开始结晶，聚对二甲苯 C 膜就会出现分层现象。④对样品进行彻底退火，以获得高质量的多晶图案结构。对于多个钙钛矿层的沉积和圈定，整个过程可以重复多次。⑤用一层薄的聚甲基丙烯酸甲酯（polymethyl methacrylate，PMMA）封装完成的样品。此外，聚对二甲苯 C 膜封装允许使用光刻中常见的常规溶剂，以便不同的钙钛矿量子点材料形成图案。一般来说，该技术也可以用来制造独立的钙钛矿结构，允许任意厚度且具有图案的钙钛矿材料加工到衬底上，加工好的样品电镜图及样品中钙钛矿材料的光学显微镜图如图 2.34 所示。

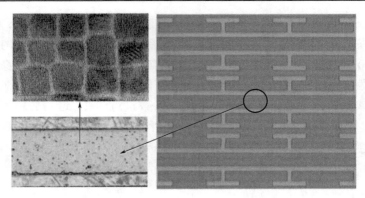

图 2.34　加工好的样品电镜图及样品中钙钛矿材料的光学显微镜图

　　使用的实验测量系统为太赫兹时域光谱系统，所有的实验环境温度都为 25℃，为了避免空气中存在的水蒸气对太赫兹波传输的影响，在做实验前使用空气除湿机对实验室环境中的水蒸气进行去湿，使空气湿度维持在 2%。达到环境要求后，首先测量当前环境下太赫兹时域系统的空气谱，结果作为之后结果的参照谱，这种方法可以减小空气、水蒸气对太赫兹传输测量过程中的影响。随后将样品摆放于样品架上，太赫兹波垂直入射到样品上(调制器的超材料面靠近太赫兹入射方向端)，其入射模式为 TE 模式(电场方向沿 y 轴方向分布，磁场方向沿 x 轴方向分布)。在此次实验中，通过改变 405nm 半导体激光器辐射功率测量该太赫兹波调制器的动态调控能力，图 2.35(a)为测量得到的不同激光辐射功率下样品时域信号强度曲线图。图 2.35(a)中共有八条曲线，各自对应不同的激光辐射功率，随着 405nm 半导体激光辐射功率的增加，透过该调制器的太赫兹信号强度也随之减小。通过对比时域信号在 0μJ/cm² 和 240μJ/cm² 激光功率条件下的主峰强度，可以发现，调制度达到了88.3%，说明太赫兹波取得了很好的幅度调制效果。

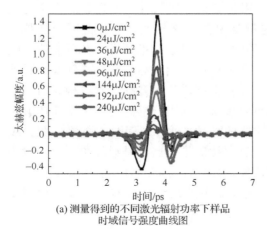

(a) 测量得到的不同激光辐射功率下样品
时域信号强度曲线图

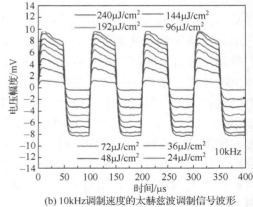

(b) 10kHz调制速度的太赫兹波调制信号波形

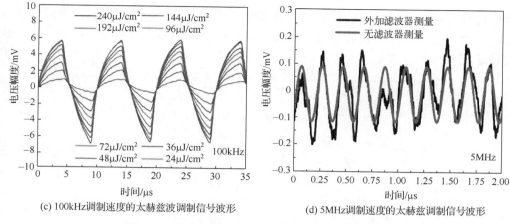

(c) 100kHz调制速度的太赫兹波调制信号波形　　　　(d) 5MHz调制速度的太赫兹调制信号波形

图 2.35　太赫兹调制器的实验测试结果(见彩图)

为了了解该调制器对太赫兹实际调制的性能和波形,本节使用了一种太赫兹耿氏管源及探测器组成的系统对调制器进行实验测试。该系统测量的频谱为 0.1～2.0THz,若在不加任何样品及外界条件的情况下,在探测器端输出一个与探测太赫兹波强度相关的直流电平信号,这是因为在探测器中加入了检波电路。同样,在稳定实验装置后,将样品放置在样品架上,然后将太赫兹波垂直入射至样品,将不同辐射功率的 405nm 半导体激光器辐射至调制器的超材料所在的表面(激光的辐射光斑与太赫兹辐射光斑相互重叠)。与此同时,在激光器的电源端处,加入一个高速的MOS(metal-oxide-semiconductor)开关电路,在电路的信号输入端输入不同频率的方波控制信号来控制半导体激光器的通断。在器件响应速度达到一定的前提下,太赫兹耿氏管探测器输出端输出的信号与控制信号形状相似。图 2.35(b)～(d)是不同激光辐射功率下控制频率为 10kHz、100kHz,以及 5MHz 的调制信号波形。

在调制速度方面,本节研究对比并分析三种结构的响应速度。第一种是纯高阻硅(pure silicon,PS)结构的响应速度测试,第二种是高阻硅衬底+无钙钛矿材料(high resistivity silicon substrate + perovskite free material,SM)的超材料结构的响应速度测试,第三种是高阻硅衬底+钙钛矿材料+超材料(high resistivity silicon substrate + perovskite material + metamaterial,SMP)结构的响应速度测试。从图 2.36(a)与(b)可以明显观察到,三者的响应速度中最快的是第三种结构(SMP),其次是第二种结构(SM),第一种纯高阻硅(PS)结构速度最慢。硅与钙钛矿量子点材料处的界面是极化不连续的,是一种 pn 型的异质结,在界面处形成的二维电子气具有转变金属性及电子高迁移率的特点,这是器件响应速度提高的主要原因。同样,比较 PS 结构与 SM 结构的结果,SM 结构的响应速度远高于 PS 结构,这是因为超材料也是一种特殊的材料且其本身也是由金属材料构成的,从宏观层面看,超胞与硅也形成了异质结结构,从微观层面看,金属铜与硅也形成了欧姆接触,也证明了异质结使器件响应速度提高这一现象。SMP 结构调制器的上升沿响应时间约为 8μs，下降沿响应时间约为 17μs。通过对接收信号的后处理，能广泛地应用在社会安全检查、新一代无线通信系统等领域中。

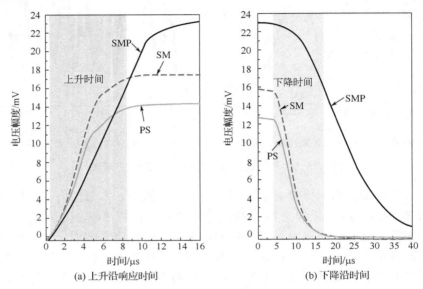

图 2.36　太赫兹调制器的时间响应曲线

2.3.4　Ω形超材料-钙钛矿量子点太赫兹调制

本节设计一种Ω形超材料-钙钛矿量子点太赫兹调制器结构，如图 2.37(a)所示，该调制器衬底为高阻硅，厚度 $h = 200\mu m$，在电磁仿真软件中设置其介电常数 $\varepsilon_{Si} =$ 11.7，该调制器三维结构示意图中灰色部分为缓冲层二氧化硅，其厚度 $h_{SiO_2} =$ 500nm，介电常数 $\varepsilon_{SiO_2} = 2.1$，构成超材料的材料为金属铜。图 2.37(b)为三维结构单元示意图及钙钛矿材料结构图，超材料单元的金属结构部分由两部分组成：一部分位于周期的上半部分，为倒 U 形谐振结构(u shape resonance structure，URS)；另一部分位于周期的下半部分，由两个对称的 L 形金属底部谐振结构(bottom resonance structure，BRS)组成，且顶端位于周期的水平边界处。在两个对称 L 底端间隔处加入了钙钛矿量子点材料，厚度 $h_p = 400nm$，介电常数 $\varepsilon_p = 9.5$，以上单元结构以 $p = 100\mu m$ 周期排列。其他参数为 $g = 12\mu m$，$s = 12\mu m$，$d = 70\mu m$，$a = 75\mu m$。在周期之外，在器件水平方向左右两端引出两个电极，方便在实验测试时加入电极电压。

确定完结构模型后，在仿真软件中建立模型。在 x 方向与 y 方向上使用了周期性边界条件，在 z 方向上设置了开放性边界条件及完美匹配层条件，设置的网格大小为 $\lambda/10$ 的自适应网格。在入射条件方面，设置入射太赫兹波的方向为沿器件水平表面垂直入射(z 的负方向)，入射波为横磁(transverse magnetic，TM)波模式，即电场方向为 x 轴正方向，磁场方向为 y 轴负方向。研究的频段为 0.2～1.0THz。

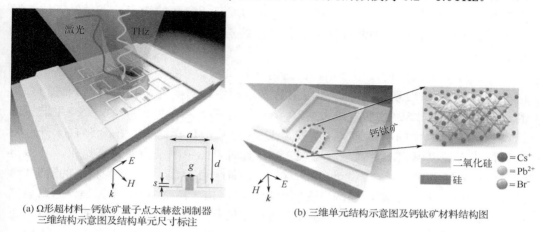

(a) Ω形超材料–钙钛矿量子点太赫兹调制器
　　三维结构示意图及结构单元尺寸标注

(b) 三维单元结构示意图及钙钛矿材料结构图

图 2.37　Ω形超材料-钙钛矿量子点太赫兹调制器结构(见彩图)

　　图 2.38 为不同物理尺寸下太赫兹透射谱的扫描结果，以显示等值线图来描述，横坐标为参数的变化范围，纵坐标为研究的频带范围(0.2～1.0THz)，数值点由不同颜色的点来表示，右侧为色表，从蓝色到红色变化，蓝色代表太赫兹透射率为 0，红色为 1。观察结果图可知，BRS 结构间距 g 的变化对谐振频点位置有较为明显的

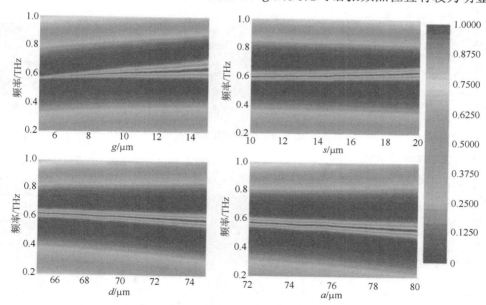

图 2.38　不同物理尺寸下太赫兹透射谱的扫描结果(见彩图)

影响，随着 g 的增大，谐振频点发生明显的蓝移，且谐振频段宽度变宽。URS 与 BRS 结构间距 s 的变化对谐振频点位置影响较小，几乎可以忽略。URS 的 d 与 a 两个参数对谐振位置有较大影响，随着 d 与 a 物理尺寸参数的增大，谐振频点位置发生了明显的红移。考虑调制性能最优化，最终选取了以下结构参数（$g = 12\mu m$，$s = 12\mu m$，$d = 70\mu m$，$a = 75\mu m$）。

图 2.39 为分离结构及整体结构的透射谱仿真结果，结果曲线表明这种结构具有电磁诱导透明（EIT）现象[72-74]。在电磁仿真过程中，对器件中超材料结构进行分离和组合仿真。图 2.39（a）中虚线为 BRS 结构的仿真结果，在 0.74THz 处产生谐振，这属于 EIT 现象中的明模模式。灰线为 URS 结构的仿真结果，在 0.54THz 处产生谐振，此为暗模模式，当两者联合（CRS）仿真时，图中黑线为其仿真结果，其保留了两者分立时的谐振频点，除此之外，在 0.62THz 处出现了一处较为狭窄的透明峰。这表明 CRS 结构属于类电磁诱导透明的超材料结构。图 2.39（b）为其等效电路模型的仿真结果，本节将不再赘述该等效电路模型的理论推导公式，与之前的类似。在此等效电路模型中，BECM（bottom equivalent circuit method）等效 BRS 结构，UECM（u shape bottom equivalent circuit method）等效 URS 结构，CECM 等效 CRS 联合结构。BECM、UECM 在独立运行时得到的曲线与超材料结构中 BRS、URS 分立仿真时得到的结果基本吻合，并且两个分立的电路模块串联组合后与超材料结构中的两个分立结构组合在一起时得到的透射谱曲线基本相同。这说明该等效电路模

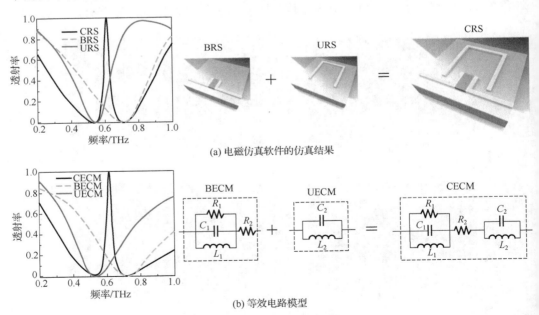

(a) 电磁仿真软件的仿真结果

(b) 等效电路模型

图 2.39　分离结构及整体结构的透射谱仿真结果

型能有效地解释该超材料结构的电磁诱导透明产生的机理，也许这也是该等效电路模型中的另一种类电磁诱导透明现象。

图 2.40 为各谐振频点处的电场分布图。图 2.40(a) 为 0.54THz 谐振点处的电场分布图，电场能量主要集中在 URS 结构上，且左右两边电场能量极性相反，此为暗模。而图 2.40(b) 为 0.62THz 处的电场分布图，此处的透射率接近 1，位于该处的电场能量分布于 BRS 结构与 URS 结构上，说明该频点处 BRS 结构与 URS 结构都发生了谐振效应，URS 结构的谐振是由 BRS 结构谐振时耦合得到的，由于两者产生的谐振干涉导致相消，因此在此处出现了透明的结果。图 2.40(c) 为 0.74THz 处的电场分布图，其主要能量集中在 BRS 结构上，URS 结构上几乎无能量覆盖，同样两边电场极性相反，此为明模。

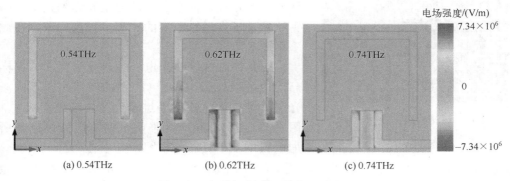

(a) 0.54THz　　　　　　(b) 0.62THz　　　　　　(c) 0.74THz

图 2.40　各谐振频点处的电场分布图

图 2.41(a) 为 Ω 形超材料-钙钛矿量子点太赫兹调制器在不同电导率条件下得到的太赫兹透射谱。钙钛矿量子点材料放置在明模 BRS 结构间隙中，对调控太赫兹波有显著作用。随着钙钛矿量子点电导率的增大，明模 BRS 结构的谐振频点强度逐渐

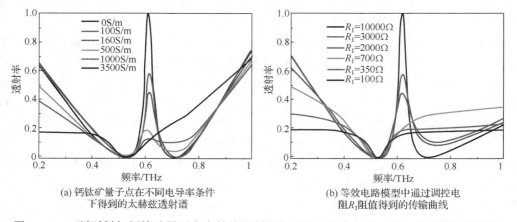

(a) 钙钛矿量子点在不同电导率条件
下得到的太赫兹透射谱

(b) 等效电路模型中通过调控电
阻 R_1 阻值得到的传输曲线

图 2.41　Ω 形超材料-钙钛矿量子点太赫兹调制器在不同电导率条件下的电磁响应(见彩图)

衰弱，当电导率增大到一定值时，BRS 结构的谐振响应消失，而 URS 的谐振响应几乎不受电导率的影响。透明窗口由于明模处的谐振响应逐渐减弱甚至消失，本该有的相消干涉效应也随之失去原有的平衡，透明窗的透射率也随之减小甚至消失。图 2.41（b）为等效电路模型中通过调控电阻 R_1 阻值得到的传输曲线。随着外界激光辐射强度的增强，钙钛矿量子点材料电导率随之增大，映射到电路系统中表征为电阻 R_1 的减小。随着 R_1 的减小，BECM 电路模块的谐振强度逐渐减弱甚至消失，UECM 电路模型的谐振响应几乎不变，由于两者原有的干涉相消失去平衡，透明窗口的传输系数也随之减弱甚至消失，这与器件在电磁仿真软件中得到的结果相接近。

图 2.42　超材料结构样品在电子
显微镜中拍得的图像

图 2.42 为超材料结构样品在电子显微镜中拍得的图像，同样该样品的加工步骤与 2.2 节所设计的结构相似，使用了标准的正胶光刻技术，与钙钛矿量子点材料图案的加工步骤也一致，在此不再过多赘述。

首先，对器件的光电特性进行了测试，在样品两边电极处施加−15～15V 的电压，在不同激光强度条件下，测试经过器件产生的电流大小，图 2.43（a）为不同光照强度下器件电流 I_{DS} 与所加电极电压 V_{DS} 的关系图，其中在−15～0V 内，随着激光强度的增加，产生的电流明显增大，而在 0～15V 内，电流的大小不受激光强度的影响，这说明在该调制器钙钛矿量子点材料与硅交界处形成异型异质结。将样品放入太赫兹时域光谱系统中进行时域信号测试，太赫兹入射波的模式为 TM 模式（电场方向沿 x 轴方向分布，磁场方向沿 y 轴方向分布），入射方向为垂直调制器表面。图 2.43（b）中虚线表示空气谱，红实线表示硅+超材料（电磁诱导透明金属）结构的时域谱，蓝实线为在前者基础上加入钙钛矿量子点形成异质结结构后的时域谱。加入钙钛矿量子点材料后，时域信号的幅度相比之前稍弱一些，但位置几乎不变。为了得到样品对太赫兹波的调制效果，之后通过加入 405nm 的半导体激光器，改变其辐射功率，得到如图 2.43（c）所示的不同光照强度下调制器的太赫兹时域信号图。可以明显地观察到，随着激光功率的增加，太赫兹时域谱中主峰处的信号强度明显减弱，对比时域信号在 $0\mu J/cm^2$ 和 $240\mu J/cm^2$ 激光功率条件下的主峰强度，调制度达到了 84%，说明该调制器对太赫兹波具有良好的调控性能。图 2.43（d）为图 2.43（c）通过傅里叶变换得到的频谱图，从频域角度分析，位于 0.6THz 处的透明窗同样获得了较好的调制效果，但透明窗中心频点及两谐振频点位置与仿真相比具有一定差别，其主要是因为调制器样品在加工过程中存在一定的误差及实验测试过程中环境因素对实验结果也具有一定的影响，总的来说获得了较好的验证。

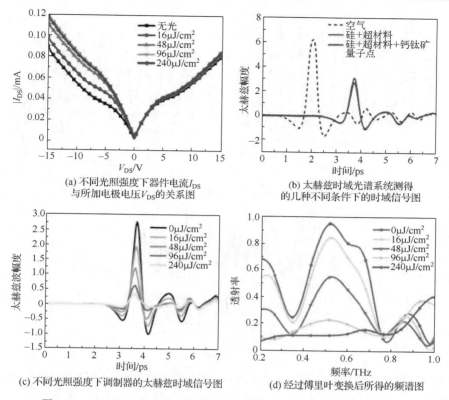

(a) 不同光照强度下器件电流 I_{DS}
与所加电极电压 V_{DS} 的关系图

(b) 太赫兹时域光谱系统测得
的几种不同条件下的时域信号图

(c) 不同光照强度下调制器的太赫兹时域信号图

(d) 经过傅里叶变换后所得的频谱图

图 2.43　Ω 形超材料-钙钛矿量子点太赫兹调制器响应曲线(见彩图)

　　使用太赫兹耿氏管源及探测器,并通过不同激光强度的 405nm 半导体激光器以周期性通断的方式辐射至具有钙钛矿量子点材料面的器件表面,得到太赫兹波在不同控制频率下的调制波形。图 2.44(a)为通断频率为 10kHz 时的调制波形,从波形形状看,是一个完整的方波波形。图 2.44(b)为通断频率为 100kHz 时的调制波形,其波形形状类似于三角波形。通过控制激光频率,得到该调制器所能达到的最大调制频率为 8MHz,波形如图 2.44(c)所示,经过处理后,得到较为完整的 8MHz 的正弦波调制波形。图 2.45 为 Ω 形超材料-钙钛矿量子点太赫兹调制器时间响应曲线,图 2.45(a)中上升时间为 6μs,图 2.45(b)中下降时间为 8μs,且该调制器在调制度的灵敏度方面也具有很大的优势。因此 Ω 形超材料-钙钛矿量子点结构对太赫兹调制器的调制灵敏度及调制速度有较好的影响,对太赫兹调制器应用在安检、通信、成像等领域发展有重要意义。

　　图 2.46 为 Ω 形超材料-钙钛矿量子点太赫兹调制器在有无激光照射条件下太赫兹成像系统中所拍得的图像,其中在调制与探测器之间加入了一块金属板,金属板中间镂空了一个圆孔。正常情况下,太赫兹波只能通过该圆孔。因此可以明显地观

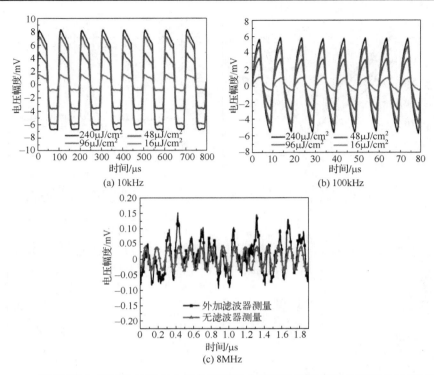

图 2.44 Ω形超材料-钙钛矿量子点太赫兹调制器在不同激光强度下的测试曲线(见彩图)

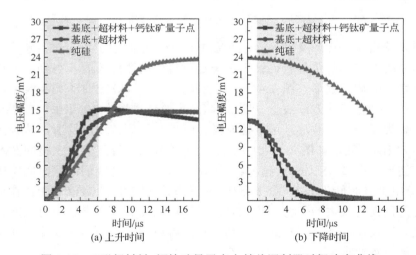

图 2.45 Ω形超材料-钙钛矿量子点太赫兹调制器时间响应曲线

察到在无激光照射条件下,图 2.46(a)为图像中心圆形透射率为 1 的太赫兹波强度图像。图 2.46(b)为在强激光条件下的图像,与图 2.46(a)相比,原本透射率为 1 的圆形光斑强度大大减弱，因此也证明了该调制器对太赫兹波有很好的调制效果，且能应用在成像系统中，是未来医疗器械、安检中必不可少的部分。

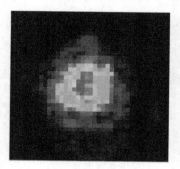 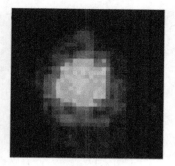

(a) 无激光照射条件下　　　　　　　　(b) 强激光条件下

图 2.46　Ω形超材料-钙钛矿量子点太赫兹调制器在有无激光照射下太赫兹成像系统中所拍得的图像

2.3.5　硅波导-钙钛矿量子点太赫兹调制

电磁波被拘束在一个方向上传输的波导结构称为一维受限的二维平面波导。电磁波在两个方向上受到约束而传输的波导结构称为二维受限的三维波导。在二维平面波导中存在两种基本的电磁波传输模式：横电(TE)波模式和横磁(TM)波模式。而三维波导比二维波导中电磁波的传播模式要多且复杂，只存在混合模。波导分析方法主要有以下几种：三层平板光波分析法(method for a three-layer slab optical waveguide)、有效折射率分析法(effective index method)和光束传输法(beam propagation method)。在光束传输法中，针对波方程可以采取不同的求解方法，其中包括快速傅里叶法(fast Fourier transform method)、有限元法(finite element method)、有限差分法(finite difference method)及时域有限差分(finite difference time domain，FDTD)法等。

本节设计一种硅波导-钙钛矿量子点太赫兹调制器，图 2.47(a) 和 (b) 是其三维结构示意图与钙钛矿覆盖范围示意图。该圆形波导太赫兹调制器的衬底材料为石英，设置其厚度 $h = 2\text{mm}$，宽度为 1mm，折射率 $n_s = 1.45$。在基底上方有一根长的中间半径减小呈锥形的圆柱体，材料为硅，设置其折射率 $n_{Si} = 3.45$，在硅波导-钙钛矿量子点太赫兹调制器结构中，该部分作为芯层传输太赫兹波。在距离芯层入射端一段距离处，在芯层锥形部分区域覆盖了钙钛矿量子点材料，设置其折射率 $n_p = 3.15$。由于 $n_{Si} > n_p > n_s$，满足芯层传输太赫兹波的基本条件，说明该结构类型的波导型调制器对太赫兹波传输及调控具有初步的可行性。图 2.47(c) 为尺寸示意图，$l_1 = 6000\mu\text{m}$，$l_2 = 4000\mu\text{m}$，$l_3 = 100\mu\text{m}$，$l_4 = 32000\mu\text{m}$，波导入射出射端直径为 $500\mu\text{m}$，中间覆盖钙钛矿处直径为 $20\mu\text{m}$。

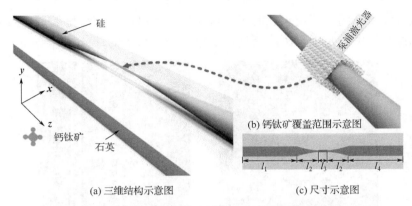

(a) 三维结构示意图　　　　　　　　　(c) 尺寸示意图

图 2.47　硅波导–钙钛矿量子点太赫兹调制器结构

波导结构尺寸及折射率差决定着对不同频率太赫兹波的传输性能及调控效果[73,74]。传输波长与折射率差、尺寸结构之间的关系式为(基模)

$$
\begin{cases}
V = \dfrac{2\pi a}{\lambda}\sqrt{n_1^2 - n_2^2} \leqslant 2.405 \\[2mm]
\sqrt{n_1^2 - n_2^2} \approx n_1\sqrt{2\Delta}
\end{cases}
\tag{2.35}
$$

式中，n_1 为芯层折射率；n_2 为外包层折射率。

在确定完调制器物理结构参数后，最后一项确定的变量为输入波导结构中进行传输的太赫兹波的波长。该参数需要从实际仿真数值计算中进行优化选择，使用的计算方法为光束传输法，在仿真软件 Beampro 中使用的数学模型就是光束传输法中的时域有限差分(FDTD)法。通过在 Beampro 中使用三维光纤结构模块，建立了所提出的器件模型，在芯层传输路径的末端加入能量监视器，探测最终传输出来的太赫兹波能量，得到对应的传输系数。图 2.48(a)～(c)为基模、一阶模和二阶模模式及传输能量图，图 2.48(d)为各模式的传输曲线图，从图中可以明显地观察到，只有在基模模式情况下，太赫兹波能被该波导结构传输，二阶模和三阶模在芯层锥形内无法被芯层束缚而弥散至自由空间中。

在确定好入射波的入射模式为 TE_{01} 的基模传输方式后，需对器件的结构尺寸和入射波长进行优化扫描，得到该调制器的最佳性能。图 2.49(a)是入射波长为 $300\mu m$ 和钙钛矿材料性能初始条件下通过改变钙钛矿量子点包层厚度及长度得到的透射率分布曲线。考虑调制器对该波长较高透射率和调制度等性能的需求，选取钙钛矿量子点覆盖厚度为 $20\mu m$，长度为 $100\mu m$。图 2.49(b)为器件等效折射率 N_{eff} 及透射率随不同波长太赫兹波的变化曲线，根据最优情况确定入射波长为 $300\mu m$。此外，还对不同波长和不同芯层包层间折射率差条件下调制器对太赫兹波传输性能影响进行了优化，图 2.49(c)显示当入射波长为 $300\mu m$ 时，折射率差从 0.3 变化至 0.2 条件下

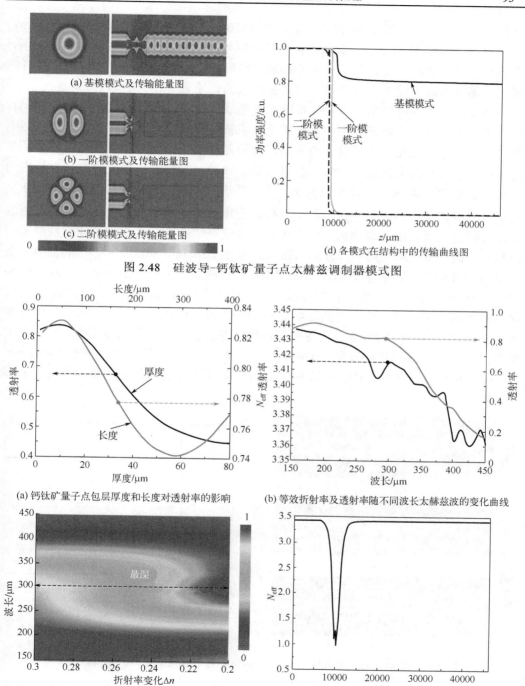

(a) 基模模式及传输能量图

(b) 一阶模模式及传输能量图

(c) 二阶模模式及传输能量图

(d) 各模式在结构中的传输曲线图

图 2.48　硅波导-钙钛矿量子点太赫兹调制器模式图

(a) 钙钛矿量子点包层厚度和长度对透射率的影响

(b) 等效折射率及透射率随不同波长太赫兹波的变化曲线

(c) 不同波长和折射率条件下的透过率优化结果

(d) 器件各处对300μm波长太赫兹波的等效折射率曲线

图 2.49　硅波导-钙钛矿量子点太赫兹调制器响应曲线

得到最深的调制度。图 2.49 (d) 为入射波长为 300μm，钙钛矿量子点厚度为 20μm，长度为 100μm 条件下位于调制器不同 z 坐标位置处的等效折射率曲线，结果显示，在钙钛矿量子点材料覆盖处即 $z = 10000$μm 附近，由于芯层直径变小和钙钛矿材料附着，等效折射率发生较大变化，对太赫兹波的传输具有较大的影响。

钙钛矿量子点材料是一种直接带隙光电半导体材料，随着外界激光辐射的影响，钙钛矿量子点材料中载流子由于光子跃迁效应被释放出来，引起材料折射率、介电常数、电导率的变化。本章研究的是圆形波导器件，且中间部分半径减小较多，使得芯层对入射波的束缚能力减弱，会有大量波弥散至包层处，故折射率和电导率的变化对调制器性能都具有较大的影响。介电常数与折射率之间关系式为 $n = \sqrt{\varepsilon\mu}$，由于钙钛矿量子点的磁导率 μ 在设计的激光变化条件下基本不发生改变，所以两者存在直接的联系。电导率的增大也会对器件性能产生影响，且影响的物理机理与折射率差不同。图 2.50 (a)～(c) 分别为激光强度在 0μJ/cm²、90μJ/cm² 和 240μJ/cm² 条件下的太赫兹波传输能量分布图；图 2.50 (d) 为激光强度在 0μJ/cm²、90μJ/cm² 和 240μJ/cm² 条件下得到的能量传输曲线图。当激光强度为 0μJ/cm² 时，太赫兹波的传输透射率达到了 0.83；当激光强度增至 90μJ/cm² 时，钙钛矿量子点材料的折射率变为 3.2，电导率达到 3000S/m，使得覆盖范围内弥散至自由空间的波增加，在钙钛矿量子点包层中的波部分被吸收，最终得到 0.53 的透射率；当激光强度增至 240μJ/cm² 时，折射率变为 3.25，电导率达到 10000S/m，最终得到 0.15 的透射率，达到了 82% 的调制度。

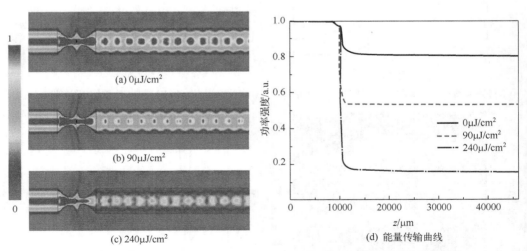

(a) 0μJ/cm²

(b) 90μJ/cm²

(c) 240μJ/cm²

(d) 能量传输曲线

图 2.50　不同光强辐照条件下硅波导–钙钛矿量子点太赫兹调制器调制特性

图 2.51 为以钙钛矿量子点包层末端为相对参考 z 轴 0 点，图 2.51 (a)～(c) 为 0μJ/cm² 条件下位于 0μm、100μm 和 300μm 的界面能量分布图；图 (d)～(f) 为 90μJ/cm² 条件

下位于 0μm、100μm 和 300μm 的界面能量分布图；图 (g)～(i) 为 240μJ/cm² 条件下位于 0μm、100μm 和 300μm 的界面能量分布图。此截面的形式更直接地表示了波在此调制器条件变换下入射波的传输情况。比较不同激光强度条件下的能量分布图，可知随着激光强度的增大，位于 0μm、100μm 和 300μm 处弥散至自由空间中的波大量增加，且位于包层中的波同样由于钙钛矿量子点材料电导率的增加而被大量吸收，使位于芯层中传输的太赫兹光斑变小，从而减小了太赫兹波的有效传输，降低了器件的透射性能，从而实现对太赫兹波的有效调控。

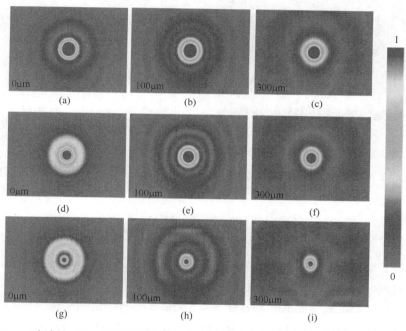

图 2.51　硅波导-钙钛矿量子点太赫兹调制器以钙钛矿量子点包层末端为相对参考
z 轴 0 点的界面能量分布图

(a)～(c) 为 0μJ/cm² 条件下位于 0μm、100μm 和 300μm 的界面能量分布图；(d)～(f) 为 90μJ/cm² 条件下位于 0μm、100μm 和 300μm 的界面能量分布图；(g)～(i) 为 240μJ/cm² 条件下位于 0μm、100μm 和 300μm 的界面能量分布图

　　图 2.52(a) 为硅波导-钙钛矿量子点太赫兹调制器在不同入射角和极化角条件下得到的透射率分布图。从图 2.52(a) 可知，入射角 θ 在 0°～13° 内，该调制器对太赫兹波达到较好的传输，透射率在 0.8 以上，但随着入射角度的逐渐增大，太赫兹波的透射率大大减小，当入射角大于 40° 时，几乎没有太赫兹波能够被该调制器传输，透射率接近于 0。横坐标为极化角，极化角 φ 在 0°～360° 变化，可知在透射率较好的入射角范围内，对太赫兹波的传输几乎没有影响，说明硅波导-钙钛矿量子点太赫兹调制器是一种极化不敏感的器件，这也符合调制器为圆形波导结构的性能。同样作为太赫兹调制器的重要性能，响应时间也加入本项研究工作中。图 2.52(b) 为该

调制器的响应时间曲线，从图 2.52(b)中可知，该调制器的最大响应时间为 150ns，这意味着所设计的调制器最大调制速度可达 6.7MHz。该调制器具有结构简单、调制度大、响应时间快等优点，在未来太赫兹波将在有线通信、医疗、安检等领域具有广泛的应用价值。

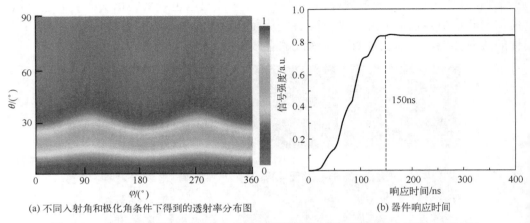

(a) 不同入射角和极化角条件下得到的透射率分布图　　　　(b) 器件响应时间

图 2.52　硅波导-钙钛矿量子点太赫兹调制器的太赫兹透射率分布图及响应时间

参 考 文 献

[1]　Federici J, Moeller L. Review of terahertz and subterahertz wireless communications. Journal of Applied Physics, 2010, 107(11): 111101.

[2]　Kawase K, Ogawa Y, Watanabe Y, et al. Non-destructive terahertz imaging of illicit drugs using spectral fingerprints. Optics Express, 2003, 11(20): 2549-2554.

[3]　Dorney T, Baraniuk R, Mittleman D. Material parameter estimation with terahertz time-domain spectroscopy. Journal of the Optical Society of America A, 2001, 18(7): 1562-1571.

[4]　Dyakonov M, Shur M. Detection, mixing, and frequency multiplication of terahertz radiation by two-dimensional electronic fluid. IEEE Transactions on Electron Devices, 1996, 43(3): 380-387.

[5]　Tauk R, Teppe F, Boubanga S, et al. Plasma wave detection of terahertz radiation by silicon field effects transistors: Responsivity and noise equivalent power. Applied Physics Letters, 2006, 89(25): 253511.1-253511.3.

[6]　Siegel P. Terahertz technology in biology and medicine. IEEE Transactions on Microwave Theory and Techniques, 2004, 52(10): 2438-2447.

[7]　Kemp M, Taday P, Cole B, et al. Security applications of terahertz technology. Proceedings of SPIE-The International Society for Optical Engineering, Orlando, 2003: 44-52.

[8] Chen H, Padilla W, Zide J, et al. Active terahertz metamaterial devices. Nature, 2006, 444(7119): 597-600.

[9] Fekete L, Kadlec F, Kuzel P, et al. Ultrafast opto-terahertz photonic crystal modulator. Optics Letters, 2007, 32(6): 680-682.

[10] Li J, He J, Hong Z. Terahertz wave switch based on silicon photonic crystals. Applied Optics, 2007, 46(22): 5034-5037.

[11] Chen C, Zhu Y, Zhao Y, et al. VO_2 multidomain heteroepitaxial growth and terahertz transmission modulation. Applied Physics Letters, 2010, 97(21): 211905.1-211905.3.

[12] Shi Q, Huang W, Wu J, et al. Terahertz transmission characteristics across the phase transition in VO_2 films deposited on Si, sapphire, and SiO_2 substrates. Journal of Applied Physics, 2012, 112(3): 033523.1-033523.6.

[13] Savo S, Shrekenhamer D, Padilla W. Liquid crystal metamaterial absorber spatial light modulator for THz applications. Advanced Optical Materials, 2014, 2(3): 275-279.

[14] Sensale-Rodriguez B, Yan R, Kelly M, et al. Broadband graphene terahertz modulators enabled by intraband transitions. Nature Communications, 2012, 3(780): 1-7.

[15] Innocenti R D, Jessop D S, Shah Y D, et al. Low-bias terahertz amplitude modulator based on split-ring resonators and graphene. ACS NANO, 2014, 8(3): 2548-2554.

[16] Yang D, Jiang T, Cheng X. Optically controlled terahertz modulator by liquid-exfoliated multilayer WS_2 nanosheets. Optics Express, 2017, 25(14): 16364-16377.

[17] Zhou G, Dai P, Wu J, et al. Broadband and high modulation-depth THz modulator using low bias controlled VO_2-integrated metasurface. Optics Express, 2017, 25(15): 17322.

[18] Hu F, Rong Q, Zhou Y, et al. Terahertz intensity modulator based on low current controlled vanadium dioxide composite metamaterial. Optics Communications, 2019, 440(1): 184-189.

[19] Wang X, Cheng L, Wu Y, et al. Topological-insulator-based terahertz modulator. Scientific Reports, 2017, 7(1): 13486-13492.

[20] Xiao B, Sun R, He J, et al. A terahertz modulator based on graphene plasmonic waveguide. IEEE Photonics Technology Letters, 2015, 27(20): 2190-2192.

[21] Gao W, Shu J, Reichel K, et al. High-contrast terahertz wave modulation by gated graphene enhanced by extraordinary transmission through ring apertures. Nano Letters, 2014, 14(3): 1242-1248.

[22] Nouman M, Kim H, Woo J, et al. Terahertz modulator based on metamaterials integrated with metal-semiconductor-metal varactors. Scientific Reports, 2016, 6(1): 26452-26458.

[23] Lai Z, Smedley K. A family of continuous-conduction-mode power-factor-correction controllers based on the general pulse-width modulator. IEEE Transactions on Power Electronics, 1998, 13(3): 501-510.

[24] Chen H T, Padilla W J, Zide J M, et al. Ultrafast optical switching of terahertz metamaterials fabricated on ErAs/GaAs nanoisland superlattices. Optics Letters, 2007, 32(12): 1620.

[25] Lee S, Choi M, Kim T, et al. Switching terahertz waves with gate-controlled active graphene metamaterials. Nature Materials, 2012, 11(11): 936-941.

[26] Zhou Z, Wang S, Yu Y, et al. High performance metamaterials-high electron mobility transistors integrated terahertz modulator. Optics Express, 2017, 25(15): 17832-17840.

[27] Wang J, Tian H, Wang Y, et al. liquid crystal terahertz modulator with plasmon-induced transparency metamaterial. Optics Express, 2018, 26(5): 5769-5776.

[28] Binder R, Scott D, Paul A, et al. Carrier-carrier scattering and optical dephasing in highly excited semiconductors. Physical Review B, 1992, 45(3): 1107-1115.

[29] Nagaev E, Grigin A. Screening, instability of the uniform state, and charge carrier scattering in heavily doped ferromagnetic semiconductors. Physica Status Solidi, 2006, 65(2): 457-467.

[30] Rossi F, Kuhn T. Theory of ultrafast phenomena in photoexcited semiconductors. Review of Modern Physics, 2002, 74(3): 895-950.

[31] Hochberg M, Baehr-Jones T, Wang G. Terahertz all-optical modulation in a silicon-polymer hybrid system. Nature Materials, 2006, 5(9): 703-709.

[32] Shrekenhamer D, Rout S, Strikwerda A, et al. High speed terahertz modulation from metamaterials with embedded high electron mobility transistors. Optics Express, 2011, 19(10): 9968-9975.

[33] Turchinovich D, Hvam J, Hoffmann M. Self-phase modulation of a single-cycle terahertz pulse by nonlinear free-carrier response in a semiconductor. Physical Review B, 2012, 85(20): 201304.1-201304.5.

[34] Yamasaki S, Yasui A, Amemiya T, et al. Optically driven terahertz wave modulator using ring-shaped microstripline with GaInAs photoconductive mesa structure. IEEE Journal of Selected Topics in Quantum Electronics, 2017, 23(4): 1-8.

[35] Ma Y, Saha S, Bernassau A, et al. Terahertz free space communication based on acoustic optical modulation and heterodyne detection. Electronics Letters, 2011, 47(15): 868-870.

[36] Lee G, Maeng I, Kang C, et al. High-efficiency optical terahertz modulation of aligned Ag nanowires on a Si substrate. Applied Physics Letters, 2018, 112(11): 111101.1-111101.4.

[37] Li J, Said Z. Ultrafast and low-power terahertz wave modulator based on organic photonic crystal. Optics Communications, 2012, 285(6): 953-956.

[38] Wen Q, Tian W, Mao Q, et al. Graphene based all-optical spatial terahertz modulator. Scientific Reports, 2014, 4(1): 7409-7414.

[39] Lee K, Kang R, Son B, et al. All-optical THz wave switching based on $CH_3NH_3PbI_3$ perovskites. Scientific Reports, 2016, 6(1): 37912-37917.

[40] Campbell P, Jones K. A silicon-based, three-dimensional neural interface: Manufacturing processes for an intracortical electrode array. IEEE Transactions on Biomedical Engineering, 1991, 38(8): 758-768.

[41] Mller C. Crystal structure and photoconductivity of caesium plumbohalides. Nature, 1958, 182(4647): 1436.

[42] Kagan C, Mitzi D, Dimitrakopoulos C. Organic-inorganic hybrid materials as semiconducting channels in thin-film field-effect transistors. Science, 1999, 286(5441): 945-947.

[43] Yettapu G, Talukdar D, Sarkar S, et al. THz conductivity within colloidal $CsPbBr_3$ perovskite nanocrystals: Remarkably high carrier mobilities and large diffusion lengths. Nano Letters, 2016, 16(8): 4838-4848.

[44] Chanana A, Liu X, Zhang C, et al. Ultrafast frequency-agile terahertz devices using methylammonium lead halide perovskites. Science Advances, 2018, 4(5): 7353-7360.

[45] Kojima A, Teshima K, Shirai Y, et al. Organometal halide perovskites as visible-light sensitizers for photovoltaic cells. Journal of the American Chemical Society, 2009, 131(17): 6050-6051.

[46] Shin S, Yeom E, Yang W, et al. Colloidally prepared la-doped $BaSnO_3$ electrodes for efficient, photostable perovskite solar cells. Science, 2017, 356(6334): 167-171.

[47] Abdi-Jalebi M, Andaji-Garmaroudi Z, Cacovich S, et al. Maximizing and stabilizing luminescence from halide perovskites with potassium passivation. Nature, 2018, 555(7697): 497-501.

[48] Dursun I, Shen C, Parida M, et al. Perovskite nanocrystals as a color converter for visible light communication. ACS Photonics, 2016, 3(7): 1150-1156.

[49] Stranks S, Eperon G, Grancini G, et al. Electron-hole diffusion lengths exceeding 1 micrometer in an organometal trihalide perovskite absorber. Science, 2013, 342(6156): 341-344.

[50] Veldhuis S, Boix P, Yantara N, et al. Perovskite materials for light-emitting diodes and lasers. Advanced Materials, 2016, 28(32): 6804-6834.

[51] Jeon N, Noh J, Yang W, et al. Compositional engineering of perovskite materials for highperformance solar cells. Nature, 2015, 517: 476-480.

[52] Dong Q, Fang Y, Shao Y, et al. Solar cells. Electron hole diffusion lengths >175mm in solution-grown $CH_3NH_3PbI_3$ single crystals. Science, 2015, 347(6225): 967-970.

[53] Wehrenfennig C, Eperon G, Johnston M, et al. High charge carrier mobilities and lifetimes in organolead trihalide perovskites. Advanced Materials, 2014, 26(10): 1584-1589.

[54] Chanana A, Zhai Y, Baniya S, et al. Colour selective control of terahertz radiation using two-dimensional hybrid organic inorganic lead-trihalide perovskites. Nature Communications, 2017, 8: 1328.

[55] Wu X, Trinh M, Niesner D, et al. Trap states in lead iodide perovskites. Journal of the American Chemical Society, 2015, 137(5): 2089-2096.

[56] Mitzi D, Field C, Harrison W, et al. Conducting tin halides with a layered organic-based perovskite structure. Nature, 1994, 369: 467-469.

[57] Li X, Bi D, Yi C, et al. A vacuum flash-assisted solution process for high-efficiency large-area perovskite solar cells. Science, 2016, 353(6294): 58-62.

[58] Niu G, Guo X, Wang L. Review of recent progress in chemical stability of perovskite solar cells. Journal of Materials Chemistry A, 2015, 3: 8970-8980.

[59] Zhang F, Zhong H, Chen C, et al. Brightly luminescent and color tunable colloidal $CH_3NH_3PbX_3$ (X = Br, I, Cl) quantum dots: Potential alternatives for display technology. ACS Nano, 2015, 9(4): 4533-4542.

[60] Yoon H, Kang H, Lee S, et al. Study of perovskite QD down-converted LEDs and six-color white LEDs for future displays with excellent color performance. ACS Applied Materials and Interfaces, 2016, 8(28): 18189-18200.

[61] Zhu H, Fu Y, Meng F, et al. Lead halide perovskite nanowire lasers with low lasing thresholds and high quality factors. Nature Materials, 2015, 14: 636-642.

[62] Lee Y, Kwon J, Hwang E, et al. High-performance perovskite-graphene hybrid photodetector. Advanced Materials, 2015, 27(1): 41-46.

[63] Xia H, Li J, Sun W, et al. Organohalide lead perovskite based photodetectors with much enhanced performance. Chemical Communications, 2014, 50: 13695-13697.

[64] Akkerman Q, D'Innocenzo V, Accornero S, et al. Tuning the optical properties of cesium lead halide perovskite nanocrystals by anion exchange reactions. Journal of the American Chemical Society, 2015, 137(32): 10276-10281.

[65] Sun S, Yuan D, Xu Y, et al. Ligand-mediated synthesis of shape controlled cesium lead halide perovskite nanocrystals via reprecipitation process at room temperature. ACS Nano, 2016, 10(3): 3648-3657.

[66] Zhang D, Eaton S, Yu Y, et al. Solution-phase synthesis of cesium lead halide perovskite nanowires. Journal of the American Chemical Society, 2015, 137(29): 9230-9233.

[67] Maes J, Balcaen L, Drijvers E, et al. Light absorption coefficient of $CsPbBr_3$ Perovskite nanocrystals. Journal of Physical Chemistry Letters, 2018, 9(11): 3093-3097.

[68] Li S, Li J. Terahertz modulator a using $CsPbBr_3$ perovskite quantum dots heterostructure. Applied Physics B, 2018, 124: 224.

[69] Wang K, Li J. Muti-band terahertz modulator based on double metamaterial/perovskite hybrid structure. Optics Communications, 2019, 447: 1-5.

[70] Wang K, Li J, Yao J. Sensitive terahertz free space modulator using $CsPbBr_3$ perovskite quantum dots-embedded metamaterial. Journal of Infrared Millimeter and Terahertz Waves, 2020, 41(5): 557-567.

[71]　Xiong R, Peng X, Li J. Terahertz switch utilizing inorganic perovskite-embedded metasurface. Frontiers in Physics, 2020, 8: 141.

[72]　Miller F, Vandome A, Mcbrewster J. Electromagnetically induced transparency. Reviews of Modern Physics, 2005, 77(2): 633-673.

[73]　Tao S, Song J, Fang Q, et al. Improving coupling efficiency of fiber-waveguide coupling with a double-tip coupler. Optics Express, 2009, 16(25): 20803-20808.

[74]　Fang Q, Liow T, Song J, et al. Suspended optical fiber-to-waveguide mode size converter for silicon photonics. Optics Express, 2010, 18(8): 7763-7769.

第 3 章　微纳结构太赫兹滤波与移相器

太赫兹技术的发展日新月异，在太赫兹应用系统中扮演重要角色的太赫兹滤波器和移相器也涌现出各种新结构来满足太赫兹技术发展的需求。太赫兹滤波器功能各异，种类繁多，按照选频功能进行区分，可以分为太赫兹窄带滤波器、太赫兹宽带滤波器、太赫兹单频段滤波器、太赫兹双频段滤波器和太赫兹多频段滤波器等[1-5]。太赫兹移相器直接影响着相控阵性能，一些微机电系统(micro-electro-mechanical system，MEMS)移相器[6]和 InP 基底移相器[7]及开关线型移相器[8]相继出现，相比于其他类型移相器，具有低插损、高线性度、集成化等优势，然而其存在构成复杂、工艺难度大和结构实现难等难点，不能灵活地实现操控。石墨烯[9]、氧化铟锡(ITO)[10]和液晶材料[11]的出现为这一研究领域注入了新的活力，石墨烯和液晶材料都具有独特的可调特性，其电导率和介电常数可以通过外加场改变，具有连续可调、可灵活操控太赫兹波等优点，已成为国内外太赫兹移相器研究领域的热点。

3.1　多类型结构太赫兹滤波与移相器

3.1.1　频率选择表面太赫兹滤波器

频率选择表面(frequency selective surface，FSS)是一种按照周期性规律排列的贴片或者单元结构，这种结构对包括太赫兹在内的电磁波具有一定的选择透过性，因此常常被用作滤波器。2018 年，Li 等[12]制作了双层矩形孔周期结构太赫兹滤波器，在中心频率 1THz 处获得 400GHz 带宽的带通滤波器(图 3.1(a))，双层矩形孔周期结构太赫兹滤波器样品加工结果如图 3.1(b)所示，理论计算与实验结果十分吻合，结果如图 3.1(c)所示。2018 年，Xiong 等[13]设计、制作并测试了一种双层圆孔周期结构的频率选择表面结构太赫兹滤波器。该滤波器是由双层金属结构组成的，每层金属结构在锡箔上镂空出六方晶格阵列的圆孔，如图 3.2(a)所示。该滤波器表现出一个平坦的通带，−3dB 通带范围为 0.81～1.01THz，带宽为 0.2THz，且理论计算与实验结果较吻合，结果如图 3.2(b)所示。

2018 年，Zhai 等[14]提出了一种基于柔性聚酰亚胺的高选择性太赫兹滤波器。该滤波器是将非对称交叉槽孔阵列放置在 50μm 厚的聚酰亚胺薄膜上，同时，该滤波器表现出较高的灵活性和较低的内在损耗，金属交叉槽的结构单元如图 3.3(a)所示。用时域光谱实验研究了滤波器的传输特性，发现该滤波器在 0.5～2.0THz 内具有很

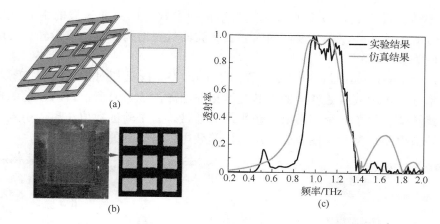

图 3.1　双层矩形孔周期结构太赫兹滤波器及性能曲线

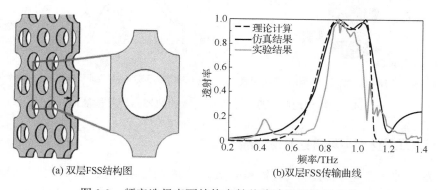

图 3.2　频率选择表面结构太赫兹滤波器及性能曲线

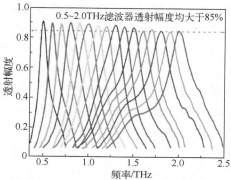

图 3.3　非对称交叉槽结构太赫兹滤波器

高的频率选择性。通过改变非对称交叉结构的参数可以改变谐振的中心频率，如图 3.3(b) 所示。此外，本节设计的太赫兹滤波器具有结构简单、重量轻、实用性高和成本低等优点。

2019 年，Nemat-Abad 等[15]提出了一种在 0.775THz 处相对带宽达到 72% 的三阶带通频率选择表面太赫兹滤波器，其三维拓扑图如图 3.4(a) 所示。与以前的报道相比，该滤波器获得了一个高透射且较平坦的通带。为了验证数值结果，引入空间滤波器的等效电路模型，如图 3.4(b) 所示，等效电路与仿真的结果较吻合。

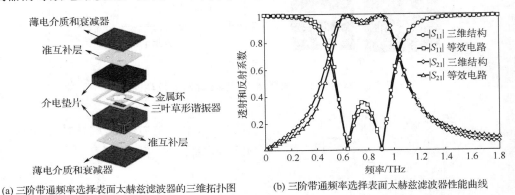

(a) 三阶带通频率选择表面太赫兹滤波器的三维拓扑图　　(b) 三阶带通频率选择表面太赫兹滤波器性能曲线

图 3.4　三阶带通频率选择表面太赫兹滤波器结构及性能曲线

3.1.2　人工超材料太赫兹滤波器

作为一种人工电磁材料，超材料一般是由周期性的亚波长结构排列组合而成的[16-18]。与自然界中常见的材料不同，超材料能够表现出独特的电磁性质从而实现自然界中的材料不能实现的功能。在太赫兹波段，很多自然界中的材料不能很好地响应太赫兹波，超材料的出现为太赫兹技术的发展提供了更多的可能。通过人为地调整超材料的周期、结构和尺寸来实现对包括太赫兹波在内的电磁波的控制。因此，可以用超材料来设计各种太赫兹功能器件，如太赫兹吸收器[19,20]、太赫兹调制器[21,22]和太赫兹滤波器等[23,24]。2017 年 Dmitriev 等[25]提出了一种基于石墨烯鱼鳞结构的可控频率和极化敏感的太赫兹滤波器。该滤波器是将鱼鳞状的石墨烯条带放置在介质基板上，结构单元如图 3.5(a) 所示。由于结构的不对称性，该滤波器表现出极化敏感的特性，使其能够在不同的极化条件下工作在不同的频率区域。该滤波器的传输曲线如图 3.5(b) 所示，当入射波为 x 极化时，出现了一个中心频率为 0.792THz 的反射峰；当入射波为 y 极化时，出现了一个中心频率为 0.483THz 的反射峰。同时，选择适当的石墨烯带宽度也可以使该滤波器工作在期望的频段，当通过电压控制石墨烯的化学势时可以实现对滤波器频率的动态调控。

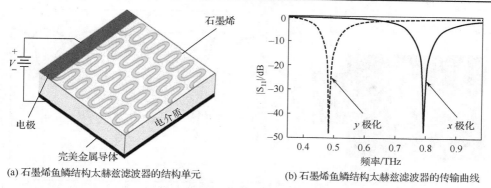

(a) 石墨烯鱼鳞结构太赫兹滤波器的结构单元　　　(b) 石墨烯鱼鳞结构太赫兹滤波器的传输曲线

图 3.5　石墨烯鱼鳞结构太赫兹滤波器及其性能曲线

2018 年，Liu 等[26]提出了一种机械可调双频段太赫兹超材料滤波器。该滤波器是由两个独立的且间隔一定距离的 U 形谐振器组成的，具体结构如图 3.6 所示。滤波器的共振频率可以通过机械地调节两个 U 形谐振器的相对位置来控制。仿真结果表明，滤波器表现出两个可调谐的共振频率，第一个频段可以从 0.285THz 调到 0.43THz，调节幅度为 50.8%；第二个频段可以从 0.496THz 调到 0.848THz，调节幅度为 71%。

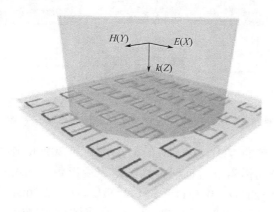

图 3.6　机械可调双频段太赫兹超材料滤波器结构

2019 年，Yang 等[27]采用磁控溅射的方法在柔性的聚酰亚胺基板上制备了太赫兹三频段带阻性能的滤波器，滤波器样品如图 3.7(a)所示。图 3.7(b)表明，该滤波器的三个阻带中心频率分别为 107.3GHz、167.45GHz 和 209.9GHz，−3dB 带宽分别为 14.13GHz、14.03GHz 和 22.44GHz，中心频率处的传输效率最低分别能达到 −30.217dB、−30.432dB 和−38.618dB。由此可知，该滤波器表现出较好的带阻性能。

2019 年，Fan 等[28]提出了一种混合 VO$_2$ 超材料的多频段可调太赫兹带通滤波器，如图 3.8 所示，整个滤波器的结构从下到上，依次为 650nm 厚的高阻硅基底、100nm

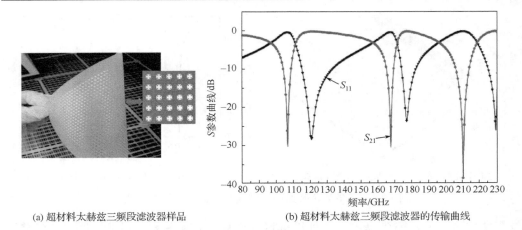

(a) 超材料太赫兹三频段滤波器样品　　　　　　　(b) 超材料太赫兹三频段滤波器的传输曲线

图 3.7　太赫兹三频段带阻性能的滤波器及其性能曲线

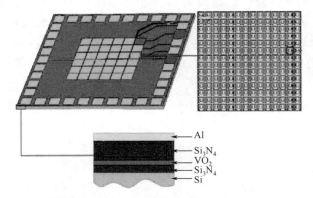

图 3.8　多频段可调太赫兹带通滤波器结构示意图

厚的氮化硅、125nm 厚的 VO_2、500nm 厚的氮化硅和 200nm 厚的金属铝图案层。当入射波的电场极化方向沿着 y 方向时，滤波器表现出带通的特性，且有三个通带，其中心频率分别为 0.32THz、0.70THz 和 0.94THz。在 0.22mA 的偏压电流下，三个通带的调制度分别能达到 97%、97.5% 和 96%。而当入射波的电场极化方向沿着 x 方向时，滤波器只在 0.73THz 处出现了一个可调的通带，且其调制深度能达到 96.5%，如图 3.9 所示。该滤波器的提出为太赫兹波段的频率选择提供了一个有前景的平台。

3.1.3　导模共振太赫兹滤波器

导模共振是指光栅在满足一定条件的情况下，入射的电磁波发生异常的衍射现象。这种现象首先由 Wood 在 20 世纪初研究金属光栅的衍射时发现，后来 Magnusson 对其原理进行了解释并将其具体应用到滤波器等功能器件的设计中来。导模共振的物理机理可以理解为入射的电磁波在波导外部的衍射光场与受到调制波导的泄漏模

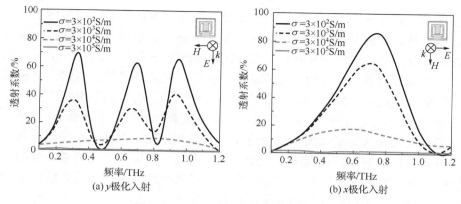

图 3.9　不同极化入射波的传输曲线

之间的耦合所导致的电磁波能量的重新分布。近些年来，基于导模共振的各种功能器件不断被提出，包括传感器和滤波器等[29-34]，吸引了越来越多研究人员的目光。2018 年，Ferraro 等[35]通过理论和实验分析提出了一类在太赫兹频段工作的窄带滤波器，其结构是聚合物基底上对金属铝进行条带状或者方形贴片状的图案化。该滤波器的原理是低损耗的环烯烃聚合物薄膜中导模的共振激发，能够表现出高透过率和品质因数，以及致密的厚度和机械稳定性，如图 3.10 所示，本节设计了两种太赫兹滤波器：条带状滤波器和方形贴片状滤波器。条带状滤波器由于结构的不对称表现出偏振敏感的特性，而方形贴片状滤波器由于结构的对称性表现出偏振不敏感的特性，但两者都能够在太赫兹波段呈现出单频点的窄带滤波。因此，条带状滤波器和方形贴片状滤波器可以在太赫兹无线通信系统中为宽带源或者信道滤波提供一种经济有效的解决方案。

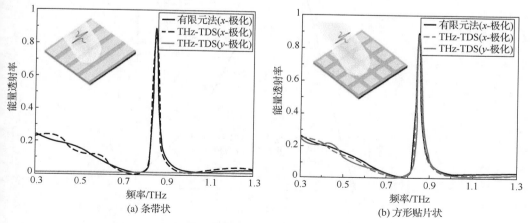

图 3.10　条带状和方形贴片状太赫兹窄带滤波器透过率
THz-TDS 表示太赫兹时域光谱系统

2019 年，Ferraro 等[36]利用法布里-珀罗和导模谐振的耦合原理提出了一种新颖的太赫兹平顶滤波器，其示意图如图 3.11 所示，该滤波器由两个相同的导模共振滤波器相对并且间隔一定的距离组成，这使它能够产生法布里-珀罗效应，两者耦合之后产生平顶滤波的效果。导模共振滤波器是在低损耗的环烯烃聚合物上沉积周期性的金属铝贴片阵列。导模共振滤波器能够表现出单频段的滤波效果，而两个导模共振滤波器产生法布里-珀罗效应之后和导模共振耦合能够产生平顶滤波，太赫兹平顶滤波器理论和实验透射率如图 3.12 所示。研究结果表明，太赫兹平顶滤波器在平顶波段具有较高的透射率，损耗小于 3dB，且具有理论上所期望的高带外抑制特性。文献[36]所提出的滤波器为新兴的太赫兹设备和系统提供了一种具有低成本效益的功能解决方案，未来可能在无线通信中得到应用。

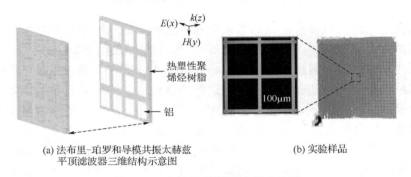

(a) 法布里-珀罗和导模共振太赫兹　　　　(b) 实验样品
平顶滤波器三维结构示意图

图 3.11　太赫兹平顶滤波器示意图

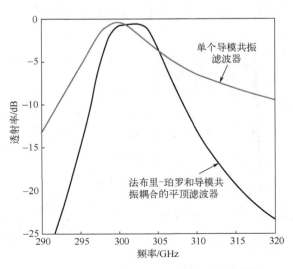

图 3.12　太赫兹平顶滤波器理论和实验透射率

2018 年，Bark 等[37]报道了由全介电材料制成的基于导模共振的太赫兹滤波器，该滤波器结构示意图和太赫兹波衍射情况如图 3.13 所示。研究发现谐振可以通过导模共振滤波器光栅表面的衍射和沿着滤波器内部的平板波导来解释，文献[37]提出的滤波器具有高品质因数，谐振频率可以调和良好的偏振特性。

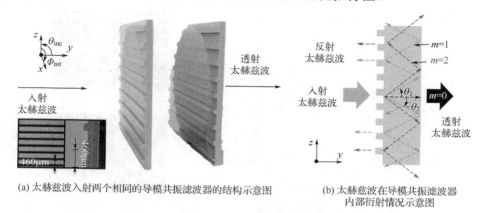

(a) 太赫兹波入射两个相同的导模共振滤波器的结构示意图   (b) 太赫兹波在导模共振滤波器
                                                            内部衍射情况示意图

图 3.13　基于导模共振的太赫兹滤波器入射及传输示意图

3.1.4　光子晶体太赫兹滤波器

　　光子晶体是由电介质、金属电介质、纳米结构或者超导体微结构等周期性的排列组合而成的。光子晶体中电磁波的传播也遵循折射和反射等规律，当某个频率的电磁波不能通过光子晶体时，就形成了光子禁带[38]，这是光子晶体的本质特征。当在光子晶体中引入某种缺陷破坏其对称性会使其获得某些比较优异的特性，因此光子晶体被广泛地应用到各种功能器件中，如传感器、开关和滤波器等[39-44]。2015 年，Li 等[45]从理论上提出并研究了一种基于三角形晶格光子晶体的可磁调谐窄带太赫兹滤波器，其结构示意图如图 3.14 所示。在详细分析了该滤波器的传输性能之后，

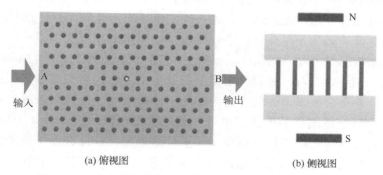

(a) 俯视图   (b) 侧视图

图 3.14　可磁调谐窄带太赫兹滤波器结构示意图（见彩图）
蓝色和黄色的圆圈分别代表硅棒和液晶缺陷，灰色部分是基底

发现在透射谱中存在一个中心频率为 1.19THz 的单一谐振峰，在小于 2GHz 的半峰宽处，表现出窄带特性，如图 3.15 所示。另外，可以通过外加磁场来调节滤波器的传输效率和带宽，这表明在太赫兹波段，具有点缺陷和线缺陷的二维硅光子晶体波导可以作为一个连续可调的带通滤波器。

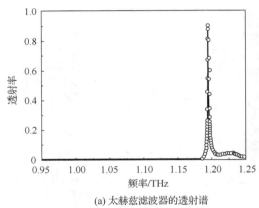

(b) TM波在1.19THz处的电场分布

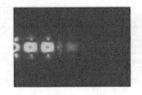

(a) 太赫兹滤波器的透射谱　　　　　　　(c) 入射TM波在0.98THz处的电场分布

图 3.15　可磁调谐窄带太赫兹滤波器的传输及分析

2017 年，Li 等[46]研究了具有双层缺陷的一维石墨烯光子晶体的性质。研究结果表明，石墨烯薄膜中存在缺陷模式，随着石墨烯化学势能的增加，缺陷模式向低频方向转移，并且基于石墨烯的相对介电常数研究人员给出了缺陷模式的物理机制。同时，研究发现双缺陷层的对称发生变化时会使缺陷模式的频率、幅度和数目也发生变化。当电磁波斜入射时，TE 偏振的缺陷模式与 TM 偏振的缺陷模式有相似的趋势，所有的缺陷模式都向更高的频率移动并消失，而新的缺陷模式在入射波偏振角较大时出现。具有双层缺陷的石墨烯光子晶体的这些特性在可调谐太赫兹窄带滤波器中具有潜在的应用前景。

2018 年，Xue 等[47]设计和研究了一种含有半导体砷化镓缺陷层的一维光子晶体构成的可调谐太赫兹滤波器。基于传递矩阵法推导出一维缺陷光子晶体的解，并利用有限元法对该缺陷光子晶体进行了电磁模拟。模拟结果证实了该一维缺陷光子晶体在 air/(Si/SiO$_2$)^N/GaAs/(Si/SiO$_2$)^N/air 对称结构下的透过率远高于在 air/(Si/SiO$_2$)^N/GaAs/(Si/SiO$_2$)^N/air 非对称结构下的透过率，这表明该滤波器的谐振频率可以通过施加外部压力来调节。此方法为基于一维缺陷光子晶体和缺陷半导体通过外部压力控制太赫兹滤波器的设计提供了一条可行的途径。2019 年，Ghasemi 等[48]介绍了一种具有独特光学性质的新型光子晶体滤波器。该滤波器结构是由单层石墨烯片隔开的二氧化硅各向同性介电板堆叠而成的。非线性电光聚合物材料的缺陷层也被插入，表现为共振区。用传递矩阵法得到的结果清楚地反映了在太赫兹频率范围内光子晶体吸收光谱中产生宽光子带隙的可能性。研究结果表明，通过调节温度和入射角，在远红外范围内，谐振模式的数目和中心频率是可控的。

3.1.5　微纳结构太赫兹移相器

2006 年，Hsieh 等[49]等设计了一种双功能太赫兹移相器，将 E7 液晶材料填充在金属铜电极之间，该移相器的三维结构示意图如图 3.16(a) 所示，相移曲线如图 3.16(b) 所示，在 $f = 1\text{THz}$ 处能实现超过 90° 的相移量，在该频点处还可以充当 1/4 波片的相位补偿器。随着偏置电压的增大，入射的太赫兹波表现出更大的时域延迟和更高的透射率。该移相器具有结构简单，相位连续可调等优点。

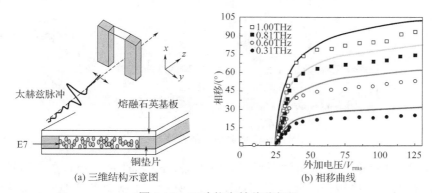

(a) 三维结构示意图　　(b) 相移曲线

图 3.16　双功能太赫兹移相器

2011 年，Lin[50]等提出了一种自极化太赫兹移相器，如图 3.17 所示。该移相器使用亚波长金属光栅控制输入波的偏振，同时作为透明电极，通过外加电场调节向列液晶的有效双折射从而达到移相的效果，实现超过 60° 的相移。该移相器具有结构紧凑，在 0.2～2THz 内具有良好偏振效率等优点，在主动成像、调制器和电光开关等领域可以实现广泛的应用。

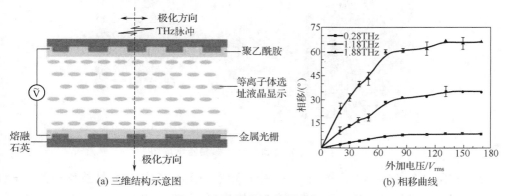

(a) 三维结构示意图　　(b) 相移曲线

图 3.17　自极化太赫兹移相器

2014 年，Yang 等[51]提出了一种透射型太赫兹移相器，该移相器结构自上而下分别是石英层–氧化铟锡层–液晶–氧化铟锡层–石英层，如图 3.18 所示。在氧化铟锡层上施加偏置电压，从而调节液晶的介电常数以达到移相效果，实验表明该移相器在 $f = 1.0\text{THz}$ 时能实现超过 90°的相移，且透射率达到 78%。该移相器具有灵活可调的特点，可与互补金属氧化物半导体(complementary metal oxide semiconductor transistor，CMOS)和薄膜晶体管(thin film transistor，TFT)技术兼容。

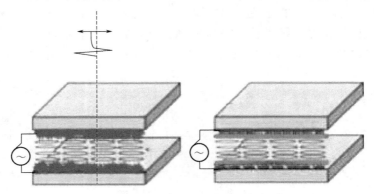

图 3.18　透射型太赫兹移相器

2016 年，Du 等[52]提出一种石英层、电极层、E7 液晶层、电极层、石英层组成的高速调制太赫兹移相器，其示意图如图 3.19 所示。电极材料通过实验制备而得，在太赫兹频段具有双折射特性，实验结果表明该移相器相位连续可调，可以实现最大 129.4°的相移量，此外，该移相器可以达到最高 90%的透射率。该移相器结构简单，且具有高速调制的性能，在太赫兹调制等领域显示出巨大的潜在应用。

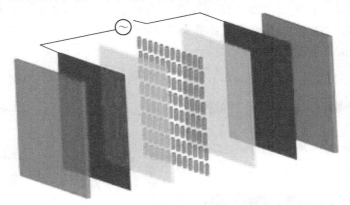

图 3.19　高速调制太赫兹移相器示意图

2016 年，Chodorow 等[53]提出一种氧化铟锡–光栅复合结构太赫兹移相器，该移相器由石英层–氧化铟锡电极–液晶–氧化铟锡电极–石英层组成，在氧化铟锡电极上构造的三维结构示意图如图 3.20(a) 所示。所选择的液晶材料具有较低的黏度，大大缩短了调制时间，因而能够实现快速调制，所设计的移相器在 $f = 2.5\text{THz}$ 处能实现 $180°$ 的相移量，相移曲线如图 3.20(b) 所示，其中 d_{LC} 表示液晶的厚度。

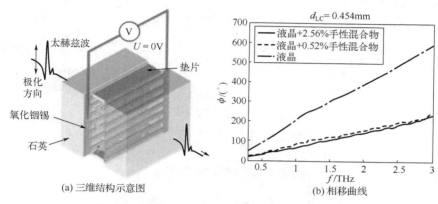

(a) 三维结构示意图　　　　　　　　(b) 相移曲线

图 3.20　氧化铟锡-光栅复合结构太赫兹移相器

2016 年，Han[54]等借助超材料设计了一种太赫兹波移相器，该移相器构造了双层偶极子谐振，谐振单元为环形结构，其三维结构示意图如图 3.21(a) 所示。由于超材料的引入，文献[54]中的移相器的传输系数达到了 0.91，如图 3.21(b) 所示。该移相器实现了 $90°$ 的相位延迟，如图 3.21(c) 所示。由于该移相器为四向对称结构，因此具有偏振无关特性。该移相器适用于太赫兹成像、透镜、二元光学相位板等领域。

2018 年，Mohammad 等[55]以石墨烯传输线为基础提出一种太赫兹开关线型移相器，如图 3.22(a) 所示。该移相器在石墨烯上外加偏置电压，通过调节石墨烯的化学势，在 $f = 2\text{THz}$ 处可以实现最大相移量($90°$)，相移曲线如图 3.22(b) 所示。该移相器具有 -22dB 的回波损耗和 -6.5dB 的插入损耗，可以实现 $22.5°$、$45°$、$180°$ 和 $270°$ 的四角度相位变化，相位精确度较高。该移相器的出现打破了开关线型移相器中将二极管和晶体管用作开关元件的传统，为太赫兹开关线型移相器的研究提供了新思路。

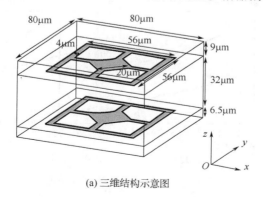

(a) 三维结构示意图

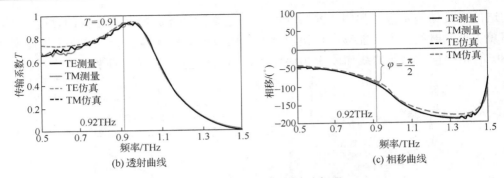

(b) 透射曲线　　　　　　　　　　　　(c) 相移曲线

图 3.21　环形结构太赫兹移相器

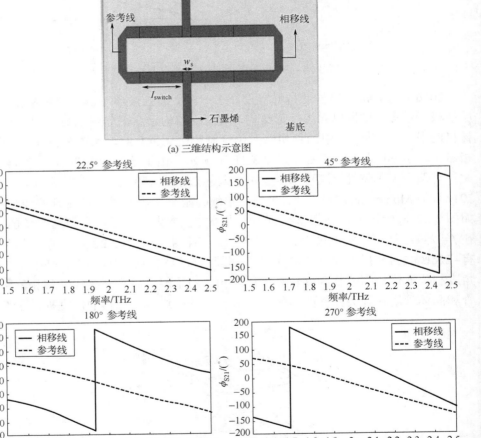

(a) 三维结构示意图

(b) 22.5°、45°、180°和270°相移曲线

图 3.22　太赫兹开关线型移相器

2019 年，Sahoo 等[56]提出一种相位连续可调太赫兹移相器，三维结构如图 3.23 所示。实验过程中测量了 MDA-00-3461 和 Mixture1825 这两种液晶的折射率与吸收系数，并对比了两种不同液晶材料下移相器的相移量大小。实验表明，该移相器在 $f=1$THz 处实现 95.2°的最大相移量，在 1.2~2.0THz 内达到 92%的透射率。

2019 年，Ji 等[57]提出了一种偏振转换太赫兹移相器，主要用到铁磁液晶材料，实验过程中用于铁磁液晶极化转换和相位测量的装置如图 3.24 所示。通过调节外加磁场的大小即可实现相位的延迟，实验表明所设计的移相器在 $f=1.45$THz 能实现 180°的相移，且可以在−45°~45°实现偏振转换效果。该移相器可以解决厚度较大的太赫兹移相器中预对准和可调性差的问题。

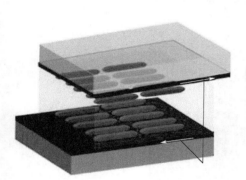

图 3.23　相位连续可调太赫兹移相器

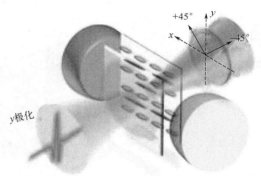

图 3.24　偏振转换太赫兹移相器

2019 年，Inoue 等[58]提出一种聚合物-液晶复合结构太赫兹移相器，该移相器三维结构示意图如图 3.25(a)所示。通过实验聚合引发相分离的方法获得了聚合物-液晶复合结构。该移相器通过改变聚合物浓度来控制相移量之间的平衡，可在 0.4THz 处实现 30°的相移量，相移曲线如图 3.25(b)所示。此外，聚合物-液晶复合结构太赫兹移相器展示了 80ms 的超短衰减响应时间，可在快速调制领域表现出巨大的潜在应用价值。

2020 年，Tomoyuki 等[59]提出一种偏振不敏感太赫兹移相器(图 3.26)。该移相器构造了一维周期性平面液晶光栅，传输太赫兹波的相位与偏振状态无关，相位通过从周期性平面对准过渡到垂直对准，所获得的相移量对电流的依赖性达到最小极化态。通过控制两个本征线性极化波的相位差，相当于改变了零光栅中的占空比，这在太赫兹分束器领域中有着重要的研究价值。

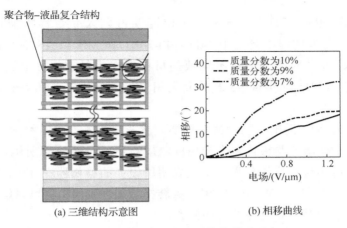

聚合物–液晶复合结构

(a) 三维结构示意图　　　　(b) 相移曲线

图 3.25　聚合物–液晶复合结构太赫兹移相器

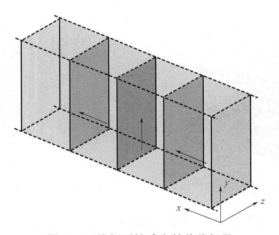

图 3.26　偏振不敏感太赫兹移相器

3.2　微纳分形结构太赫兹滤波器

分形理论自出现以来，其应用范围渐渐渗透到地球物理、生物医学和电子通信等各个领域并取得了令人可喜的成果[60-66]，然而分形在太赫兹技术中的应用还未被研究人员广泛挖掘，尤其是功能各异的各种太赫兹器件。

自然界中充满了各种不规则的几何图形，如形状各异的云彩、光芒夺目的闪电、一泻千里的江河和蜿蜒曲折的海岸线等，如图 3.27 所示。对于自然界中规则的几何图形，如正方形、圆形和三角形等，人类对此认识和研究较早，形成了较完善的欧氏几何理论。然而，现实中的物体和现象大多是不规则的，如山川的形状、河流的流向和海岸线的长度等。"分形之父" Mandelbrot 在观察了这些现象之后，从海岸线入手，给出了自己独到的见解和分析，分形概念开始萌芽，一个宏大的理论体系即将展开。随着时间的推进和认识的完善，对研究的现象和规律进行总结之后，Mandelbrot 将分形定义为组成部分以某种方式与整体相似的形，这个定义强调的是分形的自相似性，自相似性反映的不仅仅是部分和整体在形态上的相似性，也体现了部分和整体在功能、时间和空间等方面的特性。

(a) 云彩　　　　　　　　(b) 闪电　　　(c) 菜花　　(d) 海岸线　　(e) 蕨类植物

图 3.27　自然界中的分形

为了更加清楚地认识分形几何，将其与经典的欧氏几何进行对比观察，如何区别分形几何和欧氏几何主要体现在以下两方面。

第一，欧氏几何具有一定的特征尺度。例如，一个正方形从整体上看才是一个完整的正方形，当特征尺度缩小，只观察图形的一部分时，观察到的就是一条线段或者一个直角。然而，分形几何结构依赖于它的自相似性，局部形状与整体形状相似，当特征尺度缩小时，也可以观察到与整体形状相同的图形。

第二，欧氏几何是整数维，而大部分分形几何会表现出分数维。在欧氏几何中，一个点的维数是 0，一条线的维数是 1，一个面的维数是 2，一个体的维数是 3，不难看出，这些都是整数，即整数维。然而，分形几何的形状是不规则的、复杂的图案，其维数可以是分数，即分形维数。

分形维数是认识分形的一个重要手段，但是分形维数的计算并没有一个统一的定义和方法，常见的计算维数有相似维数（similarity dimension）D_S、豪斯多夫维数（Hausdorff dimension）D_H、信息维数（information dimension）D_I 和盒子维数（box-counting dimension）D_B 等。

其中，相似维数 D_S 的定义如下：对于一个有界集合 B，如果 B 子集的大小是原集合的 $1/n$，且一共可以分成 m 个子集，那么 B 的相似维数计算 $D_S = \ln m / \ln n$。

相似维数 D_S 主要用于具有自相似性的规则分形图案，如 Koch 曲线分成四条线段，每条线段的大小为原来的 1/3，则 $D_S = \ln 4/\ln 3 = 1.26$。分形几何和欧氏几何的主要区别如表 3.1 所示。

表 3.1　分形几何和欧氏几何的主要区别

项目	欧氏几何	分形几何
发展历史	经典	现代
适用对象	简单图形(适合人工制品)	复杂图形(适合大自然现象)
特征尺度	有	无
描述方式	数学语言	迭代语言
自相似性	一般无	有

为了对分形几何有更深入的理解，下面介绍几种比较经典的分形图案。

(1) Cantor(康托尔)集。Cantor 集是由德国科学家 Cantor 创造出来的分形图案，又称为 Cantor 点集。其变化过程如下：首先将一条单位长度的线段进行三等分，舍去中间一段，便得到了一个新的图形；然后根据分形的自相似性，再分别对变化之后剩下的两个线段进行同样上述同样规则的变化。以此类推，便可得到 Cantor 集，如图 3.28 所示。

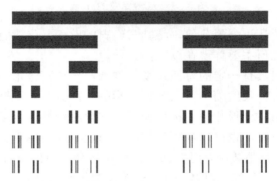

图 3.28　Cantor 集

(2) Koch(科赫)曲线。Koch 曲线是分形几何中经典图形之一，与 Cantor 集类似。首先，Koch 曲线的变化从将一条单位长度的线段进行三等分开始；其次，将等分后的中间部分向上凸起形成等边三角形，然后舍去中间部分，得到一个新的图形；再根据分形图案的自相似性，对新图形中的每一条线段都进行如上规则的变化，每次变化都会得到一个新的图形。基于 Koch 曲线，又变化出 Koch 雪花分形图案，其可以看作由多条 Koch 曲线组合而成，由于进行多次迭代变化之后的图案呈现雪花状，因此得名 Koch 雪花，如图 3.29 所示。

(3) Sierpinski(谢尔平斯基)三角形。波兰科学家 Sierpinski 基于三角形图案创造出了一种分形图案。其变化过程如下：首先取一个单位边长的等边三角形，将三角形三条边的中点连起来，这样一来相当于将原三角形进行了四等分；然后去掉中间的一个三角形，得到了一阶变化的分形图案；新图案中剩下三个相同的等边三角形，再按照上述方法进行变换。以此类推便可得到多次迭代的 Sierpinski 三角，变化过程如图 3.30 所示。类似地，Sierpinski 方毯是将变化图案由三角形换成了正方形，变化时是将图形进行九等分，去掉中心正方形，如此依次变化，变化过程如图 3.31 所示。

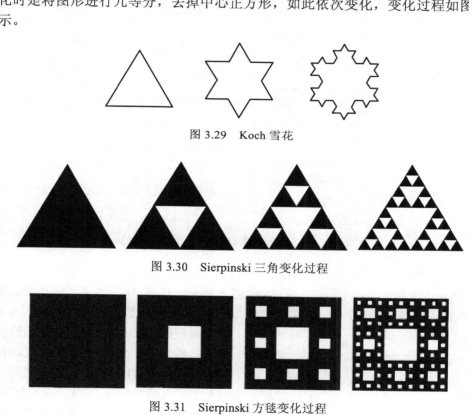

图 3.29　Koch 雪花

图 3.30　Sierpinski 三角变化过程

图 3.31　Sierpinski 方毯变化过程

3.2.1　Koch 曲线分形结构太赫兹带通滤波器

本节提出一种基于 Koch 曲线分形结构的太赫兹带通滤波器 (图 3.32)[67]。图 3.32(a) 为该滤波器的阵列示意图，该滤波器在金属薄膜上刻蚀出分形结构，金属材料选择电导率为 $\sigma = 3.56 \times 10^7 \mathrm{S/m}$ 的铝。图 3.32(b) 是结构单元的示意图，P_x 和 P_y 分别为结构单元在 x 坐标轴方向和 y 坐标轴方向的周期大小，L_1 和 L_2 分别是方形 Koch 曲线第一次和第二次分形变化时的正方形边长。方形 Koch 曲线的具体变化过程如图 3.32(c) 所示：首先将一条线段的中间部分变化成正方形；然后根据分形的自相似性，将第一次变化之后所得图形中的每一条线段都按照此方式进行变化，由此便得到了结构单元中其中一条边的方形 Koch 曲线，结构单元中的其余边与此相同。滤波器的结构参数设置如下：$P_x = P_y = 365\mu m$，$L_1 = 65\mu m$，$L_2 = 30\mu m$，金属薄膜厚度 $H = 10\mu m$。

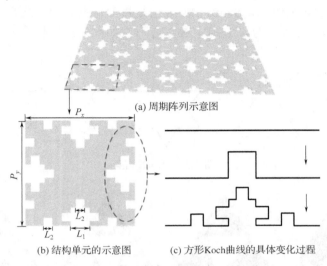

(a) 周期阵列示意图

(b) 结构单元的示意图　　　　(c) 方形Koch曲线的具体变化过程

图 3.32　Koch 曲线分形结构太赫兹带通滤波器

在电磁仿真软件 CST 中经过仿真计算得到滤波器的传输曲线，如图 3.33 所示，其中包括透射系数 S_{21} 和反射系数 S_{11} 的仿真结果。由图 3.33 可知，该滤波器表现出一个频点的带通特性，其中心频率为 0.715THz，透射系数能够达到 0.92。为了深入地理解该 Koch 曲线分形结构滤波器的传输机理，计算了滤波器在谐振频率 $f = 0.715$THz 处的电场和表面电流分布。由图 3.34(a) 可知，谐振频率 $f = 0.715$THz 处的电场主要分布在左右两边分形结构的边缘，强电场分布对应于强的电谐振，主要反映了相邻谐振单元之间的强耦合。由图 3.34(b) 可知，谐振频率 $f = 0.715$THz 处的大电流主要沿着 Koch 曲线分布，且左右两侧对称分布，从而形成较强的电谐振。当入射电磁波与谐振频率相同时，将在该频率点产生太赫兹波透射增强现象。

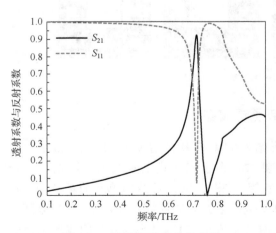

图 3.33　滤波器仿真传输曲线

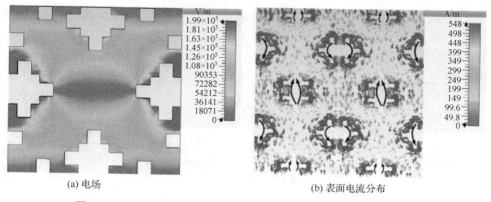

(a) 电场　　　　　　　　　　　　　(b) 表面电流分布

图 3.34　滤波器在谐振频率 0.715THz 处的电场和表面电流分布

　　本节研究提出的滤波器结构参数变化对透射光谱的影响，观察了不同结构参数的变化对透射光谱的影响。首先，研究了周期 P 对滤波器透射光谱的影响，在保持 $L_1 = 65\mu m$，$L_2 = 30\mu m$，$H = 10\mu m$ 不变的条件下，图 3.35(a) 显示了周期 P 从 $345\mu m$ 变化到 $385\mu m$ 时滤波器传输曲线的变化。当其他结构参数保持不变时，将 P 从 $345\mu m$ 向 $385\mu m$ 变化，谐振峰的频率从高频向低频移动，同时透射系数变小，但是两者的变化幅度都不大。在保持 $P_x = P_y = 365\mu m$，$L_2 = 30\mu m$，$H = 10\mu m$ 不变的条件下，图 3.35(b) 显示了方形 Koch 曲线第一次分形变化时正方形边长 L_1 的变化对传输曲线的影响。当其他结构参数保持在参考值时，L_1 的变化对滤波器的透射系数和谐振频率都有一定的影响，在 L_1 从 $55\mu m$ 向 $85\mu m$ 变化的过程中，滤波器的谐振点向低频方向移动，同时透射系数变大，且 L_1 的变化对透射系数的影响较为明显。图 3.35(c) 显示了 L_2 的变化对滤波器传输曲线的影响。在保持 $P_x = P_y = 365\mu m$，$L_1 = 65\mu m$，$H = 10\mu m$ 不变的条件下，当 L_2 小于参考值 $30\mu m$ 且从 $20\mu m$ 向参考值变化时，谐振点出现了红移现象，然而当 L_2 大于参考值且从 $40\mu m$ 向参考值变化时，明显出现了

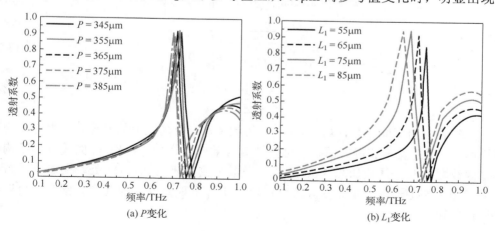

(a) P 变化　　　　　　　　　　　　(b) L_1 变化

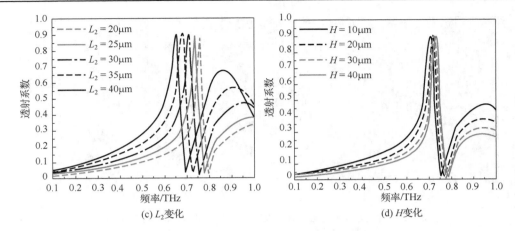

图 3.35　滤波器结构尺寸变化对传输曲线的影响

蓝移现象，同时由图 3.34(c) 可知，L_2 的变化对透射系数大小的影响不大。最后，在保持 $P_x = P_y = 365\mu m$，$L_1 = 65\mu m$，$L_2 = 30\mu m$ 不变时，研究了金属薄膜厚度 H 的变化对滤波器传输曲线的影响。由图 3.35(d) 可知，随着金属薄膜厚度 H 从 $10\mu m$ 增长到 $40\mu m$，谐振点由低频向高频略微移动，且对透射系数并没有太大的影响。

　　在对滤波器的尺寸参数优化之后得到的透射系数和反射系数分别表示为

$$S_{21} = S'_{21} \cdot e^{i\varphi_{S_{21}}}, \quad S_{11} = S'_{11} \cdot e^{i\varphi_{S_{11}}}$$

式中，S'_{21} 和 $\varphi_{S'_{21}}$ 是透射系数的幅度与相位，S'_{11} 和 $\varphi_{S'_{11}}$ 是反射系数的幅度与相位。

　　当入射波的波长远大于滤波器结构单元尺寸时，滤波器整个结构可以视为均一介质平板，利用 S 参数反演法提取出电磁参数[68]，得到该结构的均一介质平板折射率和等效阻抗表达式：

$$n = \frac{1}{k_0 d} \arccos\left[\frac{1}{2S_{21}}(1 - S_{11}^2 + S_{21}^2) \right] \tag{3.1}$$

$$z = \sqrt{\frac{(1 + S_{11})^2 - S_{21}^2}{(1 - S_{11})^2 - S_{21}^2}} \tag{3.2}$$

$$\varepsilon_{\text{eff}} = \frac{n}{z} \tag{3.3}$$

式中，k_0 为自由空间波数，$k_0 = \omega/c$，ω 为频率，c 为真空中的光速；d 为均一介质平板厚度。折射率 n 和等效阻抗 z 可以计算等效介电常数 ε_{eff}。Koch 曲线分形结构太赫兹滤波器的介电常数如图 3.36 所示，介电常数实部在 0.1THz 处趋向于负无穷，在频率 0.715THz 附近电谐振导致介电常数实部出现突变，因此在该频率处可以实现谐振传输。

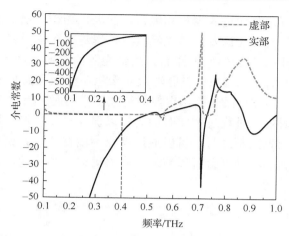

图 3.36　Koch 曲线分形结构太赫兹滤波器的介电常数(内插图是 0.1～0.4THz 的介电常数)

在太赫兹波段，样品的尺寸集中在微纳米范围，样品的加工需要利用飞秒激光技术。飞秒激光又称作超快激光，其脉宽只有飞秒量级，但是脉冲能量能够达到几百毫焦，只需要通过聚焦便能够使绝大部分材料发生电离从而进行切割。长脉冲激光通常是利用热效应来实现切割的，如皮秒和纳秒激光，与之不同的飞秒激光加工技术属于冷加工，飞秒激光的脉宽短，远小于热传导时间，在脉冲重复频率足够低的情况下，热效应可以被明显抑制，从而实现在微米甚至纳米尺度的超精细加工。飞秒激光凭借其超短脉宽和超强能量的特性，在微加工领域展现出精确性、加工材料广泛性和非热熔性，上述的这些特点使得飞秒激光技术在金属亚波长结构加工领域得到广泛应用。

飞秒激光微加工系统的结构如图 3.37 所示，整个系统主要由激光产生部分、电荷耦合器件(charge coupled device，CCD)成像部分和移动平台部分这三大部分组成。激光产生部分的功能是产生可调节的脉冲激光来切割样品；CCD 成像部分的功能是对整个加工过程进行实时的监控以观察样品的切割情况；移动平台部分的功能是控制待加工样品的移动从而获得预期的结构。由飞秒激光器产生的激光经过光阑时，可以通过控制光阑的大小来实现控制光斑的尺寸，再利用可旋转的半波片来控制脉冲激光的偏振状态，之后的格兰棱镜可以实现激光功率的调整，这样一来就实现了对激光的调节。此种调节方法的优点在于既能实现激光能量的连续可调又可以保证光斑不同位置能够均匀衰减。由于样品加工形状的复杂性，通常会有不连续的情况出现，所以需要利用快门的开关来实现激光的通断，快门的状态通过计算机控制，当加工完一部分连续的形状之后，关闭快门从而切断激光，当样品移动到需要切割的部分之后，打开快门从而使激光继续进行切割。全反射镜的作用是改变激光的传输路径，全反射镜的设置可以根据实验场地的具体条件进行删减。之后激光通过双色镜改变传播方向从而进入聚焦物镜，再由聚焦物镜射出的激光作用于移动平台上的待加工样品。同轴光源发出的光经过双色镜进入聚焦物镜后照射到移动平台上，从而照亮移动平台上的待加工样品。同轴光源的反射光经过双色镜进入 CCD 相机，并在计算机上面显示出来。当脉冲激光聚焦在样品表面时，CCD 在计算机上呈现出清晰的图像；当脉冲激光的焦点偏离待加工样品时，CCD 在计算机上呈现出模糊的图像，可以对加工过程进行实时的监控以保证样品质量。聚焦物镜可以上下移动即一维移动，当聚焦不准时，可以通过聚焦物镜将焦点聚集在待加工样品的表面。控制待加工样品的移动平台可以前后左右移动即二维移动，通过调整平台的位置可以得到预期的结构。

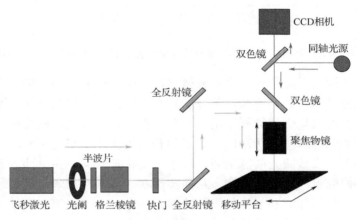

图 3.37　飞秒激光微加工系统的结构

　　Koch 曲线分形结构太赫兹滤波器使用飞秒激光微加工系统在金属薄膜上刻蚀出分形结构。首先，将铝箔放置在由计算机控制的二维精密移动平台上，飞秒激光通过物镜聚焦在铝箔表面，然后通过移动二维平台可以加工出所设计图案的微观结构。整个加工过程通过 CCD 成像系统进行实时监控，并将加工图案显示在计算机屏幕上。为了使样品达到所要求的加工质量，加工系统采用了脉冲能量为 50μJ，聚焦光斑尺寸为 10μm，运动速度为 1mm/s 的条件。同时，为了确保铝箔的平整，10μm 厚的铝箔被置于有张力的中空方形板上。在实际加工之前，首先对铝箔的角部进行了试切，激光切割沿横切边进行，以便能够挖出横切孔，CCD 相机成像用来测量获得的横向宽度和长度。通过调整平台的移动距离，可以得到与仿真参数相匹配的期望线宽和长度。最后，使用压缩氮气吹走残渣并冷却材料，并且用光学显微镜检查加工质量和孔径大小，加工好的样品如图 3.38 所示。

　　加工完成后的滤波器样品利用太赫兹时域光谱系统（terahertz time-domain spectral system，THz-TDS）进行测试。样品测试后得到的时域谱数据如图 3.39（a）所

(a) 样品整体　　　　　　　　　　　　　　(b) 样品细节

图 3.38　Koch 曲线分形结构太赫兹滤波器样品

示，参考信号是指没有放样品时 THz-TDS 测得的数据。将实验得到的时域数据进行快速傅里叶变换之后得到传输曲线的频域谱，进行归一化处理后的传输曲线和仿真得到的传输曲线进行比较，如图 3.39(b) 所示。实验结果在 0.723THz 处有显著的透射峰，而仿真结果的谐振频点在 0.715THz 处出现了一个仿真结果不曾出现的小波峰，仿真结果和实验结果之间存在着一点偏差。造成偏差的原因可能是多方面的，可能来自于加工样品的尺寸参数与预定的参数有偏差，导致电场能量的聚集发生变化而产生了新的波峰。同时，测量过程中也会产生误差导致共振频点产生了轻微的偏移。基于 Koch 曲线分形结构的太赫兹带通滤波器是在金属薄膜上刻蚀出方形的 Koch 曲线分形结构，实现了在太赫兹波段的窄带滤波。利用电磁仿真软件 CST 分析了滤波器的传输特性，并且利用散射参数进行 S 参数反演得到了该滤波器结构的电磁参数，得到该滤波器的谐振频率为 0.715THz，透射系数最高能达到 0.92，−3dB 处的带宽为 21.9GHz。采用飞秒激光微加工工艺制作滤波器样品，并用太赫兹时域光谱系统对其滤波特性进行了测试，实验结果和仿真结果较为吻合。

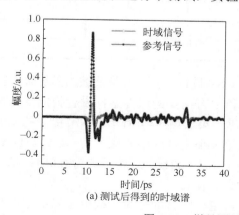

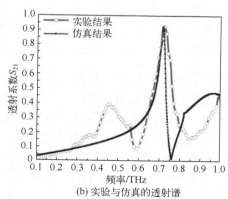

(a) 测试后得到的时域谱　　　　　　　　　(b) 实验与仿真的透射谱

图 3.39　样品测试谱曲线 (见彩图)

3.2.2　金属双缺陷圆环结构多频段太赫兹滤波器

本节提出基于金属双缺陷圆环结构的多频段太赫兹滤波器，其结构单元示意图如图 3.40 所示，滤波器结构从上而下依次为双缺陷圆环结构金属层、介质层。双缺陷圆环结构金属层由两个平均四分裂的圆环组成，且两个缺陷圆环之间由四根宽度为 w 的金属条相连接，整个结构在 x 方向上对称且在 y 方向上也对称，滤波器表现出极化不敏感的特性。其中，外缺陷圆环的外半径为 R_1，外缺陷圆环的内半径为 r_1，同理，R_2 表示内缺陷圆环的外半径，r_2 表示内缺陷圆环的内半径。金属层的材料选择电导率 $\sigma = 3.56 \times 10^7\,\mathrm{S/m}$ 的铝，金属的厚度均为 $0.2\mu m$。为了减少介质层材料对金属层双缺陷圆环结构的影响，介质层选择介电常数 $\varepsilon = 3.5$ 的聚酰亚胺，其厚度 h 为 $30\mu m$。在对滤波器进行优化后，得到最终的尺寸如表 3.2 所示。

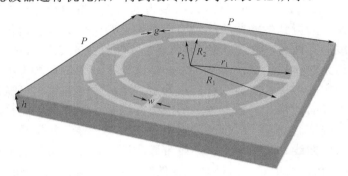

图 3.40　金属双缺陷圆环结构多频段太赫兹滤波器结构单元示意图

表 3.2　金属双缺陷圆环结构多频段太赫兹滤波器的尺寸

参数	P	w	g	h
值/μm	320	10	10	30
参数	R_1	r_1	R_2	r_2
值/μm	140	130	100	90

本节设计的滤波器采用电磁仿真软件 CST 进行计算，太赫兹波沿着 z 轴方向正入射滤波器，电场沿着 x 轴方向传播，x 和 y 方向上的边界条件设置为周期性，并且在 z 轴方向设置成开放条件，得到的计算结果如图 3.41 所示。本节提出的滤波器表现出带阻特性，且有三个明显的阻带。第一个阻带的中心频率 $f_1 = 0.502\mathrm{THz}$，透射系数为 0.058；第二个阻带的中心频率 $f_2 = 0.693\mathrm{THz}$，透射系数为 0.064；第三个阻带的中心频率 $f_3 = 0.815\mathrm{THz}$，透射系数为 0.105。

为了探索本节提出滤波器的结构参数对三个阻带的影响，研究了双缺陷圆环结构中不同参数变化时滤波器的透射率变化，主要从外缺陷圆环的尺寸大小、内缺陷圆环的尺寸大小、缺陷圆环的分裂宽度和连接两个缺陷圆环的金属条宽度这几个方面进行观察。在保持滤波器中的其他结构参数不变的情况下，首先研究了外缺陷圆环的尺寸变化对滤波器的影响，同时，外缺陷圆环的宽度保持不变即 $R_1 - r_1 = 10\mu m$ 保持不变，因此外缺陷圆环的尺寸变化用外缺陷圆环的外半径 R_1 的变化来表示。图 3.42(a) 显示了 R_1 从 $130\mu m$ 变化到 $150\mu m$ 时滤波器传输曲线的变化，由此可知，在保持其他参数不变时，随着外缺陷圆环尺寸的变大，

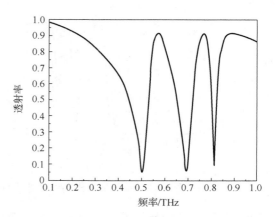

图 3.41 本节提出滤波器的透射率

滤波器的第一个阻带 f_1 中心频率出现红移现象且幅度较大，透射系数也逐渐变小；滤波器的第二个阻带基本没有变化；第三个阻带的变化与第一个阻带类似但没有第一个阻带的变化明显。同理，在保持其他条件不变时，R_2 表示内缺陷圆环尺寸变化对滤波器的影响，结果如图 3.42(b) 所示。由图 3.42(b) 可知，在保持其他参数不变，随着 R_2 由 $90\mu m$ 增加到 $110\mu m$ 时，滤波器的第一个阻带和第三个阻带基本保持不变，但第二个阻带的中心频率 f_2 出现了幅度较大的红移现象，频率移动却并没有使第二个阻带的透射系数有明显的变化。由以上两个变化猜想，滤波器的第一个阻带和第三个阻带主要由外缺陷圆环决定，滤波器的第二个阻带主要由内缺陷圆环决定。接下来，研究了外缺陷圆环和内缺陷圆环的分裂宽度 g 变化对滤波器的影响，结果如图 3.42(c) 所示，由此图可知，在其他条件保持不变的情况下，g 从 $10\mu m$ 增加到 $30\mu m$ 时，滤波器的三个阻带的中心频率均出现了蓝移，但第二个阻带的变化幅度大于第一个阻带和第三个阻带，这可能是由于内缺陷圆环和外缺陷圆环在 g 同时变化时内圆环受到的影响大于外圆环。最后，研究了连接两个缺陷圆环的金属条的宽度 w 对滤波器的影响，同理，其他条件要保持不变。由图 3.42(d) 可知，随着 w 由

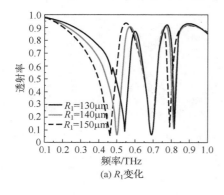

(a) R_1 变化

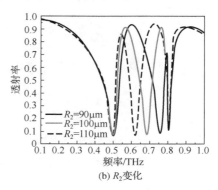

(b) R_2 变化

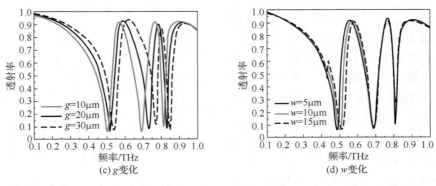

(c) g变化　　　　　　　　　　　　　(d) w变化

图 3.42　本节所提出的滤波器不同结构参数变化对透射光谱的影响

5μm 变宽到 15μm，滤波器的第二个阻带和第三个阻带基本保持不变，第一个阻带出现了轻微的红移，但其透射系数并没有明显的改变。

为了进一步地理解所提出的滤波器的物理机理，图 3.43 给出了第一个阻带中心频率 $f_1 = 0.502\text{THz}$ 和第二个阻带中心频率 $f_2 = 0.693\text{THz}$ 处的电场强度与表面电流。由图 3.43 (a) 可知，$f_1 = 0.502\text{THz}$ 处的能量主要集中在外缺陷圆环和两个缺陷圆环之间，这表明滤波器的第一个阻带主要是由外缺陷圆环存在的电偶极子和两个缺陷圆环之间的耦合两者共同产生的。图 3.43 (c) 中沿着外缺陷圆环的电流和两个缺陷圆环之间的电流更加清楚地显示了电偶极子的存在与两个缺陷圆环之间的耦合。至于滤波器第二个阻带的中心频率 $f_2 = 0.693\text{THz}$，图 3.43 (b) 显示此时的能量主要集中在内

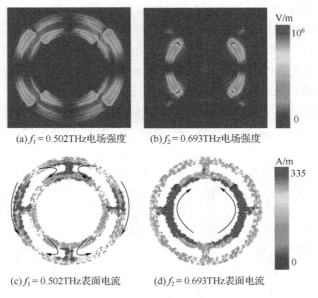

(a) $f_1 = 0.502\text{THz}$电场强度　　　　　(b) $f_2 = 0.693\text{THz}$电场强度

(c) $f_1 = 0.502\text{THz}$表面电流　　　　　(d) $f_2 = 0.693\text{THz}$表面电流

图 3.43　电场强度与表面电流

缺陷圆环，这表明滤波器的第二个阻带单纯的是由内缺陷圆环的电偶极子产生的。图 3.43 (d) 中沿着内缺陷圆环的表面电流更加有力地证明了电偶极子的存在。不同于第一个阻带和第二个阻带，滤波器第三个阻带的产生并不是由于电偶极子的存在和两个缺陷圆环之间的耦合。图 3.44 (a) 显示了 $f_3 = 0.815\text{THz}$ 处的磁场强度，表明第三个阻带的能量主要集中在外缺陷圆环，但能量的集中部位又与第一个阻带在外缺陷圆环上的能量集中位置不同。更进一步的研究发现，在 f_3 处 xoz 面上存在着环形电流，如图 3.44 (b) 所示，这表明滤波器第三个阻带是由磁共振产生的。以上的研究结果与滤波器结构参数变化时传输曲线的响应也相吻合，即滤波器的第一个阻带和第三个阻带主要由外缺陷圆环决定，滤波器的第二个阻带主要由内缺陷圆环决定。

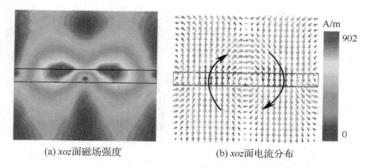

(a) xoz 面磁场强度　　　　　(b) xoz 面电流分布

图 3.44　三个阻带 $f_3 = 0.815\text{THz}$ 处的 xoz 面磁场强度和电流分布

　　发现了由第二个阻带和第三个阻带激发出的电磁诱导透明 (EIT) 现象。图 3.45 体现 EIT 效应三个频点处的电场强度，图 3.45 (a) 是第二个阻带 $f_2 = 0.693\text{THz}$ 处的电场强度，图 3.45 (b) 是透明窗口 $f_m = 0.769\text{THz}$ 处的电场强度，图 3.45 (c) 是第三个阻带 $f_3 = 0.815\text{THz}$ 处的电场强度。由此可知，第二个阻带的电场强度主要集中在内缺陷圆环上，第三个阻带的电场强度主要集中在外缺陷圆环上，而两个阻带中间透明窗口的电场能量集中部位是由第二个阻带和第三个阻带电场能量集中部位组合而

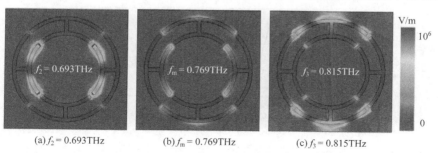

(a) $f_2 = 0.693\text{THz}$　　　　(b) $f_m = 0.769\text{THz}$　　　　(c) $f_3 = 0.815\text{THz}$

图 3.45　电场强度

成的，但是透明窗口的电场强度都低于两个阻带的电场强度，这表明透明窗口是由两个阻带激发而成的。因此，当太赫兹波入射到双缺陷圆环结构上时，直接激发出的第二个阻带和第三个阻带代表 EIT 中的明模式，这两个明模式又互相杂化耦合并在两个模式的中间激发出了一个透明窗口。

　　进一步研究发现将两个缺陷圆环绕 z 轴旋转一定的角度会使传输曲线产生有趣的变化。以第一象限内两个缺陷圆环的缺陷口为基准，将缺陷口与 x 轴正方向的夹角定义为缺陷圆环的旋转角度。在此情况下，本节分别研究了内缺陷圆环和外缺陷圆环 30°、45°和 60°这几个比较有代表性的旋转角度对滤波器传输曲线的影响。图 3.46 显示了在保持内缺陷圆环的旋转角度为 30°时，外缺陷圆环旋转角度为 30°、45°和 60°时对滤波器性能的影响。由图 3.46(a)可知，当内缺陷圆环和外缺陷圆环的旋转角度都为 30°时，滤波器出现了四个较为明显的阻带，但四个阻带的滤波效果参差不齐。由图 3.46(b)可知，当内缺陷圆环的旋转角度为 30°，外缺陷圆环的旋转角度为 45°时，滤波器出现了三个较为明显的阻带。当内缺陷圆环的旋转角度

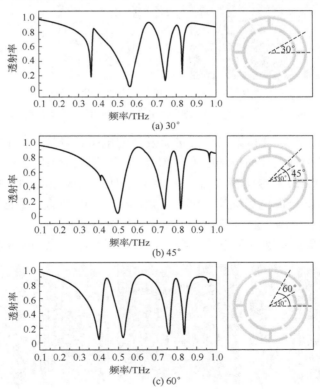

图 3.46　保持内缺陷圆环的旋转角度为 30°不变，外缺陷圆环旋转角度分别为
30°、45°和 60°时对滤波器性能的影响

为 30°，外缺陷圆环的旋转角度为 60°时，滤波器出现了四个滤波性能较好的阻带。图 3.47 显示了在保持内缺陷圆环的旋转角度为 45°时，外缺陷圆环旋转角度为 30°、45°和 60°时对滤波器性能的影响。由图 3.47(a)可知，当内缺陷圆环的旋转角度为 45°，外缺陷圆环的旋转角度为 30°时，滤波器出现了四个较为明显的阻带。当内缺陷圆环的旋转角度为 45°，外缺陷圆环的旋转角度为 45°时，传输曲线如图 3.47(b)所示，这就是上述经过详细解释的三频段滤波器。当内缺陷圆环的旋转角度为 45°，外缺陷圆环的旋转角度为 60°时，从电场极化的角度来看，此时的滤波器结构与内缺陷圆环的旋转角度为 45°，外缺陷圆环的旋转角度为 30°时滤波器的结构是一样的，因此两者传输曲线也是一样的，如图 3.47(a)和(c)所示，两者都表现出四个频段的滤波。

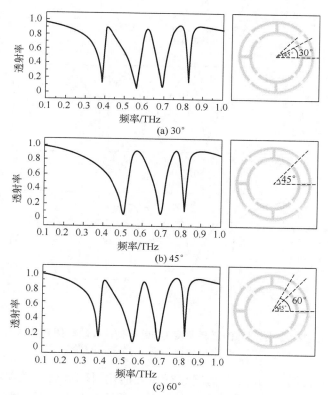

图 3.47　保持内缺陷圆环的旋转角度为 45°不变，外缺陷圆环旋转角度分别为
30°、45°和 60°时对滤波器性能的影响

图 3.48 显示了在保持内缺陷圆环的旋转角度为 60°时，外缺陷圆环旋转角度为 30°、45°和 60°时对滤波器性能的影响。当内缺陷圆环的旋转角度为 60°，外缺陷圆环的旋转角度为 30°时，从电场极化的角度看，此时滤波器的结构与内缺陷圆环的

旋转角度为 30°，外缺陷圆环的旋转角度为 60°时的滤波器结构是一样的，因此两者的传输曲线也表现出一致性。当内缺陷圆环的旋转角度为 60°，外缺陷圆环的旋转角度为 45°时，此时滤波器的传输曲线与内缺陷圆环的旋转角度为 30°，外缺陷圆环的旋转角度为 45°时滤波器的传输曲线是一致的。同理，当内缺陷圆环和外缺陷圆环的旋转角度都为 60°时，此时的传输曲线也与两个缺陷圆环旋转角度都为 30°时的传输曲线一样。

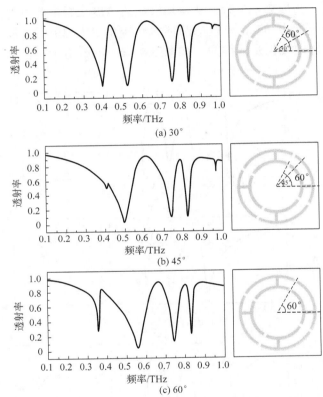

图 3.48　保持内缺陷圆环的旋转角度为 60°不变，外缺陷圆环旋转角度分别为
30°、45°和 60°时对滤波器性能的影响

　　基于上述的现象，将这几种情况进行相互的比对和观察，发现在内缺陷圆环和外缺陷圆环的旋转角度都为 45°时，整个结构表现出完美的对称性，此时的滤波器出现了性能较好的三个阻带。进一步的观察发现，当外缺陷圆环的旋转角度保持 45°时，内缺陷圆环从 30°旋转到 60°，滤波器始终保持三个较为明显的阻带，不过内缺陷圆环旋转角度为 30°和 60°时的传输曲线出现了另外较小的阻带，如图 3.46（b）、图 3.47（b）和图 3.48（b）所示。相对于两个缺陷圆环的旋转角度都为 45°这一完美的对称性而言，由于结构的对称性被破坏，在电谐振和磁谐振的共同作用下出现了较

小的阻带。当内缺陷圆环的旋转角度保持 45°时，外缺陷圆环在旋转角度为 30°和
60°时出现了四频段。上述两种情况表明，外缺陷圆环旋转角度的变化对滤波器传输
曲线的影响大于内缺陷圆环，且整个结构的对称性由于外缺陷圆环和内缺陷圆环的
旋转而被破坏时，在电谐振和磁谐振的共同影响下，滤波器可能出现更多的频段。
接下来观察当整个结构的对称性被进一步破坏时，滤波器的传输曲线会出现怎样的
变化。如图 3.46(c)所示，当内缺陷圆环旋转角度为 30°，外缺陷圆环旋转角度为 60°
时，滤波器出现了四个明显的阻带和一个较不明显的阻带；当内缺陷圆环旋转角度
为 45°，外缺陷圆环旋转角度为 60°时,滤波器只有四个较为明显的阻带,如图 3.47(c)
所示，且阻带的性能略劣于前者。由此可知，在一定程度范围内，整个结构的对称
性由于两个缺陷圆环进行旋转而被破坏时，对称性破坏得越大，滤波器的阻带越多，
性能也越好。

　　选取图 3.47(a)中表现出较好性能的多频段滤波结构，即内缺陷圆环的旋转角
度为 45°，外缺陷圆环的旋转角度为 30°时，研究其在不同极化波和入射角度下的
特性。图 3.49 给出了太赫兹多频段滤波器在 TE 和 TM 极化波入射下的传输曲线，
由此图可知，两者的曲线较为一致，滤波器表现出极化不敏感的特性。同时，我
们研究了不同入射角对太赫兹多频段滤波器传输性能的影响。如图 3.50 所示，当
入射角从 0°变化到 15°时，滤波器的传输性能发生了一定改变。入射角越大，第四
个阻带的变化也越大，但其他三个阻带能够保持较好的稳定性。因此，当入射角
超过 10°时，滤波器的传输性能会发生较大的改变，而在 10°以内能够保持一定的
稳定性。研究发现可以通过双缺陷圆环结构实现在太赫兹波段的三频段甚至多频
段滤波。

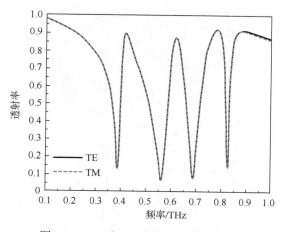

图 3.49　TE 和 TM 极化波的传输曲线

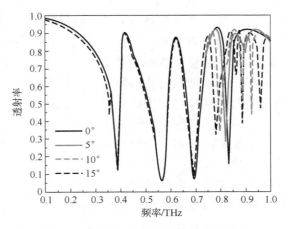

图 3.50　不同入射角对传输性能的影响

3.2.3　斐波那契分形结构双通带太赫兹滤波器

　　本节提出基于斐波那契(Fibonacci)分形结构的双通带太赫兹滤波器(图 3.51(a))[69]。本节提出的滤波器共有三层金属层,且三层金属层被两层介质层分开。图 3.51(b)显示了顶层和底层的金属层,由此图可知,顶层和底层的金属层是镂空二阶斐波那契分形结构图案的金属贴片,且两层的尺寸参数均相同。中间金属层是一个方形线圈,如图 3.51(c)所示。为了降低极化敏感性,在结构单元中沿着 x 轴和 y 轴方向对称设计了斐波那契分形结构。为了减小介质层对金属层的影响,介质层的材料选择介电常数 $\varepsilon_r = 2.35$ 的聚二甲基硅氧烷。金属层的材料均为铝,且厚度都为 $0.2\mu m$。

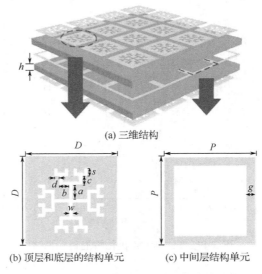

(a) 三维结构

(b) 顶层和底层的结构单元　　　　(c) 中间层结构单元

图 3.51　本节所提出滤波器的拓扑图

　　图3.52显示了斐波那契分形结构的变化过程。根据斐波那契分形结构整体与部分的自相似性，一阶、二阶和三阶斐波那契分形结构分别如图3.52(a)～(c)所示。利用电磁仿真软件CST，在其余部分保持不变的情况下，研究了顶层和底层金属层中的镂空图案分别为一阶、二阶和三阶斐波那契分形结构时滤波器的传输性能（图3.53）。可知一阶和二阶斐波那契分形结构的滤波器具有两个明显的通带，但在透射光谱中可以看出，二阶斐波那契分形结构滤波器的第一通带比一阶和三阶斐波那契分形结构具有更小的通带纹波。此外，二阶斐波那契分形结构滤波器的第二通带比一阶和三阶斐波那契分形结构具有更好的带外抑制作用。由此可知，二阶斐波那契分形结构滤波器表现出更好的双通带滤波性能。定义相对带宽为BW/f_0（BW是−3dB带宽，f_0是通带的中心频率）。因此，滤波器低通带的中心频率为0.32THz，相对带宽为51.3%；滤波器高通带的中心频率为0.74THz，相对带宽为23.8%。同时，滤波器第一个通带的上升沿斜率为97dB/THz，下降沿斜率为556dB/THz；第二个通带的上升沿斜率为400dB/THz，下降沿斜率为186dB/THz。优化后的滤波器尺寸参数如表3.3所示。

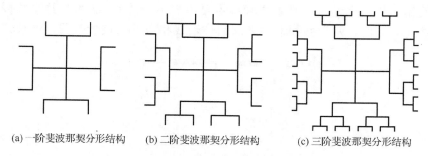

(a) 一阶斐波那契分形结构　　(b) 二阶斐波那契分形结构　　(c) 三阶斐波那契分形结构

图3.52　斐波那契分形结构的变化过程

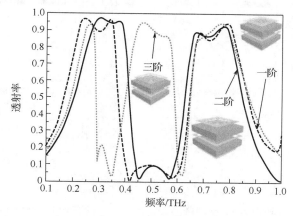

图3.53　不同阶斐波那契分形结构的透射率

表 3.3　优化后的滤波器尺寸参数

参数	D	P	w	h	g
值/μm	142	170	6	30	14
参数	a	b	c	d	s
值/μm	21	18	14	8	12

利用集总元件等效电路模型来分析所提出的斐波那契分形结构滤波器的特性[70-73]。顶层和底层的金属贴片分别等效成电容 C_3 与 C_4，顶层和底层金属贴片中二阶斐波那契分形结构分别等效成并联共振 L_2C_1 和 L_3C_2。中间金属层的方形线圈等效成电感 L_1。两个介质层等效成传输线，且传输线的长度与介质层的厚度相同，均为 h。传输线的特性阻抗可以表示为 $Z = Z_0/\sqrt{\varepsilon_r}$，$\varepsilon_r$ 是介质层材料的相对介电常数，自由空间阻抗 $Z_0 = 377\Omega$。简化后的等效电路如图 3.54(a)所示，同时，滤波器第一个通带的等效电路如图 3.54(b)所示，图 3.54(d)则是滤波器第一个通带的最终等效电路。从这几个图可知，滤波器第一个通带的中心频率主要由 L_1、C_3、C_4 和 h 决定。至于滤波器的第二个通带，其中心频率主要由 L_2C_1、L_3C_2 这两个并联共振和电容 C_3、C_4 决定。同时，两个并联谐振之间的传输线相当于阻抗变换器。滤波器第二个

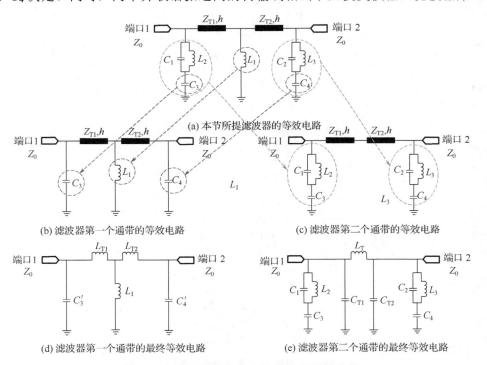

(a) 本节所提滤波器的等效电路

(b) 滤波器第一个通带的等效电路　　　　　　　(c) 滤波器第二个通带的等效电路

(d) 滤波器第一个通带的最终等效电路　　　　　(e) 滤波器第二个通带的最终等效电路

图 3.54　滤波器的等效电路模型和简化过程

通带的等效电路如图 3.54(c)所示，且其最终等效电路如图 3.54(e)所示。最后，等效电路的频率响应通过电路仿真软件 ADS 进行仿真和优化。图 3.54 展示了滤波器的等效电路模型和简化过程，图 3.54(d)和(e)中的电容 C_3'、C_4' 和 C_{Ti} 可以表示为

$$C_3' = C_4' = \frac{q_i}{\omega_0 r_i Z_0 \delta}, \quad i = 1, 2 \tag{3.4}$$

$$C_3' = C_3 + C_{T1}, \quad C_4' = C_4 + C_{T2} \tag{3.5}$$

$$C_{Ti} = \frac{\varepsilon_0 \varepsilon_r h}{2}, \quad i = 1, 2 \tag{3.6}$$

式中，q_i 为电量；ω_0 为角频率；ε_r 表示介质层材料的相对介电常数；ε_0 表示自由空间的介电常数；Z_0 表示自由空间阻抗；$\delta = BW/f_0$ 表示相对带宽。中间金属层的电感 L_1 可以表示为

$$L_1 = \frac{Z_0}{\omega_0 k_{12}} \cdot \frac{(k_{12}\delta)^2}{1-(k_{12}\delta)^2} \cdot \left(1 - k_{12}\delta\sqrt{\frac{z_1 z_2}{r_1 r_2}}\right) \tag{3.7}$$

同时，电感 L_{T1} 和 L_{T2} 可以由下式计算

$$L_{T1} = \frac{Z_0 z_1}{\omega_0 r_1 k_{12}} \cdot \frac{k_{12}\delta}{1-(k_{12}\delta)^2} \cdot \left(1 - k_{12}\delta\sqrt{\frac{r_1 z_2}{r_2 z_1}}\right) \tag{3.8}$$

$$L_{T2} = \frac{Z_0 z_2}{\omega_0 r_2 k_{12}} \cdot \frac{k_{12}\delta}{1-(k_{12}\delta)^2} \cdot \left(1 - k_{12}\delta\sqrt{\frac{r_2 z_1}{r_1 z_2}}\right) \tag{3.9}$$

式中，z_1 和 z_2 表示归一化负载阻抗，r_1 和 r_2 表示归一化负载系数，k_{12} 表示两个共振之间的耦合系数，以上具体数值如表 3.4 所示。

表 3.4　归一化系数和耦合系数

参数	r_1	r_2	z_1	z_2	k_{12}
值	1.4142	1.4142	1	1	0.707

为了更加深入地了解本节提出的滤波器的物理机理，利用电磁仿真软件 CST 计算，得到了在滤波器两个通带中心频率处各个金属层的电场能量分布(图 3.55 和图 3.56)。根据图 3.55(a)可知，顶层和底层金属层的电场能量主要集中在斐波那契分形结构的外部。图 3.55(b)显示了中间金属层的能量主要集中在方形线圈上。由此可知，滤波器的第一个通带是由中间金属层的方形线圈与顶层和底层金属贴片中斐波那契分形结构的外部耦合决定的。至于滤波器的第二个通带，由图 3.56(a)可知，顶层和底层金属层的电场能量主要集中在镂空的斐波那契分形结构周围，图 3.56(b)表示中间金属层的方形线圈基本没有能量集中。因此，可以推断滤波器的第二通带

是由顶层和底层金属层中斐波那契分形结构的共振决定的。以上电磁模拟结果的物理机理与集总元件等效电路的模拟过程是相一致的，如图 3.57 所示。当顶层和底层的金属贴片中没有镂空斐波那契分形结构时，集总元件等效电路和电磁仿真模拟结果显示此结构只能提供一个通带，且两个仿真结果较为吻合，结果如图 3.57 中的蓝线所示。实际上，这提供了本节提出滤波器中的第一个通带。同理，当没有中间金

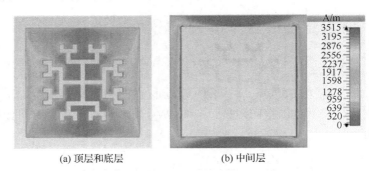

(a) 顶层和底层　　　　　　　　　(b) 中间层

图 3.55　第一个通带中心频率 0.32THz 处电场能量分布

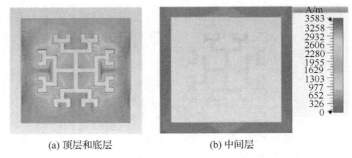

(a) 顶层和底层　　　　　　　　　(b) 中间层

图 3.56　第二个通带中心频率 0.74THz 处电场能量分布

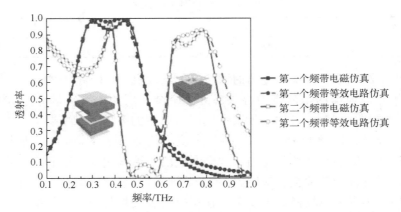

图 3.57　两个通带等效电路模拟和电磁模拟的比较（见彩图）

属层的方形线圈时，此结构也只能提供一个通带，结果如图 3.57 中的红线所示。相似地，这提供了本节提出滤波器的第二个通带。然后，结合这两种金属结构，我们得到了一个高选择性的双通带太赫兹滤波器，结果如图 3.58 所示。本节提出滤波器的第一个通带中心频率为 0.32THz，−3dB 带宽为 164GHz；第二个通带的中心频率为 0.74THz，−3dB 带宽为 176GHz。利用集总元件等效电路和电磁仿真两种方法分别对滤波器的两个通带进行研究，结果表明，滤波器的第一个通带主要由顶层和底层的金属层与中间层的方形线圈耦合得到。此外，滤波器的第二个通带主要由顶层和底层金属层中的斐波那契分形结构共振得到。通过结合第一个通带和第二个通带，得到了本节提出的双通带太赫兹滤波器且等效电路模拟和电磁模拟结果较为吻合。

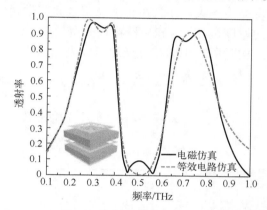

图 3.58　本节提出滤波器等效电路模拟和电磁模拟比较

3.3　微纳复合结构太赫兹移相器

液晶在太赫兹波段具有优异的光学各向异性，近年来基于液晶的太赫兹移相器逐渐成为新型研究热点，可以利用液晶介电常数可调的特性，通过改变电极材料的外加电压，实现对太赫兹波相位的控制。2018 年，Benjamin 等[74]提出了一种平面可切换太赫兹移相器，在液晶层构造蜿蜒电极结构，该移相器能够实现最大 60°相移，且可在太赫兹平面内外进行快速切换。2019 年，Bui 等[75]提出一种波导型太赫兹移相器，在非辐射电介质(non radiative dielectric，NRD)波导中使用液晶作为介电材料，可以实现164°相移量，同时缩短了相变衰减时间。2019 年，Sahoo 等[76]利用向列型液晶材料设计出一种透射型太赫兹移相器，在氧化铟锡(ITO)电极上构造手指形结构，达到最大相移 90°。然而，上述移相器存在着介质材料尺寸较大、相移量较小等缺陷。为了克服以上缺陷，迫切需要设计出器件结构尺寸小且相移量较大的太赫兹移相器。

3.3.1　液晶-光栅复合结构太赫兹移相器

液晶-光栅复合结构太赫兹移相器三维结构示意图如图 3.59(a)所示[77]，从上到下依次为石英层、石墨烯电极层、液晶层、硅光栅结构层、石英层和石墨烯电极层，其中，硅光栅结构分布在液晶盒底层。石英材料的相对介电常数 $\varepsilon_0 = 3.78$，厚度 $h_0 = 260\mu m$，液晶盒高度 $h_2 = 20\mu m$，光栅结构层所用材料为高阻硅，相对介电常数 $\varepsilon_1 = 11.9$，高度 $h_1 = 20\mu m$。液晶盒的上下表面石墨烯层作为电极。周期性硅光栅层结构图如图 3.59(b)所示。经过计算优化后，得到的最佳尺寸参数为 $P = 420\mu m$，$a = 4\mu m$，$d = 60\mu m$。当太赫兹波入射到移相器时，周期性硅光栅起到了分光作用，因而不同衍射级上出现亮暗条纹，并且在相邻光束之间产生相位差[78]。不考虑介质层吸收和石墨烯电极的厚度，周期性硅光栅物理模型如图 3.59(c)所示。当太赫兹波沿着光线 1 透过光栅结构时所产生的相位延迟可以表示为

$$\varphi_1 = \frac{2\pi}{\lambda}\sqrt{\varepsilon} \cdot \frac{h_0 + h_1 + h_2}{\cos\theta} - \frac{2\pi}{\lambda} \cdot \frac{h_0 + h_1 + h_2}{\cos\delta} = \frac{2\pi}{\lambda}(h_0 + h_1 + h_2)\left(\frac{\varepsilon}{\cos\theta} - \frac{1}{\cos\delta}\right) \quad (3.10)$$

式中，λ 为入射太赫兹波波长；ε 为液晶材料等效介电常数；δ 为入射角，$\cos\delta = \sqrt{1 - \sin^2\theta/\varepsilon}$，$\theta$ 为折射角。

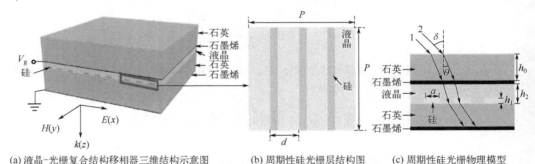

(a) 液晶-光栅复合结构移相器三维结构示意图　　(b) 周期性硅光栅层结构图　　(c) 周期性硅光栅物理模型

图 3.59　液晶-光栅复合结构太赫兹移相器

当太赫兹波沿着光线 2 透过光栅结构时所产生的相位延迟可以表示为

$$\varphi_2 = \frac{2\pi}{\lambda}\sqrt{\varepsilon} \cdot \frac{h_0 + h_2}{\cos\delta} + \frac{2\pi}{\lambda}\frac{h_1}{\cos\theta} - \frac{2\pi}{\lambda} \cdot \frac{h_0 + h_1 + h_2}{\cos\delta} = \frac{2\pi}{\lambda}(h_0 + h_1 + h_2)\left(\frac{\varepsilon}{\cos\theta} - \frac{1}{\cos\delta}\right)$$

$$(3.11)$$

可以得到太赫兹波沿着光线 1 和光线 2 所产生的相位差为

$$\Delta\varphi = \varphi_1 - \varphi_2 = \frac{2\pi}{\lambda}h_1\left(\frac{\sqrt{\varepsilon}}{\cos\theta} - \frac{1}{\cos\delta}\right) \quad (3.12)$$

光栅结构透过率可以通过式(3.13)计算得到。

$$t(x) = \begin{cases} \mathrm{e}^{\mathrm{i}\varphi_1}, & (l-1)d < la \\ \mathrm{e}^{\mathrm{i}\varphi_2}, & la < x < dl \end{cases}, \quad l = 1,2,3,\cdots \tag{3.13}$$

式中，$t(x) = \sum\limits_{m=-\infty}^{\infty} c_m \mathrm{e}^{miKx}$，$m = 0, \pm 1, \pm 2, \cdots$ 代表衍射级，$K = 2\pi/d$ 代表光栅矢量大小。当单位振幅太赫兹波以 δ 角入射到光栅上时，照明函数为 $e(x) = \mathrm{e}^{\mathrm{i}2\pi x f_0}$，$f_0 = \sin\delta/\lambda$，光栅下表面处的光振动分布式为

$$U_1(x) = t(x)e(x) = \sum\limits_{m=-\infty}^{\infty} c_m \mathrm{e}^{2\pi x \left(f_0 + \frac{m}{\lambda} \right) \mathrm{i}} \tag{3.14}$$

式中，$c_m = \dfrac{1}{d} \displaystyle\int_0^d t(x) \mathrm{e}^{-imKx} \mathrm{d}x$。对式 (3.14) 进行傅里叶变换得到

$$U_2(f_x) = \mathrm{F.T.}\{U_1(x)\} = \mathrm{F.T.} \sum\limits_{m=-\infty}^{\infty} c_m \mathrm{e}^{2\pi x \left(f_0 + \frac{m}{\lambda} \right) \mathrm{i}} = \sum\limits_{m=-\infty}^{\infty} c_m \delta\left(f_x - f_0 - \frac{m}{d} \right) \tag{3.15}$$

式中，$f_x = \sin\theta/\lambda$，计算出各级太赫兹衍射波的衍射效率表达式为

$$\eta_m = U_2(f_x)^* U_2(f_x) = |c_m|^2 \tag{3.16}$$

可得光栅衍射效率表达式为

$$\begin{cases} \eta_0 = 1 - 2\rho(1-\rho)(1-\cos\Delta\varphi) \\ \eta_{m>0} = \dfrac{1}{m^2\pi^2}(1-\cos\Delta\varphi)(1-\cos(2m\rho\pi)) \end{cases} \tag{3.17}$$

式中，ρ 为占空比，$\rho = a/d$。

液晶材料为 GT3-23001，将未加电状态下液晶的介电常数记为 $\varepsilon_\perp$，加电状态下液晶的介电常数记为 $\varepsilon_{//}$，具体取值为 $\varepsilon_\perp = 2.47$，$\tan\delta_\perp = 0.03$，$\varepsilon_{//} = 3.26$，$\tan\delta_{//} = 0.02^{[79]}$。图 3.60 为不同光栅常数下太赫兹波衍射效率。当光栅常数 $d = 60\mu\mathrm{m}$ 时，衍射效率曲线关于第 0 衍射级呈对称分布，在第 0 衍射级的衍射效率最高，达到了 99.8%。在第 ±5 衍射级达到 80%衍射效率，在第 ±2 衍射级、第 ±4 衍射级、第 ±6 衍射级、第 ±8 衍射级、第 ±10 衍射级时，这几个偶数级的衍射效率为 0。在第 ±1 衍射级、第 ±3 衍射级、第 ±7 衍射级、第 ±9 衍射级产生较小的衍射峰，超过第 ±10 衍射级的高衍射级太赫兹波的衍射效率均为 0。随着光栅常数的增大，衍射曲线的总体分布特征并未改变，而在各衍射级太赫兹波衍射效率上有不同程度的增加。

为了探究不同光栅常数下太赫兹波衍射效率的规律，分别给出了光栅常数 $d = 60\sim65\mu\mathrm{m}$ 下的太赫兹波衍射强度，对应图 3.61 (a)～(f)。当光栅常数在 $60\sim65\mu\mathrm{m}$ 内变化时，太赫兹波衍射强度最强的位置均集中在第 0 衍射级，此时衍射效率最高，在第 ±5 衍射级太赫兹波衍射强度较强，且在该衍射级边缘出现两种不同强度的光

斑，这是因为光栅结构起到了分光作用。当在第±2衍射级、第±4衍射级、第±6衍射级、第±8衍射级、第±10衍射级这几个偶数级和超过±10的高衍射级时，太赫兹波衍射强度最弱，对应的衍射效果最差。

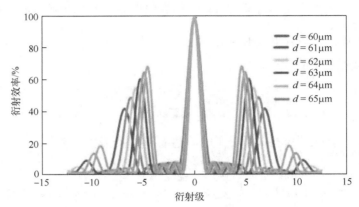

图 3.60　不同光栅常数下太赫兹波衍射效率（见彩图）

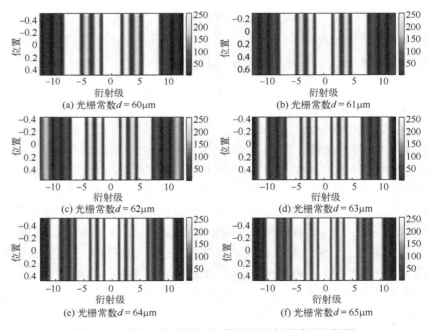

图 3.61　不同光栅常数下太赫兹波衍射强度（见彩图）

不同液晶材料介电常数 $\varepsilon_\perp = 2.47$（无外加电场）和 $\varepsilon_{//} = 3.26$（有外加电场）下太赫兹波通过移相器的衍射效率如图 3.62 所示，相应太赫兹波衍射强度如图 3.63 所示。从图 3.62 中可以发现，衍射效率最高的点集中在 0 衍射级，且加电时达到临界介电常数之后，在第 4 和−4 衍射级中出现了高达 80% 的衍射效率，太赫兹波入射到光栅结构且发生衍射之后，主要的能量一直集中在第 0 级衍射光斑中。

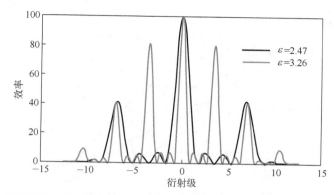

图 3.62　不同液晶材料介电常数 $\varepsilon_\perp$ = 2.47（无外加电场）和 $\varepsilon_{//}$ = 3.26（有外加电场）
下太赫兹波通过移相器的衍射效率

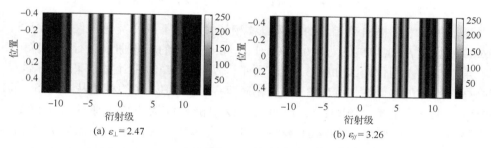

图 3.63　不同液晶材料介电常数下太赫兹波衍射强度

由于液晶材料具有各向异性[80]，在未加电时液晶微粒的光轴无序排列，此时液晶材料的有效折射率与基体折射率不匹配，对入射太赫兹波呈强烈的散射态，无法透过移相器；当施加偏置电压时，液晶粒的光轴将逐渐沿电场方向取向，液晶分子的有效折射率与石英基体的折射率得到了匹配，太赫兹波可以透过此器件呈现透明状态，而本节设计的光栅结构起到对太赫兹波入射方向进行选择的作用。当液晶材料介电常数 $\varepsilon_\perp$ = 2.47 时，因为大部分能量都集中在低衍射级次的光斑上，更高级次的衍射光斑光强偏弱。当液晶的介电常数达到饱和态（$\varepsilon_{//}$ = 3.26）时，液晶微粒绝大部分沿电场方向取向，透过光最强，因此看到的衍射级次如图 3.63 所示。光栅结构的衍射强度或衍射级次是可以通过电场灵活调控的。

从未加电状态到稳定加电状态之间，随着液晶介电常数的不断增大，所设计移相器的相移量也相应增大，不同液晶材料介电常数下传输透过移相器的太赫兹波相位曲线如图 3.64 所示。当液晶介电常数为 $\varepsilon_\perp$ = 2.47，$\varepsilon_{//}$ = 3.26 时，相移量差值最明显，在 0.39~0.46THz（带宽为 70GHz）内，本节设计的移相器的相移量均超过 400°。在 $f=0.39$THz 和 $f=0.46$THz 时相移量分别达到了 405° 和 410°，在 $f=0.43$THz 时获得最大相移量（422°）。

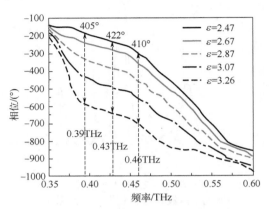

图 3.64   不同液晶材料介电常数下传输透过移相器的太赫兹波相位曲线

为了研究本节提出移相器的单频点移相特性，在不改变其他条件的情况下，分别对移相器在 $f=0.39$THz、$f=0.43$THz、$f=0.46$THz 的相移曲线进行了计算，不同入射角下单频点相位曲线如图 3.65(a) 所示。从图 3.65(a) 中计算结果可以得知，当液晶材料的介电常数在 2.47~3.26 变化时，$f=0.39$THz 时的相位从 −164.5° 递减至 −575.5°，最大相移量达到 411°；$f=0.43$THz 时的相位从 −232.2° 递减至 −642.2°，最大相移量达到 410°；当 $f=0.46$THz 时，相位从 −301.5° 递减至 −701.5°，最大相移量为 400°。图 3.65(a) 给出了不同入射角下 $f=0.39$THz、$f=0.43$THz、$f=0.46$THz 这三个频点的相位曲线，由图可知该移相器在 0~30° 内入射角度不敏感。各频点在

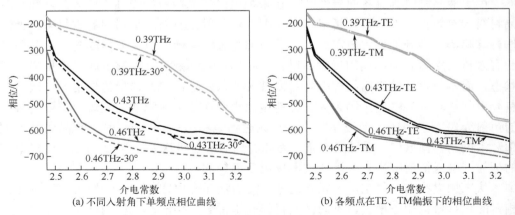

(a) 不同入射角下单频点相位曲线   (b) 各频点在 TE、TM 偏振下的相位曲线

图 3.65   太赫兹波传输透过移相器的相位曲线

TE 和 TM 偏振下的相位曲线如图 3.65(b) 所示，可知该移相器偏振不敏感。在研究如何实现较大相移量的同时，也要考虑本节设计太赫兹波移相器的回波损耗情况，分析了所提出的太赫兹波移相器回波损耗曲线和插入损耗曲线，如图 3.66 所示，在 0.39～0.46THz 内，随着液晶介电常数的不断增大，该移相器所产生的回波损耗也在不断增大，但均保持在−11dB 范围以内，如图 3.66(a) 所示。另外，由图 3.66(b) 可以看出，该移相器所产生插入损耗随着液晶材料介电常数增大而不断减小。

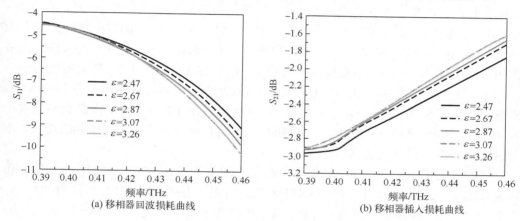

(a) 移相器回波损耗曲线　　　　　(b) 移相器插入损耗曲线

图 3.66　太赫兹波移相器损耗曲线

3.3.2　液晶-金属四直角复合结构太赫兹波移相器

本节提出一种液晶-金属四直角复合结构太赫兹移相器，其单元及三维移相器如图 3.67 所示。本节提出的液晶-金属四直角复合结构太赫兹移相器单元自上而下依次是金属铜层、石墨烯电极层、液晶层、石英层、石墨烯电极层。其中，金属铜的电导率可以表示为 $\sigma_c = 5.8 \times 10^7 \text{S/m}$，厚度 $h_c = 0.5 \mu\text{m}$。石英材料的相对介电常数 $\varepsilon_0 =$

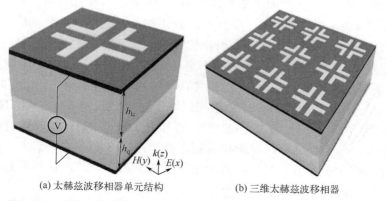

(a) 太赫兹波移相器单元结构　　　　　(b) 三维太赫兹波移相器

图 3.67　液晶-金属四直角复合结构太赫兹移相器单元及三维移相器

3.78，厚度 $h_q = 40\mu m$。使用 GT3-23001 液晶材料，液晶厚度 $h_{lc} = 50\mu m$。图 3.67 中清楚地显示了该金属铜层由四个中心对称直角结构组合而成，且四个直角结构形状尺寸完全相同，相邻直角结构的间隔距离均相等。经过计算优化后，得到的最佳尺寸参数为 $P = 50\mu m$，$w = 4\mu m$，$g = 15\mu m$，$s = 6\mu m$。

在移相器的研究中，单元周期是影响其相移量的重要因素之一，在液晶介电常数 $\varepsilon = 3.26$，其他条件相同的情况下，计算了单元周期 P 与相位之间的关系（图 3.68(a)）。其他参数保持不变，液晶介电常数 $\varepsilon = 3.26$ 时，当单元周期 $P = 50\mu m$ 时，在 3.1~3.4THz 内最大相位为−65.6°，最小相位为−87.4°；在 3.4~4.0THz 内最大相位为−65.7°，最小相位为−90.4°。当单元周期增加至 $P = 55\mu m$ 时，在 3.1~3.4THz 内最大相位减小至−68.6°，最小相位减小至−87.8°；在 3.4~4.0THz 内最大相位减小至−66.7°，最小相位减小至−92.6°。当单元周期增加至 $P = 60\mu m$ 时，在 3.1~3.4THz 内最大相位减小至−69.6°，最小相位减小至−88.9°；在 3.4~4.0THz 内最大相位减小至−69.1°，最小相位减小至−93.6°。可知在 3.1~4THz 内，随着单元周期的增大，本节设计移相器的相位随之减小。

接着研究了不同直角结构长度 g 与相位之间的关系，如图 3.68(b) 所示。当直角结构长度 $g = 15\mu m$ 时，在 3.1~3.4THz 内最大相位为−74.6°，最小相位为−83.4°；在 3.4~4.0THz 内最大相位为−59.4°，最小相位为−92.7°。当直角结构长度 $g = 20\mu m$ 时，在 3.1~3.4THz 内最大相位增加至−69.2°，最小相位减小至−88.8°；在 3.4~4.0THz 内最大相位减小至−66.7°，最小相位减小至−93.9°。当直角结构长度增加至 $g = 25\mu m$ 时，在 3.1~3.4THz 内最大相位为−69°，最小相位为−88.9°；在 3.4~4.0THz 内最大相位减小至−68.9°，最小相位增加至−89.6°。可知在 3.1~3.4THz 内，随着直角结构长度的增大，本节设计移相器的相位先是随之减小，后随之增大；在 3.4~4.0THz 内，随着直角结构长度的增大，本节设计移相器的相位随之减小。

此外，不同相邻直角结构间隔 s 也是影响移相性能的重要因素之一，不同相邻直角结构间隔 s 与相位之间的关系如图 3.68(c) 所示。当相邻直角结构间隔 $s = 2\mu m$ 时，在 3.1~3.4THz 内最大相位为−61.6°，最小相位为−83.4°；在 3.4~4.0THz 内最大相位为−71.4°，最小相位为−97.7°。当相邻直角结构间隔 $s = 3\mu m$ 时，在 3.1~3.4THz 内最大相位减小至−64.2°，最小相位减小至−86.8°；在 3.4~4.0THz 内最大相位增加至−69.7°，最小相位增加至−94.9°。当相邻直角结构间隔增加至 $s = 4\mu m$ 时，在 3.1~3.4THz 内最大相位减小至−68.9°，最小相位减小至−88.9°；在 3.4~4.0THz 内最大相位增加至−67.9°，最小相位增加至−89.6°。可知在 3.1~3.4THz 内，随着相邻直角结构间隔的增大，本节设计移相器的相位随之减小；在 3.4~4.0THz 内，随着相邻直角结构间隔的增大，本节设计移相器的相位随之增加。因此，移相器的相位可以通过相邻直角结构间隔 s 来调控。

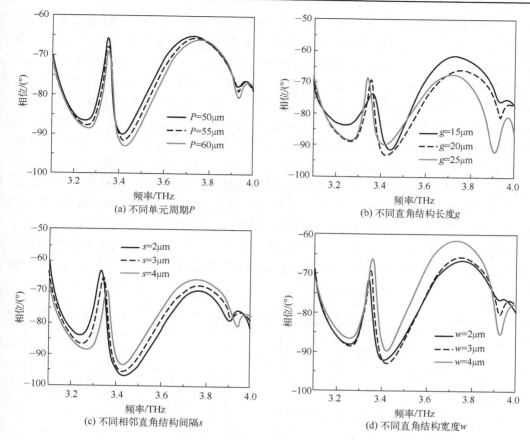

(a) 不同单元周期 P

(b) 不同直角结构长度 g

(c) 不同相邻直角结构间隔 s

(d) 不同直角结构宽度 w

图 3.68 不同结构参数相位曲线

之后探究了不同直角结构宽度 w 对相位的影响，不同直角结构宽度 w 与相位之间的关系如图 3.68(d) 所示。当直角结构宽度 $w=2\mu m$ 时，在 $3.1\sim3.4THz$ 内最大相位为 $-71.6°$，最小相位为 $-88.4°$；在 $3.4\sim4.0THz$ 内最大相位为 $-67.4°$，最小相位为 $-92.7°$。当直角结构宽度 $w=3\mu m$ 时，在 $3.1\sim3.4THz$ 内最大相位增加至 $-69.2°$，最小相位为 $-88.8°$；在 $3.4\sim4.0THz$ 内最大相位为 $-67.7°$，最小相位减小至 $-93.5°$。当直角结构宽度增加至 $w=4\mu m$ 时，在 $3.1\sim3.4THz$ 内最大相位增加至 $-66.9°$，最小相位增加至 $-86.9°$；在 $3.4\sim4.0THz$ 内最大相位增加至 $-61.9°$，最小相位增加至 $-89.6°$。可知在 $3.1\sim4THz$ 内，随着直角结构宽度的增大，本节设计移相器的相位随之增加。因此，移相器的相位可以通过直角结构宽度 w 来调控。

为了探究直角结构的变化对移相器效果产生的影响，分别计算了单直角结构、双直角结构、三直角结构、四直角结构下的相移曲线，如图 3.69 所示。$\varepsilon=2.47$ 代表无外加电场下液晶的介电常数，$\varepsilon=3.26$ 代表稳定外加电场下液晶的介电常数，

由图 3.69(a)计算可知在未外加电场至稳定外加电场状态下,本节设计的单直角结构
移相器在 3.69~3.99THz 内均能实现 20°以上相移量,在 f=3.69THz 时可以实现
21.81°相移量,在 f=3.99THz 时可以实现 20.71°相移量,在 f=3.80THz 时可以实现
28.57°的最大相移量。由图 3.69(b)计算可知双直角结构移相器在 3.41~3.63THz 内
均能实现 27°以上相移量,在 f=3.41THz 时可以实现 27.1°相移量,在 f=3.63THz
时可以实现 28.1°相移量,在 f=3.54THz 时可以实现 35.1°的最大相移量。由
图 3.69(c)计算可知三直角结构移相器在 3.77~3.95THz 内均能实现 30°以上相移
量,在 f=3.77THz 时可以实现 30.89°相移量,在 f=3.95THz 时可以实现 30.7°相移
量,在 f=3.86THz 时可以实现 35.26°的最大相移量。由图 3.69(d)计算可知四直角
结构移相器在 3.82~3.97THz 内均能实现 340°以上相移量,在 f=3.82THz 时可以实
现 343.01°相移量,在 f=3.97THz 时可以实现 344.67°相移量,在 f=3.93THz 时可
以实现 350.58°的最大相移量。对比单直角结构、双直角结构、三直角结构、四直角
结构下最大相移量可知,在未外加电场(ε=2.47)至稳定外加电场(ε=3.26)的状态

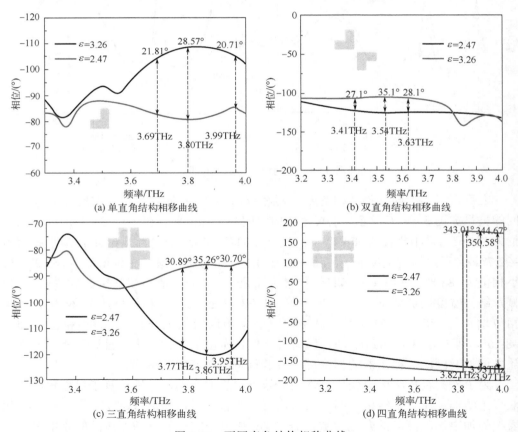

图 3.69　不同直角结构相移曲线

下，随着直角结构数的增加，移相器的相移量随之不断增加，在四直角结构下，相移量显著增加。通过与图 3.69 中的直角结构相移曲线获得的相移量进行对比，充分地表明当本节设计的移相器采用液晶-金属四直角复合结构时，所获得的相移量最大，且在 3.82～3.97THz 内本节设计的移相器线性度较高。

为了探究移相器的移相机理，图 3.70 给出了不同直角结构下产生最大相移频点处电场分布图，显示了移相器在单直角结构下最大相移频点 $f=3.80$THz 处的电场分布、双直角结构下最大相移频点 $f=3.54$THz 处的电场分布、三直角结构下最大相移频点 $f=3.86$THz 处的电场分布、四直角结构下最大相移频点 $f=3.93$THz 处的电场分布。通过图 3.70(a) 可知，在单直角结构下最大相移频点 $f=3.80$THz 处，电场沿 y 轴集中在单直角结构的直角边缘处。而在双直角结构下最大相移频点 $f=3.54$THz 处，电场主要沿 y 轴集中在双直角结构两端的直角边缘处，如图 3.70(b) 所示。由图 3.70(c) 可知，在三直角结构下最大相移频点 $f=3.86$THz 处，在沿 x 轴和 y 轴的直角边缘处均有强电场分布。如图 3.70(d) 所示，在四直角结构下最大相移频点 $f=3.93$THz 处，电场主要集中在沿 x 轴和 y 轴方向的直角边缘处，且电流分布关于 y 轴对称分布。

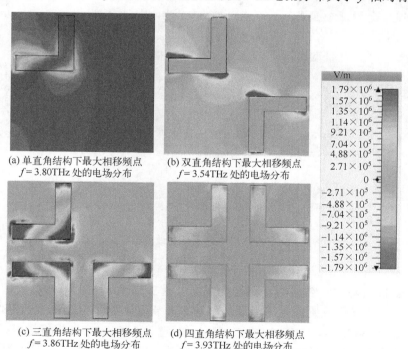

(a) 单直角结构下最大相移频点
$f=3.80$THz 处的电场分布

(b) 双直角结构下最大相移频点
$f=3.54$THz 处的电场分布

(c) 三直角结构下最大相移频点
$f=3.86$THz 处的电场分布

(d) 四直角结构下最大相移频点
$f=3.93$THz 处的电场分布

图 3.70 不同直角结构下产生最大相移频点处电场分布

除此之外，在 x-y 平面直角结构下产生最大相移频点磁场分布如图 3.71 所示。由图 3.71(a) 可得，在单直角结构下产生最大相移频点 $f=3.80$THz 处，磁场主要分布在直角的中心位置。如图 3.71(b) 所示，在双直角结构下产生最大相移频点 $f=$ 3.54THz 处，磁场主要集中于上方直角的中心位置与下方直角的直角边位置。如图 3.71(c) 所示，三直角结构下产生最大相移频点 $f=3.86$THz 处磁场分布集中于上下两直角的间隙处与右下直角中心。而四直角结构下产生最大相移频点 $f=3.93$THz 处的磁主要分布在上下两直角的中心位置，且磁场沿 y 轴对称分布，如图 3.71(d) 所示。从图 3.70 和图 3.71 可以看出，由未外加电场至稳定外加电场状态下，随着直角结构的增加，电场和磁场的相互作用增强，从而实现移相器相移量的增加。

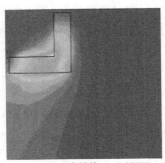

(a) x-y 面单直角结构 $f=3.80$THz 处磁场分布

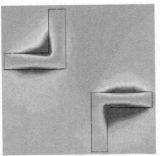

(b) x-y 面双直角结构 $f=3.54$THz 处磁场分布

(c) x-y 面三直角结构 $f=3.86$THz 处磁场分布

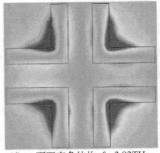

(d) x-y 面四直角结构 $f=3.93$THz 处磁场分布

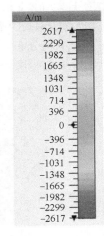

图 3.71　在 x-y 平面直角结构下产生最大相移频点磁场分布

进一步分析了不同入射角对相移量的影响，首先分析了入射角为 30° 下液晶-金属四直角复合结构太赫兹移相器相移曲线，如图 3.72 所示。由未外加电场至稳定外加电场状态下，移相位置发生了显著的红移，本节设计的移相器在 $f=1.98$THz 时实现最大相移量 (349.1°)，且在 1.9～2.05THz (带宽为 150GHz) 内相移量呈线性变化。为了更好地理解 30° 入射角下移相器的移相机理，图 3.73 显示了入射角为 30° 下 $f=$ 1.98THz 处移相器电场分布图与磁场分布图。由图 3.73(a) 可以看出，电场能量主要分布在四直角结构的边缘处，部分电场能量集中于直角结构内部。与图 3.70(d) 相比，图 3.73(a) 的电场也呈对称分布，但在各直角边缘有较明显的电场能量变化，这也很好地解释了移相位置发生显著变化的原因。图 3.73(b) 展示了入射角为 30° 下 $f=$ 1.98THz 处移相器的磁场分布图，可见 $f=$ 1.98THz 处磁场关于 y 轴呈对称分布，且在左侧上下直角结构处有强电场分布，与图 3.71(d) 相比，磁场能量均关于 y 轴呈对称分布，但主要能量分布位置发生了偏移。

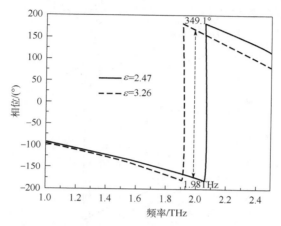

图 3.72　入射角为 30° 下液晶-金属四直角复合结构太赫兹移相器相移曲线

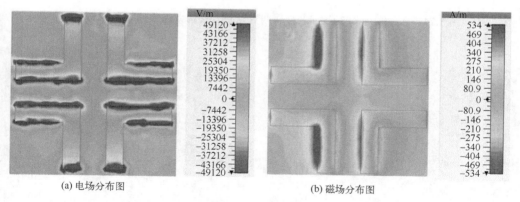

图 3.73　入射角为 30° 下 x-y 面 $f=$ 1.98THz 处移相器电场分布图与磁场分布图

　　其次分析了入射角为 60° 下液晶-金属四直角复合结构太赫兹移相器相移曲线，如图 3.74 所示。由未外加电场至稳定外加电场状态下，移相位置发生了显著的红移，本节设计的移相器在 $f=$ 2.75THz 时实现最大相移量(350.01°)，且在 2.51～2.8THz (带宽为 290GHz) 内相移量呈线性变化，移相带宽相较入射角为 30° 下的移相频带 (带宽为 150GHz) 有明显拓宽。为了更好地理解入射角为 60° 下移相器的移相机理，图 3.75 显示了入射角为 60° 下 $f=$ 2.75THz 处移相器电场分布图与磁场分布图。由图 3.75(a) 可以看出，电场能量主要集中在上侧直角结构的边缘处，部分电场能量分布于下侧直角结构边缘处。与图 3.73(a)相比,电场能量呈中心对称分布,图 3.75(a)的电场关于 x 轴呈近似对称分布,这也很好地解释了移相位置发生显著变化的原因。图 3.75(b)展示了入射角 60°下 $f=2.75\text{THz}$ 处移相器的磁场分布图,可见 $f=2.75\text{THz}$ 处磁场关于 y 轴呈对称分布,且在直角结构边缘处有强电场分布,与图 3.73(b)磁场能量均关于 y 轴均呈对称分布相比,主要能量分布位置几乎不变,但图 3.73(b)处的电场能量相对于图 3.75(b)有所增强。

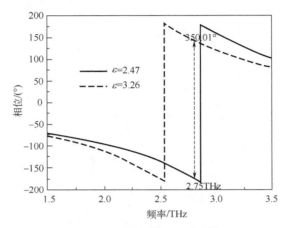

图 3.74　入射角为 60°下液晶-金属四直角复合结构太赫兹移相器相移曲线

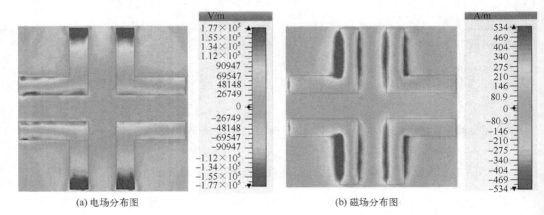

(a) 电场分布图　　　　　　　　　　　　　　(b) 磁场分布图

图 3.75　入射角为 60°下 x-y 面 $f=2.75\text{THz}$ 处移相器电场分布图与磁场分布图

3.3.3　双层液晶-金属复合结构太赫兹移相器

本节提出双层液晶-金属复合结构太赫兹移相器,其结构单元如图 3.76 所示,所设计的移相器采用了双层液晶材料,结构自上而下依次为金属铜电极层、液晶层、金属铜电极层、石英层、金属铜电极层、液晶层、金属铜电极层、石英层。设计时仍然使用 GT3-23001 液晶，上层液晶材料的厚度为 40μm，下层液晶材料的厚度为 50μm。金属铜的电导率 $\sigma_c = 5.8 \times 10^7$ S/m，厚度 $h_3 = 0.1$μm。上下两层石英材料的相对介电常数 $\varepsilon_0 = 3.78$，厚度分别为 20μm 和 60μm。单元周期为 50μm，在顶层金属铜构造渔网结构中，每个网状结构的边长为 15μm，网状结构之间的连接线长度为 10μm，每个网状结构中间镂空十字形结构的边长为 6μm，宽度为 2μm，在中间金属铜电极层构造 Φ 形加双直角组合结构，Φ 形结构的内外径分别为 10μm 和 13μm，直角结构的边长为 23μm，将不相邻的两个金属铜电极层连接，分别作为外加电压的正极和负极。

为了探究液晶层数和电极结构对移相器相移量的影响，本节首先提出单层液晶-渔网形金属铜复合结构太赫兹移相器，其单元结构示意图如图 3.77 所示，结构从上到下依次是金属铜电极层-液晶层-金属铜电极层-石英层，在顶层金属铜电极层构造了渔网形结构，下面分析单层液晶复合结构太赫兹移相器在不同液晶介电常数下实现的相移量及回波损耗。设计时使用 GT3-23001 液晶，$\varepsilon = 2.47$ 代表无外加电场下液晶的介电常数，$\varepsilon = 3.26$ 代表稳定外加电场下液晶的介电常数。如图 3.78(a) 所示，随着液晶介电常数从 $\varepsilon = 2.47$ 变化至 $\varepsilon = 3.26$，该移相器在 0.4～3.0THz 内有三频带移相效果，分别达到最大相移量 193.2°、120.1° 和 331.5°，且在 1.49～3.0THz 内，随着频率的增加，相移量逐渐呈线性变化。由图 3.78(b) 可知，在 0.4～1.4THz 内，随着液晶介电常数的增加，该移相器的回波损耗先随之增大，而后随之减少，而在 1.4～3THz 内，随着液晶介电常数的增加，该移相器的回波损耗先随之迅速增大，而后迅速减少，但 0.4～3THz 内回波损耗始终保持在 -6dB 之内。

图 3.76 双层液晶-金属复合结构
太赫兹移相器单元结构示意图

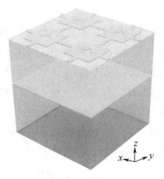

图 3.77 单层液晶-渔网形金属铜复合
结构太赫兹移相器单元结构示意图

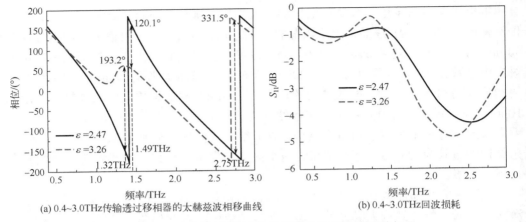

(a) 0.4~3.0THz传输透过移相器的太赫兹波相移曲线　　　(b) 0.4~3.0THz回波损耗

图 3.78　单层液晶-渔网形金属铜复合结构太赫兹移相器

图 3.79　单层液晶-Φ 形加双直角组合
结构太赫兹移相器单元结构示意图

紧接着提出单层液晶-Φ 形加双直角组合结构太赫兹移相器,其单元结构从上到下依次是金属铜电极层-液晶层-金属铜电极层-石英层(图 3.79),在顶层金属铜电极上构造 Φ 形加双直角组合结构。下面分析单层液晶-Φ 形加双直角组合结构太赫兹移相器在不同液晶介电常数下的相移量及回波损耗,如图 3.80 所示。设计时依然使用 GT3-23001 液晶,$\varepsilon = 2.47$ 代表无外加电场下液晶的介电常数,$\varepsilon = 3.26$ 代表稳定外加电场下液晶的介电常数。如图 3.80(a)所示,随着液晶介电常数从 $\varepsilon = 2.47$ 变化至 $\varepsilon = 3.26$,该

移相器在 0.4~3.0THz 内产生三频带移相效果,分别达到最大相移量 242.1°、223.4° 和 101.4°,且随着频率的增加,相移量在 1.8~2.26THz(带宽为 460GHz)内均能产生 220° 以上的相移量,在 1.8~3.0THz 内相移量呈线性变化。由图 3.80(b)可得,随着液晶介电常数增加,该移相器回波损耗也随之增大,且不同介电常数下回波损耗变化趋势大致相同,损耗量始终保持在−6dB 之内。

然后提出双层液晶-金属铜渔网结构太赫兹移相器,其单元结构如图 3.81 所示,结构从上到下依次是金属铜结构层-液晶层-石英层-金属铜结构层-液晶层-金属铜层-石英层,在两个金属铜结构层分别构造了渔网结构。下面分析双层液晶-金属铜渔网结构太赫兹移相器在不同液晶介电常数下的相移量及回波损耗,如图 3.82 所示。设计时使用 GT3-23001 液晶,$\varepsilon = 2.47$ 代表无外加电场下液晶的介电常数,$\varepsilon = 3.26$ 代表稳定外加电场下液晶的介电常数。由图 3.82(a)可知,随着液晶介电常数从 $\varepsilon = 2.47$ 变化至 $\varepsilon = 3.26$,该移相器在 0.4~3.0THz 内有三频带移相效果,分别

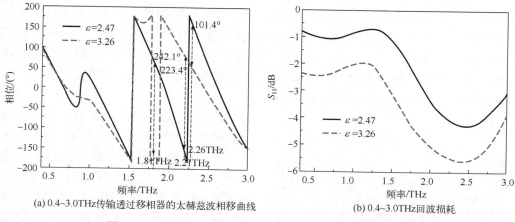

(a) 0.4~3.0THz传输透过移相器的太赫兹波相移曲线　　　(b) 0.4~3.0THz回波损耗

图 3.80　单层液晶-Φ形加双直角组合结构太赫兹移相器

图 3.81　双层液晶-金属铜渔网结构太赫兹移相器单元结构

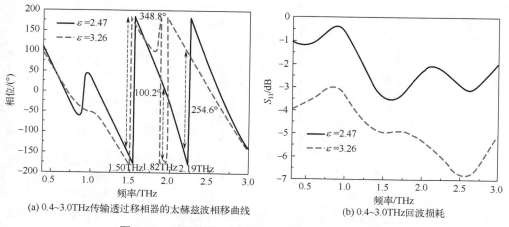

(a) 0.4~3.0THz传输透过移相器的太赫兹波相移曲线　　　(b) 0.4~3.0THz回波损耗

图 3.82　双层液晶-金属铜渔网结构太赫兹移相器

达到最大相移量 348.8°、100.2° 和 254.6°，且随着频率的增加，在 2.0～3.0THz 内相移量逐渐呈线性变化。由图 3.82(b)可知，随着液晶介电常数的增加，该移相器的回波损耗也随之增大，在 1.5～3.0THz 频段内不同介电常数下的回波损耗变化趋势有所不同，但始终保持在 −7dB 之内。随着液晶层数的增加，相移量随之增加，由此可知液晶层数对于相移量起到促进作用。

图 3.83　双层液晶-金属复合结构太赫兹移相器结构示意图

在设计双层结构时，需要在增大相移量的同时保持较低的回波损耗，因此有必要合理地控制液晶的层数及谐振单元的比例，经对比优化后本节提出双层液晶-金属复合结构太赫兹移相器，其结构示意图如图 3.83 所示。之后计算双层液晶-金属复合结构太赫兹移相器在不同液晶介电常数下的相移量及回波损耗(图 3.84)。设计时依然使用 GT3-23001 液晶，$\varepsilon = 2.47$ 代表无外加电场下液晶的介电常数，$\varepsilon = 3.26$ 代表稳定外加电场下液晶的介电常数。如图 3.84(a)所示，随着液晶介电常数从 $\varepsilon = 2.47$ 变化至 $\varepsilon = 3.26$，该移相器在 0.4～3.0THz 内有三频带移相效果，分别达到最大相移量 248.4°、102.4° 和 338.4°，且随着频率的增加，相移量逐渐呈线性变化。且在 2.31～2.48THz(带宽为 160GHz)频段内，均能实现 330° 以上相移量。由图 3.84(b)可知，随着液晶介电常数的增加，该移相器的回波损耗也随之增大，不同介电常数下的回波损耗变化趋势不同，但回波损耗量始终保持在 −7dB 之内。

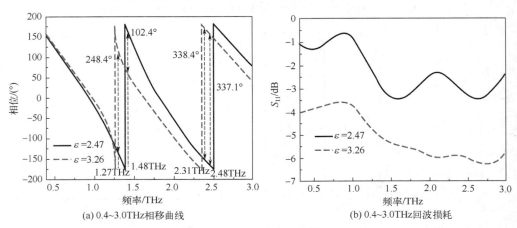

(a) 0.4~3.0THz相移曲线　　　　　　　　　　(b) 0.4~3.0THz回波损耗

图 3.84　双层液晶-金属复合结构太赫兹移相器在不同液晶介电常数下的相移量及回波损耗

此外，分析了入射角为 15°下双层液晶-金属复合结构太赫兹移相器在不同液晶介电常数下的相移量及回波损耗，如图 3.85 所示。由图 3.85(a)可知，在入射角为 15°下，随着液晶介电常数从 $\varepsilon=2.47$ 变化至 $\varepsilon=3.26$，该移相器在 0.4~3.0THz 内有四频带移相效果，分别达到最大相移量 322.4°、122.7°、253.7°和 101.2°，可知通过改变入射角可以增加本节设计移相器的相移量。此外随着频率的增加，在 1.5~3.0THz 内相移量呈线性变化。由图 3.85(b)可知，随着液晶介电常数的增加，该移相器的回波损耗也随之增大，不同介电常数下的回波损耗变化趋势差别较大，但始终保持在-8dB 之内，回波损耗相比垂直入射情况略有增加。

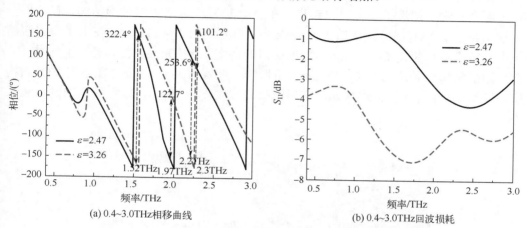

(a) 0.4~3.0THz相移曲线　　　　　　　　　　(b) 0.4~3.0THz回波损耗

图 3.85　入射角为 15°下双层液晶-金属复合结构太赫兹移相器
在不同液晶介电常数下的相移量及回波损耗

3.4　VO₂ 嵌入复合结构太赫兹移相器

随着太赫兹技术的飞速发展，现有的太赫兹移相器已经不再满足于电控方式，因而迫切需要设计出通过其他调控方式实现的太赫兹移相器。国内外对可调太赫兹移相器的研究不仅限于电控太赫兹移相器，还有磁控太赫兹移相器。早在 2004 年，Chen 等[81]提出了由石英基底-液晶材料-石英基底构造的液晶磁控太赫兹移相器，在 $f=1$THz 时能实现最大 360°的相移量。2011 年，Grigoryeva 等[82]提出一种电磁双可调移相器，构造了六铁氧体-铁电层状结构，可以被用作移相器的波导元件。2018 年，Ibrahim 等[83]利用机械方式驱动可调式完美磁导体，通过压电致动器与微细加工组装形成一个移相单元，可以实现最大相移(380°)。然而磁控太赫兹移相器往往需要较大的介质厚度才能实现，且不易加工和进行实验，因此，如何设计出小型化且可灵活调谐的可调太赫兹移相器成为国内外关注的焦点。

3.4.1　VO₂ 嵌入金属环形结构太赫兹移相器

图 3.86（a）为 VO₂ 嵌入金属环形复合结构太赫兹移相单元的三维结构[84]，图 3.86（b）和（c）展示了本节设计的移相器上层金属铜-VO₂ 复合结构图、下层金属铜-VO₂ 复合结构图。图 3.86（a）呈现了所设计的移相器结构从上到下依次为上层金属铜、上层 VO₂、液晶、下层金属铜、下层 VO₂、无损二氧化硅。其中，金属铜的电导率可以表示为 $\sigma_{copper} = 5.8 \times 10^7 \text{S/m}$，金属铜和 VO₂ 的厚度均为 $h = 0.2\mu m$，无损耗二氧化硅为介质层，其相对介电常数 $\varepsilon = 3.9$，厚度 $h_s = 40\mu m$。如图 3.86（b）所示，在上层金属铜层构造了矩形缺口结构，在上层 VO₂ 层构造了双矩形结构，在下层金属铜层和下层 VO₂ 层分别构造了 U 形结构。单元周期 $P = 110\mu m$，在上层金属铜结构中，矩形缺口长度 $L_1 = 70\mu m$，矩形缺口的宽度 $h_1 = 60\mu m$；在上层 VO₂ 结构中，两个矩形结构的长度均为 $L_2 = 25\mu m$，矩形的宽度均为 $h_2 = 15\mu m$；在下层 VO₂ 结构中，U 形结构的长度 $L_3 = 70\mu m$，U 形结构的宽度 $h_3 = 40\mu m$，U 形结构的开口边长为 $L_4 = 30\mu m$。

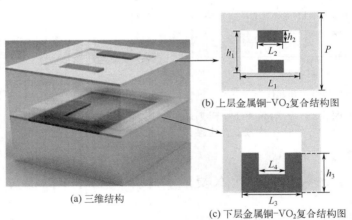

(b) 上层金属铜-VO₂复合结构图

(a) 三维结构

(c) 下层金属铜-VO₂复合结构图

图 3.86　VO₂ 嵌入金属环形复合结构太赫兹移相单元

VO₂ 是一种相变材料，当外加温度发生改变时其电导率也会随之发生变化，当温度低于相变温度（68℃）时，VO₂ 为绝缘体态，可以视为相对介电常数 $\varepsilon_i = 9$ 的无损介质；而当温度高于相变温度时，VO₂ 为金属态，从而在太赫兹频段内实现从电介质到金属态的转变。其相对介电常数可以使用 Drude 模型来描述[85]：

$$\varepsilon_m(\omega) = \varepsilon_\infty - \frac{\omega_p^2}{(\omega + i/\pi)\omega}i$$
$$\omega_p^2 = \frac{Ne^2}{m^*\varepsilon_0}$$

$$(3.18)$$

式中，ω_p 为等离子体频率；$\varepsilon_\infty = \varepsilon_i = 9$；有效质量 $m^* = 2m_e$，m_e 为自由电子的质量；载流子密度 $N = 8.7 \times 10^{21} \text{cm}^{-3}$。

基于 VO_2 的特殊性质，利用电流或其他方法控制其薄膜表面温度，从而改变 VO_2 的电导率，即可设计出可调的太赫兹移相器。计算 VO_2 电导率分别为 $\sigma = 200\text{S/m}$ 和 $\sigma = 2 \times 10^5 \text{S/m}^{[86]}$ 时移相器所产生的相移量，液晶在 $0.4 \sim 1.6\text{THz}$ 内均具有大的光学各向异性。为了研究 VO_2 电导率对移相器相移量的影响，首先研究上层 VO_2 电导率为 $\sigma = 2 \times 10^5 \text{S/m}$，而下层 VO_2 电导率 $\sigma = 200\text{S/m}$ 时的相移情况，此时上层 VO_2 呈金属态，下层 VO_2 呈绝缘态。此时相移曲线和透射率曲线分别如图 3.87 所示。由图 3.87(a)可以看出，当 VO_2 的电导率由 $\sigma = 200\text{S/m}$ 变化至 $\sigma = 2 \times 10^5 \text{S/m}$ 时，本节设计的移相器在 $0.732 \sim 0.75\text{THz}$（带宽为 18GHz）频段内均能产生 $350°$ 以上的相移量，该频段内相移量呈线性变化，且在 $f = 0.741\text{THz}$ 处实现最大相移量（357.2°）。太赫兹波穿过移相器的透射率如图 3.87(b)所示，在该频段范围内不同电导率下透射率变化趋势较稳定，且在 $\sigma = 2 \times 10^5 \text{S/m}$ 时透射率稳定在 0.8 左右，透射效果良好。

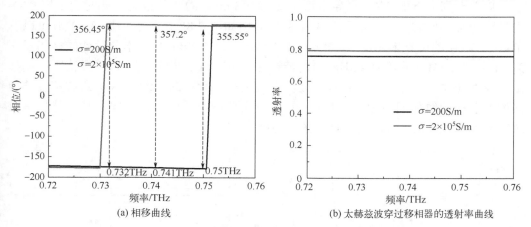

图 3.87　VO_2 嵌入金属环形复合结构太赫兹移相器相移和透射率曲线
上层 VO_2 呈金属态，下层 VO_2 呈绝缘态

其次探究上层 VO_2 电导率 $\sigma = 200\text{S/m}$，而下层 VO_2 电导率 $\sigma = 2 \times 10^5 \text{S/m}$ 时的相移情况，此时上层 VO_2 呈绝缘态，下层 VO_2 呈金属态。此时相移曲线和透射率曲线分别如图 3.88 所示。由图 3.88(a)可以看出，当 VO_2 的电导率由 $\sigma = 200\text{S/m}$ 变化至 $\sigma = 2 \times 10^5 \text{S/m}$ 时，本节设计的移相器在 $0.731 \sim 0.734\text{THz}$（带宽为 4GHz）内均能产生 $350°$ 以上的相移量，该频段范围内相移量呈线性变化，且在 $f = 0.731\text{THz}$ 处实现最大相移量（359.32°）。太赫兹波穿过移相器的透射率曲线如图 3.88(b)所示，在该频段范围内透射率较稳定，且有外加场时透射率保持在 0.8 左右，具有良好的透射效果。

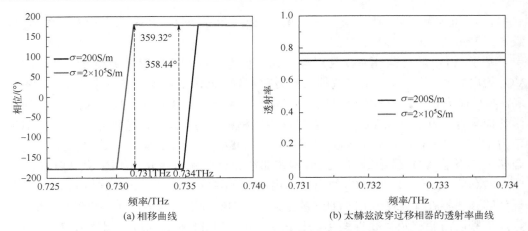

图 3.88　VO₂ 嵌入金属环形复合结构太赫兹移相器相移和透射率曲线
上层 VO₂ 呈绝缘态，下层 VO₂ 呈金属态

接着探究上下层 VO₂ 电导率均为 $\sigma = 200 \mathrm{S/m}$ 时的相移情况，此时上下层 VO₂ 均呈绝缘态。此时相移曲线和透射率曲线分别如图 3.89 所示。由图 3.89(a)可以看出，当 VO₂ 的电导率由 $\sigma = 200 \mathrm{S/m}$ 变化至 $\sigma = 2 \times 10^5 \mathrm{S/m}$ 时，本节设计的移相器在 0.731～0.734THz（带宽为 4GHz）内均能产生 350° 以上的相移量，该频段范围内相移量呈线性变化，且在 $f = 0.731 \mathrm{THz}$ 处实现最大相移量（359.32°）。太赫兹波穿过移相器的透射率曲线如图 3.89(b)所示，在该频段范围内透射率较稳定，且有外加场时透射率保持在 0.8 左右，具有良好的透射效果。

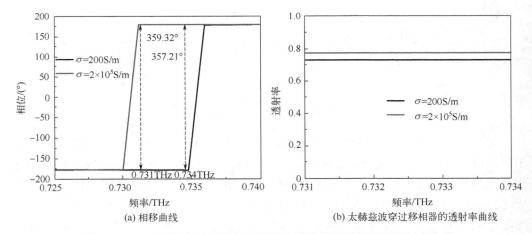

图 3.89　VO₂ 嵌入金属环形复合结构太赫兹移相器相移和透射率曲线
上下层 VO₂ 均呈绝缘态

之后探究上下层 VO₂ 电导率 $\sigma = 2 \times 10^5 \mathrm{S/m}$ 时的相移情况，此时上下层 VO₂ 均呈金属态。此时相移曲线和透射率曲线分别如图 3.90 所示。由图 3.90(a)可以看出，

当 VO_2 的电导率由 $\sigma = 200S/m$ 变化至 $\sigma = 2 \times 10^5 S/m$ 时，本节设计的移相器在 $0.731 \sim 0.752THz$（带宽为 22GHz）内均能产生 350°以上的相移量，该频段范围内相移量呈线性变化，且在 $f = 0.731THz$ 处实现最大相移量（352.62°）。太赫兹波穿过移相器的透射率曲线如图 3.90(b) 所示，在该频段范围内透射率较稳定，且有外加场时透射率保持在 0.8 左右，具有良好的透射效果。由图 3.87~图 3.89 所示上下两层 VO_2 不同状态下的相移曲线可知，4 种状态下提出的移相器的相移量和透射率均达到近似值，但当上下两层 VO_2 均呈金属态时，移相的频段范围增加至 21GHz，综合以上考虑，本节选取了上下两层均呈绝缘态的 VO_2 结构作为移相器的组成部分。

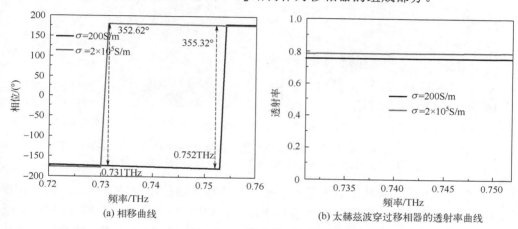

图 3.90　VO_2 嵌入金属环形复合结构太赫兹移相器相移和透射率曲线
上下层 VO_2 均呈金属态

VO_2 嵌入金属环形复合结构太赫兹移相器结构如图 3.91 所示。为了探究本节提出的移相器的移相机理，计算上下层 VO_2 均呈金属态时，在最大相移频点 $f = 0.752THz$ 处的电场分布图与电场能量图，如图 3.92 所示。由图 3.92(a) 可以看出，在最大相移频点 $f = 0.752THz$ 处，电流主要集中在上层金属铜结构上下边缘处和下

图 3.91　VO_2 嵌入金属环形复合结构太赫兹移相器结构

层 VO$_2$ 边缘处，而上层 VO$_2$ 和下层金属铜聚集的能量较弱。而由图 3.92(b) 可以看出，主要能量在上下金属铜结构边缘处均有分布，且还有一部分电场能量集中在上层 VO$_2$ 结构之间，另外还有一小部分电场能量集中在下层 VO$_2$ 层，由此可以推断出电场能量由上层金属铜结构流向上层 VO$_2$ 结构，这很好地解释了移相频段范围增大的原因。

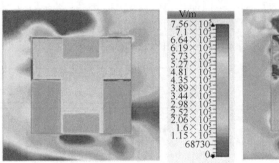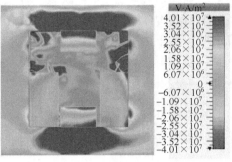

(a) 最大相移频点 $f = 0.752$THz 处电场分布图　　(b) 最大相移频点 $f = 0.752$THz 处电场能量图

图 3.92　上下层 VO$_2$ 均呈金属态时 VO$_2$ 嵌入金属环形复合结构太赫兹移相器
在最大相移频点 $f = 0.752$THz 处电场分布图与电场能量图

为了进一步地了解改变入射角 θ 情况下对该移相器移相效果的影响，先是计算了 $\theta = 60°$ 时该移相器的相移曲线和透射率曲线，如图 3.93 所示。由图 3.93(a) 可以看出，当 VO$_2$ 的电导率由 $\sigma = 200$S/m 变化至 $\sigma = 2×10^5$S/m 时，本节设计的移相器在 $1.08\sim1.17$THz（带宽为 90GHz）内均能产生 300°以上的相移量，该频段范围内相移量呈线性变化，且在 $f = 1.14$THz 处实现最大相移量（346.36°），相比图 3.90(a) 移相

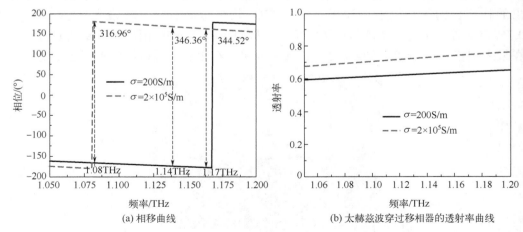

(a) 相移曲线　　　　　　　　　　(b) 太赫兹波穿过移相器的透射率曲线

图 3.93　$\theta = 60°$时 VO$_2$ 嵌入金属环形复合结构太赫兹移相器相移和透射率曲线
上下层 VO$_2$ 均呈金属态

频段范围(带宽为 22GHz)大大增加。太赫兹波穿过移相器的透射率曲线如图 3.93(b)所示，在该频段范围内透射率相比图 3.90(b)有所降低，这表明随着入射角的增大，太赫兹波穿过移相器的透射率随之减少。计算了 $\theta = 80°$ 时该移相器的相移曲线和透射率曲线，如图 3.94 所示。由图 3.94(a)可以看出，当 VO_2 的电导率由 $\sigma = 200S/m$ 变化至 $\sigma = 2 \times 10^5 S/m$ 时，本节设计的移相器在 1.3~1.6THz 内有双相移频段效果，在 1.37THz 处能产生最大相移量(316.7°)，在 1.42~1.59THz(带宽为 160GHz)内均有 300° 以上相移量，相移量呈线性变化，且在 $f = 1.42THz$ 处实现最大相移量(322.38°)，相比图 3.93(a)移相频段范围(带宽为 90GHz)大大增加，进一步说明增加入射角对移相器的带宽起到了拓宽的作用。太赫兹波穿过移相器的透射率曲线如图 3.94(b)所示，在该频段范围内透射率曲线的变化趋势与之前平稳的透射率曲线大有不同，透射率相比图 3.90(b)大幅度降低，这表明入射角度对透射率有着抑制作用，为了获取较好的透射效果，还需要选取合适的入射角度。

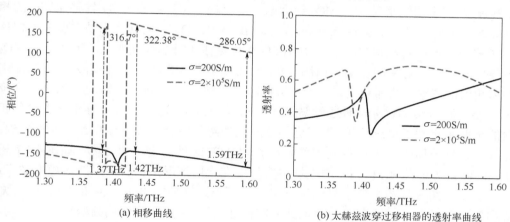

(a) 相移曲线　　　　　　　　　　　(b) 太赫兹波穿过移相器的透射率曲线

图 3.94　$\theta = 80°$ 下 VO_2 嵌入金属环形复合结构太赫兹移相器相移和透射率曲线
上下层 VO_2 均呈金属态

3.4.2　VO_2 嵌入金属矩形结构太赫兹移相器

本节提出 VO_2 缺口矩形+矩形金属复合结构太赫兹移相器，其单元三维结构示意图如图 3.95(a)所示。本节设计的移相器的结构依次为金属铜层、液晶层、VO_2 层及二氧化硅基底层。金属铜层的厚度 $h_1 = 0.2\mu m$，电导率可以表示为 $\sigma_{copper} = 5.8 \times 10^7 S/m$。金属铜层由矩形结构构成，在 VO_2 层上构造了圆形缺口，金属铜层结构和 VO_2 层结构分别如图 3.95(b)和(c)所示。其中，单元周期 $P = 90\mu m$，金属铜结构的长度 $L = 23\mu m$，宽度 $D = 12\mu m$，VO_2 结构的缺口半径 $R = 20\mu m$。

当 VO_2 的电导率由 $\sigma = 200S/m$ 变化至 $\sigma = 2 \times 10^5 S/m$ 时，为了探究金属铜和不同

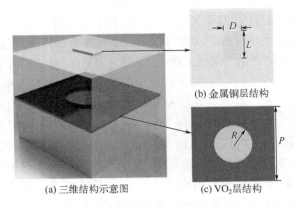

(b) 金属铜层结构

(c) VO₂层结构

(a) 三维结构示意图

图 3.95　VO₂ 缺口矩形+矩形金属复合结构太赫兹移相单元

状态下 VO₂ 的组合结构对本节提出移相器所产生相移量和反射率的影响，首先计算了移相器 1（上层矩形结构为 VO₂ 绝缘态，下层缺口矩形结构为金属铜情况下）的相移曲线和透射率曲线。如图 3.96(a) 所示，在 $f = 1.44\text{THz}$ 频点处可以实现最大相移（250.61°），此时移相器在 0.4～1.6THz 内相移量曲线呈非线性变化。下面分析 VO₂ 电导率改变对透射率的影响，由图 3.96(b) 可知随着 VO₂ 电导率的增大，本节提出的移相器的透射率大幅提升，在 $f = 1.44\text{THz}$ 频点处，$\sigma = 200\text{S/m}$ 情况下的透射率降至 0.05，而 $\sigma = 2 \times 10^5\text{S/m}$ 时透射率提升至 0.5，充分地说明 VO₂ 电导率增大对移相器的透射率起到了促进作用。为了更加全面地理解此组合状态下移相器的移相机理，计算了太赫兹移相器 1 在最大相移频点 $f = 1.44\text{THz}$ 处的电场和磁场，如图 3.97 所示。由图 3.97(a) 可知，移相器的电场主要集中在上层矩形结构和下层缺口矩形边缘，且上层矩形结构处的电场明显强于下层缺口矩形边缘处的电场。由图 3.97(b) 可知移相器的磁场在下层缺口矩形边缘处分布最强，且在上层矩形结构处磁场分布均匀，

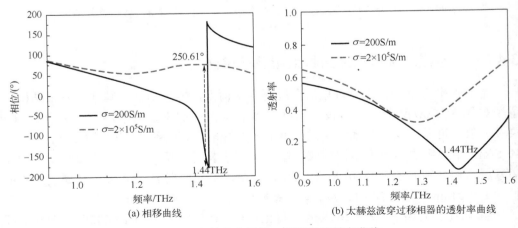

(a) 相移曲线

(b) 太赫兹波穿过移相器的透射率曲线

图 3.96　太赫兹移相器 1 相移和透射率曲线

这说明了当上层 VO_2 处于绝缘态时, 大部分电场和磁场的能量都分布在下层金属铜结构中。

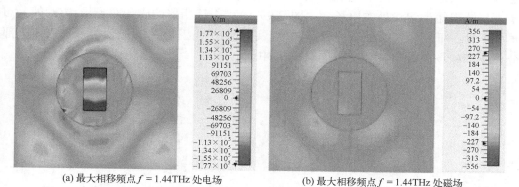

(a) 最大相移频点 f = 1.44THz 处电场　　　　　(b) 最大相移频点 f = 1.44THz 处磁场

图 3.97　太赫兹移相器 1 最大相移频点 f = 1.44THz 处电场图和磁场图

其次计算了太赫兹移相器 2 (上层矩形结构为 VO_2 金属态, 下层缺口矩形结构为金属铜情况下) 的相移曲线和透射率曲线。如图 3.98(a) 所示, 在 1.28~1.59THz (带宽为 310GHz) 内均能实现 230° 以上的相移量, 此时太赫兹移相器 2 在该频段范围内相移曲线呈线性变化, 且在 f = 1.59THz 频点处可以实现最大相移(244.76°)。下面分析 VO_2 电导率改变对透射率的影响, 由图 3.98(b) 可知随着 VO_2 电导率的增大, 本节提出的移相器的透射率大幅提升, 在 f = 1.42THz 频点处, 不加外场情况的透射率低至 0.05, 而加电之后透射率提升至 0.5, 充分地说明 VO_2 电导率的增大对移相器的透射起到了促进作用。

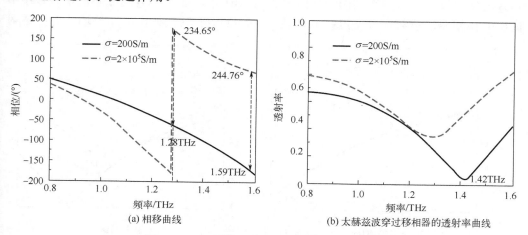

(a) 相移曲线　　　　　　　　　　(b) 太赫兹波穿过移相器的透射率曲线

图 3.98　太赫兹移相器 2 相移和透射率曲线

计算了移相器 2 在最大相移频点 f = 1.59THz 处的电场和磁场, 如图 3.99 所示。

由图 3.99(a)可得,该状态下移相器的电场主要集中在上层矩形结构和下层缺口矩形边缘,上层矩形结构处的电流自上而下逐渐减少,且上层矩形结构处的电场明显强于下层缺口矩形边缘处的电场。由图 3.99(b)可得移相器的磁场在上层 VO_2 处分布最强,且在下层金属铜处磁场分布均匀,这说明了当上层 VO_2 处于金属态时,大部分电场和磁场的能量都分布在上层 VO_2 中。

(a) 最大相移频点 f=1.59THz 处电场 (b) 最大相移频点 f=1.59THz 处磁场

图 3.99 太赫兹移相器 2 最大相移频点 f = 1.59THz 处电场图和磁场图

计算太赫兹移相器 3(上层矩形结构为金属铜,下层缺口矩形结构为 VO_2 绝缘态情况下)的相移曲线和透射率曲线。如图 3.100(a)所示,在 1.31~1.59THz(带宽为 280GHz)内均能实现 149°以上的相移量,此时太赫兹移相器 3 在该频段范围内相移量曲线呈平缓变化,且在 f=1.59THz 频点处可实现最大相移(237.2°)。下面分析 VO_2 电导率改变对透射率的影响,由图 3.100(b)可知随着 VO_2 电导率的增大,本节提出的移相器的透射率大幅度提升,在 f=1.42THz 频点处,不加外场情况的透射

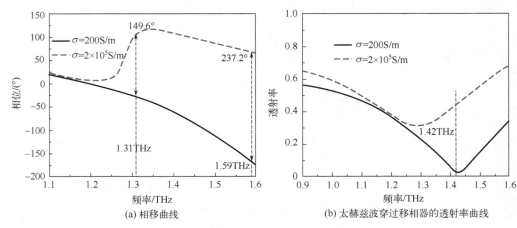

(a) 相移曲线 (b) 太赫兹波穿过移相器的透射率曲线

图 3.100 太赫兹移相器 3 相移和透射率曲线

率低至 0.05，而加电之后反射系数提升至 0.5，充分地说明 VO$_2$ 电导率增大对移相器的反射起到了促进作用。

再次计算了太赫兹移相器 3 在最大相移频点 $f = 1.59$THz 处的电场和磁场，如图 3.101 所示。由图 3.101 (a) 可知，移相器的电场主要集中在下层 VO$_2$ 中心和上层金属铜缺口矩形边缘，下层 VO$_2$ 处的电流自中心向两端逐渐减少，且上层 VO$_2$ 处的电场明显强于金属铜处的电场。由图 3.101 (b) 可知太赫兹移相器 3 的磁场在下层 VO$_2$ 边缘处分布最强，且在上层金属铜处磁场分布均匀，这说明了当下层 VO$_2$ 处于绝缘态时，大部分电场和磁场的能量都分布在下层 VO$_2$ 中。VO$_2$ 缺口矩形+矩形金属复合结构太赫兹移相器结构图如图 3.102 所示。随后计算了 VO$_2$ 缺口矩形+矩形金属复合结构太赫兹移相器(上层矩形结构为金属铜，下层缺口矩形结构为 VO$_2$ 金属态)的相移曲线和透射率曲线。如图 3.103 (a) 所示，在 1.28～1.59THz(带宽为310GHz) 内均能实现 230°以上的相移量，此时该移相器在该频段范围内相移量曲线呈线性变化，且在 $f = 1.59$THz 频点处可以实现最大相移(244.76°)。下面分析 VO$_2$ 电导率改变对透射率的影响，由图 3.103 (b) 可知随着 VO$_2$ 电导率的增大，本节提出的移相器的透射率大幅提升，在 $f = 1.18$THz 频点处透射率为 0.7，而 VO$_2$ 电导率提升之后透射率提升至 0.9，充分地说明这种组合状态下本节提出的移相器能实现较好的反射效果。本节提出的移相器在上层矩形结构为金属铜，下层缺口矩形结构为 VO$_2$ 绝缘态和上层矩形结构为金属铜，下层缺口矩形结构为 VO$_2$ 金属态这两种情况下均能实现 230°以上的宽频带相移，且当上层矩形结构为金属铜，下层缺口矩形结构为 VO$_2$ 金属态时，所达到的反射率较大，具有反射器的特征。

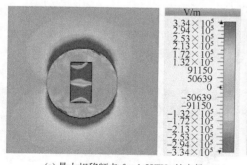
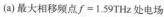
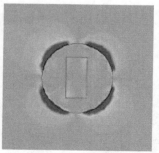

(a) 最大相移频点 $f = 1.59$THz 处电场　　　　　(b) 最大相移频点 $f = 1.59$THz 处磁场

图 3.101　太赫兹移相器 3 最大相移频点 $f = 1.59$THz 处电场图和磁场图

最后计算了 VO$_2$ 缺口矩形+矩形金属复合结构太赫兹移相器在最大相移频点 $f = 1.59$THz 处的电场和磁场，如图 3.104 所示。由图 3.104 (a) 可知，移相器的电场主要集中在上层矩形结构的中心和下层缺口矩形边缘处，上层矩形结构处的电流自上下两边向中间逐渐减少，且上层矩形结构处的电场明显强于下层缺口矩形边缘处的电场。由图 3.104(b)可知移相器的磁场在上层金属铜处分布最强,且在下层 VO$_2$ 处磁场分布均匀,这说明了当下层 VO$_2$ 处于金属态时,大部分电场和磁场的能量都分布在上层金属铜中。

图 3.102　VO$_2$ 缺口矩形+矩形金属复合结构太赫兹移相器结构图

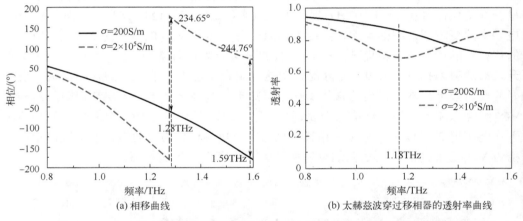

(a) 相移曲线　　　　　　　　　　　　　(b) 太赫兹波穿过移相器的透射率曲线

图 3.103　VO$_2$ 缺口矩形+矩形金属复合结构太赫兹移相器相移和透射率曲线

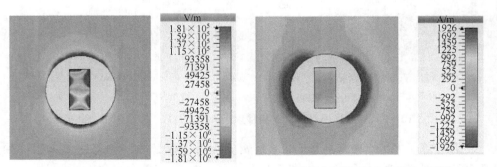

(a) 最大相移频点 f = 1.59THz 处电场　　　　　(b) 最大相移频点 f = 1.59THz 处磁场

图 3.104　VO$_2$ 缺口矩形+矩形金属复合结构太赫兹
移相器在最大相移频点 f = 1.59THz 处电场图和磁场图

参 考 文 献

[1] Chang C, Huang L, Nogan J, et al. Invited article: Narrowband terahertz bandpass filters employing stacked bilayer metasurface antireflection structures. APL Photonics, 2018, 3: 051602.

[2] Ning Y, Lou S, Jia H, et al. An angle-independent broadband terahertz bandstop filter based on compact cross-shaped array. Journal of Infrared and Millimeter Waves, 2019, 38(6): 716-721.

[3] Varshney G, Gotra S, Pandey V, et al. Proximity-coupled graphene-patch-based tunable single-dual-band notch filter for THz applications. Journal of Electronic Materials, 2019, 48(8): 4818-4829.

[4] Qi L, Li C, Fang G, et al. Single-layer dual-band terahertz filter with weak coupling between two neighboring cross slots. Chinese Physical B, 2015, 24(10): 107802.

[5] Wang Y, Li Z, Li D, et al. Mechanically tunable terahertz multi-band bandstop filter based on near field coupling of metamaterials. Materials Research Express, 2019, 6(5): 055810.

[6] Rebeiz G, Tan G, Hayden J. RF MEMS phase shifters: Design and applications. IEEE Microwave Magazine, 2002, 3(2): 72-81.

[7] Yu H, Lee K, Kim M. 300GHz vector-sum phase shifter using InP DHBT amplifiers. Electronics Letters, 2013, 49(4): 72-81.

[8] Wu Y, Ruan X, Chen C, et al. Graphene/liquid crystal based terahertz phase shifters. Optics Express, 2013, 21(18): 21395-21402.

[9] Boehm H, Setton R, Stumpp E. Nomenclature and terminology of graphite intercalation compounds. Carbon, 1986, 24(2): 241-245.

[10] Ismail R, Abdulrazzaq O, Ali A. Photovoltaic properties of ITO/p-Si heterojunction prepared by pulsed laser deposition. International Journal of Physics B, 2020, 34(32): 2050321.

[11] Sheng L, Li J, He G, et al. Visual study and simulation of interfacial liquid layer mass transfer in membrane-assisted antisolvent crystallization. Chemical Engineering Science, 2020, 228(30): 116003.

[12] Li J, Li Y, Zhang L. Terahertz bandpass filter based on frequency selective surface. IEEE Photonic Technology Letters, 2018, 30(3): 238-241.

[13] Xiong R, Li J. Double-layer frequency selective surface for terahertz bandpass filter. Journal of Infrared Millimeter and Terahertz Waves, 2018, 39(10): 1039-1046.

[14] Zhai D, Yang Y, Geng Z, et al. A high-selectivity THz filter based on a flexible polyimide film. IEEE Transactions on Terahertz Science and Technology, 2018, 8(6): 719-724.

[15] Nemat-Abad H, Zareian-Jahromi E, Basiri R. Design and equivalent circuit model extraction of a third-order band-pass frequency selective surface filter for terahertz applications. Engineering

Science and Technology, an International Journal, 2019, 22(3): 862-868.

[16] Smith D, Pendry J, Wiltshire M. Metamaterials and negative refractive index. Science, 2004, 305 (5685): 788-792.

[17] Ramakrishna S. Physics of negative refractive index materials. Reports on Progress in Physics, 2005, 68(2): 449-521.

[18] Zhu R, Liu X, Hu G, et al. Negative refraction of elastic waves at the deep-subwavelength scale in a single-phase metamaterial. Nature Communications, 2014, 5: 5510.

[19] Zhang Y, Cen C, Liang C, et al. Dual-band switchable terahertz metamaterial absorber based on metal nanostructure. Results in Physics, 2019, 14: 102422.

[20] Yi Z, Chen J, Cen C, et al. Tunable graphene-based plasmonic perfect metamaterial absorber in the THz region. Micromachines, 2019, 10(3): 194.

[21] Wang K, Li J. Muti-band terahertz modulator based on double metamaterial/perovskite hybrid structure. Optics Communications, 2019, 447: 1-5.

[22] Hu F, Rong Q, Zhou Y, et al. Terahertz intensity modulator based on low current controlled vanadium dioxide composite metamaterial. Optics Communications, 2019, 440: 184-189.

[23] Tang C, Niu Q, He Y, et al. Multiple-band terahertz metamaterial filter using coupling effect of U-type resonator and two same sizes of metallic split rings. Materials Research Express, 2019, 6(12): 125807.

[24] Niu Q, Tang C, He Y, et al. Design of multiple-band filtering resonance devices at narrow frequency range using terahertz metamaterial resonator. Optics Communications, 2019, 453: 124368.

[25] Dmitriev V, Nascimento C, Lima R, et al. Controllable frequency and polarization THz filter based on graphene fish-scale metamaterial. Microwave and Optical Technology Letters, 2017, 59(12): 3115-3118.

[26] Liu J, Hong Z. Mechanically tunable dual frequency THz metamaterial filter. Optics Communications, 2018, 426: 598-601.

[27] Yang Y, Xu Y, Zhang B, et al. Investigating flexible band-stop metamaterial filter over THz. Optics Communications, 2019, 438: 39-45.

[28] Fan Y, Qian Y, Yin S, et al. Multi-band tunable terahertz bandpass filter based on vanadium dioxide hybrid metamaterial. Materials Research Express, 2019, 6(5): 055809.

[29] Kenaan A, Li K, Barth I, et al. Guided mode resonance sensor for the parallel detection of multiple protein biomarkers in human urine with high sensitivity. Biosensors and Bioelectronics, 2020, 153: 112047.

[30] Zhan Z, Wang D, Sun G, et al. Polarization-independent guided-mode resonance filtering by all-dielectric gratings in the terahertz region. Applied Optics, 2020, 59(8): 2482-2488.

[31] Han S, Rybin M, Pitchappa P, et al. Guided-mode resonances in all-dielectric terahertz metasurfaces. Advanced Optical Materials, 2019, 8(3): 1900959.

[32] Bark H, Jeon T. Dielectric film sensing with TE mode of terahertz guided-mode resonance. Optics Express, 2018, 26(26): 34547-34556.

[33] Bark H, Jeon T. Tunable terahertz guided-mode resonance filter with a variable grating period. Optics Express, 2018, 26(22): 29353-29362.

[34] Ferraro A, Zografopoulos D, Caputo R, et al. Broad- and narrow-line terahertz filtering in frequency-selective surfaces patterned on thin low-loss polymer substrates. IEEE Journal of Selected Topics in Quantum Electronics, 2017, 23(4): 8501308.

[35] Ferraro A, Zografopoulos D, Caputo R, et al. Guided-mode resonant narrowband terahertz filtering by periodic metallic stripe and patch arrays on cyclo-olefin substrates. Scientific Reports, 2018, 8: 17272.

[36] Ferraro A, Tanga A, Zografopoulos D, et al. Guided mode resonance flat-top bandpass filter for terahertz telecom applications. Optics Letters, 2019, 44(17): 4239-4242.

[37] Bark H, Kim G, Jeon T. Transmission characteristics of all-dielectric guided-mode resonance filter in the THz region. Scientific Reports, 2018, 8: 13570.

[38] Safavi-Naeini A, Hill J, Meenehan S, et al. Two-dimensional phononic-photonic band gap optomechanical crystal cavity. Physical Review Letters, 2014, 112(15): 153603.

[39] Shiramin L, Kheradmand R, Abbasi A. High-sensitive double-hole defect refractive index sensor based on 2-D photonic crystal. IEEE Sensors Journal, 2013, 13(5): 1483-1486.

[40] Serajmohammadi S, Alipour-Banaei H, Mehdizadeh F. All optical decoder switch based on photonic crystal ring resonators. Optical and Quantum Electronics, 2015, 47(5): 1109-1115.

[41] Yang X, Lu Y, Liu B, et al. Design of a tunable single-polarization photonic crystal fiber filter with silver-coated and liquid-filled air holes. IEEE Photonics Journal, 2017, 9(4): 7105108.

[42] King T, Chen J, Chang K, et al. Design of a terahertz photonic crystal transmission filter containing ferroelectric material. Applied Optics, 2016, 55(29): 8276-8279.

[43] Ali N, Kumar R. Mid-infrared non-volatile silicon photonic switches using nanoscale $Ge_2Sb_2Te_5$ embedded in silicon-on-insulator waveguides. Nanotechnology, 2020, 31(11): 115207.

[44] Liu C, Wang J, Wang F, et al. Surface plasmon resonance (SPR) infrared sensor based on D-shape photonic crystal fibers with ITO coatings. Optics Communications, 2020, 464: 125496.

[45] Li S, Liu H, Sun Q, et al. A tunable terahertz photonic crystal narrow-band filter. IEEE Photonics Technology Letters, 2015, 27(7): 752-754.

[46] Li Y, Qi L, Yu J, et al. One-dimensional multiband terahertz graphene photonic crystal filters. Optical Materials Express, 2017, 7(4): 1228-1239.

[47] Xue Q, Wang X, Liu C, et al. Pressure-controlled terahertz filter based on 1D photonic crystal

with a defective semiconductor. Plasma Science and Technology, 2018, 20(3): 035504.

[48] Ghasemi F, Entezar S, Razi S. Terahertz tunable photonic crystal optical filter containing graphene and nonlinear electro-optic polymer. Laser Physics, 2019, 29(5): 056201.

[49] Hsieh C, Pan R, Tang T, et al. Voltage-controlled liquid-crystal terahertz phase shifter and quarter-wave plate. Optics Letters, 2006, 31(8): 1112-1114.

[50] Lin X, Wu J, Hu W, et al. Self-polarizing terahertz liquid crystal phase shifter. AIP Advances, 2011, 1(3): 32133-32139.

[51] Yang C, Tang T, Pan R, et al. Liquid crystal terahertz phase shifters with functional indium-tin-oxide nanostructures for biasing and alignment. Applied Physics Letters, 2014, 104(14): 1-5.

[52] Du Y, Tian H, Cui X, et al. Electrically tunable liquid crystal terahertz phase shifter driven by transparent polymer electrodes. Journal of Materials Chemistry C, 2016, 4(7): 2132-2138.

[53] Chodorow U, Parka J, Strzezysz O, et al. Liquid crystal phase shifter for THz radiation with cholesteric liquid crystal. Molecular Crystals and Liquid Crystals, 2016, 657(1): 51-55.

[54] Han Z, Ohno S, Tokizane Y, et al. Double-layer USRRs for a thin terahertz-wave phase shifter with high transmission. Optics Express, 2016, 25(25): 31186-31196.

[55] Mohammad A, Gholamreza M, Sarraf S. Graphene-based switched line phase shifter in THz band. Optik, 2018, 162: 431-436.

[56] Sahoo A, Yang C, Yen C, et al. Twisted nematic liquid-crystal-based terahertz phase shifter using pristine PEDOT: PSS Transparent conducting electrodes. Applied Sciences, 2019, 9(4): 631-637.

[57] Ji Y, Fan F, Xu S, et al. Manipulation enhancement of terahertz liquid crystal phase shifter magnetically induced by ferromagnetic. Nanoscale, 2019, 11(11): 4933-4941.

[58] Inoue Y, Kubo H, Shikada T, et al. Ideal polymer-LC composite structure for terahertz phase shifters. Macromolecular Materials and Engineering, 2019, 304(4): 563-541.

[59] Tomoyuki S, Takuya A, Moritsugu S, et al. Subwavelength liquid crystal gratings for polarization-independent phase shifts in the terahertz spectral range. Optical Materials Express, 2020, 10: 240-248.

[60] Namazi H, Jafari S. Estimating of brain development in newborns by fractal analysis of sleep electroencephalographic (EEG) signal. Fractals-Complex Geometry Patterns and Scaling in Nature and Society, 2019, 27(3): 1950021.

[61] Namazi H. Decoding of hand gestures by fractal analysis of electromyography (EMG) signal. Fractals-Complex Geometry Patterns and Scaling in Nature and Society, 2019, 27(3): 1950022.

[62] Wang Y, Deng Q. Fractal derivative model for tsunami traveling. Fractals-Complex Geometry Patterns and Scaling in Nature and Society, 2019, 27(2): 1950017.

[63] Han Y, Deng Y. An evidential fractal analytic hierarchy process target recognition method.

Defence Science Journal, 2018, 68(4): 367-373.

[64] Corvi F, Pellegrini M, Erba S, et al. Reproducibility of vessel density, fractal dimension, and foveal avascular zone using 7 different optical coherence tomography angiography devices. American Journal of Ophthalmology, 2018, 186: 25-31.

[65] Lai J, Wang G, Fan Z, et al. Fractal analysis of tight shaly sandstones using nuclear magnetic resonance measurements. AAPG Bulletin, 2018, 102(2): 175-193.

[66] Sharma N, Bhatia S. Split ring resonator based multiband hybrid fractal antennas for wireless applications. AEU-International Journal of Electronics and Communications, 2018, 93: 39-52.

[67] Ma H, Li J. Terahertz bandpass filter based on Koch curve fractal structure. Spectroscopy and Spectral Analysis, 2020, 40(3): 733-737.

[68] Ao T, Xu X, Gu Y, et al. Terahertz band-pass filters based on fishnet metamaterials fabricated on free-standing SiN_x membrane. Optics Communications, 2017, 405: 22-28.

[69] Li J. Dual-band passband terahertz filter based on multilayer metamaterial. Applied Optics, 2020, 59(20): 6119.

[70] Ebrahimi A, Nirantar S, Withayachumnankul W, et al. Second-order terahertz bandpass frequency selective surface with miniaturized elements. IEEE Transactions on Terahertz Science and Technology, 2015, 5(5): 761-769.

[71] Wang D, Zhao P, Chan C. Design and analysis of a high-selectivity frequency-selective surface at 60GHz. IEEE Transactions on Microwave Theory and Techniques, 2016, 64(6): 1694-1703.

[72] Yan M, Wang J, Ma H, et al. A tri-band, highly selective, bandpass FSS using cascaded multilayer loop arrays. IEEE Transactions on Antennas and Propagation, 2016, 64(5): 2046-2049.

[73] Ebrahimi A, Shen Z, Withayachumnankul W, et al. Varactor-tunable second-order bandpass frequency-selective surface with embedded bias network. IEEE Transactions on Antennas and Propagation, 2016, 64(5): 1672-1680.

[74] Benjamin S, Liu X, Abhishek K, et al. Towards a rapid terahertz liquid crystal phase shifter: Terahertz in-plane and terahertz out-plane switching. IEEE Transactions on Terahertz Science and Technology, 2018, 8(2): 209-214.

[75] Bui V, Inoue Y, Moritake H. NRD waveguide-type terahertz phase shifter using nematic liquid crystal. Japanese Journal of Applied Physics, 2019, 58(2): 022001.1-022001.8.

[76] Sahoo A, Yang C, Pan C, et al. Twisted nematic liquid crystal based terahertz phase shifter with crossed indium tin oxide finger type electrodes. IEEE Transactions on Terahertz Science and Technology, 2019, 9(4): 399-408.

[77] 龙洁, 李九生. 光栅-液晶复合结构太赫兹移相器. 光谱学报光谱分析, 2021, 41(9): 2717-2722.

[78] Nagendra S, Leung W. Application of the particle-in-cell technique to liquid crystal optical devices. Optics Communications, 1998, 155(4): 281-287.

[79] Perez P, Encinar J, Dickie R, et al. Preliminary design of a liquid crystal-based reflect array antenna for beam-scanning in THz. Antennas and Propagation Society International Symposium, 2013, 56(4): 2277-2278.

[80] Vieweg N, Shakfa M, Scherger B, et al. THz properties of nematic liquid crystals. Journal of Infrared, Millimeter, Terahertz Waves, 2010, 31(11): 1312-1320.

[81] Chen C, Hsieh C, Chao R, et al. Magnetically controlled 2π liquid crystal terahertz phase shifter. International Conference on Ultrafast Phenomena, Taipei, 2004: 410-416.

[82] Grigoryeva N, Sultanov R, Kalinikos B. Dual-tunable hybrid wave hexaferrite-ferroelectric millimetre-wave phase shifter. Electronics Letters, 2011, 47(1): 35-36.

[83] Ibrahim A, Shaman H, Sarabandi K. A sub-THz rectangular waveguide phase shifter using piezoelectric-based tunable artificial magnetic conductor. IEEE Transactions on Terahertz Science and Technology, 2018, 8(6): 666-680.

[84] 龙洁, 李九生. 相变材料与超表面复合结构太赫兹移相器. 物理学报, 2021, 70(7): 074201.

[85] Fan F, Hou Y, Jiang Z, et al. Terahertz modulator based on insulator-metal transition in photonic crystal waveguide. Applied Optics, 2012, 51(20): 4589-4596.

[86] Lv T, Li Y, Ma H, et al. Hybrid metamaterial switching for manipulating chirality based on VO_2 phase transition. Scientific Reports, 2016, 6: 23186.

第 4 章　微纳结构太赫兹诱导透明及功能切换

在太赫兹频段，很多自然材料在太赫兹波的入射下无法形成有效的响应，而电磁超材料的出现弥补了这一空缺[1]。随着各方面探究技术的逐渐成熟，实验设备的迭代更新，通过人为改变超材料阵列结构的周期、结构和尺寸可以满足太赫兹频段的频率响应，因此，许多基于超材料的功能器件被提出，如超材料吸收器[2,3]、超材料偏振器[4,5]、超材料调制器[6,7]、超材料传感器[8,9]及超材料电磁诱导透明[10,11]等。随着超材料技术的飞速发展，超材料电磁诱导透明(EIT)效应激起了科研人员的高度重视，被广泛地应用于气生物传感、慢光、气体检测、医疗诊断和隧道检测等领域[12-17]。已报道的利用金属超材料 EIT 效应实现的功能较单一、调谐困难、结构器件耦合强度较低，大大限制了 EIT 超材料的发展。研究发现通过将金属材料与 VO_2、石墨烯等材料相结合构成复合超材料，可以实现多频段、多功能、灵活调控的 EIT 超材料器件。基于各种可调控材料去设计灵活可调 EIT 超材料结构越来越受到人们的关注。超材料实现 EIT 效应一般通过两种方式：明明模式之间弱杂化[18]和明暗模式之间的相消干涉[19]。近些年研究者在微波、太赫兹波和光波频段设计了多种不同 EIT 超材料结构。

4.1　电磁诱导透明调控

4.1.1　微波电磁诱导透明调控

2016 年，Han 等[20]提出了一种具有六重旋转对称性的三维超材料结构，该结构可以激发 EIT 效应，由于组成结构之间的相互作用激发了比较尖锐的透射谱，该透射谱对入射电磁波偏振方向极化敏感，根据入射电磁波偏振方向的不同，可以实现透射峰处的开关功能。然而，当结构单元由六重旋转被重新排布为四重旋转对称时，通过仿真和实验测试的对比，可以清晰地看出透射谱中形成两个随着极化角度变化而透射谱不变的 EIT 效应，如图 4.1 所示。因此，该结构实现了双频段 EIT 效应，通过进一步的研究发现该结构在微波开关和超灵敏传感器方面可以发挥重要作用。

2019 年，Shen 等[21]提出的 EIT 超材料结构由四个开口谐振环(split ring resonator，SRR)和十字形金属线组成，如图 4.2 所示。在电磁波入射下，该超材料结构会形成极化不敏感效应。随着入射角度的增加，透射峰在 TE 模式下会演化为两个透射峰，在 TM 模式下会演化为宽带透射窗口。通过对透射峰和透射谷表面电流分布的分析，得到透射峰是由四个开口谐振环的 LC 谐振与十字形金属线的电偶

极子谐振相耦合激发得到的。因此，该结构的主要特性为一种极化不敏感明明模式
EIT 效应。此外，群时延在透射峰处得到最大值，验证了该结构的慢光效应，为折
射率传感器和微波开关设计提供了一条途径。

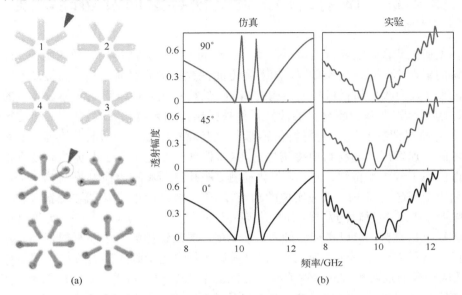

图 4.1　四重旋转对称超材料结构及其 EIT 特性曲线

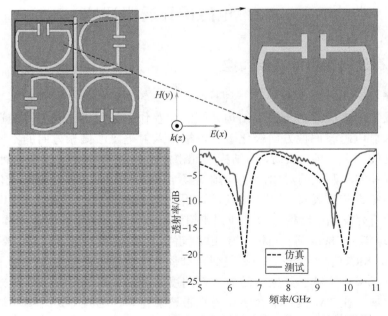

图 4.2　开口谐振环和十字形金属线复合超材料结构及其 EIT 特性曲线

2019 年，Ning 等[22]提出的 EIT 超材料结构由 U 形开口谐振环和切割线组成，形成了多频段 EIT 效应，如图 4.3 所示。在切割线中可以获得两种不同的谐振模式，在 U 形开口谐振环中可以获得单频带 EIT 效应，将两者相结合，超材料结构中的不同共振会激发多频段 EIT 效应。通过在结构的顶部增加石墨烯层，可以明显地改变 EIT 窗口，实现可调。为了得到结构的慢光效应，对群时延进行了计算，证实了这一现象为微波通信技术、传感器、微波开关等提供许多潜在的应用价值。因此，通过在结构中引入石墨烯材料，可以实现对 EIT 效应的动态调控。

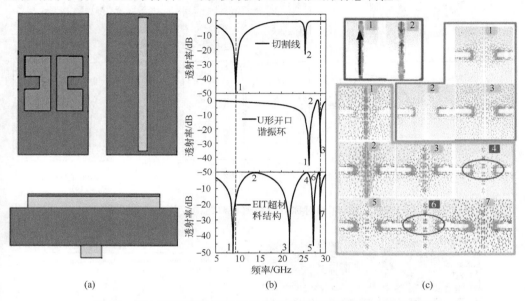

图 4.3　开口谐振环和切割线复合超材料结构及其 EIT 响应特性

2019 年，Li 等[23]设计的微波频段 EIT 超材料是由 U 形开口谐振环谐振器和对称折叠线谐振器构成的，如图 4.4 所示。对于 TM 波入射，在 U 形开口谐振环激发的明模式和折叠线谐振器激发的暗模式之间相消干涉下，可以在透射谱中观察到具有高品质因数的尖锐透射峰。通过实验测量的数据能够与仿真数据实现较好的拟合，并且通过对结构单元的折射率传感器特性进行研究，结果显示，当被测介质折射率发生变化时，该超材料结构表现出较高的灵敏度。综上所述，该 EIT 超材料器件在生物医学和化学设备中具有广泛的实际应用。

2021 年，Du 等[24]提出的由金属切割线 EIT 超材料结构由垂直切割线(暗模式)和水平倒置 V 形切割线(明模式)组成，如图 4.5 所示。将 Y 形对称金属切割线超材料结构以 30° 旋转角度切换(周期为 120°)，就会出现一种新的 EIT 现象。通过对超材料结构进行数值计算和详细分析，展示了电偶极子共振之间的模式耦合。实验原理证实了该 EIT 超材料可以在相对小的旋转角度下被显著地调制，也有利于扩展超材料调制器的工作频带。这两种设计都是基于明暗模式之间的强耦合激发生成 EIT 效应的，在折射率传感器和开关的设计中起到重要作用。

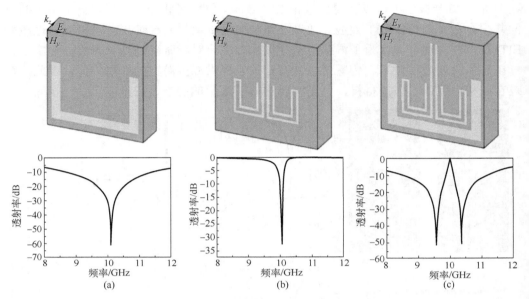

图 4.4　开口谐振环和对称折叠线超材料结构及其 EIT 特性曲线

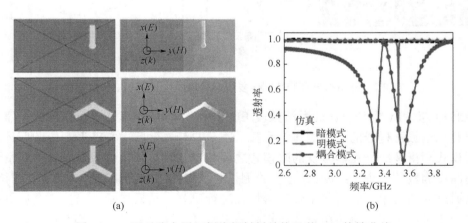

图 4.5　Y 形对称金属切割线超材料结构及其 EIT 特性曲线

2021 年，Shen 等[25]提出的电磁诱导反射（electromagnetically induced reflection，EIR）效应超材料结构由正交环形谐振器、环形谐振器和金属腔组成，如图 4.6 所示。由于正交环形谐振器和环形谐振器两种明模式之间弱杂化，被入射太赫兹波激发产生辐射，在 15.15GHz 处形成 EIR 效应，反射系数为 0.95。使用电场和磁场分布来分析与验证该反射峰形成机理，并且研究了正交环形谐振器、环形谐振器和金属腔的几何参数对反射光谱的影响。此外，该结构可以用来作为液体传感器，在检测葡萄糖溶液浓度时，灵敏度可以达到 3.26GHz/RIU①。因此，该结构基于明明模式之间的强耦合激发生成 EIR 效应，在液体浓度检测中起到了重要作用。

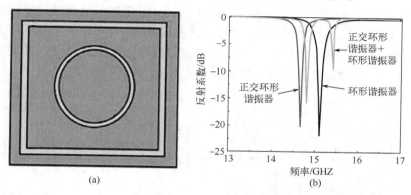

图 4.6　金属方环、金属圆环和金属腔复合超材料结构及其 EIR 特性曲线

4.1.2　光波电磁诱导透明调控

2013 年，Jin 等[26]在光频率范围内实现 EIT 效应，该结构单元由两个银环组成的两层超材料结构组成，如图 4.7 所示。两个银环都可以与入射光波产生强耦合，形成一个窄的透射谱，通过对银环半径的调控，可以有效地调整透射峰的透射强度。此外，基于上下两层银环法布里-珀罗谐振原理，在光频段实现了偏振不敏感的 EIT 效应，并且基于散射矩阵理论的解析模型能够与仿真结果实现较好的拟合。该结构实现了极化不敏感明明模式 EIT 峰，对于大角度入射器件的研究具有重要的意义。

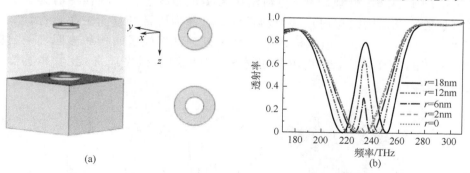

图 4.7　两个银环复合超材料结构及其 EIT 特性曲线

2016 年，Shang 等[27]对三维石墨烯纳米带的等离子体诱导透明(PIT)效应进行

---

① 折射率单位，refractive index unit。

了仿真和理论计算，石墨烯纳米带超材料及其 PIT 特性曲线如图 4.8 所示。仿真结果表明，由于暗模式谐振被激发产生了 PIT 效应，可以被认为是偶极子谐振，利用三能级原子系统对 PIT 效应产生的物理机制进行解释。由于对称性的破坏，电场分布从两侧纳米条转移到中间纳米条。与以往偶极子-磁四极子耦合模式不同的是石墨烯纳米带超材料结构是一种偶极子-偶极子谐振模式，并且这种 PIT 效应可以通过改变耦合长度来调控。此外，PIT 效应还可以通过改变石墨烯费米能级来调节，这种调控 PIT 效应在光学传感器和开关等实际应用中具有很大的优势。

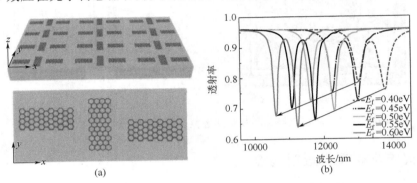

图 4.8　石墨烯纳米带超材料结构及其 PIT 特性曲线

　　2017 年，Vafapour[28]提出了一种镂空互补平面超材料，其结构由三个凹槽条等离子体阵列组成，如图 4.9 所示。在等离子体分子之间电偶极子和磁四极子相互作用下形成 EIR 效应。通过在超材料结构中引入不对称性，就可以动态调节 EIR 效应。通过数值计算进一步证明了在一个非结构中等离子体之间的耦合能够改变纳米结构周围的介电性能。该超材料结构为实现等离子体共振传感器提供了一种很有前景的方法。同时也对该超材料反射率、品质因数和群折射率进行计算，分别为 0.97、17.3 和 413。该结构通过在金属板刻蚀偶极子凹槽和磁四极子凹槽激发明暗模式的 EIR 效应，使提出的超材料具有应用于超快开关、生物传感器和慢光设备的潜力。

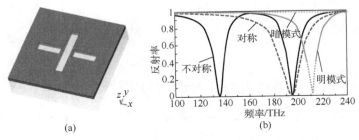

图 4.9　镂空互补平面超材料结构及其 EIT 特性曲线

2018 年，Yu 等[29]提出的 EIT 超材料结构是由开口谐振环（SRR）和金属条组成的，如图 4.10 所示。在两个金属条对称情况下，两个明模式相互耦合可以实现单频段 EIT 效应；在两个金属条不对称情况下，该超材料结构可以实现双频段 EIT 效应。由于结构的不对称，不仅金属条的明模式可以与 SRR 暗模式之间相干相消形成 EIT 效应，还有两个长度不相等的金属条之间可以相互耦合形成明明模式 EIT 效应。因此，该超材料结构在破坏了对称性情况下，可以形成明明和明暗两种谐振模式的 EIT 效应，对 EIT 效应的研究具有新的指导意义。该超材料结构可以实现双频段的 EIT，为等离子模式的耦合开辟了一个新的视角。

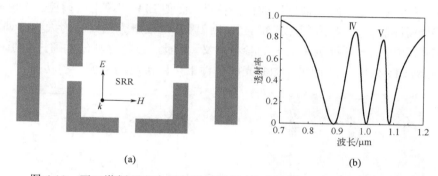

图 4.10　开口谐振环和金属条超材料复合超材料结构及其 EIT 特性曲线

2019 年，Liu 等[30]基于多层 EIT 超材料结构设计了宽频带带阻滤波器。单层 EIT 超材料由一个 U 形谐振器和条形谐振器组成，如图 4.11 所示。在 TE 模式下，U 形谐振器和条形谐振器都可以被直接激发产生谐振；在 TM 模式下，只有 U 形谐振器可以被激发。利用该单层 EIT 效应，通过恰当耦合两层 EIT 结构可以实现带阻滤波器。研究不同旋转角度对两层 EIT 层结构透射谱的影响，发现当两个 EIT 结构层相互垂直时，可以获得更宽的低透射谱，并且通过增加更多结构层数可以有效地控制

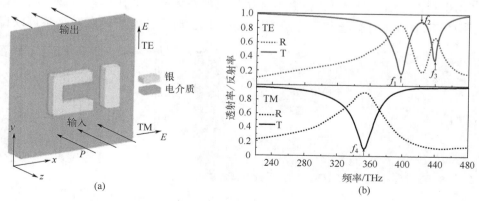

图 4.11　条形谐振器和 U 形谐振器复合超材料结构及其 EIT 特性曲线

滤波器的带宽。因此，在超材料中使用多 EIT 共振耦合效应的设计为高集成光电路中的宽带滤波器提供新的方法。

4.1.3 太赫兹波电磁诱导透明调控

2018 年，Yahiaoui 等[31]提出了一种三开口谐振环构成的超材料结构，如图 4.12 所示。在该超材料结构中实现 EIT 效应的关键是两种明明模式之间的频率失谐和杂化过程，而不是明暗模式。在数值计算结果和基于洛伦兹振荡器耦合模型的理论分析背景下，对该超材料进行了实验验证。此外，由于光敏硅材料被嵌入缺口中，在光照条件下可以改变三缺口谐振环的谐振特性，促使 EIT 实现主动调控。该超材料结构设计简单且成本低，是进行加工实验的关键因素，该研究结果也为太赫兹调制器、生物传感器和慢光器件提供了很大的参考意义。因此，该超材料结构通过明明模式的强耦合实现 EIT 效应，并且在外加激光的条件下可以实现动态调控的功能。

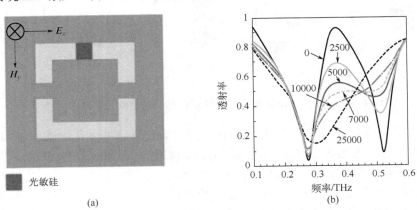

图 4.12　三开口谐振环超材料结构及其 EIT 特性曲线（电导率单位 S/m）

2018 年，Chen 等[32]对狄拉克半金属超材料在太赫兹频段实现可调等离子体诱导透明（PIT）效应进行数值和理论研究，如图 4.13 所示。其中两端水平条可以直接

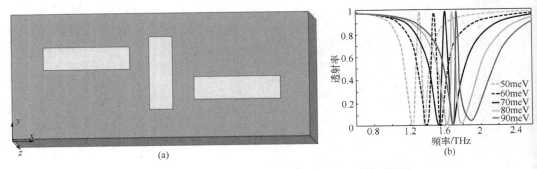

图 4.13　狄拉克半金属超材料结构及其 EIT 特性曲线

被太赫兹激发作为明模式，而中间数值条作为暗模式。当整个结构随着两边水平条偏移中心，对称性被破坏，暗模式谐振被逐渐激发，可以通过调整结构对称性的程度来对 PIT 效应的透射强度进行调控，并且通过改变狄拉克半金属费米能级也可以动态调控 PIT 效应的谐振频率。此外，该超材料结构具有较高品质因数(约为 10.55)，在等离子体折射率传感器设计中具有潜在的应用价值。因此，该超材料结构通过明暗模式耦合方式激发 PIT 效应，并且通过加电改变材料费米能级，达到对谐振频点的主动调控。

2019 年，Song 等[33]提出了一种极化不敏感可调电磁诱导透明(EIT)超材料结构，如图 4.14 所示。方形闭环谐振器激发的明模式与四个旋转对称三角形开环谐振器的暗模式相干相消激发 EIT 效应。由于该超材料结构中嵌入一层 VO₂ 薄膜，随着 VO₂ 薄膜电导率的增加使其具有金属特性，透射率从 0.66 下降到 0.12。此外，由于该结构的旋转对称特性使其具有极化不敏感性能，在大入射角范围内也可以实现透射峰稳定。因此，该超材料结构通过亚辐射(明模式)和超辐射(暗模式)的相互耦合激发形成极化不敏感 EIT 效应，并且通过改变温度可以实现对透射强度的调控。2019 年，Sarkar 等[34]通过实验和数值仿真方法研究了一种双频段 EIT 超材料，该超材料结构由于切割线激发的明模式与一对结构不对称的双 C 谐振器(DCR)引起的两种暗模式之间存在较强的近场耦合，得到双频段 EIT 效应，如图 4.15 所示。通过分析该超材料结构的色散特性和慢光效应，可知在第一个 EIT 峰处群速度降低了，约为 20%的光速。为了解调制的机制，以及验证仿真结果的正确性，采用了耦合谐振子系统进行拟合

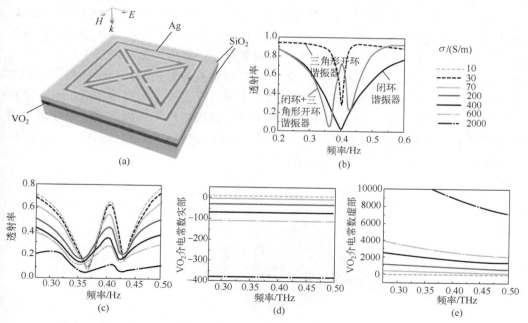

图 4.14　闭环谐振器和三角形开环谐振器复合超材料结构及其 EIT 特性曲线

计算。该超材料结构通过明模式与两个暗模式之间的近场耦合激发双频带 EIT 效应，通过改变两边 DCR 尺寸大小实现调制，并且通过对该器件群速度的计算，发现该器件对慢光效应和调制器的发展起到重要的作用。

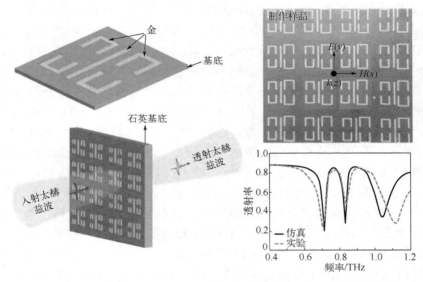

图 4.15　切割线和双 C 谐振器复合超材料结构及其 EIT 特性曲线

2019 年，Chen 等[35]提出了 EIT 超材料结构，包括石墨烯材料的外环形谐振器、内部垂直双开口谐振环和水平双开口谐振环（图 4.16）。在 TE 和 TM 模式下都可以得到一个 EIT 窗口。通过加电改变石墨烯费米能级，在两个偏振模式下得到最大的调制深度分别为 83.54% 和 94.39%，并且 EIT 效应的透射强度和群时延都可以被动态调控。同时，引入表面电流和三能级原子系统解释了 EIT 效应的形成机理，双粒子模型的计算结果也能与仿真结果较好地拟合。表面电流和三能级原子系统可以通过调整入射太赫兹波极化模式得到不同频率的 EIT 效应，并且通过加电改变石墨烯费米能级，达到对两个 EIT 效应的动态调控。

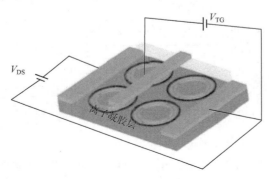

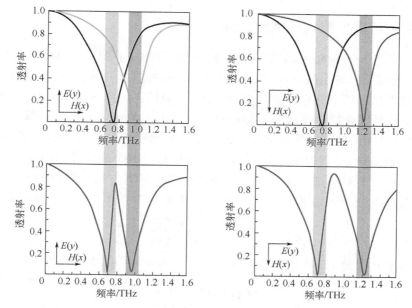

图 4.16　水平双开口谐振环复合超材料结构及其 EIT 特性曲线

　　通过对国内外电磁诱导透明超材料现状的讨论，可以发现大多数科研人员在微波、太赫兹波及光波频段都设计了各种类型 EIT 超材料结构：分别是明明模式之间的杂化 EIT 超材料、明暗模式之间的近场耦合 EIT 超材料、极化不敏感 EIT 超材料、双频段 EIT 超材料、可调 EIT 超材料及基于镂空互补的 EIR 超材料，而多类型 EIT 超材料、多频段 EIT 超材料及含有 EIT 效应的多功能超材料器件的实现都比较少，因此，本节后续工作就是设计多类型、多频段和多功能 EIT 太赫兹超材料器件。

4.2　可调电磁诱导透明太赫兹超材料

　　近些年，电磁诱导透明(EIT)太赫兹超材料被广泛地应用于研究，主要包括对超材料结构的设计，对超材料单元结构相互耦合机理的研究，对单频、双频、多频等 EIT 效应的实现，以及对极化不敏感 EIT 效应的研究等。另外，在实际应用中，研发人员迫切希望可以随意地调控 EIT 效应，来实现太赫兹调制器和太赫兹开关的研发。无源调控一般是改变超材料器件结构尺寸来实现调控的，手段比较烦琐，在一定程度上限制了生产应用。有源调控比较灵活方便，可以通过外加电场、温度和光照强度等方法进行操作。除此之外，可调 EIT 效应也在慢光器件中发挥了重要作用。

4.2.1　单频可调电磁诱导透明调控

　　本节设计的一种单频可调 EIT 超材料器件三维结构图与正视图如图 4.17(a) 与 (b) 所示。该器件结构由超材料层-中间介质层-超材料层-衬底介质层组成，中间介质层为聚酰亚胺，相对介电常数设置为 3.5[36]，损耗正切角 $\tan\delta = 0.0027$，厚度 $h_1 = 1\mu m$。该器件衬底介质是普通的石英材料，厚度 $h = 20\mu m$，在仿真计算中设置介电常数为 3.75[37]。由图 4.17(c) 和 (d) 可知，上层超材料结构由金属方形环谐振器(metal square ring resonator，MSRR) 构成，下层超材料结构由两个金属开口圆盘谐振器(split disc resonator，SDR) 构成，并且在两个开口处填充 VO_2 材料。该器件所用金属材料为铜，电导率为 $5.96\times10^7 S/m$。开口处 VO_2 的介电常数可以用 Drude 模型表示为

$$\varepsilon(\omega) = \varepsilon_\infty - \frac{\omega_p^2(\sigma)}{\omega^2 + i\gamma\omega}$$

式中，ε_∞ 与 γ 分别为 12 和 $5.75\times10^{13} rad/s$[38-40]；$\omega_p(\sigma)$ 可以用公式表示为

$$\omega_p(\sigma) = \omega_p(\sigma_0)\sqrt{\frac{\sigma}{\sigma_0}}$$

式中，$\sigma_0 = 30 S/m$，$\omega_p(\sigma_0) = 1.4\times10^{15} rad/s$。在计算过程中，对于 VO_2 不同相态使用不一样的介电常数，其电导率也随着绝缘态到金属态的相变过程中由 $0 S/m$ 增加到 $5\times10^5 S/m$[41,42]。MSRR 外边长 $l = 90\mu m$，宽度 $w = 10\mu m$。两个 SDR 的半径 $R = 25\mu m$，缺口宽度 $d = 10\mu m$，边缘到左开口圆盘谐振器的距离 $S = 30\mu m$，右开口圆盘谐振器

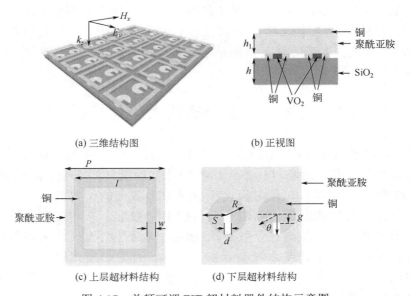

(a) 三维结构图　　　　　　　　(b) 正视图

(c) 上层超材料结构　　　　　　(d) 下层超材料结构

图 4.17　单频可调 EIT 超材料器件结构示意图

开口旋转角 $\theta = 0°$ 和缺口离中心线距离 $g = 0$。太赫兹波对于金属铜的趋肤深度大约是 100nm，当金属铜的厚度大于趋肤深度两倍时可以消除趋肤效应。本节设置铜和 VO_2 厚度均为 500nm，单元结构的周期 P=120μm。使用 CST 仿真软件进行仿真计算，在 x 与 y 方向上使用周期性边界条件，在 z 方向设置开放性边界条件及完美匹配层。入射太赫兹波设置为沿着 z 轴负方向垂直入射的 y 极化波。

　　利用上述计算方法和结构参数及边界条件，可以很容易地获得该超材料器件在太赫兹波入射下的透射频谱。如图 4.18 所示，为了更好地探究透射频谱的性能，分别对 SDR、MSRR 和两者组合结构(SDR+MSRR)进行仿真。从曲线可以看出，当 y 极化太赫兹波入射及结构单元中只有 SDR 时，无法直接与入射太赫兹波相耦合激发出开口处的 LC 谐振，因此 SDR 为暗模式谐振器。当结构单元中只有 MSRR 时，可以直接与入射电磁波产生耦合激发出谐振，在 0.871THz 频率点处得到一条低品质因数的透射曲线，因此 MSRR 为典型的明模式谐振器。从图 4.18 中可以看出，将两个谐振器组合到一个单元结构时，在 0.844THz 和 1.193THz 处形成了两个谐振谷，并且在 1.036THz 处激发出一个透射率为 0.928 的窄透明峰。为了更清楚地分析该器件透明峰产生机理，分别对 SDR、MSRR 和两者组合结构的磁场与表面电流分布进行计算分析，结果如图 4.19 所示。图 4.19(a) 和 (d) 可以看出，在透射峰 1.036THz 处，SDR 表面电流和磁场强度都比较弱，未能被入射太赫兹波激发出较强的表面电流和磁场能量，当金属谐振器未能被激发出较强的表面电流就无法阻碍入射太赫兹波的透射，从而在图 4.18 透射谱中表现出无谐振点，因此充当暗模式谐振器。由图 4.19(b) 和 (e) 可知，MSRR 的磁场主要聚集于左右两臂，且表面电流也是分别由一端经过左右两臂流向另一端，未形成回路，属于偶极子共振模式，因此明模式的触发属于金属方形环谐振器的偶极子共振。由图 4.19(c) 和 (f) 可知，在 SDR 和 MSRR 两者组合结构中，明模式谐振 MSRR 上能量绝大部分转移到暗模式谐振 SDR 上，

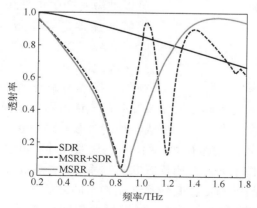

图 4.18　SDR、MSRR 和两者组合结构对应的透射谱

使得表面电流和磁场强度主要集中于圆盘的开口处，形成了标准的 *LC* 共振模式。可见，MSRR 的偶极子共振激发的明模式通过近场耦合激发了 SDR 的 *LC* 共振，通过两个谐振器干涉相消在 1.036THz 形成透射峰。通常称此透射峰为明暗模式激发的电磁诱导透射效应。

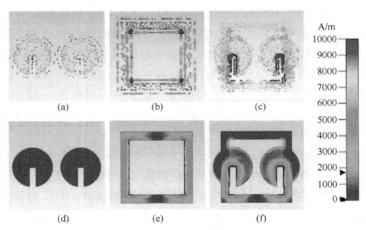

图 4.19　表面电流分布图和磁场强度分布图
(a)~(c)为暗模式结构、明模式结构和两者组合结构表面电流分布；
(d)~(f)为暗模式结构、明模式结构和两者组合结构磁场强度分布

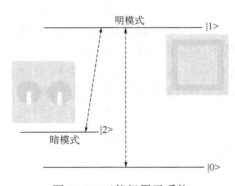

图 4.20　三能级原子系统

为了进一步解释 EIT 形成的物理机制，应用经典的三能级原子系统来解释辐射模式和亚辐射模式之间的干涉[43,44]。如图 4.20 所示，|0>是基态，|1>与|2>分别是激发态和亚稳态。当电场方向平行于 *y* 轴入射时，MSRR 可以被激发产生电偶极子谐振，故视其为明模式谐振器。这里形成一种直接激励路径|0>→|1>。SDR 无法直接被入射太赫兹波激发。因此，|0>→|2>无法形成，从而 SDR 被视作暗模式谐振器。当暗模式谐振器和明模式谐振器相结合时，入射太赫兹波先激发明模式谐振器，暗模式谐振器通过明模式谐振器的近场耦合激发。在这里，形成一种间接激发路径|0>→|1>→|2>→|1>。因此有两条激励路径：直接激励路径|0>→|1>和间接激励路径|0>→|1>→|2>→|1>。由于两条路径之间的破坏性干涉，在明模式共振频率点附近形成 EIT 效应。

图4.17所述结构设计与以往其他设计结构不同之处在于将明模式与暗模式谐振结构置于上下两层，因此讨论两种金属谐振器层间距离 h_1 具有重要的意义，如图 4.21(a)所示，随着两层间距逐渐增加，EIT 效应不仅在透射强度上被削弱，同时

也发生了一定的红移。许多金属微结构的共振机理与 LC 谐振模式类似，LC 谐振频率可以表示为 $\omega \propto \dfrac{1}{\sqrt{LC}}$。两层间距逐渐增加导致两层之间的耦合电容逐渐增加，从而使得谐振频率点向低频率点移动。另外，介质厚度的改变会改变器件的输入阻抗，如果超材料的输入阻抗与空气的特性阻抗（377Ω）差距较大，随着两层间距的增加，两层之间金属谐振器的耦合随之会减弱，从而削弱了 EIT 的透射强度。从上述分析可知，SDR 开口处的 LC 谐振是 EIT 效应产生的重要因素。图 4.21(b) 为 SDR 关于参数 g 的透射曲线图。由图 4.21(b) 可知，随着 g 逐渐增加，开口长度逐渐减小，器件透射性能发生蓝移，并且透射峰和 1.193THz 处的谐振谷逐渐消失。这是因为随着参数 g 的改变，SDR 开口处的电容值发生变化，随着 g 逐渐增加，缺口减小，电容值随之减小，谐振频点逐渐向高频率处移动。并且，随着缺口的减小，暗模式与明模式的耦合强度逐渐降低，使 EIT 效应逐渐削弱。

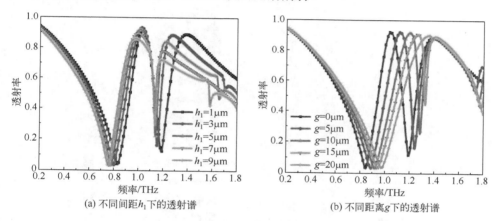

(a) 不同间距h_1下的透射谱　　　　　　　　(b) 不同距离g下的透射谱

图 4.21　结构参数对结构透射谱的影响（见彩图）

　　接下来讨论当两个 SDR 开口方向不一致时整个器件的谐振特性，让其中一个 SDR（图 4.22 所示结构右半部分，下同）绕着圆心顺时针旋转一定角度。如图 4.22(a) 所示，当 θ 由 0° 增加到 45° 时，可以观察到 EIT 透射峰发生蓝移并伴随着透射率的降低；当 θ 由 45° 增加到 90° 时，透射谱出现两个透射峰；当 θ 由 90° 增加到 180° 时，两个透射峰逐渐消失，最终当 $\theta = 180°$ 时只存在谐振点在 0.913THz 处的一条透射曲线，EIT 效应消失。当 SDR（右）未旋转角度时，两个 SDR 开口方向沿着电场 y 极化方向对称，入射太赫兹波无法激发 SDR 产生谐振。而当 SDR（右）旋转到 90° 时，开口方向与入射电磁波极化方向垂直，激发 SDR（右）在 1.312THz 处产生谐振。为了更加清晰地了解 SDR 旋转角度 θ 对整个器件性能的影响，在图 4.23 中对各个旋转角度对应的表面电流和磁场强度进行仿真。如图 4.23(a)～(d) 所示，当 θ 由 0° 增加至 45° 时，两边开口发生微弱的不对称，使得聚集于两个 SDR 开口处的表面电

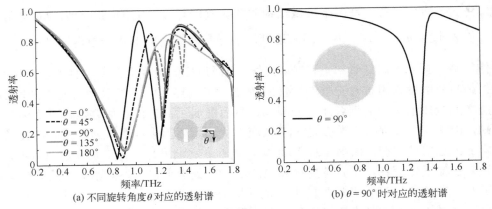

(a) 不同旋转角度 θ 对应的透射谱

(b) θ=90° 时对应的透射谱

图 4.22　开口金属圆盘谐振器(右)开口旋转角度 θ 对应的透射谱性能影响

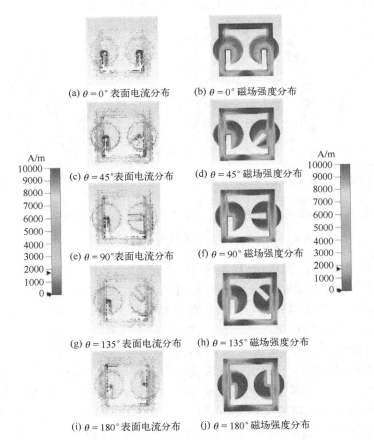

(a) θ=0° 表面电流分布　　(b) θ=0° 磁场强度分布

(c) θ=45°表面电流分布　　(d) θ=45° 磁场强度分布

(e) θ=90° 表面电流分布　　(f) θ=90° 磁场强度分布

(g) θ=135° 表面电流分布　　(h) θ=135° 磁场强度分布

(i) θ=180° 表面电流分布　　(j) θ=180° 磁场强度分布

图 4.23　表面电流和磁场强度分布

流和磁场强度减弱，暗模式 LC 谐振强度减弱，耦合电容降低，对应于图 4.22(a) 中透射峰透射强度减弱和蓝移。如图 4.23(e) 与 (f) 所示，当 θ 为 90° 时，右开口处表面电流和磁场强度很微弱，左开口处暗模式依旧被激发 LC 谐振但磁场强度减弱，而此时 SDR(右) 开口方向与入射电磁波极化方向垂直并在 1.312THz 处产生谐振，如图 4.22(b) 所示，因而对应于图 4.22(a) 可以得到两个 EIT 峰。如图 4.23(g)～(j) 所示，当 θ 由 90° 增加到 180° 时，由于 SDR 结构逐渐趋向于一种关于 x 和 y 极化方向的旋转对称，在两个开口处表面电流和磁场强度逐渐减弱，LC 谐振逐渐消失，上层 MSRR 的偶极子谐振逐渐增强，图 4.22 中得到两个 EIT 峰逐渐消失，最终得到一条谐振点在 0.913THz 处的透射曲线。

通过上面的分析，虽然可以通过改变 SDR 开口的大小来调控 EIT 峰的透射强度，但在实际操作中改变结构的尺寸很难操作。如图 4.24 所示，在 SDR 开口处填充温控材料 VO_2，通过外部加热改变嵌入开口处 VO_2 的电导率，可以动态地操纵 EIT 峰的透射强度。当器件温度在 40℃ 以下时，VO_2 处于绝缘态，对于超材料结构 EIT 峰的透射强度影响不大。随着温度逐渐增加，VO_2 的电导率逐渐增强，其金属相体积分数逐渐增大。随着温度从 40℃ 以下上升高到 80℃，SDR 开口处逐渐处于金属态，由明模式激发的 LC 谐振逐渐减弱，EIT 透射强度逐渐降低。最后，当 VO_2 的电导率增加到 5×10^5 S/m 时 (即大于 80℃)，VO_2 变成金属相，SDR 转变为类金属圆盘，EIT 超材料结构中暗模式 LC 谐振消失，只存在 MSRR 的电偶极子谐振。通常消光比可以通过公式 $-10\log(P_{off}/P_{on})$ 求得。在 1.036THz 透射峰消光比为 11.9dB，实现了太赫兹波单频带开关功能。

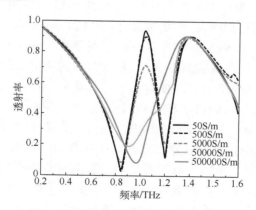

图 4.24 VO_2 不同电导率下的透射谱

4.2.2 双频可调电磁诱导透明调控

如图 4.25 所示，双频可调 EIT 超材料器件的单元结构沿 x 轴对称，由两条对称的矩形金属条、一个金属方形双开口环和两个填充 VO₂ 的间隙组成[45]。该器件所用金属为金，其电导率 $\sigma=4.56\times10^7$S/m，厚度为 200nm。VO₂ 的介电常数可以由上节得到。在计算过程中，对于 VO₂ 不同的相态使用不一样的介电常数，其电导率也随着绝缘态到金属态的相变过程中由 0S/m 增加到 5×10^5S/m。介质衬底为硅，介电常数为 11.7。优化后的几何参数有 $P=200\mu m$、$a=160\mu m$、$b=15\mu m$、$l=120\mu m$、$s=10\mu m$、$d=10\mu m$、$g=15\mu m$、$h=2\mu m$ 和 $t=5\mu m$。在电磁仿真计算中，使用 Comsol Multiphysics 5.5 软件进行仿真，在 x 方向与 y 方向上设置周期单元边界条件，平面电磁波沿 z 轴负方向垂直于周期结构，电场沿 y 轴方向，数值仿真采用时域有限差分（FDTD）法。

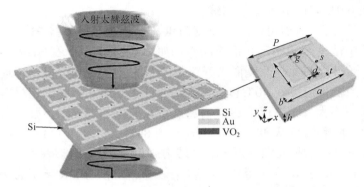

图 4.25　双频可调 EIT 超材料器件三维结构示意图和单元结构图

　　图 4.26 分别显示了双频可调 EIT 超材料结构在 0.480THz 和 0.675THz 两个频率处的透射峰与场分布。根据图 4.26（a）的计算结果可知，0.480THz 和 0.675THz 频率处的透射峰透射率分别为 0.972 和 0.942。由图 4.26（b）可知，电场能量主要集中在内部金属方形双开口环左臂和右臂上且两者相互耦合，这激发 0.480THz 处的透射峰。由图 4.26（c）可知，在 0.675THz 处，两条对称的矩形金属条和金属方形双开口环组合结构沿 y 极化方向不对称，使得两个对称矩形金属条上的磁四极共振模式被激发。为了进一步研究 0.480THz 和 0.675THz 处两个共振透射峰的机理，首先对金属方形双开口环左臂和右臂的谐振机理进行剖析，如图 4.27 所示。由图 4.27（a）和（b）可知，当结构单元中只有金属方形双开口环左臂和右臂组合结构时，由于入射太赫兹波电场沿 y 轴方向，金属方形双开口环左右两臂长度不同且开口方向与电场方向垂直，因而左右两臂都可以被激发产生 LC 谐振，两者相互耦合，在 0.515THz 处形成透射峰，透射率为 0.969。众所周知，矩形金属分裂环左臂和右臂长度不同，金属臂上的等效电感 L 不同，而双频可调 EIT 超材料中金属方形双开口环左臂和右臂都可以被入射太赫兹波直接激发产生 LC 谐振，LC 谐振频率可以表示为 $\omega\propto\dfrac{1}{\sqrt{LC}}$，其中电感 L 越大，谐振频率越低。如图 4.27（c）和（d）可知，长度较长的

左臂在低频 0.470THz 处产生谐振，长度短的右臂在高频 0.620THz 处形成谐振，又因为两个谐振器的谐振频率比较接近，从而，金属方形双开口环的左臂和右臂产生明明模式耦合，在 0.515THz 处形成透明峰。因此，图 4.26(a) 中 0.480THz 处透射峰的形成和图 4.27(a) 中 0.515THz 的形成机理相同，都是由金属方形双开口环的左臂和右臂产生明明模式耦合的。在本书中 0.480THz 处的透射峰被称为明明模式电磁诱导透明峰。如图 4.26(c) 所示，中间可以被入射太赫兹波激发生成明明模式电磁诱导透明峰的金属方形双开口环的左臂和右臂能量都消失，而电场能量都集中在与入射电场相互垂直且无法被直接激发产生谐振的两条对称矩形金属条上，这是两条对称矩形金属条和金属方形双开口环的组合结构在 y 轴方向的不对称导致的，从而激发了两条对称矩形金属条的磁四极共振模式，促使金属方形双开口环左臂和右臂的能量都转移到两条对称矩形金属条上。矩形金属条上磁四极子模式作为暗模被激发，这将导致在 0.675THz 处形成 Fano 透射峰。众所周知 Fano 谐振多是由于结构的不对称而形成的。

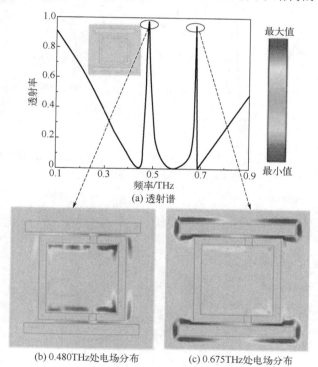

(a) 透射谱

(b) 0.480THz处电场分布　　　　(c) 0.675THz处电场分布

图 4.26　对称矩形条和金属方形双开口环组合的透射谱和电场分布

　　由于双频可调 EIT 超材料器件形成两个透射峰的主要因素与结构的对称性相关，所以对金属方形双开口环的偏移参数 g 的研究至关重要。如图 4.28(a) 所示，逐渐增加参数 g 的大小改变其不对称度。从图 4.28(a) 中的透射谱中可以看出，当 $g =$

0μm 时，结构是关于 y 轴方向完全对称的，金属方形双开口环左臂和右臂也完全相等，所以明明模式电磁诱导透明峰和 Fano 谐振峰都消失，留下在 0.554THz 处的低 Q 谐振谷。然而，当 g 由 0μm 增到 10μm 时，金属方形双开口环的明明模式电磁诱导透明峰的透射强度已经较高，而 Fano 谐振峰的透射强度较弱。当 g 由 10μm 增加到 20μm 时，明明模式电磁诱导透明峰透射强度逐渐增加但增加幅度不大，而 Fano 谐振峰在 g 从 10μm 增加到 15μm 时其透射强度逐渐增加，从 15μm 增加到 20μm 时谐振峰透射强度有微弱减小。同时，对于结构中基底的厚度参数 h 对两个透射峰的影响也做了讨论。如图 4.28(b) 所示，衬底厚度 h 从 1μm 变化到 6μm 时，两个透射峰发生明显红移而透射强度几乎保持不变，这源于底层介质厚度发生改变时耦合电容的逐渐改变。

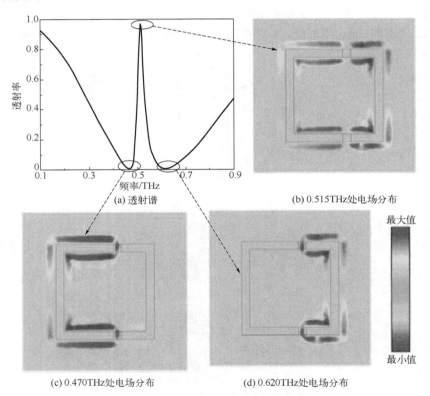

图 4.27　金属方形双开口环的透射谱和电场分布

通过外部加热改变嵌入间隙处 VO$_2$ 的电导率，可以动态地调节两个透射峰的透射强度。图 4.29 给出了在不同温度情况下，温控双频带电磁诱导透明器件在 VO$_2$ 不同电导率下的透射光谱。随着工作温度从 25℃ 升高到 68℃，VO$_2$ 金属相体积分数逐渐增大，金属方形双开口环间隙处逐渐处于金属态，矩形分裂环两臂的 LC 谐振

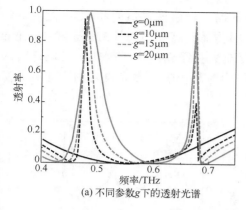

(a) 不同参数g下的透射光谱

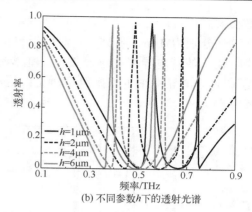

(b) 不同参数h下的透射光谱

图 4.28　不同参数下的透射光谱

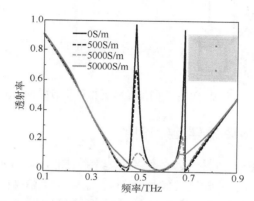

图 4.29　温控双频带电磁诱导透明器件在 VO₂ 不同电导率下的透射谱

逐渐减弱，而由金属方形环形成的电偶极子谐振模式逐渐加强，结构整体不对称度逐渐降低，使得两个透射峰的透射强度逐渐减弱。最后，当 VO₂ 的电导率增加到 $5×10^4$S/m 时(即 68℃)，VO₂ 变成金属相，VO₂ 嵌入的矩形分裂环变成金属矩形环，整个结构中只有金属方形环产生的电偶极子谐振，电磁诱导透明峰和 Fano 谐振峰趋于消失。因此，在 68℃ 处，两个谐振峰消失。通常消光比可以通过公式 $-10\log P_{off}/P_{on}$ 求得。在 0.480THz 和 0.675THz 处的两个透射峰的消光比分别为 20.5dB 与 12.2dB。

众所周知，电磁诱导透明和 Fano 效应通常伴随着慢光效应与强色散。慢光器件可以将光子限制在结构中很长时间，从而促进了光与物质之间的相互作用。因此，群时延被引入本节设计的结构中来研究慢光效应，使用 $\tau_g = -d\varphi/d\omega$，其中 φ 和 ω 分别是透射相位与角频率。图 4.30(a) 和 (b) 分别显示了本节设计的结构在 VO₂ 电导率变化时的相移与群时延。在 0.450THz、0.585THz 和 0.690THz 的谐振频率下，谐振器件显示出负群时延。此外，在电磁诱导透明峰和 Fano 谐振峰处可以获得较大的正群时延。当 VO₂ 的电导率为 0S/m 时，电磁诱导透明和 Fano 透射峰的群时延分别为 14ps 与 35ps，对应于自由空间传播距离分别为 5.32mm 和 13.3mm 的时延。随着电导率的逐渐增大，谐器件逐渐失去慢光效应。因此，可以通过改变 VO₂ 的电导率来主动操纵群时延。这种能力对超快响应慢光设备的设计有着深远的意义。

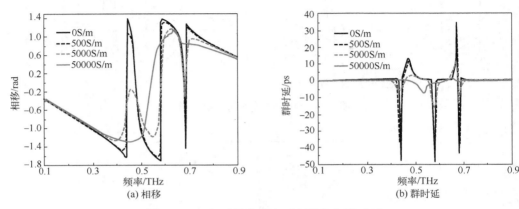

图 4.30　VO₂ 不同电导率下相移和与群时延

4.2.3　三频带可调电磁诱导反射调控

三频带可调互补 EIR 超材料器件结构示意图如图 4.31 所示[46]。回字形金属凹槽图案周期性沉积于聚二甲基硅氧烷柔性材料衬底上，并且在金属凹槽处铺盖石墨烯。回字形金属凹槽图案包含相互垂直且相等的横矩形凹槽（transverse rectangular groove，TRG）和竖矩形凹槽（vertical rectangular groove，VRG），相互垂直且相等的横 U 形凹槽（transverse U-shape groove，TUG）和竖 U 形凹槽（vertical U-shaped

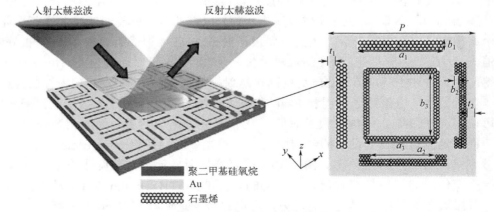

图 4.31　三频带可调互补 EIR 超材料器件结构示意图

groove，VUG)，以及环形凹槽(ring groove，RG)。回字形金属凹槽图案由金制成，电导率 σ=4.09×10^{7}S/m，厚度为 2μm。聚二甲基硅氧烷层折射率 n = 1.57–0.02i，厚度为 40μm。优化的几何参数如下：P = 250μm，a_1 = 150μm，a_2 = 110μm，a_3 = 130μm，b_1 = 20μm，b_2 = 10μm，b_3 = 110μm，t_1 = 10μm 和 t_2= 20μm。使用 Comsol Multiphysics 5.5 仿真软件进行仿真，反射谱和场分布采用有限元法计算，仿真中采用合适的网格设置并在 x 方向和 y 方向的四个边界上施加周期性条件。

　　石墨烯电导率是影响其性能的重要参数，考虑带间和带内的电子跃迁[47]，其电导率可以用 Kubo 模型表示[48]：

$$\sigma_{\mathrm{g}} = \sigma_{\mathrm{in}} + \sigma_{\mathrm{inter}} = \frac{2e^2 k_{\mathrm{B}} T}{\pi \hbar^2} \frac{\mathrm{i}}{\omega + \mathrm{i}\Gamma^{-1}} \ln\left[2\cosh\left(\frac{E_{\mathrm{F}}}{2k_{\mathrm{B}} T} \right) \right]$$

$$+ \frac{e^2}{4\hbar} \left[\frac{1}{2} + \frac{1}{\pi} \arctan\left(\frac{\hbar\omega - 2E_{\mathrm{F}}}{2k_{\mathrm{B}} T} \right) - \frac{\mathrm{i}}{2\pi} \ln \frac{(\hbar\omega + 2E_{\mathrm{F}})^2}{(\hbar\omega - 2E_{\mathrm{F}})^2 + 4(k_{\mathrm{B}} T)^2} \right] \quad (4.1)$$

式中，e 为电子电荷；k_{B} 为玻尔兹曼常数；T 为环境温度(T = 300K)；$\hbar$ 为简化普朗克常数；ω 为入射电磁波角频率；E_{F} 为费米能级；Γ 为弛豫时间。在较低的太赫兹波段，石墨烯的带内电导率与石墨烯的总电导率相比是可以忽略的，石墨烯的电导率可以用类 Drude 模型[49]表示为

$$\sigma_{\mathrm{g}} = \left(\frac{e}{\hbar} \right)^2 \frac{E_{\mathrm{F}}}{\pi} \frac{\mathrm{i}}{\omega + \mathrm{i}\Gamma^{-1}}$$

式中，弛豫时间 $\Gamma = (\mu E_{\mathrm{F}})/(e v_{\mathrm{F}}^2)$，费米速度为 v_{F} = 1.1×10^{6}m/s，载流子迁移率为 μ=3000cm^2/(V·s)[50]。

　　如图 4.32(a)所示，入射太赫兹波(电场沿 y 轴)可以直接激发环形凹槽(RG)产生谐振，谐振点为 0.54THz。如图 4.32(b)所示，横矩形凹槽(TRG)和横 U 形凹槽(TUG)都与入射磁场方向平行，从而可以直接被激发产生谐振，谐振频率点分别为 0.59THz 和 0.66THz，并且在这两个凹槽的共同作用下在 0.61THz 处产生明明模式的电磁诱导反射峰。环形凹槽(RG)、横矩形凹槽(TRG)和横 U 形凹槽(TUG)组合结构在 0.55THz 和 0.62THz 两个频率点产生明明模式电磁诱导反射峰，如图 4.32(c)所示。从电场图可以看出频率 0.55THz 处电磁诱导反射峰是环形凹槽激发的 0.54THz 处电偶极子谐振与横矩形凹槽激发的 0.59THz 处电偶极子谐振相互耦合生成的。对应频率 0.62THz 处电磁诱导反射峰是由 TRG 和 TUG 激发产生的电偶极子谐振相互耦合产生明明模式电磁诱导反射峰造成的。回字形金属微结构不同部位的反射谱曲线如图 4.33 所示。图 4.33(a)为 RG、TRG 和 TUG 结构反射谱，可以看出该结构产生了两个明明模式电磁诱导反射峰(在图 4.32(c)中已做详细解释)。图 4.33(b)为 VRG 和 VUG 结构反射谱，无法直接与入射太赫兹波相互耦合产生谐振，此时 VRG

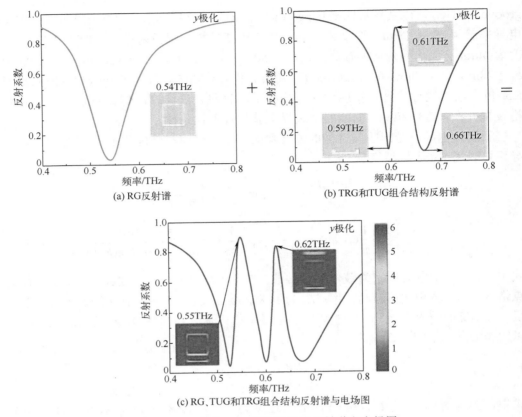

图 4.32　双频带 EIR 超材料结构反射谱和电场图

和 VUG 组成暗模式凹槽。图 4.33 (c) 为整体组合结构反射谱，在 0.54THz、0.60THz 和 0.63THz 三个频率点形成了反射峰，反射系数分别为 0.896、0.771 和 0.757。

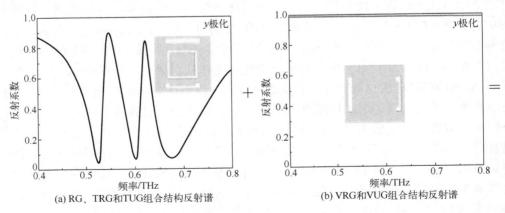

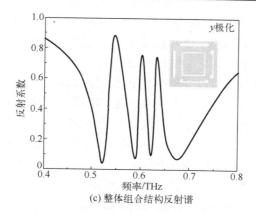

(c) 整体组合结构反射谱

图 4.33　回字形金属微结构不同部位的反射谱曲线

图 4.34(a) 和 (b) 为 $|E|$ 和 E_z 实部场能量分布, RG 和 TRG 被太赫兹波直接激发形成明模式的电偶极子谐振, 因此在 0.54THz 处形成明明模式电磁诱导反射峰。如图 4.34(c) 和 (d) 所示, 0.60THz 反射峰的 $|E|$ 和 E_z 实部场能量集中在 VRG 和 VUG 组合而成的暗模式凹槽上, 并且激发产生四偶极子谐振, 形成了明暗模式电磁诱导反

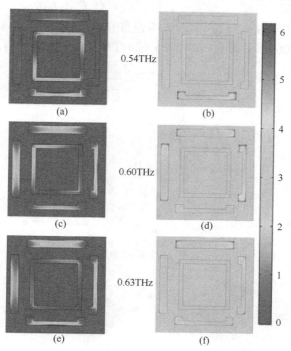

图 4.34　三个反射峰的电场分布 ($|E|$ 和 E_z 为实部)

(a) 和 (b) 为 0.54THz 处电场分布；(c) 和 (d) 为 0.60THz 处电场分布；
(e) 和 (f) 为 0.63THz 处电场分布

射峰。如图 4.34(e)和(f)所示，作为明模式的 TRG 和 TUG 直接激发产生电偶极子谐振，作为暗模式的 VRG 和 VUG 也被激发产生谐振。TRG、TUG、VRG 和 VUG 组成的磁四极共振模式激发产生 0.63THz 反射峰。

图 4.35 为外力作用下本节设计器件的谐振器反射谱和结构形变图。当谐振器施加外力分别为+70000Pa、−70000Pa 并发生凸起和凹陷形变时，会造成各个凹槽谐振器尺寸发生变化，使各个谐振器之间的耦合性能发生变化，体现在谐振器的三个反射峰反射系数都出现下降。当外力为+70000Pa 时，三个反射峰的反射系数下降到0.835、0.614 和 0.52；当外力为−70000Pa 时，三个反射峰的反射系数下降到 0.891、0.674 和 0.61。为了进一步弄清外力对结构性能的影响，图 4.36 为入射太赫兹波在不同外力作用下三个 EIR 峰的电场分布。如图4.36(c)所示，当外力为 0Pa 时，0.54THz 频率处的反射峰能量在 RG 上和 TUG 上都能被入射太赫兹波强激发；当外力变化为−70000Pa 和+70000Pa 时，0.54THz 频率能量在 RG 上减弱。也就是说随着外力改变，本节设计结构的谐振反射峰强度变弱(与图 4.35(a)中频率谐振峰偏移相吻合)。如图4.36(f)所示，随着施加外力从 0Pa 到−70000Pa 再到+70000Pa 时，TUG 转移到VUG 上的能量逐渐减弱，因此 VRG 和 VUG 组合的暗模式凹槽谐振强度逐渐削弱，在 0.60THz 处反射峰的强度逐渐降低。同样地，随着外力改变，本节设计结构的谐振反射峰强度变弱(与图 4.35(a)中谐振峰偏移相吻合)。如图4.36(i)所示，随着施加外力从 0Pa 到−70000Pa 再到+70000Pa 时，TRG、TUG、VRG 和 VUG 组成的磁

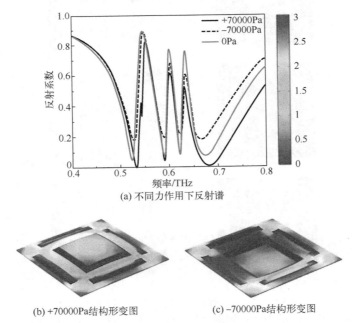

(a) 不同力作用下反射谱

(b) +70000Pa结构形变图　　　(c) −70000Pa结构形变图

图 4.35　外力作用下本节设计器件的谐振器反射谱和结构形变图

四极共振模式能量逐渐降低，0.63THz 处反射峰的强度逐渐降低。综上所述，在无外力作用下，谐振器件不会发生形变，各谐振点处产生最高的能量辐射。而在 −70000Pa 和 +70000Pa 外力作用下，谐振器件结构参数发生改变，太赫兹波反射强度变弱。所以当外力为 0Pa 时，0.63THz 频率点能量主要集中于 TRG、TUG、VRG和 VUG 上；当外力变化为−70000Pa 和+70000Pa 时，0.63THz 频率点在 TRG、TUG、VRG 和 VUG 上的能量集中减弱。与上述分析相似，随着外力改变，本节设计结构的谐振反射峰发生变化（与图 4.35(a)中谐振峰偏移相吻合），如图 4.36(g)～(i)所示。可以看出外力可以调控本节设计器件的三个谐振峰强度。

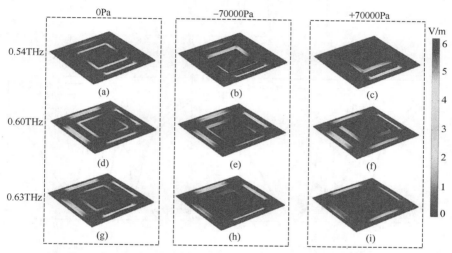

图 4.36　入射太赫兹波在不同外力作用下（0Pa、−70000Pa 和+70000Pa）三个 EIR 峰的电场分布
(a)～(c)为 0.54THz 处不同外力作用下的电场分布；(d)～(f)为 0.60THz 处不同外力作用下的电场分布；
(g)～(i)为 0.63THz 处不同外力作用下的电场分布

接下来讨论外加电场和外力共同作用时对本节提出结构反射峰性能的影响。图 4.37(a)～(c)表示在 y 极化太赫兹波入射时，不同外力（0Pa、−70000Pa 和+70000Pa）作用下，三个反射峰的辐射强度随化学势的变化情况。当石墨烯化学势从 0.1eV 增加到 0.3eV 时，石墨烯电导率的增加导致了各个凹槽谐振器的耦合效应降低，图 4.37中各个反射谱的反射峰逐渐降低并最后消失。当未施加外力时，随着石墨烯化学势从 0.1eV 增加到 0.3eV，三个反射峰的反射系数下降到 0.471、0.366 和 0.325。当施加外力为+70000Pa 时，随着石墨烯化学势从 0.1eV 增加到 0.3eV，三个反射峰的反射效率下降到 0.27、0.294 和 0.245。当施加外力为−70000Pa 时，随着石墨烯化学势从 0.1eV 增加到 0.3eV 三个反射峰的反射效率下降到 0.522、0.411 和 0.368。可以看出，通过改变石墨烯化学势同样可以达到对本节提出结构的三个反射峰调控的目的。图 4.38 为在正常太赫兹波入射下不同极化角的反射光谱。可以看出，不同的极化角下，三个电磁诱导反射峰可以保持一致的频点和反射强度。由图 4.39(a)～(c)可知，当入射角从 0° 变化到 15° 时，在 x 极化波和 y 极化波入射下该结构的谐振频点与谐振强度都能

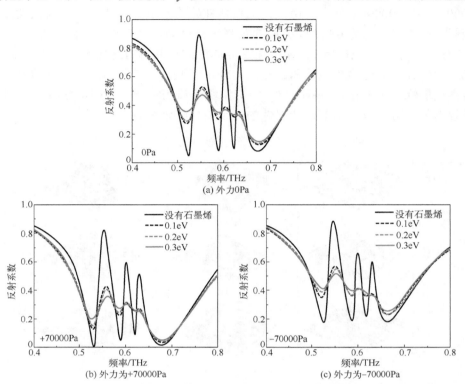

图 4.37　不同外力作用时改变石墨烯化学势 E_f 得到的反射谱

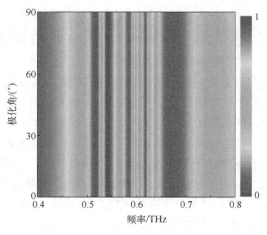

图 4.38　不同极化角下的反射谱

保持稳定。如图 4.39(d) 所示,当入射角增加到 25° 时,y 极化波入射时可以得到稳定的三个反射峰,而 x 极化波入射时波形会发生较大的变化,无法稳定生成三个反射峰。因此,本节设计的谐振器件是可以偏移一定的角度入射并且是极化不敏感的。

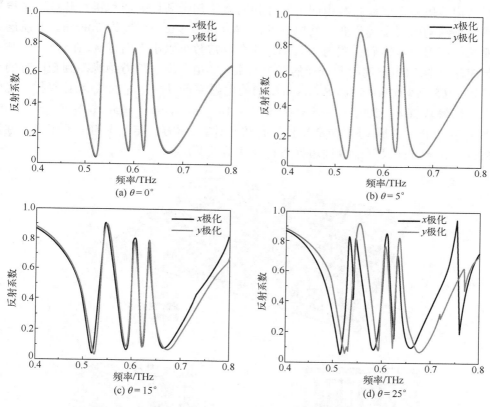

图 4.39 不同入射角 θ 下的反射谱(x 极化波和 y 极化波)

4.3 电磁诱导透明效应与吸收效应可切换太赫兹调控

4.3.1 单频带电磁诱导与吸收可切换太赫兹调控

单频 EIR 和双频带吸收三维结构示意图(即 VO₂ 相变前后单元结构图),如图 4.40 所示。在图 4.40(a) 中,底部铺设一层石墨烯薄膜,中间介质层为聚酰亚胺,顶部由超材料结构组成,整个结构具有旋转对称特性。顶部超材料层分为三个部分,分别是 VO₂ 薄膜、空气凹槽超材料结构和金属超材料结构。空气凹槽超材料结构和金属超材料结构嵌入 VO₂ 薄膜层中,形成一种复合型超材料结构。单频 EIR 超材料等效结构单元如图 4.40(b) 所示，当 VO_2 薄膜层为绝缘态时，金属超材料结构等效为上层超材料层由金属十字谐振器结构和四个尺寸相同金属开口环谐振器组成。双频吸收超材料等效结构单元如图 4.40(c) 所示，当 VO_2 薄膜层为金属态时，金属超材料结构等效为上层超材料由四个尺寸相同镂空闭合环谐振器和镂空开口环谐振器组成。该结构所用金属为金，其电导率 $\sigma = 4.09 \times 10^7 S/m$，厚度为 500nm。介质层聚酰亚胺的相对介电常数设置为 3.5。VO_2 的介电常数可以由上面得到。在计算过程中，对于 VO_2 不同的相态使用不一样的介电常数，其电导率也随着绝缘态到金属态的相变过程由 0S/m 增加到 $5 \times 10^5 S/m$。石墨烯的电导率可以由上述的式(4.1)算得。优化后的几何参数有 $p = 200\mu m$，$l_1 = 160\mu m$，$l_2 = 180\mu m$，$a_1 = a_2 = 65\mu m$，$b_1 = b_2 = 65\mu m$，$w_1 = w_2 = 10\mu m$。使用 CST 仿真软件进行仿真计算，x 方向与 y 方向上使用周期性边界条件，在 z 方向设置开放性边界条件及完美匹配层。

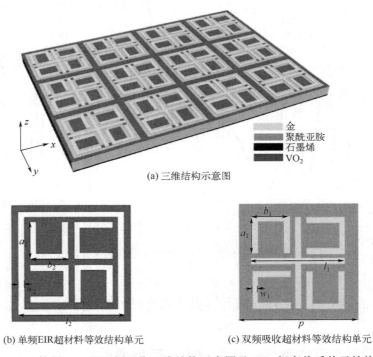

(a) 三维结构示意图

金
聚酰亚胺
石墨烯
VO_2

(b) 单频EIR超材料等效结构单元　　　　　(c) 双频吸收超材料等效结构单元

图 4.40　单频 EIR 和双频吸收三维结构示意图及 VO_2 相变前后单元结构图

根据巴比涅原理，文献[51]和[52]设计了一种空气凹槽超材料结构，在 VO_2 薄膜层刻蚀镂空闭合环谐振器(SCRR)和镂空开口环谐振器(SSRR)(石墨烯不加电)，如图 4.40(b) 所示。当 VO_2 处于金属态时，顶层超材料结构等效为在金属介质中刻蚀镂空超材料结构。此时，入射太赫兹波(y 极化波)可以与 SCRR 和 SSRR 直接耦合产生谐振，谐振点分别为 0.303THz 和 0.592THz，如图 4.41 所示。从图 4.41 中可以看出，将 SCRR 和 SSRR 结合到一个结构单元中，在 0.458THz 处形成一个反射峰，反射系数为 0.974。为了进一步探究所设计镂空超材料结构 0.458THz 处反射峰形成机理，对 0.303THz 和 0.592THz 两个反射谷及 0.458THz 处反射峰的电场分布进行了计算，如图 4.42 所示。从图 4.42(a) 中可以得知，当只有 SCRR 时，在入射太赫兹波(y 极化波) 的作用下，能量可以被直接激发，主要集中在上下两臂，形成电偶极子谐振，得到 0.303THz 明模式反射谷。如图 4.42(c) 所示，当只有四个旋转对称的 SSRR 时，由于太赫兹波电场沿着 y 轴，开口平行于电场方向的第二象限和第四象限 SSRR 被直接激发产生谐振，得到 0.592THz 明模式反射谷。如图 4.42(b) 所示，当 SCRR 和 SSRR 相结合，SCRR 和 SSRR 的电场能量可以同时被激发，并且通过两个明模式的强耦合，激发了 0.458THz 处明明模式的电磁诱导反射(EIR)。

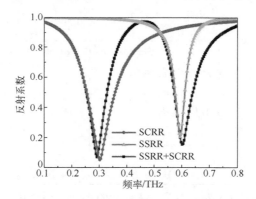

图 4.41　SCRR、SSRR 和组合结构的反射谱

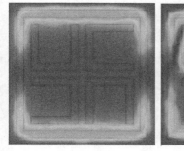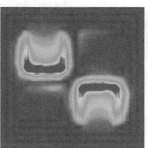

(a) SCRR电场分布　　　　(b) 组合结构电场分布　　　　(c) SSRR电场分布

图 4.42　SCRR、SSRR 和组合结构电场分布图

为了阐明超材料系统中 EIR 效应的耦合机理，使用二粒子模型等效结构[53]，其中 SCRR 和 SSRR 都可以被等效为可以与输入电场 $E = E_0 e^{i\omega t}$ 相耦合。其耦合微分方程如下：

$$\ddot{x}_1(t) + \gamma_1 \dot{x}_1(t) + \omega_1^2 x_1(t) + k^2 x_2(t) = \frac{g_1 E}{m_1} \tag{4.2}$$

$$\ddot{x}_2(t) + \gamma_2 \ddot{x}_2(t) + \omega_2^2 x_2(t) + k^2 x_1(t) = \frac{g_2 E}{m_2} \tag{4.3}$$

式中，$m_1(m_2)$ 为两个谐振粒子的有效质量；$x_1(x_2)$ 为两个粒子的位移；$\omega_1(\omega_2)$ 分别为两个粒子的固有谐振频率；$g_1(g_2)$ 和 $\gamma_1(\gamma_2)$ 分别为两个谐振粒子与入射太赫兹波谐振强度和阻尼系数，对于此处为明明模式耦合系统：$g_1 > 0$ 和 $g_2 > 0$；k 为两个粒子之间的耦合系数。假设 $A = g_1/g_2$ 和 $B = m_1/m_2$，那么通过解上述微分方程可以得到两个粒子的位移表达式为

$$x_1 = \frac{\left(\dfrac{g_2 E}{m_2}\right) k^2 + (\omega^2 - \omega_2^2 + i\omega\gamma_2)\left(\dfrac{g_1 E}{m_1}\right)}{k^4 - (\omega^2 - \omega_1^2 + i\omega\gamma_1)(\omega^2 - \omega_2^2 + i\omega\gamma_2)} \tag{4.4}$$

$$x_2 = \frac{\left(\dfrac{g_1 E}{m_1}\right) k^2 + (\omega^2 - \omega_1^2 + i\omega\gamma_1)\left(\dfrac{g_2 E}{m_2}\right)}{k^4 - (\omega^2 - \omega_1^2 + i\omega\gamma_1)(\omega^2 - \omega_2^2 + i\omega\gamma_2)} \tag{4.5}$$

超材料结构的有效极化强度 P 可以表示为

$$P = g_1 x_1 + g_2 x_2 \tag{4.6}$$

则得到该 EIT 结构的有效电极化率为

$$\begin{aligned}
\chi &= \frac{P}{\varepsilon_0 E} \\
&= \frac{K}{A^2 B}\left(\frac{A(B+1)k^2 + A^2(\omega^2 - \omega_2^2) + B(\omega^2 - \omega_1^2)}{k^4 - (\omega^2 - \omega_1^2 + i\omega\gamma_1)(\omega^2 - \omega_2^2 + i\omega\gamma_2)}\right) \\
&\quad + i\omega \frac{A^2\gamma_2 + B\gamma_1}{k^4 - (\omega^2 - \omega_1^2 + i\omega\gamma_1)(\omega^2 - \omega_2^2 + i\omega\gamma_2)}
\end{aligned} \tag{4.7}$$

式中，K 是比例系数。有效电极化率的实部代表入射太赫兹波通过介质的色散特性；虚部代表介质的太赫兹波吸收特性。图 4.43 给出了镂空超材料结构的仿真曲线和相

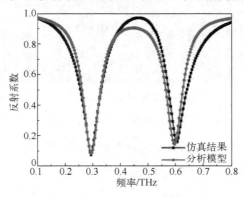

图 4.43　二粒子模型拟合反射谱

应的拟合参数的计算曲线。其中拟合过程中得到的参数为 $A = 0.72$，$B = 0.65$，$k = 1$，$\gamma_1 = 0.45\text{rad/ps}$，$\gamma_2 = 0.45\text{rad/ps}$。在该情况下，由于 $A \neq 0$ 或 ∞，说明 g_1 和 g_2 都不是 0，SCRR 和 SSRR 两个谐振单元都能被入射太赫兹波直接激发产生较强谐振，并且固有频率不相同，证实了 0.458THz 处的明明模式耦合状态。

众所周知，VO_2 绝缘相变为金属相的温度为 68℃，而金属相变为绝缘相温度为 62℃，其中 6℃ 是相变的过渡温度[54]。VO_2 的电导率随着温度从小于 40℃ 到大于 80℃ 的过程中，电导率可以从 0S/m 变化至 5×10^5S/m。基于这一特性，计算了该器件结构在 VO_2 从金属态（>80℃）到绝缘态（<40℃）变化过程中的反射曲线，如图 4.44 所示。从图 4.44 中可知，当外界温度大于 80℃（即 VO_2 处在完全金属态）时，在 0.458THz 处形成 EIR 峰，反射系数为 0.974；当外界温度逐渐降低，低于 68℃（金属态临界点）时，EIR 反射强度逐渐降低；当温度降低到 40℃ 以下时，VO_2 转变为完全绝缘态，此时 EIR 峰消失。从金属相到绝缘相变化过程中，EIR 反射强度从 0.974 下降到 0.482，实现了对 EIR 幅度的调控。众所周知，电磁诱导透明的一个显著特性就是慢光效应。因此，群时延被引入所设计的结构中来研究慢光效应，使用 $\tau g = -\text{d}\varphi/\text{d}\omega$，其中 φ 和 ω 分别是透射相位与角频率。在两个反射谷处本谐振器件显示出负群时延，而在 0.458THz 处可以获得较大的正群时延，为 1.25ps。当温度小于 40℃，VO_2 的电导率接近于 0S/m 时，随着电导率的逐渐减小，器件逐渐失去慢光效应。

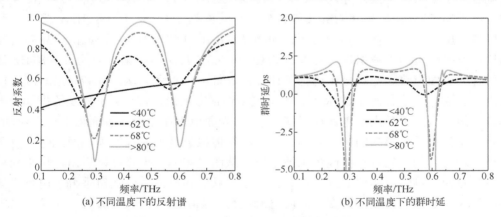

(a) 不同温度下的反射谱　　　　　　　　(b) 不同温度下的群时延

图 4.44　VO_2 不同温度下的反射谱和群时延

如图 4.45(a) 所示，电场沿不同极化角入射，EIR 峰反射强度和谐振频点保持不变。这是由于本结构是由 SCRR 和四个旋转对称的 SSRR 构成，这对称性结构有利于理想的极化不敏感应用。与此同时，还考虑了太赫兹波斜入射，以确定该超材料结构是否能够在大入射角下工作。随着入射角增加，TE 极化波（电场沿 y 轴方向）和 TM 极化波（电场沿 x 轴方向）所得到的 EIR 峰变化不同，如图 4.45(b) 与 (c) 所示。从图 4.45 中可以清楚地看出，在 TE 极化波情况下，入射角小于 45°时，EIR 透射峰都可以保持稳定，而 TM 极化波只能稳定到 30°。因此对于 TE 和 TM 极化，该超材料结构可以获得小于 30°的宽入射角特性。

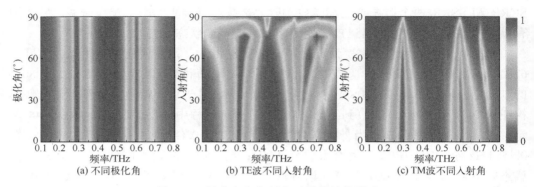

图 4.45　极化角和入射角对器件性能影响

当 VO$_2$ 由金属态转变为绝缘态时，该器件超材料结构等效为如图 4.40(c)所示的结构。该结构是由金属十字谐振器(GCR)结构和四个尺寸相同且旋转对称的金属开口环谐振器(GSRR)组成的另一种对称结构，并且对铺盖在底部的石墨烯施加电场使其化学势达到 0.9eV。此时，入射太赫兹波(y 极化波)可以与 GCR 和 GSRR 直接耦合产生谐振，谐振点分别为 0.509THz 和 0.527THz，如图 4.46 所示。从图 4.46 中可以看出，当将 GCR 和 GSRR 结合到一个结构单元中，在 0.508THz 处形成一个反射峰，反射系数为 0.815。为了进一步探究 GCR 和 GSRR 组合而成的金属超材料结构在反射峰处的形成机理，对 0.509THz 和 0.527THz 两个谐振点及 0.508THz 处反射峰的表面电流和电场分布进行了计算，如图 4.47 所示。从图 4.47(a)和(d)可以看出，当结构单元中只有 GCR 时，由于电场传播方向沿 y 轴，从而激发了平行于电场方向的垂直矩形条上的电偶极子谐振模式,表面电流在矩形条表面由下往上流动，电场能量集中于矩形条的上下两端，此处激发谐振类型为亚辐射模，而此时垂直于入射电场方向的横向矩形条能量未被激发。从图 4.47(c)和(f)可以看出，当结构单元中只有四个旋转对称的 GSRR 时，处在第一象限和第三象限缺口垂直于电场方向的 GSRR 被激发产生 LC 谐振，表面电流在第一象限逆时针环形流动，在第三象限顺时针环形流动，电场能量集中在缺口处两端，此处激发谐振类型为超辐射模，而此时处在第二象限和第四象限的 GSRR 未能被激发。如图 4.47(b)和(e)所示，当结构单元将两者结合到一起时，原先被入射电场直接激发产生谐振的垂直矩形条和第一象限和第三象限的 GSRR 的能量转移到了竖直矩形条和第二象限和第四象限的 GSRR 上。由第二象限和第四象限激发的 LC 谐振和横向矩形条激发的电偶极子谐振相耦合，形成了 0.508THz 处的反射峰。保持石墨烯化学势为 0.9eV，如图 4.46(b)的计算结果所示，在 $f = 0.462$THz 与 $f = 0.563$THz 频率处，可以得到吸收率分别

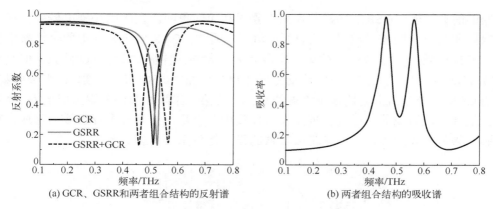

(a) GCR、GSRR和两者组合结构的反射谱　　　　　(b) 两者组合结构的吸收谱

图 4.46　双频吸收反射谱和吸收谱

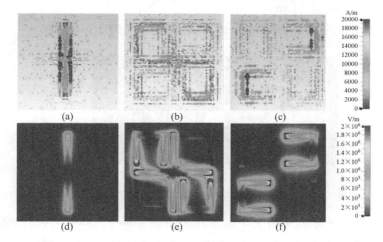

图 4.47　GCR、GCR+GSRR 和 GSRR 表面电流和电场分布图

(a)～(c) GCR、GCR+GSRR 和 GSRR 表面电流；(d)～(f) GCR、GCR+GSRR 和 GSRR 电场分布

为 98.6%和 97.7%的吸收效应。由于图 4.46(b)双频带吸收的吸收峰形成机理和图 4.46(a)反射峰反射谷形成机理相同，因而在本设计中只计算了两个反射谷的表面电流和电场分布，如图 4.48 所示。从图 4.48(a)与(c)可以看出，在 0.462THz 谐振处，GCR 上竖直方向激发的电场能量较强而在水平方向激发的能量较弱，GSRR 在第二象限和第四象限激发的电场能量较强而在第一象限和第三象限能量较弱。并且从表面电流可以看出，GCR 竖直方向上表面电流较密集，由下往上流动，形成电偶极子谐振，而 GSRR 则是在第二象限和第四象限表面电流较密集，形成 LC 谐振模式。从而 0.462THz 反射谷(即吸收峰)是由 GCR 竖直方向上电偶极子谐振和 GSRR 的第二象限和第四象限形成的 LC 谐振相互耦合激发而成的。从图 4.48(b)与(d)可以看出，在 0.563THz 谐振处，GCR 水平方向上激发的电场能量较强而在竖直方向

激发的能量较弱，GSRR 同样是在第二象限和第四象限激发的电场强度较强而在第一象限和第三象限能量较弱。从表面电流可以看出，GCR 水平方向上的金属条电偶极子谐振被激发，而 GSRR 的第二象限和第四象限同样被激发了 *LC* 谐振，但是与 0.462THz 不同的是表面电流的流动方向相反。因而，0.563THz 反射谷(即吸收峰) 是由 GCR 水平方向上电偶极子谐振和 GSRR 的第二象限和第四象限形成的 *LC* 谐振 相互耦合激发而成的。因此，根据反射曲线中两个反射谷和一个反射峰的形成机理 得到双频带吸收效应，对双频带吸收器的设计提供重要的指导意义。

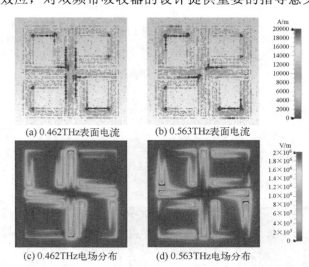

(a) 0.462THz表面电流　　　　(b) 0.563THz表面电流

(c) 0.462THz电场分布　　　　(d) 0.563THz电场分布

图 4.48　　0.462THz 与 0.563THz 处表面电流和电场分布图

　　本系统是基于底部石墨烯加电场后产生的金属特性而激发的双频带吸收器。因此，为了验证该系统的可调谐效应，计算了不同石墨烯化学势情况下的吸收光谱。当石墨烯化学势为 0.9eV 时，根据图 4.49 计算结果所示，在 $f = 0.462$THz 与 $f = 0.563$THz 时，吸收率分别达到 0.986 和 0.977，而当石墨烯化学势降低至 0.3eV 时，在 0.409THz 与 0.517THz 处，吸收率分别达到 0.987 和 0.992，并且在石墨烯化学势 从 0.9eV 下降到 0.3eV 过程中，两个谐振峰发生红移，在第一个吸收峰的频率从 0.462THz 变化到 0.409THz，第二个吸收峰的频率从 0.563THz 变化到 0.517THz，而 在这两个谐振峰变化的范围内，吸收率都较高。因此，可以通过调节石墨烯化学势 实现对吸收峰频率的调控。

　　如图 4.50(a)所示，电场沿不同极化角入射，双频带吸收器吸收效率和谐振频点 保持不变。本结构是由 GCR 和四个旋转对称的 GSRR 构成的，这对称性结构有利 于理想的极化不敏感应用。与此同时，为了验证该设计在不同入射角下的性能，还 对太赫兹波斜入进行了研究，以确定该超材料结构是否能够在大入射角下工作，如

图 4.50(b) 与 (c) 所示。从图 4.50 中可以看出，随着入射角度的增加，TE 极化波(电场沿 y 轴方向)和 TM 极化波(电场沿 x 轴方向)所得到的吸收性能变化不同。对于 TE 和 TM 极化波，在 0° ~60° 内 0.462THz 处吸收峰吸收率稳定，可以保持在 0.8 以上。而在 0.563THz 处的吸收峰，对于 TE 极化波，在 0° ~30° 内吸收峰吸收率稳定；对于 TM 极化波，在 0° ~45° 内吸收峰吸收率稳定。因此，该超材料结构可以获得大于 30° 的宽入射角特性。

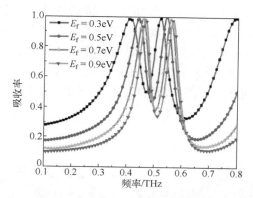

图 4.49　不同 E_f 下的吸收谱图

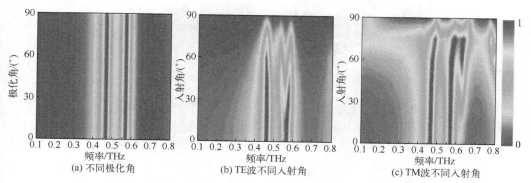

图 4.50　极化角和入射角对器件性能影响

4.3.2　双频带电磁诱导与吸收可切换太赫兹调控

多功能超材料结构和周期单元结构如图 4.51(a) 与 (b) 所示。该器件的结构单元由四个部分组成，从上到下包括金属-VO_2-石墨烯混合层、电介质间隔层、VO_2 薄膜层、电介质基底层。顶层超材料结构外围是方环形结构，内部是一个嵌入垂向 VO_2 条的金属双开口谐振环(metal double split-ring resonator，MDSRR)结构，并且在方环形结构右臂下方铺盖一条石墨烯条(graphene strip，GS)。VO_2 处于绝缘态与金属态时的等效模型如图 4.51(c)和(d)所示。方环形结构是由两条沿 y 轴对称的垂向金属条和两条沿 x 轴对称的横向 VO_2 条组成。电介质层聚酰亚胺的相对介电常数设置为 3.5，损耗角 δ 正切值为 0.0027。金属结构为金，其电导率 $\sigma = 4.09 \times 10^7 S/m$，厚度为 500nm。$VO_2$ 的厚度为 500nm，大于趋肤深度，在金属态时可以抑制太赫兹波透射。在建模过程中，设定石墨烯薄膜的厚度为 1nm。此外，结构单元的优化尺寸参数为：$P = 120\mu m$，$l_1 = 90\mu m$，$l_2 = 80\mu m$，$l_3 = 50\mu m$，$g = 5\mu m$，$w = 5\mu m$，$t = 30\mu m$ 和 $s = 11\mu m$。在计算和建模过程中，使用 CST 仿真软件进行仿真计算，在 x 和 y 方向上设置周期性边界条件，在 z 方向设置开放边界条件，并设置自适应网格，其大小为 $\lambda/10$（λ 为入射太赫兹波的波长）。在入射条件方面，设置太赫兹波入射方向垂直于器件表面（z 轴负方向），入射波为 TE（电场沿 y 轴方向）模式。当 VO_2 处于绝缘态时，对 $0.5 \sim 1.5THz$ 的透射谱进行研究，而当 VO_2 处于金属态时，对 $0.1 \sim 0.9THz$ 吸收谱进行研究。

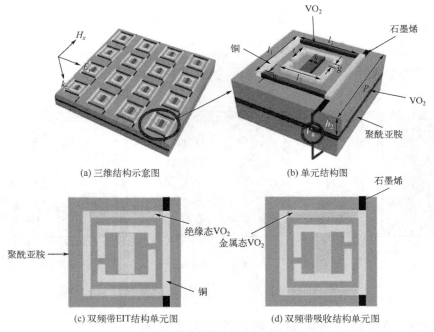

(a) 三维结构示意图　　　　　　　(b) 单元结构图

(c) 双频带EIT结构单元图　　　　　(d) 双频带吸收结构单元图

图 4.51　双频带 EIT 与双频带吸收三维和周期单元结构图

当 VO_2 处于绝缘态时，结构等效模型如图 4.51(c)所示，其中 VO_2 对金属谐振特性影响微弱。首先，对结构中单频段 EIT 形成机理进行探讨，如图 4.52 所示。从图 4.52(a)可以看出，当太赫兹波电场沿 y 轴方向时，金属双开口谐振环(MDSRR)无法被激发产生谐振，而左金属谐振条(left metal resonant bar，LMRS)可以与入射波相互耦合，在 1.00THz 处形成透射谷。如图 4.52(b)所示，将 MDSRR 与 LMRS

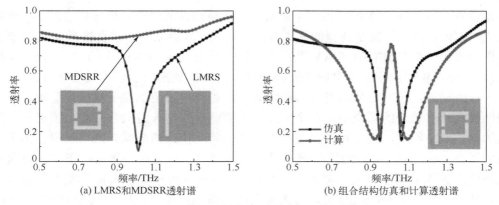

(a) LMRS和MDSRR透射谱　　　　　　　(b) 组合结构仿真和计算透射谱

图 4.52　两个单独谐振单元结构和单频段 EIT 结构透射谱

相结合，在 1.01THz 处形成一个明显的透明窗口。为了更进一步地了解该透明窗口
的形成机理，仿真计算了 LMRS、MDSRR 和组合结构的电场强度与表面电流，如
图 4.53 所示。图 4.53 (a) 与 (d) 分别是 LMRS 在谐振点处的电场和表面电流图，由于
LMRS 平行于电场极化方向，所以可以被激发产生金属条类型的电偶极子谐振，能
量集中在两端。图 4.53 (b) 与 (e) 分别是 MDSRR 在 1.01THz 处的电场和表面电流图，
MDSRR 无法被入射波激发，电场强度和表面电流很弱。图 4.53 (c) 与 (f) 是组合结
构 (MDSRR+LMRS) 电场和表面电流图，从图中可以看出被太赫兹波直接激发的
LMRS 上电场能量变得微弱，而未能被太赫兹波激发谐振的 MDSRR 上的电场此

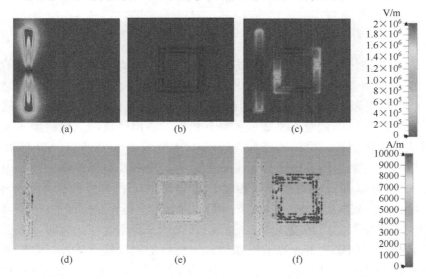

图 4.53　LMRS、MDSRR+LMRS 和 MDSRR 电场分布和表面电流图
(a)～(c) 为 LMRS、MDSRR 和 MDSRR+LMRS 电场分布；(d)～(f) 为 LMRS、
MDSRR 和 MDSRR+LMRS 表面电流

刻被激发，并且 MDSRR 上表面电流呈逆时针环形循环流动，形成标准的 *LC* 谐振模式。因此，这一现象是典型的 EIT 效应。首先，入射太赫兹波直接激发 LMRS 上的电偶极子谐振（明模式），然后通过近场耦合激发了 MDSRR 上的 *LC* 谐振（暗模式），最终，由于两个谐振器的干涉相消在 1.01THz 处形成明显的透明窗口。

众所周知，EIT 效应明模式与暗模式干涉相消可以用二粒子机械模型解释，在明明模式相互耦合的系统中，两个谐振粒子都能直接与入射太赫兹波产生谐振，激发的谐振频率不同，但是相近。而在本结构的明暗模式相互耦合的系统中，两个谐振粒子(MDSRR+LMRS)激发的谐振频率基本相同，但是两个谐振粒子与入射太赫兹波的谐振强度相差较大，明模式（LMRS）能够被入射电磁波直接激发产生较强的谐振状态，暗模式（MDSRR）与入射太赫兹波没有相互耦合，从而式(4.3)中的 $g_2 \approx 0$，因此 $A = g_1/g_2$ 趋向于无穷大。除此之外，明模式谐振粒子的阻尼系数也比暗模式的阻尼系数大很多，也就是明模式损耗的能量远大于暗模式。

另外，在明暗模式的系统中，由于式(4.3)中的 $g_2 \approx 0$，则式(4.7)中的电极化率可以简写为[55]

$$\chi_{\text{eff}} = \frac{g_1^2}{\varepsilon_0 m_1^2} \times \frac{\omega^2 - \omega_2^2 + \mathrm{i}\omega\gamma_2}{k^4 - (\omega^2 - \omega_1^2 + \mathrm{i}\omega\gamma_1)(\omega^2 - \omega_2^2 + \mathrm{i}\omega\gamma_2)} \tag{4.8}$$

式中，ε_0 为真空介电常数，那么 EIT 系统的传输谱可以由式(4.9)进行计算：

$$|T| = \left| \frac{4\sqrt{\chi_{\text{eff}} + 1}}{\left(\sqrt{\chi_{\text{eff}} + 1} + 1\right)^2 \mathrm{e}^{\mathrm{j}\frac{2\pi d}{\lambda_0}\sqrt{\chi_{\text{eff}} + 1}} - \left(\sqrt{\chi_{\text{eff}} + 1} - 1\right)^2 \mathrm{e}^{-\mathrm{j}\frac{2\pi d}{\lambda_0}\sqrt{\chi_{\text{eff}} + 1}}} \right| \tag{4.9}$$

式中，d 为 EIT 结构在太赫兹波传输方向上的厚度；λ_0 为电磁波在真空中的波长。根据式(4.9)可以计算出 LMRS 和 MDSRR 两个谐振粒子的透射谱，如图 4.52(b)所示。从图 4.52 中可以看出，计算得到的透射谱能够与仿真的透射谱实现较好的吻合。为了进一步地解释该单频段 EIT 效应的物理机制，应用经典的三能级原子系统来解释辐射模式和亚辐射模式之间的干涉。如图 4.54 所示，|0>是基态，|1>与|2>分别是激发态和亚稳态。当电场方向平行于 y 轴入射时，LMRS 可以被激发产生电偶极子谐振。LMRS 可以被视作明模式谐振器。这里形成一种直接激励路径|0>→|1>。MDSRR 无法直接被入射太赫兹波激发。因此，|0>→|2>是无法形成的，从而 MDSRR 被视作暗模式谐振器。当暗模式谐振器和明模式谐振器组合在一起时，入射波先激发明模式谐振器，暗模式谐振器通过明模式谐振器的近场耦合激发。在这里，形成一种间接激发路径|0>→|1>→|2>→|1>。因此有两条激励路径：直接激励路径|0>→|1>和间接激励路径|0>→|1>→|2>→|1>。由于两条路径之间的破坏性干涉，在明模式共振频率点附近形成 EIT 峰。

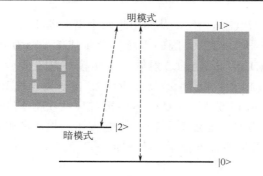

图 4.54　三能级原子系统

如图 4.55(a)所示，在单频段 EIT 效应的结构基础上添加右金属谐振条(right metal resonant bar，RMRS)，并且在 RMRS 下覆盖一条与其宽度相同的石墨烯条(GS)。通过对石墨烯加电，使其化学势增加到 0.7eV，使其拥有金属特性，则 RMRS 和加电石墨烯条的组合等效为一条具有金属特性的右谐振条(right resonant bar，RRS)。从图 4.55(a)可以看出，RRS 可以直接被入射太赫兹波在 1.16THz 处激发产生，RRS 为另一种明模式谐振器。如图 4.55(b)所示，当三种谐振器组合到一个谐振单元结构时，在 0.926THz 和 1.126THz 处形成两个透明窗口，透射率分别是 0.769 和 0.808。引入两个透射峰处的电场分布和表面电流来解释其形成机理，如图 4.56 所示。图 4.56(a)与(c)分别是 0.926THz 透射窗口的电场分布和表面电流图，电场能量主要集中在 LMRS 两端和 MDSRR 缺口处，RRS 上能量微弱，并且从表面电流可以看出，MDSRR 表面电流呈逆时针循环流动。将图 4.56(a)和(c)与图 4.53(b)和(e)中透射峰处的电场强度分布和表面电流进行比较，不难看出 0.926THz 处的透射峰是由 LMRS 和 MDSRR 之间的破坏性干涉相消引起的。这是典型的明暗模式 EIT 效应。图 4.56(b)与(d)分别是 1.126THz 透射窗口的电场分布和表面电流图，RRS 和

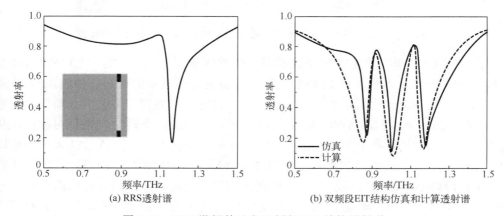

(a) RRS透射谱　　　　　　　　　　(b) 双频段EIT结构仿真和计算透射谱

图 4.55　RRS 谐振单元和双频段 EIT 结构透射谱

LMRS 上激发的表面电流流向相反，从而引起两个谐振器相互耦合。因此，1.126THz 处的透射峰是由 RRS 和 LMRS 之间的近场耦合生成的。因为 RRS 和 LMRS 是两个明模式谐振器，所以 1.126THz 处的透射峰是明明模式 EIT 效应。此外，RRS 由 RMRS 和加电 GS 组成，GS 加电后相当于改变了 RMRS 的长度，使 RMRS 谐振长度增长，此时 LMRS 的对称性遭到破坏，这是破坏结构对称性获得 EIT 效应的常见方法。因此，在 VO$_2$ 处于绝缘态时，通过对石墨烯加电破坏结构对称性，在 RRS、LMRS 和 MDSRR 三个谐振器相互耦合下获得了双频带 EIT 效应。

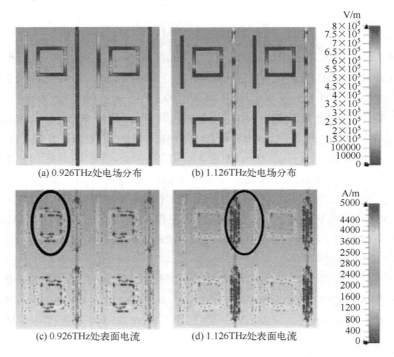

图 4.56　0.926THz 与 1.126THz 两处 EIT 峰电场分布和表面电流图

　　由于对 GS 加电，左右金属条结构对称性遭到破坏，从而激发了 1.126THz 处明明模式 EIT 效应，因此，对 LMRS 长度 l_1 的研究具有重要的意义。如图 4.57(a) 所示，随着 l_1 从 40μm 逐渐增加到 55μm，0.926THz 处透射窗口峰幅度逐渐低。而当 l_1 增加至 60μm 时，LMRS 和 RRS 长度相同都为 60μm，此时结构恢复对称性，从而透射谱中两个透射峰消失，只存在 1.16THz 处的谐振谷。研究 MDSRR 两个缺口的大小对两个 EIT 透射峰的影响，如图 4.57(b) 所示。从图 4.57 中可以看出，随着参数 t 逐渐减小，即开口逐渐增大，暗模式 EIT 峰逐渐消失，只存在由两个不对称谐振器 RRS 和 LMRS 相互耦合产生的明明模式 EIT 峰。由此可见，参数 l_1 对整个器件对称性和双频段 EIT 效应产生起到至关重要的作用。而参数 t 是决定暗模式谐振器 MDSRR 谐振强度的重要指标，随着开口逐渐增大，使得环形表面电流减弱，LC 谐振能力减弱，从而使明暗模式干涉相消的 EIT 峰消失。

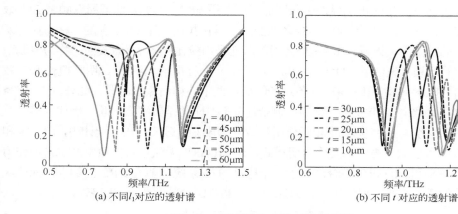

(a) 不同 l_1 对应的透射谱　　　　　　(b) 不同 t 对应的透射谱

图 4.57　不同结构参数下的透射谱

如图 4.58(a) 展示了石墨烯具有不同化学势能时的透射谱。当化学势从 0.9eV 降到 0.3eV 时，在 0.926THz 处透射窗的透射幅度和频率都变化微弱，在 1.126THz 处透射峰透射幅度下降明显，并且频率也发生红移。而当化学势下降到 0.1eV 时，由明明模式激发的透射峰消失，留下暗模式激发产生的透射幅度较弱、品质因子较高的透射峰和谐振点为 1.03THz 处的谐振谷组合而成的透射曲线。从图 4.58 可以看出，当石墨烯化学势从 0.9eV 降到 0.1eV 时，0.926THz 处透射窗口透射率从 0.769 下降到 0.58，1.126THz 处的透射窗口透射率从 0.808 下降到 0.474。因此，可以推断出，随着石墨烯化学势的降低，结构的对称性恢复，使两个 EIT 效应消失。图 4.58(b) 展示了石墨烯具有不同化学势能时的群时延特性。从图 4.58(b) 中可以看出，当石

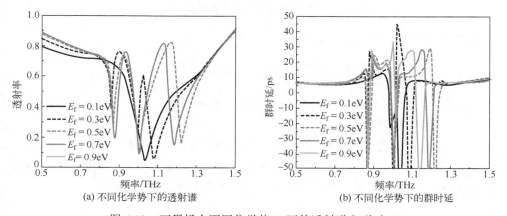

(a) 不同化学势下的透射谱　　　　　　(b) 不同化学势下的群时延

图 4.58　石墨烯在不同化学势 E_f 下的透射谱和群时延

墨烯化学势为 0.3eV 时，在两个透射窗口可以获得最大的正群时延，分别是 26.9ps 和 45.8ps。因此，可以通过调节石墨烯化学势来调整所设计结构的群时延。

为了验证仿真结果的正确性，引入四能级原子系统[56,57]来更好地解释双频带 EIT 效应生成机理，如图 4.59 所示。$|0>\rightarrow|3>$ 之间的跃迁是由拉比频率 Ω_p 激发的，称为探针跃迁，δ_p 对应的是频率失谐量。$|1>\rightarrow|3>$ 之间的跃迁是由拉比频率 Ω_c 激发的，称为控制跃迁，δ_c 对应的是频率失谐量。$|0>$、$|1>$ 和 $|3>$ 组合成一个标准的 $\wedge$-系统。明暗模式 EIT 效应由 $|0>\rightarrow|3>$ 和 $|0>\rightarrow|3>\rightarrow|1>\rightarrow|3>$ 两条路径的破坏性干涉相消激发而成。此外，$|2>\rightarrow|3>$ 的跃迁是由拉比频率 Ω_c 激发的，称为控制跃迁，δ_c 对应的是频率失谐量。因此，第一个明暗模式 EIT 系统与控制状态 $|2>$ 相互作用形成双频段 EIT 效应。在本设计中，LMRS 和 RRS 都可以被入射太赫兹波激发作为明模式，而 MDSRR 无法被直接激发产生谐振作为暗模式。LMRS 和 MDSRR 组合创建了一个标准的 $\wedge$-系统，随着 RRS 的加入，四能级原子系统被创建。因此，得到了 0.926THz 和 1.126THz 处的双频段 EIT 效应。

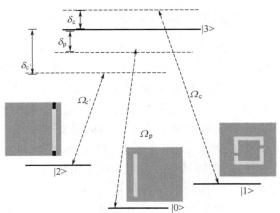

图 4.59　四能级原子系统

四能级原子系统可以被表示为

$$\dot{\rho}_{10} = -[\gamma_{10} - \mathrm{i}(\delta_p - \delta_c)]\rho_{10} + \frac{\mathrm{i}}{2}\Omega_c^*\rho_{30}$$

$$\dot{\rho}_{20} = -[\gamma_{20} - \mathrm{i}(\delta_p - \delta_{c'})]\rho_{10} + \frac{\mathrm{i}}{2}\Omega_{c'}^*\rho_{30} \qquad (4.10)$$

$$\dot{\rho}_{30} = -(\gamma_{30} - \mathrm{i}\delta_p)\rho_{30} + \frac{\mathrm{i}}{2}(\Omega_p + \Omega_c\rho_{10} + \Omega_{c'}\rho_{20})$$

式中，ρ_{i0} $(i=1,2,3)$ 为跃迁中非对角密度矩阵元素 $|i>\rightarrow|0>$ $(|i>=|1>,\ |2>,\ |3>)$；γ_{i0} $(i=1,2,3)$ 为从 $|i>\rightarrow|0>$ 的衰减率。此外，δ_p、δ_c、$\delta_{c'}$ 可以表示为

$$\delta_p = \omega_p - \omega_{30},\ \ \delta_c = \omega_c - \omega_{10},\ \ \delta_{c'} = \omega_{c'} - \omega_{20}$$

式中，ω 为入射角频率。式 (4.10) 可以变为

$$\rho_{10} = \frac{i\Omega_c^* \rho_{30}}{2[\gamma_{10} - i(\delta_p - \delta_c)]}$$

$$\rho_{20} = \frac{i\Omega_{c'}^* \rho_{30}}{2[\gamma_{20} - i(\delta_p - \delta_{c'})]}$$ 　　　　(4.11)

$$\rho_{30} = \frac{i(\Omega_p + \Omega_c \rho_{10} + \Omega_{c'} \rho_{20})}{2(\gamma_{30} - i\delta_p)}$$

然后，可得 ρ_{30} 为

$$\rho_{30} = \frac{-\Omega_p}{2i(\gamma_{30} - i\delta_p) - \dfrac{|\Omega_c|^2}{2(\gamma_{10} + \delta_p - \delta_c) - 2(i\gamma_{20} + \delta_p - \delta_{c'})}}$$ 　　　　(4.12)

式中，$\gamma_{i0}(i=1,2,3)$ 为从 $|i> \rightarrow |0$ 的衰减率。从而，四能级原子系统的透射幅度可以表示为 $t(\omega) = 1 - \mathrm{Im}(\rho_{30})$。

当 VO$_2$ 处于金属态时，设置石墨烯化学势为 0.1eV。顶层超材料等效模型如图 4.51(d) 所示，中间 VO$_2$ 薄膜层拥有金属特性，可以阻碍电磁波的透射。利用该结构可以得到具有双频段吸收效应的超材料器件，如图 4.60 所示。由图 4.60(a) 可以看出，当结构单元中只有金属和 VO$_2$ 组合而成的方形谐振器 (CR) 时，可以被入射太赫兹波 (电场沿 y 轴方向) 激发产生低 Q 值的反射谷，谐振点为 0.505THz；而当结构单元中只有双开口谐振器 (double split resonator, DSR) 时，可以被入射太赫兹波激发产生一个高 Q 值的反射谷，谐振点为 0.618THz。当将两个结构结合到一个结构单元时，可以形成图 4.60(b) 中 0.564THz 处的反射峰，其中反射系数为 0.846。由于介质中间存在厚度为 500nm 的金属态 VO$_2$ 薄膜层，可以抑制太赫兹波透射 (透射率为 T)，所以该谐振器件的吸收率可以通过公式 $A = 1 - R - T = 1 - |S_{11}|^2 - |S_{21}|^2$ 计算得到，其中 $|S_{11}|^2$ 和 $|S_{21}|^2$ 分别是反射率和吸收率，根据该公式得到如图 4.60(c) 所示的双频段吸收谱。从图 4.60(c) 中可以看出，在 0.498THz 和 0.610THz 处形成了两个吸收峰，吸收率分别为 0.953 和 0.985。

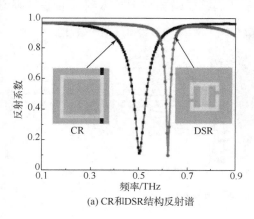

(a) CR和DSR结构反射谱

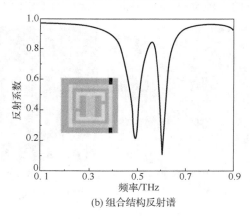

(b) 组合结构反射谱

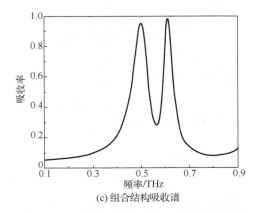

(c) 组合结构吸收谱

图 4.60　CR 和 DSR 结构反射谱与双频吸收结构反射谱和吸收谱

为了更清楚地研究双频带吸收效应的形成机理，图 4.61 给出了工字形谐振器的表面电流、磁场分布和 DSR 在 x-z 方向横截面电流图；图 4.62 显示了 CR 与 CR+DSR 组合结构的表面电流和磁场分布图。从图 4.61(a) 和(b) 可以看出，工字形谐振器的表面电流在左右两个开口环中电流的流动方向是相反的，左端表面电流沿逆时针方向流动，右端表面电流沿顺时针方向流动，并且其磁场能量也聚集于左右开口环两臂。这导致了磁偶极矩的形成，左开口环与右开口环在 x-z 方向的横截面电流分别沿着谐振器表面流入和流出，形成一种环形极矩。磁偶极矩的最终形成导致了磁环偶极子谐振被激发，如图 4.61(c) 所示。因此，图 4.60(a) 中 0.618THz 处的反射谷是由工字形谐振器左右两个开口环激发的磁环偶极子谐振激发而成的。如图 4.62(a) 与(c) 所示，当谐振器中只有外围方形环时，表面电流沿着左右两臂从下向上流动，同时磁场能量也集中于方形环左右两臂，形成了标准电偶极子谐振。因此，图 4.60(a) 中 0.505THz 处的反射谷是由 CR 形成的电偶极子谐振得到的。如图 4.62(b) 与(d) 所示，将 DSR 与 CR 相结合，CR 表面电流流动方向发生改变，由单独存在时的从下向上流动变为从上向下流动，而 DSR 的磁环偶极子谐振依旧被入射太赫兹波强激

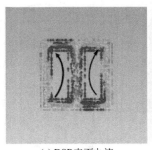
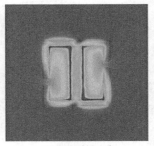
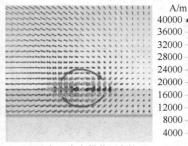

(a) DSR表面电流　　　　　(b) DSR磁场分布　　　　(c) DSR在x-z方向横截面电流图

图 4.61　DSR 电流和磁场分布图

发。因此，0.564THz 处反射峰是由方形环谐振器形成的电偶极子和工字形谐振器的磁环偶极子的相互耦合激发而成的。同样，由于吸收率 A 是由反射率 R 和透射率 T 计算得到的，透射率 T 在本系统中影响不大，所以 0.498THz 和 0.610THz 处形成的两个吸收峰，与 0.505THz 和 0.618THz 处形成的反射谷机理相同。

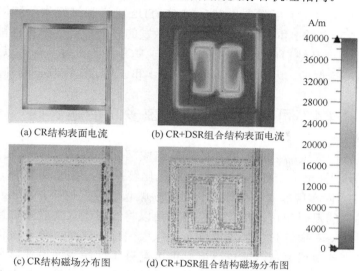

(a) CR结构表面电流　　　　(b) CR+DSR组合结构表面电流

(c) CR结构磁场分布图　　　　(d) CR+DSR组合结构磁场分布图

图 4.62　CR 和 CR+DSR 组合结构的表面电流和磁场分布图

为了研究本超材料结构器件单个参数变化对整个器件性能的影响，在其他优化参数不变的前提下，分别将参数 t 和 s 对器件的影响进行分析。从图 4.63（a）中可以看出，0.498THz 吸收峰的吸收率和频率基本不变，这是由于 CR 的尺寸参数未发生变化，所以激发生成的电偶极子谐振强度不会发生变化，而随着参数 t 逐渐减小，

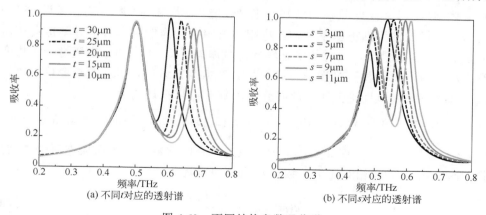

(a) 不同t对应的透射谱　　　　　　(b) 不同s对应的透射谱

图 4.63　不同结构参数吸收谱

DSR 左右两个开口环的缺口逐渐增大，DSR 左右两个开口环两端反向表面电流强度会逐渐减弱，形成的环偶极子谐振减弱，吸收峰吸收率逐渐降低并伴随着蓝移，由 0.610THz 处的 0.985 下降到 0.698THz 处的 0.909。从图 4.63（b）中可以看出，随着参数 s 逐渐降低，垂向 VO$_2$ 条宽度降低，两个谐振器的相互耦合强度减弱，0.498THz 处吸收峰吸收率由 0.953 下降到 0.806，0.610THz 处谐振峰发生蓝移但吸收率几乎不变。因此，改变参数 t 和 s 都是调整 DSR 激发的环偶极子的谐振性能，通过增大 DSR 左右两个开口环缺口的大小或者减小垂向 VO$_2$ 条的宽度，都可以对 0.610THz 处吸收峰频率进行调控。因此，可以调整参数 t 和 s 灵活地控制吸收峰的吸收频段。

4.4　可极化转换太赫兹多功能超表面

极化转换器作为太赫兹功能器件的重要组成部分，一直是科研人员的研究热点。2019 年，Li 等[58]提出了一种基于 VO$_2$ 的线极化转换器，通过改变 VO$_2$ 电导率，可以在 1～1.6THz 内实现非对称传输和极化转换幅值调控。同年，Wang 等[59]提出了一种基于石墨烯的反射型可调极化转换器，可以将线极化太赫兹波转换为圆极化太赫兹波，通过改变石墨烯化学势能实现工作频段偏移。然而，单一极化性能调控已逐渐无法满足现代集成系统的需求，多功能太赫兹集成超表面设计显得尤为迫切。因此，本章中提出了三款可极化转换太赫兹多功能超表面。第一款太赫兹超表面可以实现透射式极化转换和滤波功能。第二款太赫兹超表面可以实现透视式极化转换和吸收功能。第三款太赫兹超表面可以实现反射式半波片和 1/4 波片功能。这三款太赫兹超表面随着 VO$_2$ 相态改变均可以在不同功能之间切换。

VO$_2$ 是一种典型的相变材料，可以在外加激励（光激励[60]、热激励[61]、电激励[62]等）作用下经历半导体至金属的状态转变。当温度为室温时 VO$_2$ 为绝缘态，内部呈单斜晶体结构，具有高电阻率和良好的绝缘性能。随着温度不断升高且接近 68℃时，VO$_2$ 内部晶格扭曲为四方晶系结构，电阻由高阻态变为低阻态且电导率也会在短时间内增加 4～5 数量级，此时其状态转变为金属态[63]。由于 VO$_2$ 相变为一阶相变，具有迟滞效应，所以相变过程是可逆的[64]。在太赫兹频段，VO$_2$ 的相变特性可以由 Bruggeman 有效介质理论描述。此时介电函数 ε_C 可以描述为[65]

$$\varepsilon_C = \frac{1}{4}\left\{\varepsilon_D(2-3f) + \varepsilon_M(3f-1) + \sqrt{[\varepsilon_D(2-3f) + \varepsilon_M(3f-1)]^2 + 8\varepsilon_D\varepsilon_M}\right\} \quad (4.13)$$

式中，f 为金属区所占体积分数；ε_D 为绝缘态时介电常数；ε_M 为金属态时介电常数。根据 Drude 模型 VO$_2$ 相对介电常数 ε_M 根据可以描述为[66]

$$\varepsilon(\omega) = \varepsilon_\infty - \frac{\omega_p^2(\sigma)}{\omega^2 + i\gamma\omega} \quad (4.14)$$

式中，$\varepsilon_\infty = 12$ 为 VO_2 高频率下极限相对介电常数；$\gamma = 5.75 \times 10^{13}$ rad/s 为碰撞频率；$\omega_p(\sigma)$ 为电导率相关的等离子体频率，可以近似表示为

$$\omega_p = \sqrt{Ne^2/(\varepsilon_0 m^*)} \tag{4.15}$$

其值取决于介质内部载流子浓度 N、有效质量 m^* 及真空介电常数 ε_0，载流子浓度 $N = 1.3 \times 10^{22}$ cm^{-3}，有效质量 $m^* = 2m_e$，m_e 为电子质量。此外，金属区所占体积分数 f 与温度 T 之间的关系可以用玻尔兹曼函数来描述：

$$f(T) = f_{max}\left(1 - \frac{1}{1 + \exp[(T - T_0)/\Delta T]}\right) \tag{4.16}$$

式中，升温相变临界温度 $T_0 = 68℃$，降温相变临界温度 $T_0 = 66℃$，过渡温度 $\Delta T = 2℃$，f_{max} 为最大体积分数。结合式(4.13)～式(4.16)，并根据材料介电函数与电导率的关系 $\sigma = -i\varepsilon_0\omega(\varepsilon_c - 1)$[67]可以计算得到温度与 VO_2 的电导率关系。所以，通过控制温度促使 VO_2 相变即可实现太赫兹超表面的功能切换。

4.4.1　极化转换与滤波双功能太赫兹超表面

本节提出的太赫兹超表面具有极化转换和滤波功能。图 4.64 为双功能太赫兹超表面结构三维图，它由介质-金属超表面-介质-金属超表面-介质组成[68]。介质层材料为聚酰亚胺，顶层和底层的厚度 $h = 10\mu m$，中间间隔层的厚度 $d = 20\mu m$。金属环材

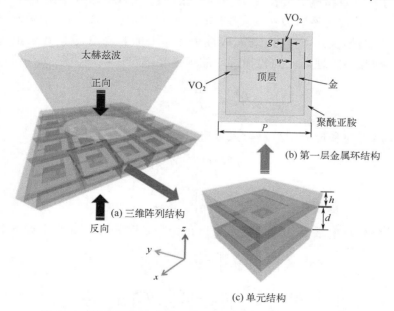

图 4.64　极化转换与滤波双功能太赫兹超表面结构示意图

料为金，电导率 $\sigma=4.56\times10^7\mathrm{S/m}$。第一层金属环的上臂和左臂各有一个开口，开口处嵌入 VO_2。第二层金属环由第一层金属环镜像后再旋转 90° 得到。金属开口环优化后单元周期 $P=56\mu\mathrm{m}$，线宽 $w=10\mu\mathrm{m}$，开口间隙 $g=5\mu\mathrm{m}$，厚度为 0.5μm。利用 CST 软件中的有限差分频域方法进行仿真计算，沿 x 方向和 y 方向采用周期边界条件，沿 z 方向采用开放边界条件。

为了更好地理解所设计结构对线性极化波的非对称传输效果，假设所设计超表面结构位于 x-y 平面上，则 z 轴正上方向太赫兹波入射和透射电场可以表示为

$$E_i(r,t)=\begin{pmatrix}I_x\\I_y\end{pmatrix}\mathrm{e}^{\mathrm{i}(kz-\omega t)} \tag{4.17}$$

$$E_t(r,t)=\begin{pmatrix}T_x\\T_y\end{pmatrix}\mathrm{e}^{\mathrm{i}(kz-\omega t)} \tag{4.18}$$

式中，ω 为太赫兹波的频率；k 为波矢量；I_x 与 I_y 为入射波在 x 方向和 y 方向的复振幅；T_x 与 T_y 为透射波在 x 方向和 y 方向的复振幅。对于线性极化波，入射波和透射波的复振幅之间关系可以用琼斯矩阵描述[69,70]：

$$\begin{pmatrix}T_x\\T_y\end{pmatrix}=\begin{pmatrix}T_{xx}&T_{xy}\\T_{yx}&T_{yy}\end{pmatrix}\begin{pmatrix}I_x\\I_y\end{pmatrix}=T_{\mathrm{lin}}^{\mathrm{F}}\begin{pmatrix}I_x\\I_y\end{pmatrix} \tag{4.19}$$

式中，T_{xx} 为入射波和透射波在 x 方向的偏振；T_{yy} 为入射波和透射波在 y 方向的偏振；T_{xy} 表示入射波与透射波在 x 方向和 y 方向的偏振；T_{yx} 为入射波和透射波在 y 方向和 x 方向的偏振。下标 lin 表示线性极化，上标 F 与 B 分别代表正向入射与反向入射。根据互易定理，反向传播方向的琼斯矩阵可以描述为

$$T_{\mathrm{lin}}^{\mathrm{B}}=\begin{pmatrix}T_{xx}&-T_{yx}\\-T_{xy}&T_{yy}\end{pmatrix} \tag{4.20}$$

则 x 偏振波沿正向和反向的总透射系数可以写为

$$T^{\mathrm{F}}=\left|T_{xx}^{\mathrm{F}}\right|^2+\left|T_{yx}^{\mathrm{F}}\right|^2 \tag{4.21}$$

$$T^{\mathrm{B}}=\left|T_{xx}^{\mathrm{B}}\right|^2+\left|T_{yx}^{\mathrm{B}}\right|^2 \tag{4.22}$$

那么，线性极化波的非对称传输系数可以由琼斯矩阵推导，并获得如下关系：

$$\Delta X=\left|T_{xx}^{\mathrm{F}}\right|^2+\left|T_{yx}^{\mathrm{F}}\right|^2-\left|T_{xx}^{\mathrm{B}}\right|^2-\left|T_{yx}^{\mathrm{B}}\right|^2=T^{\mathrm{F}}-T^{\mathrm{B}} \tag{4.23}$$

$$\Delta Y=\left|T_{yy}^{\mathrm{F}}\right|^2+\left|T_{yx}^{\mathrm{F}}\right|^2-\left|T_{yy}^{\mathrm{B}}\right|^2-\left|T_{yx}^{\mathrm{B}}\right|^2=-\Delta X \tag{4.24}$$

1. 透射式极化转换

图 4.65 表示当入射波分别从正向 (+z) 和反向 (−z) 入射到所设计超表面结构时的各个透射系数。由图 4.65 可以看出，t_{yx} 在两个频率范围内保持着较高的传输值，在 0.76～1.25THz 内，t_{yx} 比 t_{xy} 高，且在 0.89THz 和 1.13THz 处达到了传输最大值，分别为 0.755 与 0.862。2.22～2.44THz 内，t_{yx} 值大于 0.8，其中 2.26THz 处达到了最大值 0.85，而此时 t_{xy} 则一直保持在 0.1 以下。由于结构的旋转对称性，图 4.65 (a) 与 (b) 比较得，t_{xx} 和 t_{yy} 在整个频率范围内是相等的，并且基于对等定理 (互易定理)，交叉极化系数 t_{xy} 与 t_{yx} 彼此交换。

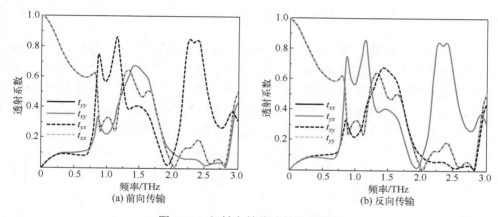

图 4.65　入射太赫兹波的透射系数

利用公式可以计算得到 x 极化波与 y 极化波前向传播时的透射系数和非对称传输系数。由图 4.66 (a) 可以看出，x 极化波在 1.16THz 处最大透射系数为 0.826，并且在 2.22～2.45THz 内保持着较高的透射系数。相比较之下，y 极化波在 2.22～2.45THz 频带范围内的透射率小于 0.04，这表明在此频段范围 x 极化波可以实现良

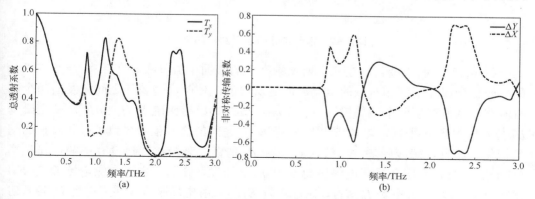

图 4.66　总透射系数与非对称传输系数

好的极化转换效果。图 4.66(b) 表示在前向传输时该结构在两个太赫兹频段内只允许入射波从 x 极化波到 y 极化波的极化转换，最大传输系数达到了 0.72。ΔX 与 ΔY 完全相反，说明反向传输时与正向入射时结果相反，即太赫兹波从反向入射时，该结构在两个频段上只允许入射波从 y 极化波到 x 极化波的极化转换，这表明该结构具有良好的非对称传输性能。

为了更好地解释线性极化转换的性能，引用透射式极化转换率公式进行分析：

$$\mathrm{PCR}_x = \left|T_{yx}\right|^2 \Big/ \left(\left|T_{yx}\right|^2 + \left|T_{xx}\right|^2\right) \tag{4.25}$$

$$\mathrm{PCR}_y = \left|T_{xy}\right|^2 \Big/ \left(\left|T_{xy}\right|^2 + \left|T_{yy}\right|^2\right) \tag{4.26}$$

图 4.67 表示 x 极化波与 y 极化波分别从入射端和出射端两个方向入射时所设计结构的极化转换曲线，PCR_x 和 PCR_y 分别代表 x 极化波采用正向入射的极化转换率与 y 极化波采用反向入射的极化转换率。从图 4.67 中可以看到，在 0.75～1.32THz 内，PCR 分别在 0.89THz 和 1.13THz 处达到了 89.2% 和 92.1%。而在 2.01～2.86THz 内，PCR 一直大于 93%，结果证明了该结构具有良好的非对称传输性能。

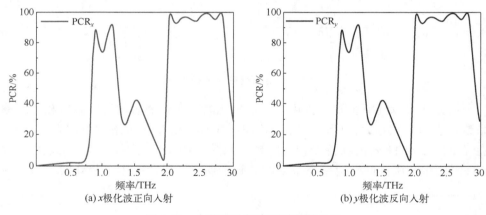

(a) x 极化波正向入射　　　　　　　(b) y 极化波反向入射

图 4.67　本节设计超表面结构的 PCR

图 4.68 为两个金属层在三个谐振频率下的表面电流分布。在频率 $f = 0.87\mathrm{THz}$ 处，两层金属环下侧和右侧的电流流向是反向的，使两层金属环之间激发出两个电流回路，从而产生两个磁偶极矩 m_1 和 m_2，最终形成感应磁场 H_1 和 H_2。感应磁场 H_1 与入射电场 E 平行，电场 E 和感应磁场 H_1 之间的交叉耦合导致了极化转换的交叉极化。相反，感应磁场 H_2 与入射电场 E 垂直，对极化转换没有影响。在频率 $f = 1.15\mathrm{THz}$ 处，两层金属环电偶极矩 p_1 和 p_2 被激发，分别产生了感应电场 E_1 与 E_2，感应电场 E_1 与入射电场 E 垂直，感应电场 E_2 与入射电场平行。感应电场 E_1 与入射电场 E 交叉耦合导致了极化转换，E 与感应电场 E_2 之间则没有交叉耦合。而在频率

$f = 2.3\text{THz}$ 处，磁偶极矩与电偶极矩同时被激发，极化转换受到了感应磁场与感应电场两者的影响。感应磁场 H_1 与入射电场 E 平行，感应电场 E_2 与入射电场垂直，共同作用产生极化转换。

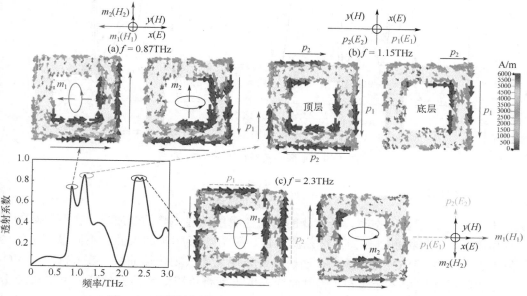

图 4.68　不同频率的双层金属环的电流分布图(见彩图)

为了分析不同结构参数对该结构 PCR 的影响，选取了所设计结构的周期 P、金属环线宽 w 和开口间隙 g 三个参数进行讨论。由图 4.69(a) 可以看出单元周期 P 对 PCR 值的影响不大，随着单元边长的增加，PCR 的频率范围会发生一定的红移。由图 4.69(b) 可知，随着 w 的增大，PCR 带宽会变宽，当 $w=12\mu\text{m}$ 时，PCR 在 2.36～2.76THz 内小于 90%，影响了极化转换性能。由图 4.69(c) 可知，开口间隙 g 对 PCR 的值影响较大，随着 g 的增加，器件的 PCR 值逐渐下降。

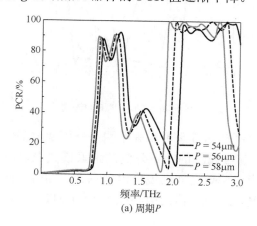

(a) 周期 P

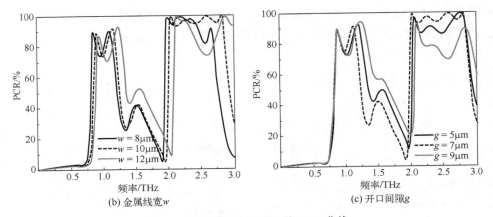

(b) 金属线宽w　　　　　　　　　　　(c) 开口间隙g

图 4.69　不同参数结构下的 PCR 曲线

2. 宽带带阻滤波

当 VO_2 处于金属态时，所设计的结构变成了两层完整的金属环，在两层环的耦合作用下，该结构可以作为太赫兹滤波器。图 4.70 展示了超表面在不同温度下的透射系数。室温下 VO_2 为绝缘态，透射曲线表现为不规则传输曲线。在 68℃下，VO_2 迅速由绝缘态转变为金属态，透射曲线表现出宽带带阻滤波器的性能。由图 4.70 分析可知，该滤波器的下降沿斜率为 73.5dB/THz，上升沿斜率为 56.6dB/THz，阻带带宽为 1.73THz(阻带下降−3dB)。在 1.5THz 时，阻带的最小传输值仅为 0.01。

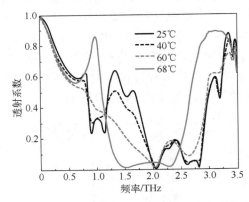

图 4.70　超平面在不同温度下的透射系数

下面通过研究双层金属环的近场电场分布图来分析滤波器性能(图 4.71)。在频率 $f = 1$THz 处，两个相邻金属环的上下外侧的谐振模式表现出强耦合，而在频率 $f = 3$THz 处，金属环的上下两臂之间表现出内向耦合，同时环的四角也产生了一定谐振耦合。值得注意的是，在滤波器的中心频率 $f = 1.9$THz 处，金属环的谐振模式表现为上述两种模式的杂化形式，即相邻金属环的外向耦合和金属环两臂之间的内向耦合及四角耦合的结合。由于复合的耦合模式，增强的电场增加了微结构的损耗，表现出了阻带内的强吸收。所以设计的超表面结构在68℃时，表现为太赫兹带阻滤波器。当温度从25℃变化到68℃时，设计的超表面结构实现了从太赫兹极化转换器到带阻滤波器的性能转变，这将提高未来安全系统的通道比率。

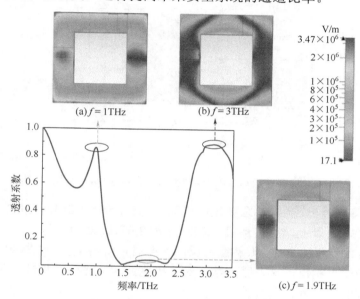

图 4.71 不同频率下的近场电场分布图

4.4.2 极化转换与吸收双功能太赫兹超表面

本节提出极化转换与吸收双功能太赫兹超表面，其结构依次为顶层金属微结构、上介质层（SiO_2）、中间层（VO_2）、下介质层（SiO_2）和底层金属微结构，如图 4.72 所示[71]。金属微结构材料为铜，电导率 $\sigma = 5.8 \times 10^7 S/m$，在金属缺口环内部嵌入光敏硅；介质层为二氧化硅，介电常数 $\varepsilon = 3.75$。使用 CST 软件优化计算得到的结构参数为单元周期 $P = 58\mu m$，金属环边长 $a = 48\mu m$，金属线宽 $w = 12\mu m$，开口间隙 $g = 8\mu m$，金属微结构厚度为 $0.5\mu m$，介质层厚度为 $4.5\mu m$，VO_2 厚度为 $1\mu m$。底层金属微结构由顶层结构顺时针旋转 90° 得到。边界设置：沿 x 方向和 y 方向采用周期边界条件，沿 z 方向采用开放边界条件。

1. 可调透射式极化转换

当 VO_2 层为绝缘态时，电导率为 $0S/m$，本节设计的超表面表现为透射式极化转换器。图 4.73 为太赫兹波分别从正向（+z）和反向（-z）入射到超表面时的透射系数。

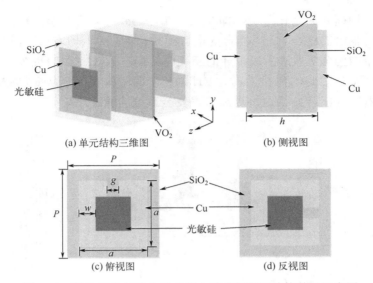

图 4.72 极化转换与吸收双功能太赫兹超表面结构单元示意图

从图 4.73(a) 可以看出，当太赫兹波正向传输时，在 1.58～1.85THz 和 2.49～2.85THz 内 t_{yx} 均保持在 0.6 以上，并且 t_{yx} 在 1.77THz 和 2.6THz 处均达到 0.87。相反 t_{xy} 在整个频带范围内均小于 0.1。当太赫兹沿反向入射时，t_{xy} 与 t_{yx} 传输曲线刚好与太赫兹波正向入射的结果相反，这表明该结构对 x 极化波和 y 极化波均能产生极化转换效果且具有良好的非对称传输效果。

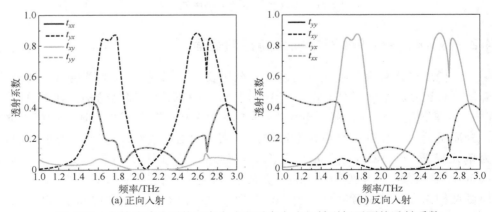

图 4.73 太赫兹波分别从正向 (+z) 和反向 (−z) 入射到超平面的透射系数

进一步分析得到 x 极化波正向入射与 y 极化波反向入射到所设计超平面的非对称传输系数曲线(图 4.74)。可见当入射太赫兹波正向传输时，非对称传输系数曲线在两个频带范围内保持较高的透射系数，并且在 1.77THz 和 2.6THz 两个频点处透射系数达到了 0.76，表明在两个频带范围内只允许 x 极化波到 y 极化波的极化转换。

当入射太赫兹波反向传输时，ΔY 与 ΔX 曲线正好相反，表明在两个频带范围内允许 y 极化波到 x 极化波的极化转换。

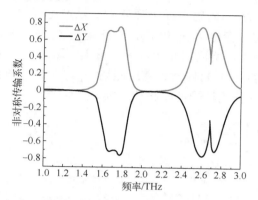

图 4.74　x 极化波正向入射与 y 极化波反向入射到所设计超表面的非对称传输系数曲线

图 4.75 为本节设计超表面的 PCR 曲线。从图 4.75 中可以看出，当入射太赫兹波正向传输时，1.64～1.91THz 和 2.35～2.75THz 两个频带内 PCR 大于 90%，表明透射波主要由交叉极化波组成，x 极化波完全转化为 y 极化波。当入射太赫兹波反向传输时，y 极化波 PCR 与 x 极化波 PCR 曲线完全一致，符合非对称传输原理。

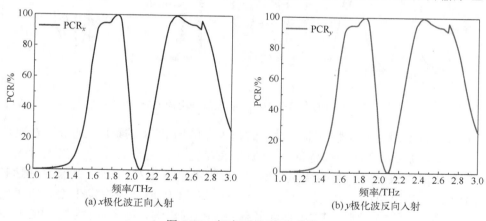

(a) x 极化波正向入射　　　　　　　　　　(b) y 极化波反向入射

图 4.75　超表面的 PCR 曲线

为了分析本节设计的超表面实现极化转换的效果，图 4.76 给出了入射太赫兹波正向传输时，超表面在 1.7THz、2.6THz 和 2.74THz 三个频点处超表面结构顶部与底部金属环的电流分布。在 $f = 1.7\text{THz}$ 时，两层金属环的左侧与底部电流反向，顶层与底层金属环之间激发出两个电流回路，从而产生两个磁偶极矩 m_1 和 m_2，最终形成感应磁场 H_1 和 H_2。感应磁场 H_1 与入射电场 E 平行，入射电场 E 与感应磁场 H_1 之间交叉耦合产生了该频点极化转换。同时在底层金属环的电偶极矩 p_1 也被激发，产生感应电场 E_1。由于入射电场 E 与感应电场 E_1 平行，无法导致交叉耦合，对极化转换没有影响。当 $f = 2.6\text{THz}$ 时，双层金属环底部反向电流诱导产生磁偶极矩 m_1，形成感应电场 H_1 与入射电场 E 垂直，无法产生极化转换现象。同时，电偶极矩 p_1 与 p_2 激发产生感应电场 E_1 和 E_2，感应电场 E_1 与入射电场 E 平行，感应电场 E_2 与入射电场 E 垂直，所以在此频点下，感应电场 E_2 与入射电场 E 的交叉耦合产生了极化转化。当 $f = 2.74\text{THz}$ 时，感应磁场 H_1 与入射电场 E 平行，感应电场 E_2 与入射电场垂直，共同作用诱导产生极化转换。

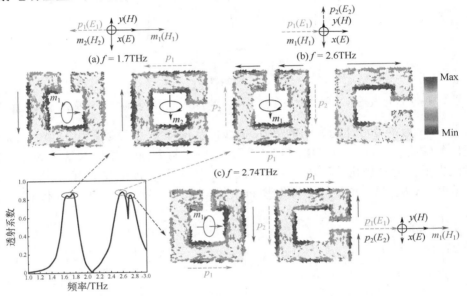

图 4.76　不同工作频率下的双层金属环电流分布（见彩图）

分析比较不同结构参数对本节设计的超表面结构 PCR 的影响，选取了金属环边长 a，开口间隙 g，金属环线宽 w 与介质基底厚度 h 作为研究变量。当入射太赫兹波正向传输时，改变不同参数变量下的 PCR 曲线如图 4.77 所示。当金属环边长 a 逐渐增大时，PCR 的工作频段整体发生红移，但 PCR 峰值没有发生太大的变化；当开口间隙 g 发生变化时，PCR 曲线整体没有受到影响，随着间隙扩大 PCR 在第二段频段内会发生轻微的凹陷；当金属环线宽 w 逐渐增加时，第一段高于 90%PCR 的工作带宽逐渐减小，而对于第二段高于 90%PCR 的工作带宽，$w = 12\mu\text{m}$ 和 $14\mu\text{m}$ 时的工作带宽趋于一致，明显大于 $w = 10\mu\text{m}$ 的工作带宽，相比较可知 $w = 12\mu\text{m}$ 时极化转换性能达到最优；当介质基底厚度 h 从 $6\mu\text{m}$ 变化到 $14\mu\text{m}$ 时，PCR 的峰值带宽均逐渐减小，当 $h = 6\mu\text{m}$ 时，PCR 在两个工作带宽内均产生了谐振谷，数值低于 80%，影响了极化转换性能，综合比较可以看出 $h = 10\mu\text{m}$ 时最符合极化转换的需求。因此，对结构参数进行合理的调整可以获得良好的极化转换效果。

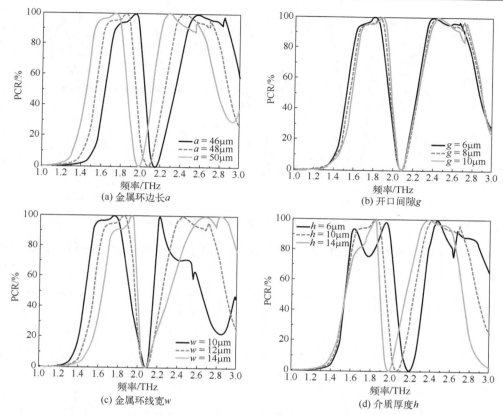

图 4.77　入射太赫兹波正向传输时，改变不同参数变量下的 PCR 曲线

此外，研究分析改变光敏硅电导率实现本节设计超表面极化转换的动态调控。图 4.78 为 PCR 和非对称传输系数随光敏硅电导率变化的关系曲线。当泵浦光使超表面中的光敏硅电导率从 1S/m 增加至 50000S/m 时，本节设计超表面的 PCR 逐渐受到抑制，第一个频段内其峰值大小从 100%降到 20%，第二个频段内当光敏硅电导率变为 50000S/m 时 PCR 趋于 0；此时非对称传输系数绝对值随光敏硅电导率增加从 0.76 减少至 0，表明通过调控光敏硅电导率可以实现本节设计超表面结构的非对称传输控制。

2. 双向吸收

接下来讨论超表面的其他参数保持不变，VO₂ 变为金属态时（电导率由 0S/m 变化至 200000S/m），本节设计超表面结构成为一个双向太赫兹吸收器，可以对正反两个方向的入射太赫兹波实现高效率吸收。图 4.79 表示当无外加泵浦激光辐照下（σ_{Si} = 0S/m），TE 和 TM 偏振太赫兹波沿正反两个方向入射时产生的吸收曲线。太赫兹波正向入射时，TE 和 TM 偏振太赫兹波在 1.23THz 和 1.86THz 处吸收率分别

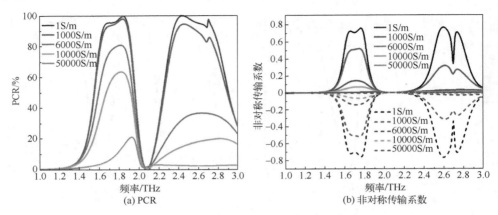

(a) PCR

(b) 非对称传输系数

图 4.78　光敏硅电导率对极化转换性能影响(见彩图)

为 0.95 与 0.98。太赫兹波反向入射时，TE 和 TM 偏振波在 1.86THz 与 1.23THz 处吸收率分别为 0.98 和 0.95。

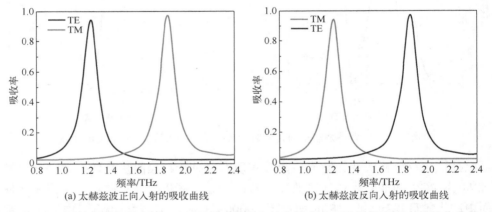

(a) 太赫兹波正向入射的吸收曲线

(b) 太赫兹波反向入射的吸收曲线

图 4.79　无外加激光辐照时，TE 和 TM 偏振太赫兹波在本节设计超表面中的吸收曲线

图 4.80 给出了本节设计超表面结构在光敏硅电导率 $\sigma_{Si} = 0S/m$ 时，金属缺陷环和 VO$_2$ 层在各吸收峰频率处的电场分布。由图 4.80(a)可以看出，当 $f = 1.23THz$ 时，TE 太赫兹偏振波正向入射下金属环上下侧累积了一对正负感应电荷，形成电偶共振。同时，中间的 VO$_2$ 层也累积了一对正负感应电荷，其电荷分布流向与金属环相反，两层之间的强耦合产生了磁偶共振，消耗了电磁能，诱导 1.23THz 处形成了吸收峰。图 4.80(c)为 TM 太赫兹偏振波反向入射时 $f = 1.23THz$ 处的电场分布，比较可知其电场分布与图 4.80(a)类似。而在图 4.80(b)中，当 $f = 1.86THz$ 时，在 TM 太赫兹偏振波正向入射下可以观察到，金属缺陷环和 VO$_2$ 层上均产生了两对正负感应电荷，诱导形成电四极。它们之间彼此反相，从而产生了二次谐波磁共振。图 4.80(d)为 TE 偏

振波反向入射时 $f=1.86$THz 处的电场分布，所示结果与图 4.80(b) 中电场分布类似，所以 1.86THz 处的吸收峰是由高阶电磁共振作用产生的(电四极和二阶谐波磁共振)。

1.23THz　　　　　　1.86THz

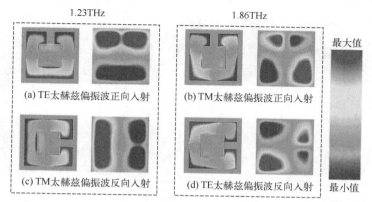

图 4.80　当 $\sigma_{Si}=0$S/m 时，金属缺陷环和 VO_2 层的电场分布图

　　图 4.81 为本节设计超表面结构在 TE 和 TM 偏振太赫兹波正向入射下，改变光敏硅电导率前后电场分布对比。图 4.81(a) 为光敏硅电导率 $\sigma_{Si}=0$S/m 和 500000S/m 时 TE 太赫兹偏振波正向入射的超表面电场分布。可以发现 $\sigma_{Si}=0$S/m 时 $f=1.23$THz 的电场分布与 $\sigma_{Si}=500000$S/m 时 $f=1.42$THz 的电场情况分布类似，说明光敏硅电导率增加促使吸收峰发生蓝移，$f=1.23$THz 和 $f=1.42$THz 时的吸收峰均是由相同的电磁共振诱导产生的。图 4.81(b) 为光敏硅电导率 $\sigma_{Si}=0$S/m 和 500000S/m 时 TM 太赫兹偏振波正向入射的超表面电场分布。与 $\sigma_{Si}=0$S/m 时 $f=1.86$THz 处的电场分布相比，$\sigma_{Si}=500000$S/m 时 $f=2.09$THz 处的电场能量减弱，证明此状态下吸收性能受到抑制，吸收峰值下降。值得注意的是，在 $f=1.28$THz 处产生了一个新的吸收峰，这是由于光敏硅电导率的增加，金属环左右两电荷形成导通状态，新的电磁共振模式导致了此频点下的吸收现象。

　　图 4.82 研究了入射角对超表面吸收的影响。当 $\sigma_{Si}=0$S/m 时，TE 太赫兹偏振波入射角从 0° 变化到 40°，$f=1.23$THz 处太赫兹波吸收率保持大于 0.9，如图 4.82(a) 所示。随着入射角从 40° 继续增加，吸收幅度下降明显。这是由于沿 y 轴方向的磁场分量持续减弱，在角达到一定值时无法有效地激发磁共振。当 $\sigma_{Si}=0$S/m 时，TM 偏振太赫兹波入射角从 0° 变化到 80°，$f=1.86$THz 处太赫兹波吸收率大于 0.8，同时吸收峰发生轻微的蓝移，如图 4.82(b) 所示。这是因为在不同角度下沿 y 轴方向的磁场分量没有改变，导致 TM 偏振太赫兹波入射下其吸收率几乎不受影响。同样地，当 $\sigma_{Si}=500000$S/m 时，TE 偏振太赫兹波入射角从 0° 变化到 50°，$f=1.42$THz 处太赫兹吸收率大于 0.9，如图 4.82(c) 所示。图 4.82(d) 为 $\sigma_{Si}=500000$S/m 时 TM 偏振太赫兹波吸收率变化。当入射角从 0° 变化到 80°，$f=1.28$THz 处太赫兹吸收率大于 0.8。需要注意的是，在大入射角的情况下高频处吸收峰值提高，这是由斜入射角增

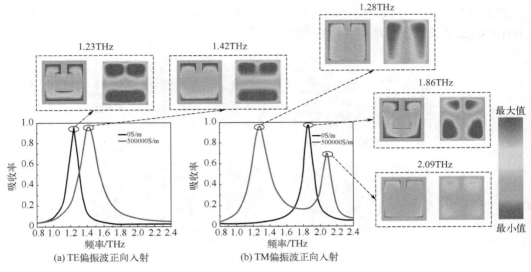

图 4.81　当 $\sigma_{Si} = 0S/m$ 和 $500000S/m$ 时，金属环和 VO_2 层电场分布对比

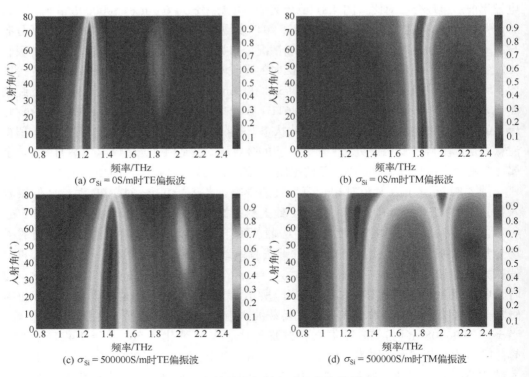

图 4.82　太赫兹波入射角对吸收率的影响

加导致的高阶谐振模式引起的。这说明在较大斜入射角的情况下超表面结构仍然具有良好的吸收性能。

图 4.83(a)和(b)分别为光敏硅电导率 $\sigma_{Si} = 0$ S/m 和 $\sigma_{Si} = 500000$ S/m 时，不同偏振太赫兹波入射下本节设计结构的太赫兹吸收曲线。当 $\sigma_{Si} = 0$ S/m 时，在 $f = 1.86$ THz 处，两种偏振波吸收率存在巨大差异，即当 TM 偏振波入射被完全吸收时，TE 偏振波吸收率为 0，几乎不受影响。当 $\sigma_{Si} = 500000$ S/m 时，TE 和 TM 偏振波的吸收率均小于 0.2，两者的吸收差异很小。基于这一现象，利用偏振吸收差异化特性可以实现近场成像效应。设计 CJLU 图案，两种不同类型的单元超表面结构分别排布在字母方框内外的两块区域，阵列顶层和底层的排布具体情况如图 4.84(a)所示。当 $\sigma_{Si} = 0$ S/m 时，在 TE 和 TM 偏振波入射下，阵列中两块不同区域会产生明显的反射差异。而当 $\sigma_{Si} = 500000$ S/m 时，CJLU 图案会慢慢消失。本节使用偏振波分别从顶层和底层入射到本节设计的超表面结构中，仿真结果如图 4.84(b)～(e)所示。观测频率 $f = 1.86$ THz，观测平面距离超表面 20μm。从图 4.84(b)和(d)可以发现，当

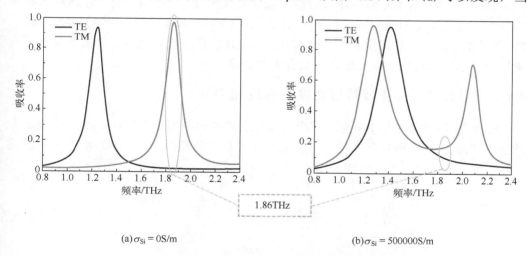

(a) $\sigma_{Si} = 0$ S/m (b) $\sigma_{Si} = 500000$ S/m

图 4.83 不同光敏硅电导率下 TE 和 TM 偏振太赫兹波的吸收率

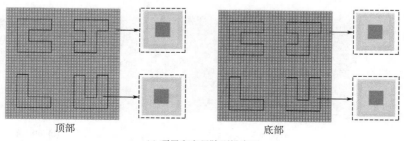

(a) 顶层和底层阵列排布图

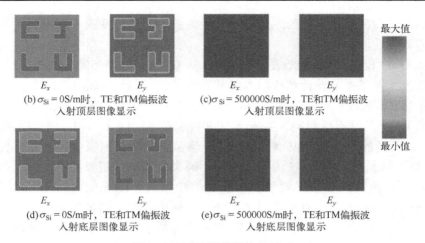

(b) $\sigma_{Si} = 0S/m$时，TE和TM偏振波
入射顶层图像显示

(c) $\sigma_{Si} = 500000S/m$时，TE和TM偏振波
入射顶层图像显示

(d) $\sigma_{Si} = 0S/m$时，TE和TM偏振波
入射底层图像显示

(e) $\sigma_{Si} = 500000S/m$时，TE和TM偏振波
入射底层图像显示

图 4.84   近场图像设计与显示

$\sigma_{Si} = 0S/m$ 时 TE 和 TM 偏振波入射后的顶层图像出现互补状态。而且在同种偏振波入射下，顶层图案和底层图案也互为相反。图 4.84(c) 和 (e) 是 $\sigma_{Si} = 500000S/m$ 时，TE 和 TM 偏振波入射后的情况，很明显此时 CJLU 图案已经消失。结果证明通过改变光敏硅电导率可以实现 CJLU 图案有无的切换。

4.4.3   半波片与 1/4 波片可切换太赫兹超表面

图 4.85 为半波片与 1/4 波片可切换太赫兹超表面结构示意图，其单元结构从上到下依次为工字形 VO_2 微结构、上介质层、双 E 形金属微结构、VO_2 层、下介质层

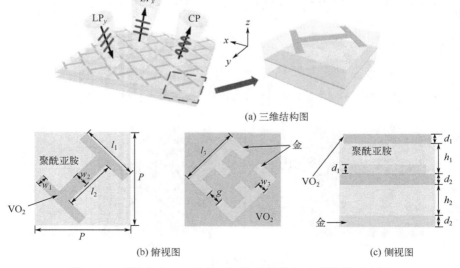

(a) 三维结构图

(b) 俯视图

(c) 侧视图

图 4.85   半波片与 1/4 波片可切换太赫兹超表面结构示意图

和金属层。其中，双 E 形金属微结构嵌入在介质层内部，层积在 VO$_2$ 薄膜上。介质层材料为聚酰亚胺，介电常数 $\varepsilon = 3.5$。双 E 形金属微结构材料为金。所设计单元结构经过参数优化后，工字形 VO$_2$ 微结构具体参数为 $P = 80\mu m$，$l_1 = 52\mu m$，$l_2 = 46\mu m$，$w_1 = 7\mu m$，$w_2 = 12\mu m$；双 E 形金属微结构具体参数为 $l_3 = 50\mu m$，$w_3 = 7\mu m$，$g = 15\mu m$；厚度具体参数为 $d_1 = 0.5\mu m$，$d_2 = 1\mu m$，$h_1 = 16\mu m$，$h_2 = 16\mu m$。所有计算都是使用 CST 软件中的有限差分频域方法进行的。在仿真中，沿 x 方向和 y 方向采用单位边界条件，沿 z 方向采用开放边界条件。

为了能够更好地解释极化转换性能，接下来介绍电磁波的极化形式。电磁波的极化代表了电场强度 E 大小和方向随时间变化的特性，若用电场的运动轨迹来描述电磁波类型，则电磁波可以分为线极化（LP）波、圆极化（CP）波和椭圆极化（elliptical polarization，EP）波。假设电磁波沿 z 方向传输，则电场强度 E 沿 x 方向的分量 E_x 和沿 y 方向的分量 E_y 分别为

$$E_x = E_{xm} \cos(\omega t - kz + \varphi_x) \tag{4.27}$$

$$E_y = E_{ym} \cos(\omega t - kz + \varphi_y) \tag{4.28}$$

式中，k 为相移常量；z 是电磁波传输的距离。为了简化下述公式表达，默认 $z = 0$，$\varphi_x = 0$。定义相位差 $\Delta\varphi = \varphi_x - \varphi_y$。

当 E_x 和 E_y 的相位差 $\Delta\varphi = 0$ 或 $\pm\pi$ 时，合成后电场强度大小为

$$E = \sqrt{E_x{}^2 + E_y{}^2} = \sqrt{E_{xm}{}^2 + E_{ym}{}^2} \cos(\omega t) \tag{4.29}$$

电场 E 与 x 轴的夹角 α 为

$$\alpha = \arctan\left(\frac{E_x}{E_y}\right) = \arctan\left(\frac{E_{xm}}{E_{ym}}\right) = \text{const} \tag{4.30}$$

当相位差 $\Delta\varphi = 0$ 时，α 大于 0；当相位差 $\Delta\varphi = \pm\pi$ 时，α 小于 0。由此可知，电场 E 大小随着时间 t 变化，而与 x 轴的夹角 α 始终为常数，因此电场 E 的运动轨迹为一条直线，此时对应的电磁波极化类型为线极化。

当 E_x 和 E_y 振幅相等且等于 E_m 及相位差 $\Delta\varphi = \pm\pi/2$ 时，E_x 和 E_y 分别为

$$E_x = E_m \cos(\omega t) \tag{4.31}$$

$$E_y = \pm E_m \sin(\omega t) \tag{4.32}$$

合成后电场强度大小为

$$E = \sqrt{E_x{}^2 + E_y{}^2} = E_m = \text{const} \tag{4.33}$$

合成电场强度 E 与 x 轴的夹角 α 为

$$\alpha = \arctan\left(\frac{E_x}{E_y}\right) = \pm\omega t \tag{4.34}$$

由上述公式可以得出，合成电场强度 E 大小为常数，而与 x 轴的夹角 α 随着时间 t 的变化而变化，因此合成电场强度 E 的运动轨迹为一个圆，此时对应的电磁波极化类型为圆极化。当相位差 $\Delta\varphi = \pi/2$ 时，$\alpha = \omega t$，运动方向以角频率 ω 逆时针旋转即电磁波为左圆极化（LCP）波；当相位差 $\Delta\varphi = -\pi/2$ 时，$\alpha = -\omega t$，运动方向以角频率 ω 顺时针旋转即电磁波为右圆极化（RCP）波。

当 E_x 和 E_y 振幅与相位均不相等时，设 $\varphi_y = \varphi$，则 E_x 和 E_y 可以表示为

$$E_x = E_{xm} \cos(\omega t) \tag{4.35}$$

$$E_y = E_{ym} \cos(\omega t + \varphi) \tag{4.36}$$

联立上述公式消去时间变量 t，得到如下方程：

$$\left(\frac{E_x}{E_{xm}}\right)^2 + \left(\frac{E_y}{E_{ym}}\right)^2 - 2\frac{E_x}{E_{xm}}\frac{E_y}{E_{ym}}\cos\varphi = \sin^2\varphi \tag{4.37}$$

式（4.37）为椭圆方程，说明合成电场强度 E 运动轨迹为一个椭圆，此时对应的电磁波极化类型为椭圆极化。其左右旋转方向判断与圆极化一致，根据角速度的正负，分为左旋椭圆极化和右旋椭圆极化。

1. 宽带半波片

当 VO$_2$ 为绝缘态（电导率 $\sigma = 0\text{S/m}$）时，工字形 VO$_2$ 微结构和 VO$_2$ 层均可看作介质。此时只有双 E 形金属微结构及下介质层和金属板组成的结构与入射太赫兹波相互作用，实现了半波片功能（将输入的 y 极化太赫兹波转化为输出的 x 极化太赫兹波）。为了描述半波片功能，引入 PCR 公式：

$$\text{PCR} = \frac{R_{xy}^2}{R_{xy}^2 + R_{yy}^2} \tag{4.38}$$

式中，R_{xy} 为交叉极化反射系数；R_{yy} 为共极化反射系数。图 4.86 展示了 VO$_2$ 为绝缘态时半波片的反射系数和极化转换率。图 4.86（a）显示在 0.79～1.85THz 内，交叉极化反射系数 R_{xy} 大于 0.9，而共极化反射系数 R_{yy} 低于 0.3，说明此频段内入射 y 极化太赫兹波基本都转化为 x 极化太赫兹波。从图 4.86（b）也可以看出 PCR 在 0.79～1.82THz 内大于 90%，展示出良好的线性极化转换性能。

为了进一步说明半波片的功能，现将 x-y 坐标系逆时针旋转 45° 得到 u-v 坐标系。需要指出的是，由于本节设计结构在 u 轴和 v 轴方向上均具有对称性，x 极化和 y 极化太赫兹波入射后的特性是一致的，所以本节主要以 y 极化太赫兹波入射情况进行分析讨论。当 y 极化太赫兹波入射时，沿 u 轴与 v 轴坐标系分解为 u 极化波和 v 极化波，仿真后的具体参数如图 4.87 所示。在 0.79～1.82THz 内，r_{uu} 与 r_{vv} 的反射系数大小相等且均接近于 1，相位差基本满足 $\Delta\varphi = \varphi_{vv} - \varphi_{uu} = 180°$。结果证明在此状态下本节设计的超表面满足半波片工作原理。

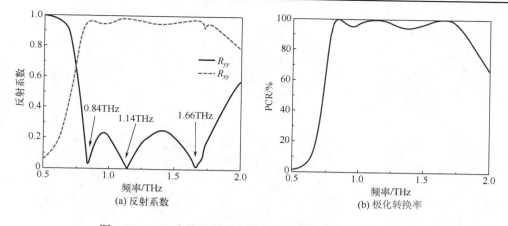

图 4.86　VO$_2$ 为绝缘态时半波片的反射系数和极化转化率

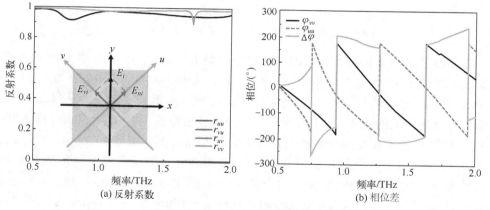

图 4.87　半波片 u 极化波和 v 极化波的反射系数与相位差

为了深入地了解半波片的物理机制，本节分析 0.84THz、1.14THz 和 1.66THz 三个频点处双 E 形金属结构与金属板的表面电流分布，如图 4.88 所示。由图 4.88(a) 可知，在 f = 0.84THz 处，双 E 形金属结构和金属板的表面等效电流(黑色)近似垂直。根据图 4.88 中电流流向分解为水平(绿色)和垂直(紫色)两个方向。水平方向上电流同向形成电偶共振，垂直方向上电流反向形成磁偶共振，两者叠加共同导致此频点下交叉极化波的产生。同理，在图 4.88(b) 中，分解 f = 1.14THz 处表面等效电流，在水平方向上电流反向形成磁偶共振，在垂直方向上电流反向形成电偶共振，这两者共同导致了极化现象。而在图 4.88(c) 中，双 E 形金属结构表面等效电流与金属板等效电流反向，介质层中形成电流回路诱导产生磁谐振腔，因此 f = 1.66THz 处反射极化波是由磁偶共振引起的。

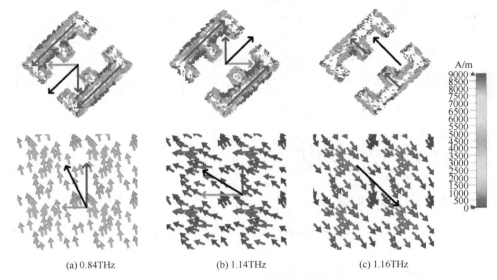

(a) 0.84THz　　　　　　　　(b) 1.14THz　　　　　　　　(c) 1.16THz

图 4.88　双 E 形金属结构与金属板的表面电流(见彩图)

在不改变其他结构参数的情况下，讨论参数 l_3、w_3、g 和 h_2 对半波片 PCR 的性能影响，参数扫描结果如图 4.89 所示。图 4.89(a)给出了参数 l_3 从 46μm 变化到 54μm 的 PCR 曲线，可以看到随着 l_3 的增大，PCR 带宽逐渐增加，但在 $l_3 = 54$μm 时 PCR 在低频处出现明显的波谷，为了实现高效的极化转换性能，设定 $l_3 = 50$μm；图 4.89(b)显示了参数 w_3 的变化对极化转换率的影响，w_3 从 6μm 逐渐增加到 10μm，当 $w_3 = 8$μm 时 PCR 可以获得最佳性能；由图 4.89(c)可以看出，不同间隙宽度 g 的变化对 PCR 曲线的影响不大；图 4.89(d)为不同介质厚度 h_2 的 PCR 变化曲线，当 $h = 16$μm 时 PCR 性能最好。因此，当 $l_3 = 50$μm, $w_3 = 8$μm, $g = 15$μm 及 $h_2 = 16$μm 时，半波片可以实现完美的极化转换性能。

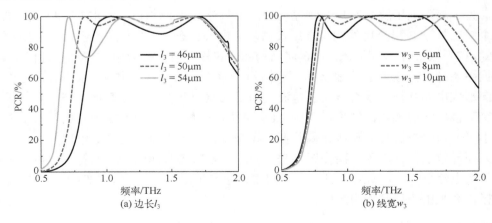

(a) 边长 l_3　　　　　　　　　　　　　　　(b) 线宽 w_3

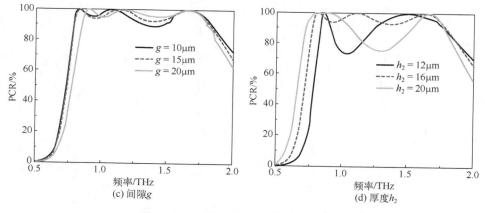

(c) 间隙 g　　　　　　　　　　　　(d) 厚度 h_2

图 4.89　结构参数对 PCR 性能的影响

2. 宽带 1/4 波片

当 VO_2 电导率从 0S/m 变化至 200000S/m 时，VO_2 薄膜展现出金属特性。由于入射太赫兹波无法穿透 VO_2 薄膜，所以只有工字形 VO_2 微结构、上介质层和 VO_2 薄膜层起主要调控作用。此时超表面作为 1/4 波片，可以实现线极化波转圆极化波功能。从图 4.90(a) 和 (b) 可以看出当 y 极化太赫兹波入射到 1/4 波片时，在 0.98～1.15THz 和 1.4～3.2THz 内，共极化反射系数与交叉极化反射系数大致趋于相同。在 0.98～1.15THz 频段内，相位差 $\Delta\varphi$ 接近 $-90°$，此时反射输出太赫兹波为右圆极化波；在 1.4～3.2THz 内，相位差 $\Delta\varphi$ 为 $90°$ 或 $270°$，这使得反射输出太赫兹波为左圆极化波。图 4.90(c) 和 (d) 为入射 y 极化太赫兹波分解为 u 与 v 极化波后的反射系数和相位差。可以看到，在 0.98～1.15THz 和 1.4～3.2THz 内 r_{uu} 与 r_{vv} 反射系数趋于相同且接近 1，而 r_{uv} 与 r_{vu} 趋于 0。在 0.98～1.15THz 内相位差 $\Delta\varphi = -90°$，可以将线极化波转换为右圆极化波；在 1.4～3.2THz 内相位差 $\Delta\varphi = 90°$ 或 $270°$，可以将线极化波转换为左圆极化波。

为了进一步解释 1/4 波片的功能，通过椭圆率 χ 来描述线-圆极化转换性能。引入斯托克斯常数[72,73]：

$$\begin{cases} I = \left| r_{xy} \right|^2 + \left| r_{yy} \right|^2 \\ Q = \left| r_{yy} \right|^2 - \left| r_{xy} \right|^2 \\ U = 2\left| r_{xy} \right|\left| r_{yy} \right|\cos\Delta\varphi \\ V = 2\left| r_{xy} \right|\left| r_{yy} \right|\sin\Delta\varphi \end{cases} \qquad (4.39)$$

定义椭圆率 $\chi = U/I$。当 $\chi = -1$ 时，代表反射波为右圆太赫兹极化波；当 $\chi = 1$ 时，代表反射波为左圆太赫兹极化波。根据公式绘制椭圆率曲线，如图 4.91 所示。

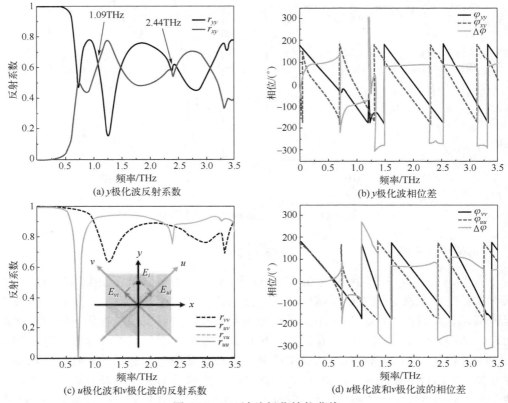

(a) y 极化波反射系数

(b) y 极化波相位差

(c) u 极化波和 v 极化波的反射系数

(d) u 极化波和 v 极化波的相位差

图 4.90   1/4 波片极化性能曲线

由图 4.91 可知，χ 在 0.98～1.15THz 内小于 -0.9，y 极化太赫兹波转换为右圆太赫兹极化波；χ 在 1.4～3.2THz 频段内大于 0.9，y 极化太赫兹波转换为左圆极化波。以上结果证明，1/4 波片可以在 0.98～1.15THz 和 1.4～3.2THz 两个频段内将 y 极化太赫兹波分别转化为右圆太赫兹极化波与左圆太赫兹极化波。

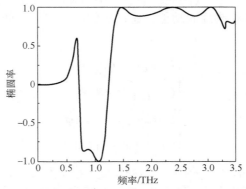

图 4.91 y 极化太赫兹波入射下的椭圆率 χ

1/4 波片物理机制可以在 *u*-*v* 坐标系下进行分析阐述。图 4.92 研究了 1.09THz 与 2.44THz 两个频点处工字形 VO_2 微结构和 VO_2 层的电流分布。图 4.92(a) 和 (b) 显示，*u* 极化波在 1.09THz 处入射时，工字形 VO_2 微结构的等效电流与 VO_2 层的等效电流相同，形成电共振；而 *v* 极化波在 1.09THz 处入射时，工字形 VO_2 微结构的等效电流与 VO_2 层的等效电流相反，形成磁共振。所以电共振和磁共振分别沿 *u* 轴与 *v* 轴控制着反射电场的大小和相位。当反射电场的 *u* 和 *v* 分量大小相等且相位差为 −90° 时，可以理想地将太赫兹波由线极化波转换为右圆极化波。图 4.92(c) 和 (d) 显示，*u* 极化波在 2.44THz 处入射时，工字形 VO_2 微结构的等效电流与 VO_2 薄膜层的等效电流相同，形成电共振；类似地，*v* 极化波在 2.44THz 处入射时，两者等效电流相同，形成电共振。所以在此状态下电共振沿 *u* 轴和 *v* 轴共同操纵着反射电场的大小与相位。当反射电场的 *u* 和 *v* 分量大小相等且相位差为 90° 时，可以理想地将太赫兹波由线极化波转换为左圆极化波。

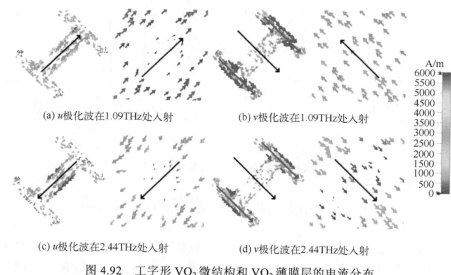

(a) *u* 极化波在 1.09THz 处入射   (b) *v* 极化波在 1.09THz 处入射

(c) *u* 极化波在 2.44THz 处入射   (d) *v* 极化波在 2.44THz 处入射

图 4.92 工字形 VO_2 微结构和 VO_2 薄膜层的电流分布

图 4.93 研究了结构参数 l_1、l_2、w_1 和 h_1 对椭圆率 χ 的影响。图 4.93(a) 显示，横条长度 l_1 从 44μm 增加至 52μm 时椭圆率的工作频带逐渐变宽，只有 $l_1 = 52$μm 时工作频带最佳；图 4.93(b) 和 (c) 分别是竖条长度 l_2 与横条宽度 w_1 对椭圆率的影响。可以看到，随着 l_2 与 w_1 的变化，椭圆率工作频带均会出现明显的波谷，当 $l_2 = 46$μm 与 $w_1 = 7$μm 时效果最优；图 4.93(d) 显示，下介质层厚度 h_2 对椭圆率有明显影响，为实现良好工作频带应选择 $h_1 = 16$μm。所以，当 $l_1 = 52$μm, $l_2 = 46$μm, $w_1 = 7$μm 及 $h_1 = 16$μm 时，1/4 波片可以实现完美的线-圆极化转换。

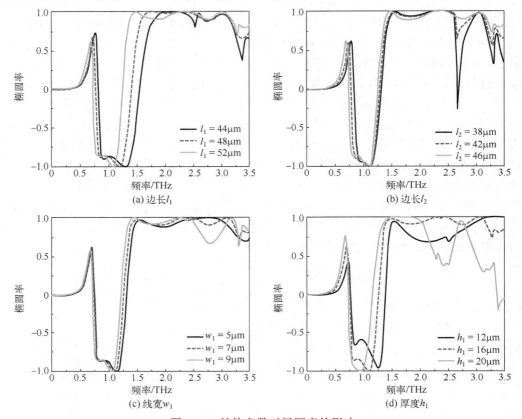

图 4.93　结构参数对椭圆率的影响

4.5　可频段切换太赫兹多功能超表面

2019 年，Yuan 等[74]提出了一种基于光敏硅的可切换吸收器，通过改变光敏硅电导率以实现单频与双频吸收切换。2021 年，Lv 等[75]提出了双频带至宽频带的太赫兹切换吸收器。当 VO$_2$ 由绝缘态变化至金属态时，吸收器对 TE 太赫兹偏振波仍为双频吸收特性，而对 TM 太赫兹偏振波则表现出双带到宽带的切换特性。然而这些仅是单一吸收切换性能调控，所以在此基础上，本节提出三种可频段切换太赫兹多功能超表面。第一种太赫兹超表面利用 VO$_2$ 相态改变可以分别实现单频段线极化波和单频段圆极化波吸收切换。第二种太赫兹超表面使用了 VO$_2$ 和石墨烯两种可调材料，其中底层 VO$_2$ 用于吸收与电磁诱导透明功能切换，顶层 VO$_2$ 用于单频段与双频段吸收切换，石墨烯则用于电磁诱导透明效应动态调控。第三种太赫兹超表面使用了另一种相变材料 GeTe，控制底层 GeTe 结晶状态可以实现吸收与电磁诱导透明功能的切换，而控制顶层 GeTe 结晶状态可以实现单频段与三频段吸收切换。

4.5.1　单频切换太赫兹吸收器

图 4.94 为单频切换太赫兹吸收器，其单元结构由三层构成。顶层金属图案中嵌套的缺口方环和缺口圆环材料为金，VO_2 嵌入在缺口处，中间为石英介质层，底层金属板材料为金。本节设计的具体结构尺寸为单元周期 $P = 60\mu m$，线宽 $w_1 = 4\mu m$，线宽 $w_2 = 1\mu m$，方环长度 $l = 44\mu m$，圆环外半径 $R = 15\mu m$，间隙角度 $g = 70°$，石英层厚度 $h = 18.5\mu m$。利用 CST 软件中的有限差分频域方法进行仿真计算，沿 x 方向和 y 方向采用周期边界条件，沿 z 方向采用开放边界条件。当 VO_2 处于绝缘态和金属态时，超表面可以分别吸收圆极化太赫兹波和线极化太赫兹波。

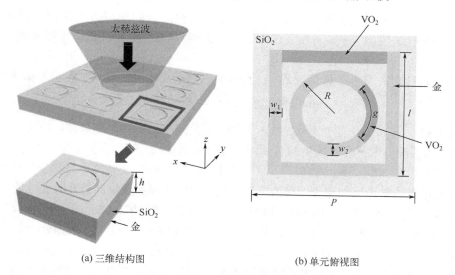

(a) 三维结构图　　　　　　　　　　　　(b) 单元俯视图

图 4.94　单频切换太赫兹吸收器

根据旋向选择吸波理论，当圆极化波沿 z 轴入射时，连接着入射场 (E_R^i, E_L^i) 和反射场 (E_R^r, E_L^r) 的复合琼斯矩阵可以表示为[76]

$$\begin{pmatrix} E_R^r \\ E_L^r \end{pmatrix} = \begin{pmatrix} r_{++} & r_{+-} \\ r_{-+} & r_{--} \end{pmatrix} \begin{pmatrix} E_R^i \\ E_L^i \end{pmatrix} = R_{\text{circ}} \begin{pmatrix} E_R^i \\ E_L^i \end{pmatrix} \tag{4.40}$$

式中，r_{++} 和 r_{-+} 分别为右圆极化（RCP）波入射下的共极化反射系数与交叉极化反射系数；r_{--} 和 r_{+-} 为左圆极化（LCP）波入射下的共极化反射系数与交叉极化反射系数。R_{circ} 为圆极化的反射矩阵，该矩阵可以由线极化反射系数表示为

$$R_{\text{circ}} = \begin{pmatrix} r_{++} & r_{+-} \\ r_{-+} & r_{--} \end{pmatrix} = \frac{1}{2} \begin{pmatrix} r_{xx} + r_{yy} + i(r_{xy} - r_{yx}) & r_{xx} - r_{yy} - i(r_{xy} + r_{yx}) \\ r_{xx} - r_{yy} + i(r_{xy} + r_{yx}) & r_{xx} + r_{yy} - i(r_{xy} - r_{yx}) \end{pmatrix} \tag{4.41}$$

式中，$r_{xx}(r_{yy})$ 和 $r_{xy}(r_{yx})$ 分别为线性波入射下的共极化反射系数与交叉极化反射系数。若假设左圆极化（LCP）波被完全吸收而右圆极化（RCP）波被完全反射，则反射系数满足条件 $r_{++} = r_{--} = r_{+-} = 0$，$r_{-+} = 1$，此时线极化反射系数的唯一解为

$$\begin{pmatrix} r_{xx} & r_{xy} \\ r_{yx} & r_{yy} \end{pmatrix} = \frac{\mathrm{e}^{\mathrm{i}\alpha}}{2}\begin{pmatrix} 1 & -\mathrm{i} \\ -\mathrm{i} & 1 \end{pmatrix} \tag{4.42}$$

式中，α 为任意相位。正常情况下，若想实现旋向吸波效果，则结构需要满足如下条件[77]：

$$\sin\varphi \begin{pmatrix} r_{xy} + r_{yx} & r_{yy} - r_{xx} \\ r_{yy} - r_{xx} & -r_{xy} - r_{yx} \end{pmatrix} = 0 \tag{4.43}$$

式中，φ 代表单元结构旋转一圈后出现与原始结构重合的角度。为了同时满足上述公式，φ 仅能取值为 $m\pi (m = 0, \pm1, \cdots)$，这说明只有二重对称结构才能实现旋向吸波性能。

除了旋转对称结构，镜像对称结构若想实现旋向吸收性能，则需满足如下条件：

$$\sin(2\varphi)(r_{xx} - r_{yy}) + 2\cos(r_{xy}) = 0 \tag{4.44}$$

由公式可知，$(r_{xx}-r_{yy})/r_{xy}$ 始终为虚数，无法满足公式中的镜像对称条件。因此，经过分析可得，实现旋向选择吸收的结构必须同时打破 n 重$(n>2)$旋转对称与镜像对称。本节所设计的超表面在 VO$_2$ 为绝缘态时满足了同时打破 n 重$(n>2)$旋转对称与镜像对称结构的条件，经过上述结论可知超表面作为圆极化吸收器时可以实现旋向选择吸波性能。

当 VO$_2$ 为绝缘态时，超表面可以吸收 LCP 波而反射 RCP 波。图 4.95 展示了 LCP 波和 RCP 波入射超表面下的仿真曲线。由图 4.95（a）可知，r_{--} 与 r_{++} 曲线一致而 r_{-+} 与 r_{+-} 曲线有较大差别。在 1.3THz 处，r_{-+} 在 0.9 以上，而 r_{+-} 仅为 0.11，这说明在此频点下超表面反射了大部分 RCP 波却抑制了 LCP 波的反射。为了更加清楚地解释不同圆极化波之间的吸收差，引入圆二色性（circular dichroism，CD）进行描述。这里定义圆极化吸

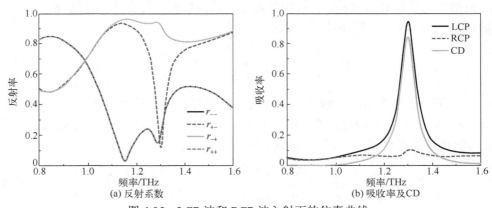

图 4.95　LCP 波和 RCP 波入射下的仿真曲线

收率公式如下:

$$A_{LCP} = 1 - (r_{--})^2 - (r_{+-})^2 \tag{4.45}$$

$$A_{RCP} = 1 - (r_{++})^2 - (r_{-+})^2 \tag{4.46}$$

则圆二色性表示为

$$CD = A_{LCP} - A_{RCP} \tag{4.47}$$

从图 4.95(b)可以明显观察到,在 1.3THz 处 LCP 波吸收率达到了 0.95,而 RCP 波的吸收率仅为 0.1,该频点处 CD 为 0.85,说明几乎所有 LCP 波被吸收而大部分 RCP 波被反射。为了了解 CD 的工作机制,图 4.96 给出了 LCP 波与 RCP 波入射下顶层金属结构在 1.3THz 处的电场和电流分布图。由图 4.96(a)与(b)可知,当 RCP 波入射时,方形缺口环和圆形缺口环的一侧存在单极共振;而当 LCP 入射时,圆形缺口环产生了明显的偶极共振。由图 4.96(c)与(d)同样可以看出,RCP 波入射时缺口环表面电流非常微弱,而 LCP 波入射时表面电流得到显著增强。不同类型圆极化波入射下电场和电流分布图差异明显是导致圆二色性的一个重要原因。

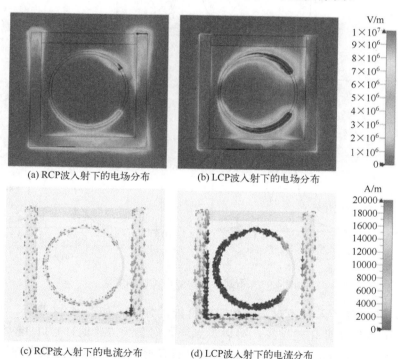

(a) RCP波入射下的电场分布　　　　(b) LCP波入射下的电场分布

(c) RCP波入射下的电流分布　　　　(d) LCP波入射下的电流分布

图 4.96　LCP 波和 RCP 入射下的电场分布图与电流分布图

图 4.97 为不同结构参数(方形缺口环线宽 w_1、圆形缺口环线宽 w_2 及圆环缺口间隙 g)对 CD 的影响。在图 4.97(a)中,当 w_1 从 2μm 增加至 4μm 时,CD 几乎没有变

化。当 $w_1 = 6\mu m$ 时，CD 下降至 0.7 以下。这是由于 LCP 入射超表面时方形缺口环的电场能量较弱，对 CD 的影响较小。在图 4.97(b) 中，随着 w_2 逐渐增加，CD 工作频点出现蓝移且峰值不断减小，当 $w_2 = 5\mu m$ 时 CD 几乎为 0。根据等效 LC 电路分析可知，吸收器谐振频率与缺口环等效的电容和电感成反比。增加线宽会减小表面电流密度和等效电感，从而使得工作频点发生蓝移。在图 4.97(c) 中，CD 工作频点同样随着 g 增加而发生蓝移。这是因为圆环缺口可等效成电容，当缺口角度不断增加时，等效电容不断减小，从而使得工作频点向高频移动。

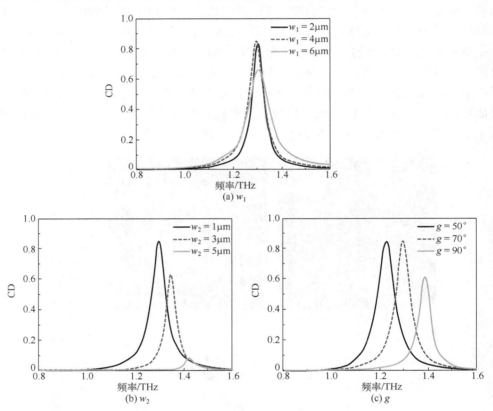

图 4.97 不同结构参数对 CD 的影响

此外，还讨论了入射角对圆极化吸收性能的影响，如图 4.98 所示。图 4.98(a) 为 LCP 波随入射角变化的结果，可以看到当入射角为 70° 时，1.3THz 处附近 LCP 波吸收率仍保持在 0.8 以上，证明超表面具有良好的广角圆极化吸收性能。由于大角度入射会破坏结构旋转对称和镜像对称，所以吸收峰会产生轻微的蓝移。图 4.98(b) 为入射角对 CD 的影响，当入射角为 70° 时，1.3THz 处附近 CD 保持在 0.7 以上，表明超表面在大入射角下依旧保持着良好的旋向吸收性能。

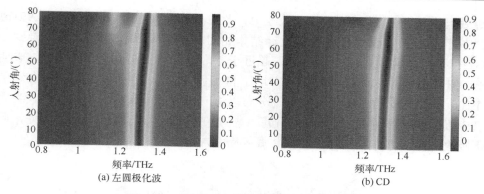

图 4.98　入射角对圆极化吸收性能的影响

当 VO_2 为金属态时，超表面由单频段圆极化波吸收器切换至单频段线极化波吸收器。图 4.99 为太赫兹 TE 极化波垂直入射时超表面的吸收谱、反射谱及表面等效阻抗的实部与虚部。吸收率可以被计算为

$$A = 1 - R - T = 1 - |S_{11}|^2 - |S_{21}|^2 \qquad (4.48)$$

式中，R 与 T 分别代表反射率和透射率；S_{11} 与 S_{21} 是在仿真中获得的。本节设计超表面底层金属板厚度为 $1\mu m$，超过了太赫兹波的趋肤深度，导致太赫兹波几乎透不过去，透射率基本为 0。因此，吸收器的效果主要由反射率决定。由图 4.99(a) 可以看出，在 1.95THz 处吸收率达到了 0.985。为了深入了解本节提出超表面的物理特性，我们引入了空间匹配阻抗理论[78]，其相对阻抗可以表示为

$$Z = \sqrt{\frac{(1 + S_{11})^2 - S_{21}^2}{(1 - S_{11})^2 - S_{21}^2}} = \frac{Z_1}{Z_0} \qquad (4.49)$$

式中，Z_1 为本节设计结构的表面等效阻抗；Z_0 为自由空间匹配阻抗，值为 377Ω。

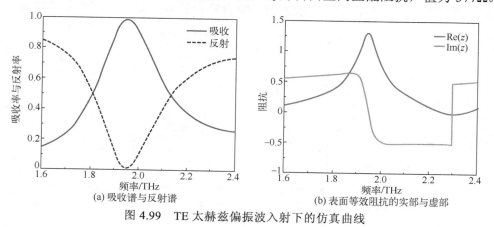

图 4.99　TE 太赫兹偏振波入射下的仿真曲线

当等效阻抗与自由空间阻抗匹配时，$Z≈1$，此时可以实现完美吸收。如图 4.99(b) 所示，基于此理论，我们研究了所设计结构相对阻抗的实部和虚部。可以看到，在 1.95THz 处等效阻抗的实部为 1.29，趋近于 1，虚部为 −0.03，基本为 0。这表明，在 1.95THz 处超表面与自由空间实现了自由匹配，从而达到完美的吸收效果。

图 4.100 显示了 1.95THz 处表面电场分布以进一步说明吸收器的工作机制。当太赫兹 TE 极化波入射超表面时，电场能量主要集中在圆环和方环上下侧间隙处，此频点下吸收峰是由方环和圆环的偶极共振效应叠加产生的。

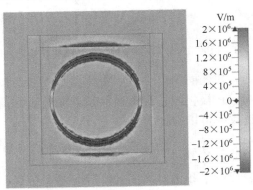

图 4.100　TE 太赫兹偏振波入射下的电场分布图

图 4.101 研究了不同结构参数对线极化吸收性能的影响。图 4.101(a) 为方环线宽 w_1 对吸收的影响。当 w_1 由 2μm 增加至 6μm 时，吸收峰仅轻微蓝移且吸收率始终保持在 0.9 以上。图 4.101(b) 为圆环线宽 w_2 对吸收的影响。随着 w_2 逐渐增加，吸收峰同样出现蓝移，当 $w_2 = 5$μm 时吸收率降低至 0.6 以下。根据等效 LC 电路可得，增加线宽会使得等效电感降低，所以吸收峰频率均会随着两者线宽增加而出现蓝移，同时比较 w_1 与 w_2 可知，圆环线宽对吸收性能影响更为明显。圆环外半径 R 对吸收性能的影响如图 4.101(c) 所示，观察发现吸收峰会随着 R 增加而产生红移现象，这

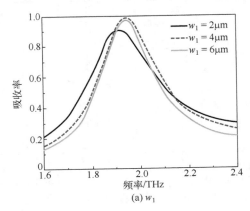

(a) w_1

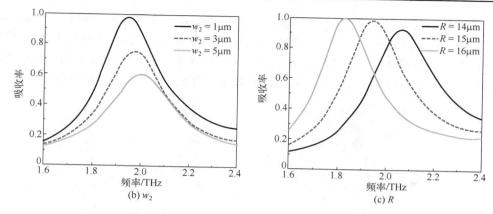

图 4.101　不同结构参数对线极化吸收的影响

是因为圆环和方环之间的间隙可等效成电容，随着 R 逐渐增加圆环与方环的间隙会越来越小，使得等效电容不断变大，最终导致吸收谐振频率向低频移动。图 4.102 给出了入射角对线极化吸收性能的影响。可以看到，当入射角在 $0° \sim 70°$ 变化时，吸收率始终保持在 0.9 以上，具有完美的广角吸收性能。需要注意的是，当入射角超过 $30°$ 时高频处产生了额外的吸收峰，并且随着角度继续增加谐振频率发生轻微红移，这主要是源于吸收器高阶模式共振。

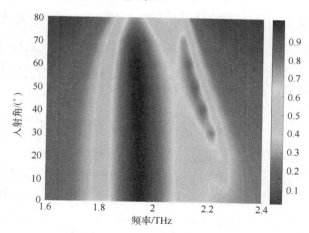

图 4.102　入射角对线极化吸收性能的影响

4.5.2　单频/双频切换太赫兹多功能超表面

图 4.103 是单频/双频切换太赫兹多功能超表面结构示意图[79]。本节提出的太赫兹多功能超表面从上到下分别为金属层、石英层、VO_2 层、石墨烯层及石英层。金属层由四个缺口环和十字架组成，材料为金。缺口环和十字架之间嵌入 8 个 VO_2 贴

片。设计的结构具体尺寸为 $P = 100\mu m$，$l = 90\mu m$，$a = 32\mu m$，$s = 8\mu m$，$w = 8\mu m$，$g_1 = 8\mu m$，$g_2 = 21.2\mu m$，金属层厚度为 $0.5\mu m$，石墨烯层厚度为 10nm，VO_2 层厚度为 $1\mu m$，石英层厚度分别为 $7.5\mu m$ 与 $3\mu m$。利用 CST 软件中的有限差分频域方法进行仿真计算，沿 x 方向和 y 方向采用周期边界条件，沿 z 方向采用开放边界条件。

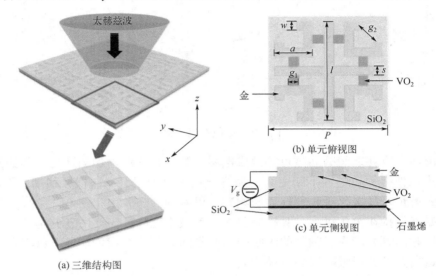

(a) 三维结构图

(b) 单元俯视图

(c) 单元侧视图

图 4.103　单频/双频切换太赫兹多功能超表面结构示意图

在太赫兹波段，石墨烯的表面电导率 $\sigma(\omega, \mu_c, \Gamma, T)$ 可以由 Kubo 公式计算得到[80]：

$$\sigma(\omega, \mu_c, \Gamma, T) = \frac{ie^2(\omega - i\Gamma)}{\pi\hbar^2}\left[\frac{1}{(\omega - i\Gamma)^2}\int_0^\infty\left(\frac{\partial f_d(\varepsilon)}{\partial\varepsilon} - \frac{\partial f_d(-\varepsilon)}{\partial\varepsilon}\right)\varepsilon d\varepsilon \right.$$
$$\left. -\int_0^\infty\frac{f_d(\varepsilon) - f_d(-\varepsilon)}{(\omega - i\Gamma)^2 - 4(\varepsilon/\hbar)^2}d\varepsilon\right] \tag{4.50}$$

$$f_d(\varepsilon) = (e^{(\varepsilon - \mu_c)/(k_B T)} + 1)^{-1} \tag{4.51}$$

式中，e 为单位电荷；ω 为角频率；$\hbar = h/(2\pi)$ 为约化普朗克常数；T 为温度，$T = 300K$；ε 为能量；$f_d(\varepsilon)$ 为费米-狄拉克分布；k_B 为玻尔兹曼常数；μ_c 为化学势；Γ 为载流子散射率，$2\Gamma = \tau^{-1}$，τ 为电子弛豫时间。当 $k_B T \ll |\mu_c|$ 时，可以近似表示为

$$\sigma(\omega, \mu_c, \Gamma, T) = \sigma_{intra} + \sigma_{inter} \tag{4.52}$$

式中，σ_{intra} 为带内电导率；σ_{inter} 为带间电导率，分别表示为

$$\sigma_{intra} = i\frac{e^2 k_B T}{\pi\hbar^2(\omega - i\Gamma)}\left(\frac{\mu_c}{k_B T} + 2\ln(e^{-\mu_c/(k_B T)} + 1)\right) \tag{4.53}$$

$$\sigma_{inter} = \frac{ie^2}{4\pi\hbar}\ln\left(\frac{2|\mu_c| - (\omega - i\Gamma)\hbar}{2|\mu_c| + (\omega - i\Gamma)\hbar}\right) \tag{4.54}$$

1. 单频/双频切换吸收

图 4.104(a) 展示了太赫兹波垂直入射时，在 TE 和 TM 模式下底部 VO$_2$ 层为金属态而顶层 VO$_2$ 贴片经历相变时的吸收曲线。当顶层 VO$_2$ 贴片为绝缘态时，超表面为双频点吸收器，在 0.894THz 和 1.408THz 处的吸收率分别为 0.989 与 0.999。当温度升高至 68℃时，底层 VO$_2$ 被激发为金属态，超表面也随之转换成单频吸收器，在 0.736THz 处的吸收率为 0.997。根据空间匹配阻抗理论可知，当等效阻抗与自由空间阻抗匹配时，$Z≈1$，此时可以实现完美吸收。图 4.104(b) 和 (c) 为设计超表面结构相对阻抗的实部与虚部。在 0.894THz 处，阻抗的实部与虚部分别为 0.845 与 0.111；在 1.408THz 处，阻抗的实部与虚部分别为 1.035 与 0.034；而在 0.736THz 处，阻抗的实部与虚部分别为 1.099 与−0.028。这表明该结构在三个频点下具有低反射率与高吸收率特性，表现出了接近于 100% 的完美吸收。此外，本节设计的结构对太赫兹波极化不敏感，无论在 TE 波还是在 TM 波入射下，都能实现同样的吸收效果。

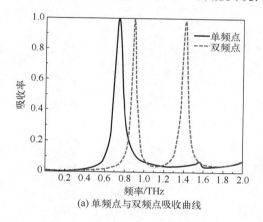

(a) 单频点与双频点吸收曲线

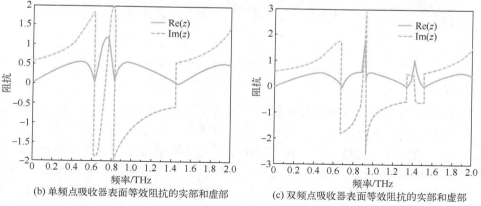

(b) 单频点吸收器表面等效阻抗的实部和虚部　　　(c) 双频点吸收器表面等效阻抗的实部和虚部

图 4.104　底层 VO$_2$ 分别处于金属态和绝缘态时的仿真曲线

　　为了更加详细地介绍超表面吸收器在不同频点下的吸收原理，图 4.105 给出了可以切换超表面吸收器顶部和底部在不同谐振频率下的电场分布。从图 4.105(a) 和 (d) 可以看出，一对感应电荷聚集在超表面吸收器的顶部与底部。这表明电偶极子分别在金属层和 VO$_2$ 层上被激发。同时，VO$_2$ 层的电荷流向与顶部金属层的流向相反。因此，它们之间的强耦合导致了磁共振，电偶极共振与磁偶极共振共同实现了 0.736THz 处的完美吸收。同样地，在图 4.105(b) 和 (e) 中可以看出，顶层电荷主要集中在十字架的上下两端，电荷流向与底部 VO$_2$ 层的电荷流向相反，0.894THz 的吸收峰也是由电偶极共振与磁偶极共振共同作用产生的。在图 4.105(c) 和 (f) 中，正负电荷主要集中在四个缺口环的两端，并在顶层和底层之间积累产生了四个类偶极子对。可以明显地观察到顶部和底部之间的电八极，它们之间彼此反相。由于电八极模式的强相互作用，形成了四次谐波磁共振。

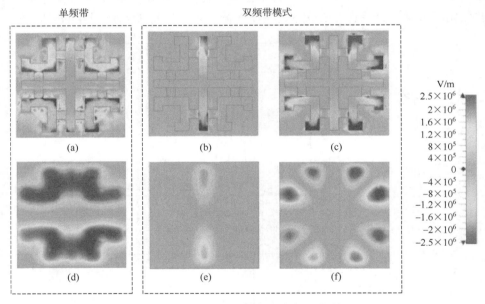

图 4.105　超表面吸收器的电场分布
(a)、(c)、(e) 为顶层；(b)、(d)、(f) 为底层

　　研究分析超表面吸收能力与入射角和极化角关系。图 4.106(a) 和 (b) 给出了单频点与双频点超表面吸收器在太赫兹波垂直入射下极化角变化的吸收光谱。当极化角在 0°～90° 变化时，太赫兹吸收谱表现出了极化不敏感特性，这是由所设计的超表面结构具有对称性造成的。图 4.106(c) 与 (e) 展示了单频点超表面吸收器在 TE 和 TM 模式下入射角变化的吸收光谱。在 TE 波入射下，当入射角在 0～60° 变化时，吸收率保持在 0.8 以上。峰值吸收率随着入射角度的增大而减小。原因是电场方向随着入射角的变化而变化，这导致了电共振强度的降低。在 TM 波入射时，电场方向

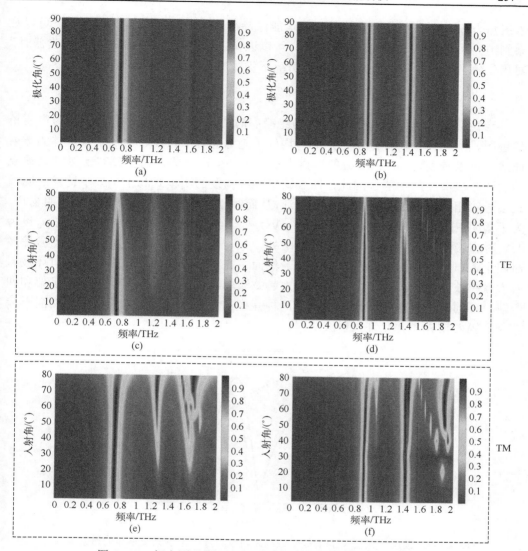

图 4.106　超表面吸收器在极化角和入射角改变下的吸收光谱
(a)、(c)、(e) 为单频点；(b)、(d)、(f) 为双频点

没有变化，在这种情况下，当入射角为 70° 时，吸收峰也一直保持着高吸收率，达到了 0.9 以上。值得注意的是，当入射角大于 40° 时，吸收谱开始产生不希望的吸收峰。这是因为随着入射角增大，超表面内的一些寄生共振急剧增大。图 4.106(d) 和 (f) 显示了双频点超表面吸收器在 TE 和 TM 模式下入射角变化的吸收光谱。在 TE 波入射下，当入射角在 0～40° 变化时，两个吸收峰的峰值均能保持在 0.8。特别是第一个吸收峰，在入射角度为 70° 的情况下仍能保持在 0.9。而在 TM 波入射时，当

入射角为 60° 时，两个吸收峰的峰值均能保持在 0.9。同样地，在 TM 模式下可以观察到由更高共振模式所引起的吸收峰。可以证实，当超表面被用作可切换吸收器时，对极化角不敏感，并在较大入射角的情况下仍能保持高吸收的吸收率。

2. 单频电磁诱导透明

当底层 VO_2 与顶层 VO_2 贴片均为绝缘态时，超表面的功能由吸收转换为电磁诱导透明。图 4.107 为顶层与底层 VO_2 均处于绝缘态时缺口环、十字架及整体的透射曲线。可以看到，1.04THz 处的谐振点是由十字架产生的，而 1.58THz 处的谐振点是由四个缺口环产生的。因此，四个缺口环中诱发的明模式和十字架中诱发的明模式会导致相邻的谐振器之间的相消干涉，从而在不透明带内诱导产生一个透明窗口。为了阐明 EIT 的物理机制，图 4.108 为 VO_2 处于绝缘态，石墨烯层电化学势 μ_c 设为 0eV 时超表面的电场分布。在 1.04THz 处，只有十字架被入射太赫兹波强烈激发，而四个缺口环被入射太赫兹波弱激发。然而，在 1.58THz 处，只有四个缺口环被入射太赫兹波强激发，而十字架被入射太赫兹波弱激发。在 1.24THz 处，十字架和四个缺口环同时被入射太赫兹波激发，两种亮模式发生杂化耦合，其产生的相消干涉抑制了辐射损失，并允许入射波透射。

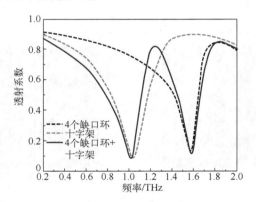

图 4.107   顶层与底层 VO_2 均处于绝缘态时缺口环、十字架及整体的透射曲线

引入双粒子模型结构的耦合机制解释本节设计超表面结构的 EIT 特性[81,82]。十字架和四个缺口环可以被认为是与入射电场 $E = E_0 e^{i\omega t}$ 相互作用的粒子。耦合微分方程为

$$\ddot{x}_1(t) + \gamma_1 \dot{x}_1(t) + \omega_1^2 x_1(t) + k^2 x_2(t) = \frac{g_1 E}{m_1} \tag{4.55}$$

$$\ddot{x}_2(t) + \gamma_2 \dot{x}_2(t) + \omega_2^2 x_2(t) + k^2 x_1(t) = \frac{g_2 E}{m_2} \tag{4.56}$$

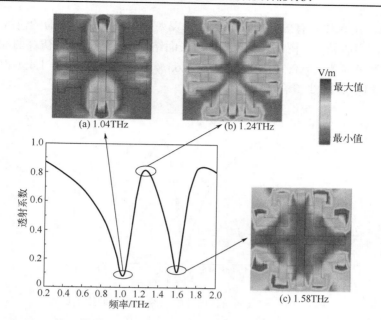

图 4.108　VO_2 处于绝缘态，石墨烯层电化学势 μ_c 设为 0V 时超表面的电场分布

式中，$m_1(m_2)$ 代表两个粒子的有效质量；$x_1(x_2)$ 代表位移；$\gamma_1(\gamma_1)$ 代表阻尼系数；$\omega_1(\omega_2)$ 代表共振频率；$g_1(g_2)$ 代表两个粒子与入射太赫兹波的耦合强度；k 代表两个粒子之间的耦合系数，可以推出以下方程式：

$$x_1 = \frac{\left(\dfrac{g_2 E}{m_2}\right)k^2 + (\omega^2 - \omega_2^2 + \mathrm{i}\omega\gamma_2)\left(\dfrac{g_1 E}{m_1}\right)}{k^4 - (\omega^2 - \omega_1^2 + \mathrm{i}\omega\gamma_1)(\omega^2 - \omega_2^2 + \mathrm{i}\omega\gamma_2)} \tag{4.57}$$

$$x_2 = \frac{\left(\dfrac{g_1 E}{m_1}\right)k^2 + (\omega^2 - \omega_1^2 + \mathrm{i}\omega\gamma_1)\left(\dfrac{g_2 E}{m_2}\right)}{k^4 - (\omega^2 - \omega_1^2 + \mathrm{i}\omega\gamma_1)(\omega^2 - \omega_2^2 + \mathrm{i}\omega\gamma_2)} \tag{4.58}$$

超表面的有效极化强度 P 可以表示为

$$P = g_1 x_1 + g_2 x_2 \tag{4.59}$$

假设 $A = g_1/g_2$ 和 $B = m_1/m_2$，则超表面 EIT 结构的有效磁化率 χ 可以表示为

$$\chi = \frac{P}{\varepsilon_0 E} = \frac{K}{A^2 B}\left(\frac{A(B+1)k^2 + A^2(\omega^2 - \omega_2^2) + B(\omega^2 - \omega_1^2)}{k^4 - (\omega^2 - \omega_1^2 + \mathrm{i}\omega\gamma_1)(\omega^2 - \omega_2^2 + \mathrm{i}\omega\gamma_2)}\right)$$
$$+ \mathrm{i}\omega\frac{A^2\gamma_2 + B\gamma_1}{k^4 - (\omega^2 - \omega_1^2 + \mathrm{i}\omega\gamma_1)(\omega^2 - \omega_2^2 + \mathrm{i}\omega\gamma_2)} \tag{4.60}$$

式中，K 为比例系数。有效磁化率的实部代表太赫兹波入射超表面的色散特性；虚部代表超表面的吸收特性。图 4.109 给出了超表面结构的计算曲线与仿真曲线的比较。拟合过程中参数分别为 $A = 0.59$，$B = 0.72$，$k = 0.65$，$\gamma_1 = 1.05\text{rad/ps}$，$\gamma_2 = 1.45\text{rad/ps}$。可以看出计算曲线和仿真曲线拟合效果良好。

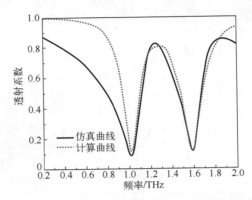

图 4.109　超表面结构的计算曲线与仿真曲线的比较

　　为了实现对 EIT 现象的动态调节，计算了石墨烯在不同化学势下超表面的透射曲线，如图 4.110(a) 所示。当石墨烯不加电时，在 1.24THz 处透射系数为 0.82。当石墨烯的电化学势从 0eV 逐渐增加到 0.5eV 时，EIT 峰的传输幅度从 0.82 降至 0.39。同时慢光是 EIT 效应的一个重要伴随现象，它是由 EIT 窗口的强色散所导致产生的。慢光效应一般可以用群时延 τ_g 来描述，可以表示为[83,84]

$$\tau_\text{g} = -\frac{\text{d}\varphi(\omega)}{\text{d}\omega} \tag{4.61}$$

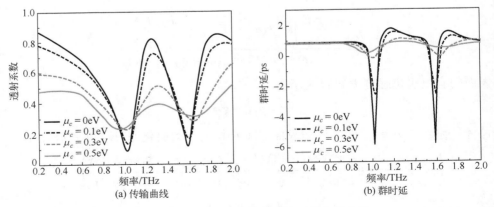

图 4.110　石墨烯在不同化学势下的仿真曲线

式中，$\varphi(\omega)$ 和 ω 分别为传输光谱的相移与角频率。由于透明窗口具有可调性，所以同样可以通过改变石墨烯的电化学势来实现对群时延的主动控制，结果如图 4.110 (b) 所示。当石墨烯化学势设为 0eV 时，在透明窗口附近可以获得最大正群时延 (1.83ps)。随着化学势的逐渐增大，器件逐渐失去慢光效应，可以通过改变石墨烯的化学势能实现主动控制群时延。这种能力对慢光设备的设计有着深远的意义。

4.5.3　单频/三频切换太赫兹多功能超表面

使用一种硫系相变材料 GeTe，其具有晶态和非晶态两种相态且过程可逆。当 GeTe 为晶态时，内部微观原子结构是无序的。通过高功率脉冲照射(温度超过 160℃)即能实现 GeTe 由非晶态转化为晶态，其内部微观结构也随之变为有序。相反，将 GeTe 经过快速退火工艺(温度超过 640℃)处理并急速冷却后，会重新形成非晶态[85]。由于晶态和非晶态的微观原子结构差异极大，所以两者的电磁特性会有显著区别[86,87]，这对于太赫兹器件调控具有重要研究价值。与 VO_2 不同的是，GeTe 是非挥发性的。一旦完成结晶化或非结晶化，其相变后状态在无外界影响下会稳定维持极长时间，这个特性常称为非易失性。基于此特性，GeTe 已经被应用于非易失性存储器和高速开关等领域[88,89]。

图 4.111 为单频/三频切换太赫兹多功能超表面结构示意图[90]。本节提出的太赫兹多功能超表面结构从上到下分别为金属层、石英层和 GeTe 层。金属层由开口谐振环和金属竖条组成，材料为金，谐振环开口处及谐振环竖条之间嵌入了 GeTe，其介电常数与电导率由实验数据得出[91,92]。当 GeTe 为非晶态时，介电常数和电导率分别为 20 和 43.75S/m。当 GeTe 为晶态时，介电常数与电导率分别为 400 和 148600S/m。

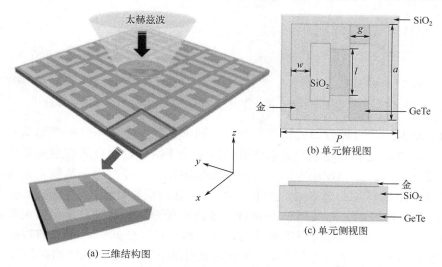

(a) 三维结构图

(b) 单元俯视图

(c) 单元侧视图

图 4.111　单频/三频切换太赫兹多功能超表面结构示意图

设计的结构尺寸为单元周期 $P = 120\mu m$，金属线宽 $w = 20\mu m$，竖条长度 $a = 100\mu m$，间隙 $l = 48\mu m$，间隙 $g = 20\mu m$，石英层厚度 $h = 16\mu m$，GeTe 层厚度 $d = 1\mu m$，金与嵌入的 GeTe 的厚度为 $0.5\mu m$。利用 CST 软件中的有限差分频域方法进行仿真计算，沿 x 方向和 y 方向采用周期边界条件，沿 z 方向采用开放边界条件。当顶层 GeTe 为非晶态且底层 GeTe 层为晶态时，方形开口环和金属竖条在 LC 共振和偶极共振的影响下获得三频段吸收峰。当顶层嵌入晶态 GeTe 时，吸收峰数量切换为单频段。在不同温度下底部的 GeTe 层用于在吸收和电磁感应透明功能之间切换。

1. 单频/三频切换吸收

当顶层 GeTe 为非晶态且底层 GeTe 为晶态时，超表面可以作为三频段太赫兹吸收器。图 4.112 描述了当太赫兹 TE 波垂直入射时，超表面的吸收谱和反射谱。由图 4.112（a）可以看出，吸收谱在 0.46THz、0.74THz 和 1.27THz 处有三个吸收峰，吸收率分别为 0.963、0.957 和 0.997，所设计超表面在 1.27THz 处达到接近于 100% 的完美吸收。根据空间匹配阻抗理论可知，在 1.27THz 处相对阻抗的实部与虚部分别为 1.06 与 0.01，如图 4.112（b）所示。结果表明本节设计超表面在 1.27THz 处具有低反射率与高吸收率，其相对阻抗与自由空间阻抗匹配，表现出了接近 100% 完美的吸收现象。

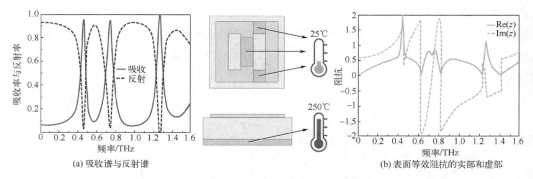

(a) 吸收谱与反射谱   (b) 表面等效阻抗的实部和虚部

图 4.112   顶层 GeTe 为非晶态且底层 GeTe 为晶态时超表面的仿真曲线

为了研究三频点吸收峰的物理机制，不同谐振频率下电场分布图如图 4.113 所示。在 0.46THz 处，电场主要分布在开口环的上下两侧，而电场在金属竖条的上下两侧非常弱。同时，相反的表面电荷也主要集中在开口环的上下两侧，而弱的表面电荷分布在金属竖条的上下侧。因此，0.46THz 处的吸收峰源自混合的 LC 共振。在 0.74THz 处，电场的分布类似于 0.46THz 处的电场分布。区别在于电荷主要集中在金属竖条。因此，0.74THz 下的吸收峰也源自混合的 LC 共振。在 1.27THz 处，电场主要分布在开口环的四个拐角处，而弱电场分布在金属竖条右侧的拐角处。因此，1.27THz 处下的吸收峰起源于混合的偶极共振。所以，三频点的吸收现象是由 LC

共振和偶极共振所导致的。图 4.114 为不同入射角度下 TE 极化波对所设计超表面吸收谱的影响。当入射角在 0～50° 内变化时，第一个吸收峰和第三个吸收峰的吸收率均能大致保持在 0.8。特别是对于第二个吸收峰，入射角在 0～70° 内变化时，吸收率一直保持在 0.85。因此在此状态下，本节提出的超表面在 TE 太赫兹极化波下具有较好的入射稳定性。

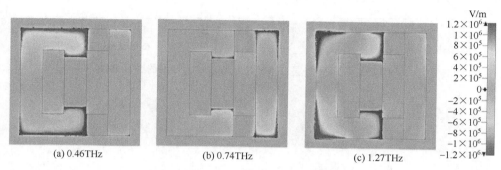

图 4.113　不同谐振频率下电场分布图

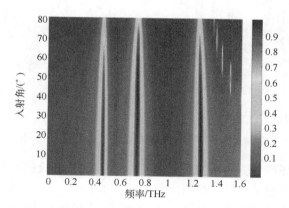

图 4.114　不同入射角下 TE 波对所设计超表面吸收谱的影响

当嵌入在顶层金属中的 GeTe 由非晶态转换为晶态时，吸收频段由三个吸收峰变成了单吸收峰。TE 波垂直入射时，超表面的吸收谱与反射谱及表面等效阻抗的实部和虚部如图 4.115 所示，在 0.6THz 处吸收率达到了 0.992。此时等效表面阻抗的实部与虚部分别为 0.99 与 0.04，超表面实现了与自由空间的阻抗匹配，表现出了接近 100% 的完美吸收。

为了研究此状态下吸收器的吸收机理，图 4.116 给出了单频段吸收峰频点处顶层和底层的电流分布图。从图 4.116 中可以看出，顶层电流的流向均为自下而上，产生电谐振。底层电流的流向为从上到下，与顶层电流方向相反，两层之间激发产生了一个磁

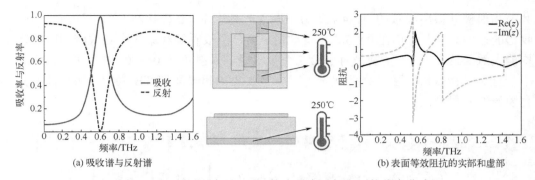

(a) 吸收谱与反射谱   (b) 表面等效阻抗的实部和虚部

图 4.115 顶层和底层 GeTe 均为晶态时超表面的仿真曲线

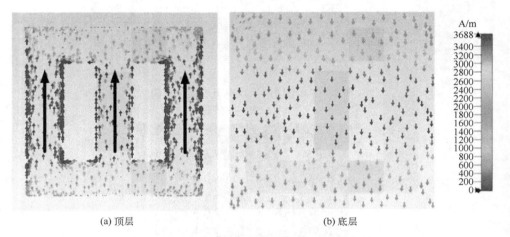

(a) 顶层   (b) 底层

图 4.116 单频段吸收峰频点处的电流分布图

偶极矩,与入射磁场产生强烈的相互作用。因此,0.6THz 处的吸收峰是由电磁共振产生的。同样,为了考虑斜入射的影响,图 4.117 给出了不同入射角下 TE 太赫兹极化波对所设计超表面吸收谱的影响。从图 4.117 中可以得出,入射角在 0~60° 内变化时,吸收率一致保持在 0.8 以上。随着入射角的增加,吸收峰频率会发生轻微的右移。因此,此状态下的超表面在 TE 太赫兹极化波下同样具有良好的入射稳定性。

2. 双频电磁诱导透明

当顶层和底层 GeTe 均为非晶态时,超表面可以实现电磁诱导透明(EIT)功能。图 4.118 为 TE 太赫兹极化波垂直入射时开口谐振环(SRR)、金属竖条(metal vertical bar,MVB)及整个系统的透射曲线。可以看到,单个开口环在 0.592THz 和 1.34THz 处产生谐振,单个金属竖条在 0.935THz 处产生谐振。因此,开口环中诱发的明模式和金属竖条中诱发的明模式会导致相邻的谐振器之间的相消干涉,从而在不透明带内诱导产生两个透明窗口。

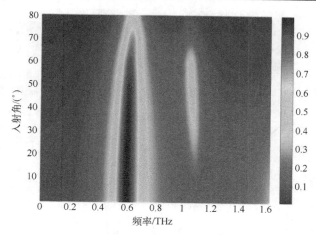

图 4.117　不同入射角下 TE 太赫兹极化波对所设计超表面吸收谱的影响

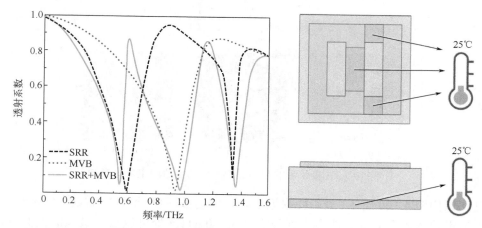

图 4.118　TE 太赫兹极化波垂直入射时开口环、金属竖条及整个系统的透射曲线

　　为了更加深入地了解 EIT 的物理机制,图 4.119 为 TE 极化下的超表面的电磁诱导透明电场分布图。在 0.544THz 处,开口环上下两臂的电场被强激发。而在 1.369THz 处,开口环拐角处的电场被激发。这表明在两个谐振频率下, 开口环不同位置的电场分别被激发,此时处于明模式。在 0.969THz 处,金属竖条上下两端的电场被激发,此时处于明模式。在 0.604THz 处,由于共振失谐,开口环右侧的电场与金属竖条的上下两端电场同时被激发。在 1.15THz 处,开口环拐角处的电场与金属竖条的电场同样同时被激发。如图 4.119(b) 与(d)所示,亮模之间的近场耦合会产生强烈的干涉效应,产生透射峰,导致电磁诱导的透明现象。

　　电磁诱导透明现象一个显著的特征就是可以在透明窗口内获得很强的相位色散,这样可以减缓光度以使光子在微结构内进行长时间的漂移。TE 波传输光谱的群

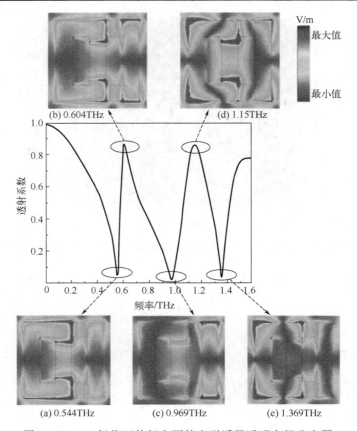

图 4.119 TE 极化下的超表面的电磁诱导透明电场分布图

时延图像如图 4.120 所示。透明峰附近出现了强色散现象，引入群时延（$\tau_g = -d\varphi/d\omega$）对本节设计超表面的慢光能力进行分析可知，0.6THz 处可以获得最大的正群时延，

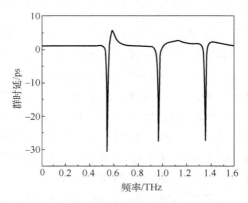

图 4.120 TE 太赫兹波传输光谱的群时延图像

为 5.64ps，计算结果表明了所设计超表面具有明显的慢光效应，在构造慢光器件方面具有实际的应用价值。

4.5.4　双频与超宽带可切换太赫兹超表面

本节提出的双频带与超宽带可切换太赫兹超表面结构示意图如图 4.121 所示。该超表面由厚度为 1μm 的光敏硅交叉阵列、SiO₂ 介质层、厚度为 0.8μm 的 VO₂ 风车型阵列、SiO₂ 介质层和金接地层组成。SiO₂ 的相对介电常数为 3.75，介电损耗角正切值为 0.0004。随着外部激光泵浦强度的变化，光敏硅的电导率为 $2.5\times10^{-4}\sim$ 5×10^{5}S/m。在不外加激光泵浦的情况下，光敏硅默认电导率为 2.5×10^{-4}S/m，介电常数为 11.7。本节设计的超表面对太赫兹波的吸收率 $A(\omega)$ 为

$$A(\omega)=1-R(\omega)-T(\omega) \tag{4.62}$$

式中，$R(\omega)$ 与 $T(\omega)$ 分别为所述超表面的反射率和透射率。由于底部金属板的厚度比太赫兹波的趋肤深度厚，因此可以认为本节提出的超表面的太赫兹波透射率等于零（$T(\omega)=0$）。因此，该超表面对太赫兹波吸收率的公式可以简化为

$$A(\omega)=1-R(\omega) \tag{4.63}$$

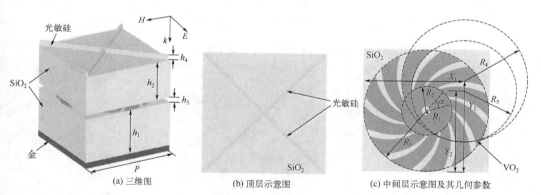

(a) 三维图　　　　　　(b) 顶层示意图　　　　　(c) 中间层示意图及其几何参数

图 4.121　双频带与超宽带可切换太赫兹超表面结构示意图

根据等效阻抗匹配理论，入射太赫兹波在设计的超表面中产生电磁共振并产生吸收峰。为了保证太赫兹波进入设计结构，超表面的表面阻抗需要与自由空间阻抗完全匹配。此时，太赫兹波吸收率达到最大值。超表面的优化几何参数设定为 $h_1=7.5μm$、$h_2=6.5μm$、$P=15μm$、$R_1=0.4μm$、$R_2=2.4μm$、$R_3=7.5μm$、$R_4=6μm$、$R_5=5μm$、$X_1=9.6μm$、$Y_1=9μm$ 和 $Y_2=8μm$。相变材料 VO₂ 在太赫兹区的光学性质可以用 Drude 模型[40,93]表示：

$$\varepsilon(\omega)=\varepsilon_\infty-\frac{\omega_p^2(\sigma)}{\omega^2+\mathrm{i}\gamma\omega} \tag{4.64}$$

式中，$\varepsilon(\omega)$ 为 VO₂ 的高频介电常数；γ 为碰撞频率；$\varepsilon_\infty=12$；ω_p 为等离子体频率，

可近似为 $\omega_p = \dfrac{\sigma}{\sigma_0} \omega_p^2(\sigma_0)$，其中 $\sigma_0 = 3 \times 10^5 \mathrm{S/m}$，$\omega_p(\sigma_0) = 1.4 \times 10^{15} \mathrm{rad/s}$。$VO_2$ 的金属导电率与绝缘导电率分别为 $2 \times 10^5 \mathrm{S/m}$ 和 $20 \mathrm{S/m}$。同样，太赫兹波段光敏硅的光学性质也可以用 Drude 模型来描述，核心数据如下：$\varepsilon_\infty = 11.7$，$\omega_p = 1.1 \times 10^{11} \mathrm{rad/s}$[10]。

为了研究本节设计的超表面对太赫兹波吸收的物理机制，图 4.122 为不同数量涡旋片下超表面的太赫兹吸收光谱和电场分布。图 4.122(a) 为涡旋片数为 4 时，该超表面对太赫兹吸收峰的最大振幅，其值仅为 0.52。当涡旋片数增加到 8 时，该超表面的太赫兹波在非常窄的吸收频带吸收率超过 0.9，如图 4.122(b) 所示。由图 4.122(c) 可以看出，当涡旋片的数量增加到 12 时，在 3.14～7.80THz 内，对太赫兹波的吸收率超过 0.9。图 4.122(d)～(f) 表示三种数量涡旋片的 VO_2 风车型结构的电场图，证明了该超表面的太赫兹波吸收强度和工作带宽与涡旋片数密切相关。

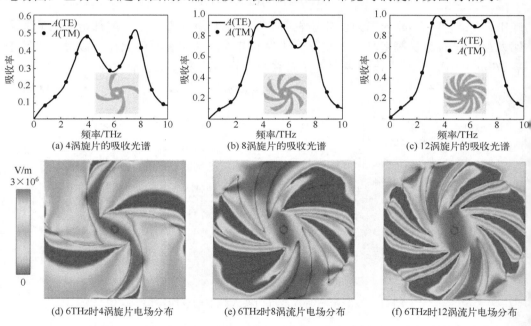

图 4.122　不同数量涡旋片下超表面的太赫兹波吸收光谱和电场分布

下面讨论不同层超表面结构对太赫兹吸收器吸收率的影响。如图 4.123(a) 所示，基于光敏硅交叉结构时，该超表面对太赫兹波的吸收率可以忽略不计。若超表面结构仅由 VO_2 风车型阵列组成，则如图 4.123(b) 所示吸收率和工作带宽明显不足。图 4.123(c) 表明超表面结构由光敏硅交叉图案层、SiO_2 层、VO_2 风车型阵列、SiO_2 介电层和金接地层制成时，在 3.14～7.80THz 内，对太赫兹波的吸收率超过 0.9。图 4.124 显示了超表面在不同几何参数条件下吸收率变化光谱图。由图 4.124(a) 可知随着下层 SiO_2 介电层厚度增加，工作频带产生明显的蓝移。图 4.124(b) 绘制了太赫

兹波吸收率随上层 SiO_2 介电层厚度 h_2 增加的变化。可以看到，上层 SiO_2 介电层厚度的变化明显地改变了超表面结构的吸收率和吸收带宽。此外，值得注意的是，随着涡旋外径 R_3 的增加，超过 90% 吸收率的工作变宽逐渐减小，结果如图 4.124（c）所示。

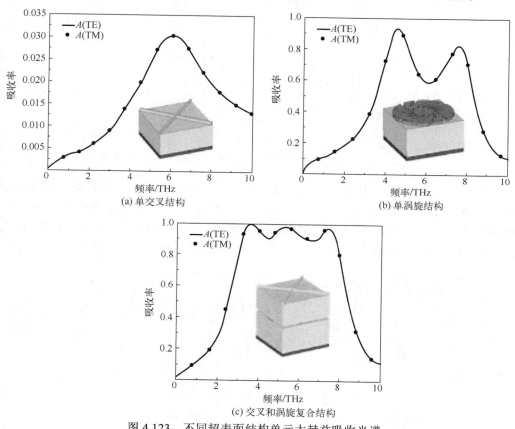

(a) 单交叉结构

(b) 单涡旋结构

(c) 交叉和涡旋复合结构

图 4.123　不同超表面结构单元太赫兹吸收光谱

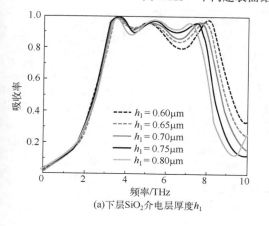

(a) 下层 SiO_2 介电层厚度 h_1

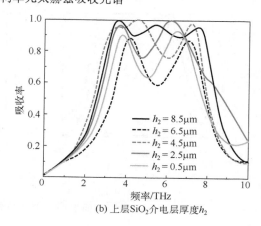

(b) 上层 SiO_2 介电层厚度 h_2

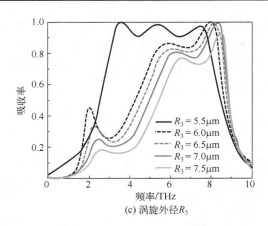

(c) 涡旋外径R_3

图 4.124 超表面在不同几何参数条件下吸收率变化光谱图

图 4.125 为当 VO_2 为绝缘态与金属态时，本节设计的超表面结构在不同光敏硅导电率下的吸收光谱。从图 4.125(a) 可以看出，随着光敏硅的电导率从 $2.5×10^{-4}$S/m 增加到 $3.0×10^5$S/m，在 $3.14\sim7.80$THz 内，相应的太赫兹波吸收率从 0.6 增至 0.99。从图 4.125(b) 可以清楚地发现，在 $1.78\sim2.90$THz 和 $7.35\sim8.45$THz 内，太赫兹吸

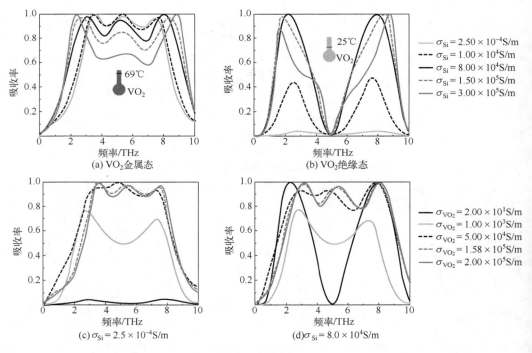

图 4.125 当 VO_2 为绝缘态与金属态时，本节设计的超表面结构在不同光敏硅电导率下的吸收光谱

收率从 0.04 变化到 0.99。此外，我们还模拟了当光敏硅的电导率设置为 $\sigma_{Si}=$ 2.5×10^{-4}S/m 和 $\sigma_{Si}=8.0\times10^{4}$S/m 时，超表面结构在不同 VO_2 电导率下的吸收光谱，如图 4.125(c) 和 (d) 所示。从图 4.125(c) 中可以观察到，当光敏硅电导率等于 2.5×10^{-4}S/m 时，在 3.14～7.80THz 内，本节设计的超表面结构太赫兹波的吸收率可以控制在 0.02～0.99。由图 4.125(d) 可知，当光敏硅的电导率 σ_{Si} 设置为 8.0×10^{4}S/m 时，该超表面结构的吸收率在双吸收带中可以从 0.69 调节到 0.99。综上所述，光敏硅和 VO_2 的电导率共同决定了该超表面结构的太赫兹波吸收率和吸收模式。

图 4.126(a) 显示了当 $\sigma_{Si}=2.5\times10^{-4}$S/m 且 VO_2 处于金属态(即环境温度为 68℃)时，0～10THz 内 TE 和 TM 模式吸收器的吸收率 A、反射率 R 和透射率 T。显然，在 3.14～7.80THz 内，太赫兹波的吸收率超过 0.9，其带宽达到 4.66THz。图 4.126(b) 显示了所述超表面结构等效阻抗的实部和虚部曲线。从图 4.126(b) 中可以看出，在 3.14～7.80THz 内，表面阻抗的实部趋向于 1，虚部接近 0。在这种情况下，该超表面结构

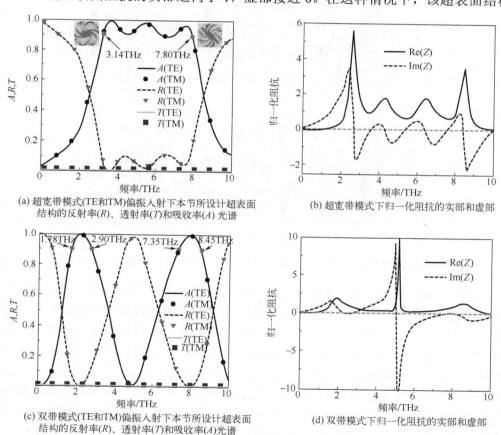

(a) 超宽带模式(TE和TM)偏振入射下本节所设计超表面结构的反射率(R)、透射率(T)和吸收率(A)光谱

(b) 超宽带模式下归一化阻抗的实部和虚部

(c) 双带模式(TE和TM)偏振入射下本节所设计超表面结构的反射率(R)、透射率(T)和吸收率(A)光谱

(d) 双带模式下归一化阻抗的实部和虚部

图 4.126　所设计超表面结构的吸收性能曲线

的等效阻抗与所需工作频带内的自由空间阻抗匹配，实现了高吸收性能。当
$\sigma_{Si} = 8.0 \times 10^4 S/m$ 且 VO_2 处于绝缘态时，该超表面结构呈现双带吸收性能。由
图 4.126 (c) 可知，在 1.78～2.90THz 和 7.35～8.45THz 内，太赫兹波吸收率保持在
0.9 以上。类似地，由图 4.126 (d) 可知在两个吸收带中，等效阻抗的实部趋近于 1，虚部
近似于 0，这与吸收光谱一致。图 4.127 显示了本节设计的超表面结构在 3.14THz、6THz
和 7.80THz 下 TE/TM 极化波入射下的电场分布。如图 4.127 (a) 所示，电场主要集中在
3.14THz 的外部涡旋片中。随着太赫兹波频率的增加，在 6THz 处电场集中在图 4.127 (b)
中的中间涡旋片上。最后，在 7.80THz 处，分布在中间涡旋片上的电场减弱，如图 4.127 (c)
所示。上述现象表明，不同区域涡旋片之间的磁偶极子共振会在不同的频带上产生吸收
峰，本节设计的超表面结构的超宽带是由不同的吸收峰叠加而成的。

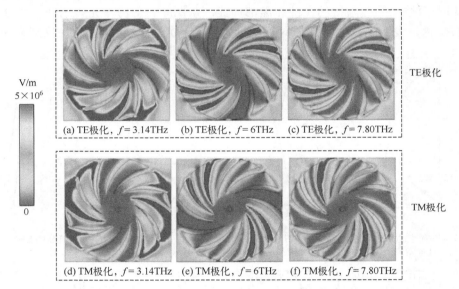

图 4.127　本节设计的超表面结构在 3.14THz、6THz 和 7.80THz 下 TE/TM 极化波入射下的电场分布

　　此外，我们研究了 TE 极化和 TM 极化入射下，本节设计的超宽带超表面结构
的吸收率和入射角的关系，如图 4.128 所示。对于 TE(TM) 偏振入射，本节设计的
超表面结构在 3.14～7.80THz 内表现出高效的吸收性能。总的来说本节设计的超表
面结构的吸收率随着入射角的增加而降低。从图 4.128 中可以看出，在太赫兹波入
射角接近 70° 前都存在大于 90% 的吸收率。从整体来看，图 4.128 (a) 和 (b) 可以推导
出两种介质界面处沿 z 方向的太赫兹波传播常数 $k_z = k_1 \cos\theta_i$，其中 $k_1 = 2\pi/\lambda$ 是介质
1 中的波数。随着入射角的增加，介质 1 和介质 2 之间的阻抗匹配被破坏。可以清
楚地看到，本节设计的超表面结构对太赫兹波的吸收性能变弱。超表面结构的双带
吸收特性如图 4.129 所示，太赫兹波的吸收也随着入射角的增大而略有减小。直到

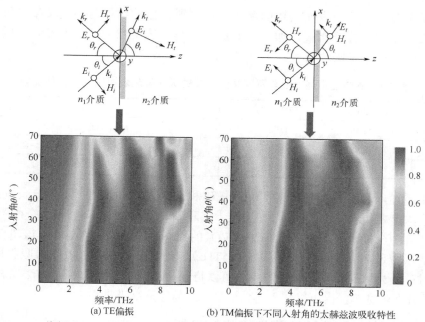

图 4.128　TE 偏振和 TM 偏振下，本节设计的超宽带超表面结构的吸收率和入射角的关系

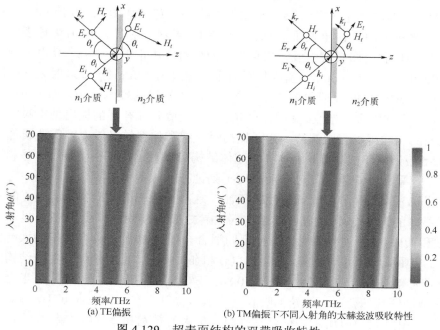

图 4.129　超表面结构的双带吸收特性

入射角超过 70°前 TE 模式和 TM 模式在两个吸收带中的吸收率可以保持在 0.85。

为了展示本节提出的超表面结构的新颖性，将所提出的结构与不同文献中描述的吸收型超表面结构进行了比较，如表 4.1 所示。与上述文献相比，本节设计的超表面结构具有明显的带宽吸收特性。

表 4.1　本节提出超表面与不同文献所述的吸收型超表面结构的性能比较

项目	频带/THz	带宽比/%	结构
文献[2]	0.93~4.36	129.6	Topas-VO$_2$-Topas–金
文献[94]	1.06~2.58	83.5	VO$_2$–石墨烯–多晶硅–Topas–金
本书	3.14~7.80	85.2	光敏硅–SiO$_2$-VO$_2$-SiO$_2$–金

综上所述，通过引入可调谐材料(光敏硅和 VO$_2$ 超材料)我们设计了一种可切换双带超宽带太赫兹超表面。它由一个光敏硅十字阵列、VO$_2$ 风车型阵列和一个由两个 SiO$_2$ 介电层隔开的金接地层组成。通过改变 VO$_2$ 的相态和光敏硅的电导率，该超表面具有可切换的双带(1.78~2.90THz、7.35~8.45THz)和超宽带(3.14~7.80THz)吸收性能。此外，通过改变光敏硅和 VO$_2$ 的电导率，可以将频带范围中的吸收率从 0.02 动态调整到 0.99。并且在带宽范围内可以在入射角达到 70° 前保持高吸收率。

4.5.5　可切换太赫兹波吸收与极化转换器

可切换太赫兹吸收与极化转换超表面结构的示意图如图 4.130 所示[95]，在周期为 P 的方形单元中，该超表面结构由一个 SiO$_2$ 半球、附着于 SiO$_2$ 半球表面的双层金/光敏硅圆环和金属衬底组成。SiO$_2$ 介质的相对介电常数为 3.75，介电损耗角正切值为 0.0004，厚度为 9.0μm。基底材料为金，厚度为 1.0μm(大于入射太赫兹波的趋肤深度)。单位结构的周期 $P=20$μm。图 4.130 中标记的颜色区域，如黄色、橙色和灰绿色，分别代表金、光敏硅和无损 SiO$_2$。金/光敏硅互补环的提出使得吸收和偏振转换之间的功能可以自由调节。为了提高吸收率和偏振转换效率，需要设计不同半径的混合金/光敏硅圆环结构。这种半球体结构可以通过大规模合成、转移和蚀刻技术来制造，采用标准紫外光刻和反应离子刻蚀技术制备双层混合材料环。

为了研究本节设计超表面的物理机制，这里设光敏硅的电导率 $\sigma_{Si}=1.0\times10^4$S/m 来模拟不同的混合金/光敏硅圆环结构的太赫兹波传输特性。图 4.131 显示了横电(TE)波和横磁(TM)波入射时，三种不同混合金/光敏硅圆环复合结构的太赫兹波吸收光谱。从图 4.131 可以看出，图 4.131(a)和(b)两种金/光敏硅圆环复合结构的太赫兹吸收带宽较窄，且峰值吸收率仅为 0.867。与图 4.131(a)和(b)相比，当上下层混合金/光敏硅圆环结合时，该结构吸收性能显著提升，在 3.96~10.0THz 内吸收率超过 0.9，如图 4.131(c)所示。很容易推断，更大的带宽和高的吸收率源于金/光敏硅圆环结构与自由空间之间良好的阻抗匹配。图 4.131(d)~(f)分别是对应三种金/光敏硅复合结构的电场分布图。

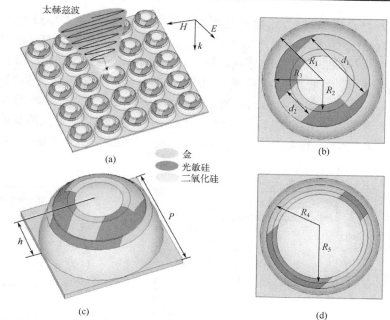

图 4.130　可切换太赫兹吸收与极化转换超表面结构的示意图(见彩图)

(a)为功能示意图；(b)为单位结构三维图；(c)与(d)是单元结构俯视图

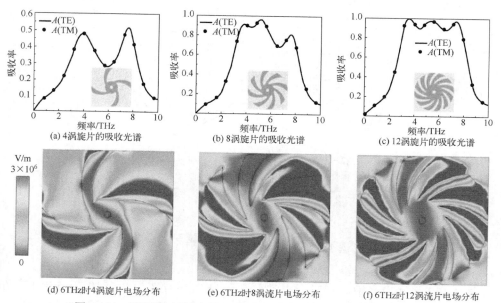

(a) 4涡旋片的吸收光谱　　　　(b) 8涡旋片的吸收光谱　　　　(c) 12涡旋片的吸收光谱

(d) 6THz时4涡旋片电场分布　　(e) 6THz时8涡流片电场分布　　(f) 6THz时12涡流片电场分布

图 4.131　不同混合金/光敏硅圆环复合结构的太赫兹波吸收光谱

(a)上层混合金/光敏硅圆环复合结构的太赫兹波吸收光谱；(b)下层混合金/光敏硅圆环复合结构的太赫兹波吸收
光谱；(c)上下层混合金/光敏硅圆环复合结构的太赫兹波吸收光谱；(d)~(f)为相应复合结构的电场分布图

　　本节研究分析所设计金/光敏硅超表面结构的尺寸参数对太赫兹吸收特性的影响。图 4.132(a)～(c) 分别表示不同大环宽 d_1、介质层厚度 h 和半球半径 R_1 金/光敏硅复合结构对太赫兹吸收性能的影响。图 4.132(a) 表明随着 d_1 增加，该复合结构对太赫兹波吸收率缓缓增加。同样地，随着 h 的增加，该复合结构吸收率降低 (图 4.132(b))。显然，如图 4.132(c) 所示，随着 R_1 的减小，太赫兹波的吸收强度发生急剧变化，这是因为 R_1 对结构与自由空间之间的阻抗匹配有很大的影响。该复合结构优化后的几何参数如下：$R_1 = 9.5\mu m$，$R_2 = 5.0\mu m$，$R_3 = 7.4\mu m$，$R_4 = 7.5\mu m$，$R_5 = 8.4\mu m$，$d_1 = 12.0\mu m$，$d_2 = 5.0\mu m$。

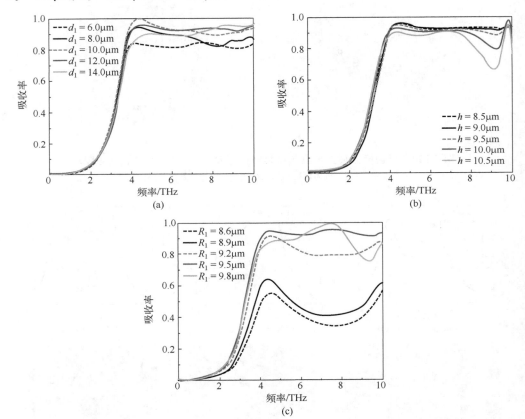

图 4.132　不同大环宽 d_1、介质层厚度 h 和半球半径 R_1 对金/光敏硅复合结构
太赫兹吸收性能的影响

　　图 4.133 表示当光敏硅相对介电常数 $\varepsilon_{Si} = 11.7$，电导率为 2.5×10^{-4}～$5.0\times10^5 S/m$，太赫兹波垂直入射所设计的金/光敏硅复合超表面结构的太赫兹波吸收光谱。由图 4.133 可以看出，随着光敏硅电导率的增加，该复合结构的太赫兹波吸收率先增至最大值后降低。当 $\sigma_{Si} = 1.0\times10^4 S/m$ 时，本节所设计金/光敏硅复合结构获得最理

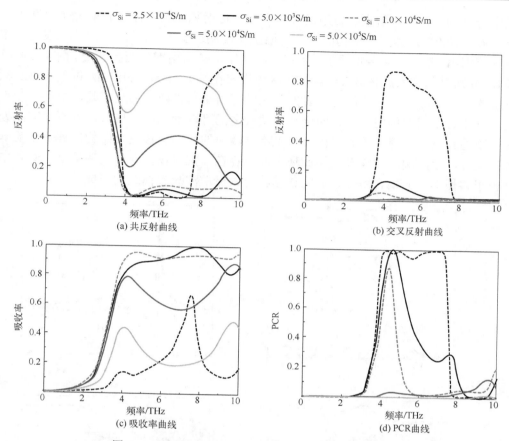

图 4.133　不同光敏硅电导率条件下，金/光敏硅复合
超表面结构对太赫兹波传输特性的影响

想的太赫兹波吸收性能。此外，随着光敏硅电导率的增加，该复合结构的 PCR 逐渐降低。当 $\sigma_{Si} = 2.5 \times 10^{-4}$S/m 时，在 3.88～7.21THz 内，PCR 大于 0.9。不同太赫兹波 TE 偏振和 TM 偏振入射下，该复合结构对太赫兹波吸收、反射和透射性能如图 4.134(a) 所示。由于底部金属板比入射太赫兹波的趋肤深度厚得多，因此该金/光敏硅复合结构的太赫兹透射率趋近于 0。太赫兹波吸收率的计算可以表示为 $A(\omega) = 1 - R(\omega)$。通过优化光敏硅的几何参数和光学特性，本节所设计的金/光敏硅复合结构的表面阻抗与自由空间阻抗($120\pi\Omega$)完全匹配，此时太赫兹波反射趋近于 0，实现对太赫兹波完美吸收。在 3.96～10.00THz 内，该金/光敏硅复合超表面吸收率大于 0.9。图 4.134(b) 给出了金/光敏硅复合结构的归一化阻抗实部和虚部曲线，该曲线可以由式(4.65)计算得到[96]

$$Z = \sqrt{\frac{(1 + S_{11}^2) - S_{21}^2}{(1 - S_{11}^2) - S_{21}^2}} \qquad (4.65)$$

式中，S_{11} 和 S_{21} 为入射太赫兹波的反射系数、透射系数。从图 4.134(b) 可以看出，在 3.96～10.0THz 内，该结构的归一化阻抗实部趋近于 1，虚部趋近于 0，表明在该频率范围内，设计的超表面具有良好表面阻抗，可与自由空间阻抗匹配。图 4.134(c) 和 (d) 分别显示了太赫兹波 TE 与 TM 两种模式在 3.96THz、6.98THz 和 10.0THz 频率下的电场分布。可见，电场主要聚集在圆环内金与光敏硅的交汇处，但不同频点电场分布有不同的偏向，这说明金与光敏硅之间可以形成电场谐振，且不同交汇处可在不同频点形成峰值吸收，由此可见不同峰值的叠加是该复合结构器件宽带的基础。此外，上下圆环边缘及同层圆环之间也存在一定电场分布，证明了上下圆环电偶极子共振形成的耦合效应也影响该结构对太赫兹波吸收曲线的形成。

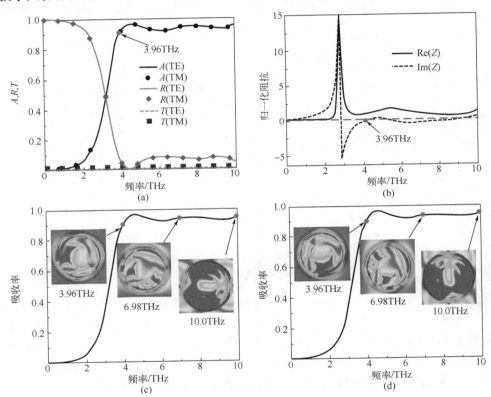

图 4.134　本节设计的复合结构在 TE 偏振与 TM 偏振下的吸收性能
(a) 为反射、透射、吸收光谱；(b) 为复合结构归一化阻抗实部与虚部；
(c) 为 TE 模式电场分布；(d) 为 TM 模式电场分布

　　研究发现当光敏硅电导率降低时，同向反射系数减小，交叉反射系数增大。当光敏硅的电导率 $\sigma_{Si} = 2.5 \times 10^{-4}$S/m 时，本节设计的金/光敏硅复合结构的吸收性能变弱。此时本节设计的结构可以作为太赫兹偏振转换器。量化极化转换性能的指标极

化转换率（PCR, PCR$_x$ = PCR$_y$）可以表示为

$$PCR_x = \frac{R_{xy}}{R_{xy} + R_{xx}} \tag{4.66}$$

$$PCR_y = \frac{R_{yx}}{R_{yx} + R_{yy}} \tag{4.67}$$

图 4.135 显示当 σ_{Si} = 2.5×10^{-4}S/m 时，本节设计的金/光敏硅复合结构的 PCR。由图 4.135（a）可知，在 3.88～7.21THz 内，PCR 超过 0.9。在 4.02～4.97THz 和 6.07～7.03THz 两个频带内，PCR 均在 0.99 以上，此时 PCR$_x$ 与 PCR$_y$ 几乎完全重合。图 4.135（b）表示 0～10.0THz 内，同向反射和交叉反射之间关系，交叉反射系数随着同向反射系数的减小而增大。接着探讨了两种偏振太赫兹波的不同入射角对该结构性能的影响。由图 4.136（a）和（b）可以看出，光敏硅电导率为 1.0×10^{4}S/m 时，TE 偏振时在入射角达到 50° 前太赫兹吸收率大于 0.9。TM 偏振时，在相同太赫兹吸收率条件下，入射角最高可达 70°。可见，该复合结构 TM 模式的极化敏感明显优

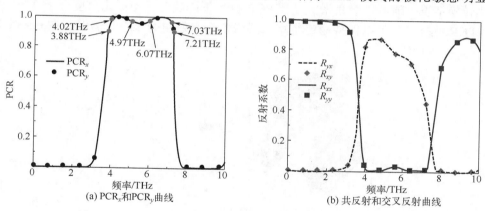

(a) PCR$_x$和PCR$_y$曲线　　　　　(b) 共反射和交叉反射曲线

图 4.135　金/光敏硅复合结构在太赫兹波入射下的 PCR 曲线

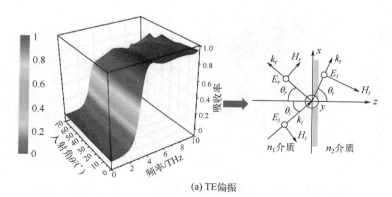

(a) TE偏振

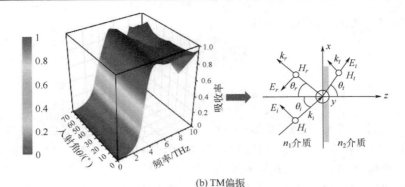

(b) TM偏振

图 4.136　不同入射角下金/光敏硅复合结构的吸收特性

于 TE 模式。从图 4.136 中可以推导出太赫兹波在不同介质面沿 z 方向传输的波数 $k_z = k_1 \cos\theta_i$ ，其中 $k_1 = 2\pi / \lambda$ ，为介质 1 的波数。入射角的增大破坏了介质 1 与介质 2 之间的阻抗匹配，造成太赫兹波的吸收率明显下降。由图 4.137 可知对于交叉极化转换情况，随着入射角增大，其 PCR 也呈下降趋势。当极化角度介于 $0° \sim 40°$ 时，PCR_x 与 PCR_y 可以保持稳定带宽，其峰值在入射角为 85° 时仍保持在 0.9 以上。

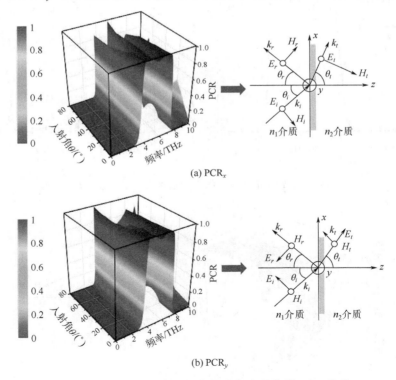

(a) PCR_x

(b) PCR_y

图 4.137　不同入射角下金/光敏硅复合结构的 PCR 曲线

综上所述，本节所述结构可在 0°～50° 内保证吸收性能偏振不敏感，在 0°～40° 内保持线极化性能偏振不敏感。最后，为了表明提出复合结构的新颖性，将所设计金/光敏硅复合结构与不同文献所述吸收器、交叉极化转换器进行对比，如表 4.2 所示。表明所述复合结构具有明显的大带宽优势，且在 PCR > 0.99 时仍存在 1.91THz 的带宽。

表 4.2　本节所述复合结构与不同文献所述器件的性能比较

项目	吸收带宽/THz	吸收带宽比/%	吸收率	PCR 带宽/THz	PCR
文献[97]	0.67	75	>0.9	0.49	>0.95
文献[98]	0.68	79	>0.9	0.62	>0.9
文献[99]	1.04	82	>0.9	0.76	>0.9
本节所述复合结构	6.04	87	>0.9	3.33 0.95	>0.9 >0.99

参 考 文 献

[1]　Chen H, Padilla W, Zide J, et al. Active terahertz metamaterial devices. Nature, 2006, 444(7119): 597-600.

[2]　Zhang H, Ling F, Zhang B. Broadband tunable terahertz metamaterial absorber based on vanadium dioxide and Fabry-Perot cavity. Optical Materials, 2021, 112: 110803.

[3]　Meng H, Wang L, Zhai X, et al. A simple design of a multi-band terahertz metamaterial absorber based on periodic square metallic layer with T-shaped gap. Plasmonics, 2018, 13(1): 269-274.

[4]　Zou M, Su M, Yu H. Ultra-broadband and wide-angle terahertz polarization converter based on symmetrical anchor-shaped metamaterial. Optical Materials, 2020, 107: 110062.

[5]　Zhang Y, Feng Y, Zhao J. Graphene-enabled tunable multifunctional metamaterial for dynamical polarization manipulation of broadband terahertz wave. Carbon, 2020, 163(15): 244-252.

[6]　Grebenchukov A, Masyukov M, Zaitsev A, et al. Asymmetric graphene metamaterial for narrowband terahertz modulation. Optics Communications, 2020, 476: 126299.

[7]　Zhang X, Lin Y. Actively electromagnetic modulation of IHI-shaped terahertz metamaterial with high-efficiency switching characteristic. Results in Physics, 2019, 15: 102532.

[8]　Qi Y, Zhang Y, Liu C, et al. A tunable terahertz metamaterial absorber composed of elliptical ring graphene arrays with refractive index sensing application. Results in Physics, 2020, 16: 103012.

[9]　Ghafari S, Forouzeshfard M, Vafapou Z. Thermo optical switching and sensing applications of an infrared metamaterial. IEEE Sensors Journal, 2020, 20(6): 3235-3241.

[10]　Zhao Z, Gu Z, Ako R, et al. Coherently controllable terahertz plasmon-induced transparency using coupled Fano-Lorentzian metasurface. Optics Express, 2020, 28(10): 15573-15586.

[11] Kim T, Kim H, Zhao R, et al. Electrically tunable slow light using graphene metamaterials. ACS Photonics, 2018, 5(5): 1800-1807.

[12] Liu N, Langguth L, Weiss T, et al. Plasmonic analogue of electromagnetically induced transparency at the Drude damping limit. Nature Materials, 2009, 8(9): 758-762.

[13] He X, Yang X, Li S, et al. Electrically active manipulation of electromagnetic induced transparency in hybrid terahertz metamaterial. Optical Materials Express, 2016, 6(10): 3075-3085.

[14] Dragoman M, Cismaru A, Aldrigo M, et al. Switching microwaves via semiconductor-isolator reversible transition in a thin-film of MoS_2. Journal of Applied Physics, 2015, 118(4): 045710.

[15] Hu T, Chieffo L, Brenckle M, et al. Metamaterials on paper as a sensing platform. Advanced Materials, 2011, 23(28): 3197-3201.

[16] Peng B, Ozdemir S, Chen W, et al. What is and what is not electromagnetically-induced-transparency in whispering-gallery microcavities. Nature Communications, 2014, 5: 5082.

[17] Ding J, Arigong B, Ren H, et al. Tuneable complementary metamaterial structures based on graphene for single and multiple transparency windows. Scientific Reports, 2014, 4: 6128.

[18] Jin X, Park J, Zheng H, et al. Highly-dispersive transparency at optical frequencies in planar metamaterials based on two-bright-mode coupling. Optics Express, 2011, 19(22): 21652-21657.

[19] Dong Z G, Liu R, Cao R, et al. Enhanced sensing performance by the plasmonic analog of electromagnetically induced transparency in active metamaterials. Applied Physics Letters, 2010, 97(11): 253903.

[20] Han S, Cong L, Lin H, et al. Tunable electromagnetically induced transparency in coupled three-dimensional split-ring-resonator metamaterials. Scientific Reports, 2016, 6: 20801.

[21] Shen Z, Xiang T, Wu J, et al. Tunable and polarization insensitive electromagnetically induced transparency using planar metamaterial. Journal of Magnetism and Magnetic Materials, 2019, 476(15): 69-74.

[22] Ning R, Gao X, Chen Z. Wideband and multiband electromagnetically induced transparency in graphene metamaterials. International Journal of Modern Physics B, 2019, 33(9): 1950068.

[23] Li R, Kong X, Liu S, et al. Planar metamaterial analogue of electromagnetically induced transparency for a miniature refractive index sensor. Physics Letters A, 2019, 383(32): 125947.

[24] Du C, Zhou D, Guo H, et al. Active control scattering manipulation for realization of switchable EIT-like response metamaterial. Optics Communications, 2021, 483: 126664.

[25] Shen Z, Yang D, Xia Y, et al. Metamaterial-inspired 2D cavity grating with electromagnetically induced reflection as a glucose sensor. Physica Scripta, 2021, 96(2): 025502.

[26] Jin X, Zhang Y, Zhang S, et al. Polarization-independent electromagnetically induced transparency-like effects in stacked metamaterials based on Fabry-Perot resonance. Journal of

Optics, 2013, 15(12): 5104.

[27] Shang X, Zhai X, Li X, et al. Realization of graphene-based tunable plasmon-induced transparency by the dipole-dipole coupling. Plasmonics, 2016, 11(2): 419-423.

[28] Vafapour Z. Near infrared biosensor based on classical electromagnetically induced reflectance (Cl-EIR) in a planar complementary metamaterial. Optics Communications, 2017, 387: 1-11.

[29] Yu W, Meng H, Chen Z, et al. The bright-bright and bright-dark mode coupling-based planar metamaterial for plasmonic EIT-like effect. Optics Communications, 2018, 414: 29-33.

[30] Liu Z, Qi L, Shah S, et al. Design of broad stopband filters based on multilayer electromagnetically induced transparency metamaterial structures. Materials, 2019, 12(6): 841.

[31] Yahiaoui R, Burrow J, Mekonen S, et al. Electromagnetically induced transparency control in terahertz metasurfaces based on bright-bright mode coupling. Physical Review B, 2018, 97: 155403.

[32] Chen H, Zhang H, Zhao Y, et al. Broadband tunable terahertz plasmon-induced transparency in Dirac semimetals. Optics and Laser Technology, 2018, 104: 210-215.

[33] Song Z, Chu Q, Zhu C, et al. Polarization-independent terahertz tunable analog of electromagnetically induced transparency. IEEE Photonics Technology Letters, 2019, 31(15): 1297-1299.

[34] Sarkar R, Ghindani D, Devi K, et al. Independently tunable electromagnetically induced transparency effect and dispersion in a multi-band terahertz metamaterial. Scientific Reports, 2019, 9(1): 18068.

[35] Chen M, Xiao Z, Lu X, et al. Simulation of dynamically tunable and switchable electromagnetically induced transparency analogue based on metal-graphene hybrid metamaterial. Carbon, 2019, 159(15): 273-282.

[36] Yang L, Wang H, Ren X, et al. Switchable terahertz absorber based on metamaterial structure with photosensitive semiconductor. Optics Communications, 2021, 485: 126708.

[37] Hu S, Liu D, Yang H, et al. Staggered H-shaped metamaterial based on electromagnetically induced transparency effect and its refractive index sensing performance. Optics Communications, 2019, 450: 202-207.

[38] Park D, Shin J, Park K, et al. Electrically controllable THz asymmetric split-loop resonator with an outer square loop based on VO$_2$. Optics Express, 2018, 26(13): 17397-17406.

[39] Shin J, Park K, Ryu H, et al. Electrically controllable terahertz square-loop metamaterial based on VO$_2$ thin film. Nanotechnology, 2016, 27(19): 195202.

[40] Liu M, Hwang H, Tao H, et al. Terahertz-field-induced insulator-to-metal transition in vanadium dioxide metamaterial. Nature, 2012, 487(7407): 345-348.

[41] Zheng X, Xiao Z, Ling X. A tunable hybrid metamaterial reflective polarization converter based on vanadium oxide film. Plasmonics, 2018, 13(1): 287-291.

[42] Wen Q, Zhang H, Yang Q, et al. A tunable hybrid metamaterial absorber based on vanadium oxide films. Journal of Physics D-Applied Physics, 2012, 45(23): 235106.

[43] Miller F, Vandome A, Mcbrewster J. Electromagnetically induced transparency: Optics in coherent media. Review of Modern Physics, 2005, 77(2): 633-673.

[44] Yannopapas V, Paspalakis E, Vitanov N. Electromagnetically induced transparency and slow light in an array of metallic nanoparticles. Physical Review B, 2009, 80(3): 1132-1136.

[45] Li D, Li J. Dual-band terahertz switch based on EIT/Fano effect. Optics Communications, 2020, 472: 125862.

[46] Li D, Li J. Adjustable multichannel terahertz resonator. Applied Optics, 2021, 60(21): 6135-6139.

[47] He X. Tunable terahertz graphene metamaterials. Carbon, 2015, 82: 229-237.

[48] Zhang J, Guo C, Liu K, et al. Coherent perfect absorption and transparency in a nanostructured graphene film. Optics Express, 2014, 22(10): 12524-12532.

[49] Xiao S, Wang T, Liu Y, et al. Tunable light trapping and absorption enhancement with graphene ring arrays. Physical Chemistry Chemical Physics, 2016, 18(38): 26661.

[50] Xiao S, Wang T, Liu T, et al. Active modulation of electromagnetically induced transparency analogue in terahertz hybrid metal-graphene metamaterials. Carbon, 2017, 126: 271-278.

[51] Liu N, Weiss T, Mesch M, et al. Planar metamaterial analogue of electromagnetically induced transparency for plasmonic sensing. Nano Letters, 2010, 10(4): 1103-1107.

[52] He X, Wang Y, Tao M, et al. Dynamical switching of electromagnetically induced reflectance in complementary metamaterials. Optics Communications, 2019, 448: 98-103.

[53] He X, Yang X, Lu G, et al. Implementation of selective controlling electromagnetically induced transparency in terahertz graphene metamaterials. Carbon, 2017, 123: 668-675.

[54] Jepsen P U, Fischer B M, Thoman A, et al. Metal-insulator phase transition in a VO_2 thin film observed with terahertz spectroscopy. Physical Review B, 2006, 74(20): 205103.

[55] Ling Y, Huang L, Hong W, et al. Polarization-controlled dynamically switchable plasmon-induced transparency in plasmonic metamaterial. Nanoscale, 2018, 10(41): 19517-19523.

[56] Sarkar R, Devi K, Ghindani D, et al. Polarization independent double-band electromagnetically induced transparency effect in terahertz metamaterials. Journal of Optics, 2020, 22(3): 035105.

[57] Devi K, Chowdhury D, Kumar G, et al. Dual-band electromagnetically induced transparency effect in a concentrically coupled asymmetric terahertz metamaterial. Journal of Applied Physics, 2018, 124(6): 063106.

[58] Li T, Hu F R, Qian Y X, et al. Dynamically adjustable asymmetric transmission and polarization conversion for linearly polarized terahertz wave. Chinese Physics B, 2019, 29(2): 024203.

[59] Wang C, Chen M, Liu H, et al. Wideband circular polarization converter based on graphene

metasurface at terahertz frequencies. Optical Engineering, 2019, 58(4): 043106.

[60] Lei D, Appavoo K, Ligmajer F, et al. Optically-triggered nanoscale memory effect in a hybrid plasmonic-phase changing nanostructure. ACS Photonics, 2015, 2(9): 1306-1313.

[61] Zhu H, Du L, Li J, et al. Near-perfect terahertz wave amplitude modulation enabled by impedance matching in VO$_2$ thin films. Applied Physics Letters, 2018, 112(8): 081103.

[62] Liu L, Kang L, Mayer T S, et al. Hybrid metamaterials for electrically triggered multifunctional control. Nature Communications, 2016, 7: 13236.

[63] Budai J, Hong J, Manley M, et al. Metallization of vanadium dioxide driven by large phonon entropy. Nature, 2014, 515(7528): 535-543.

[64] Hilton D, Prasankumar R, Fourmaux S, et al. Enhanced photosusceptibility near T_c for the light-induced insulator-to-metal phase transition in vanadium dioxide. Physical Review Letters, 2007, 99(22): 226401.

[65] Fan F, Hou Y, Jiang Z, et al. Terahertz modulator based on insulator-metal transition in photonic crystal waveguide. Applied Optics, 2012, 51(20): 4589-4596.

[66] Wang S, Kang L, Werner D. Active terahertz chiral metamaterials based on phase transition of vanadium dioxide(VO$_2$). Scientific Reports, 2018, 8: 189.

[67] Walther M, Cooke D, Sherstan C, et al. Terahertz conductivity of thin gold films at the metal-insulator percolation transition. Physical Review B, 2007, 76(12): 125408.

[68] Li Z, Li J. Switchable terahertz metasurface with polarization conversion and filtering functions. Applied Optics, 2021, 60(8): 2450-2454.

[69] Huang C, Feng Y, Zhao J, et al. Asymmetric electromagnetic wave transmission of linear polarization via polarization conversion through chiral metamaterial structures. Physical Review B, 2012, 85(19): 195131.

[70] Menzel C, Rockstuhl C, Lederer F. Advanced Jones calculus for the classification of periodic metamaterials. Physical Review A, 2010, 82(5): 053811.

[71] Li J, Li X. Switchable tri-functions terahertz metasurface based on polarization vanadium dioxide and photosensitive silicon. Optics Express, 2022, 30(8): 12823-12834.

[72] Cong L, Xu N, Gu J, et al. Highly flexible broadband terahertz metamaterial quarter-wave plate. Laser and Photonics Reviews, 2014, 8(4): 626-632.

[73] He J, Xie Z, Wang S, et al. Terahertz polarization modulator based on metasurface. Journal of Optics, 2015, 17(10): 105107.

[74] Yuan S, Yang R C, Xu J P, et al. Photoexcited switchable single-/dual-band terahertz metamaterial absorber. Materials Research Express, 2019, 6(7): 075807.

[75] Lv T, Dong G, Qin C, et al. Switchable dual-band to broadband terahertz metamaterial absorber incorporating a VO$_2$ phase transition. Optics Express, 2021, 29(14): 5437-5447.

[76] Mutlu M, Akosman A, Serebryannikov A, et al. Diodelike asymmetric transmission of linearly polarized waves using magnetoelectric coupling and electromagnetic wave tunneling. Physical Review Letters, 2012, 108: 213905.

[77] Wang Z, Jia H, Yao K, et al. Circular dichroism metamirrors with near-perfect extinction. ACS Photonics, 2016, 3(11): 2096-2101.

[78] Smith D, Vier D, Koschny T, et al. Electromagnetic parameter retrieval from inhomogeneous metamaterials. Physical Review E, 2005, 71(3): 036617.

[79] Li Ji, Li Z. Dual functional terahertz metasurface based on vanadium dioxide and graphene. Chinese Physics B, 2022, 31(9): 94201.

[80] Kaipa C, Yakovlev A, Hanson G, et al. Enhanced transmission with a graphene-dielectric microstructure at low-terahertz frequencies. Physical Review B, 2012, 85(24): 245407.

[81] Meng F, Wu Q, Erni D, et al. Polarization-independent metamaterial analog of electromagnetically induced transparency for a refractive-index-based sensor. IEEE Transactions on Microwave Theory and Techniques, 2012, 60(10): 3013-3022.

[82] Ma Y, Li Z, Yang Y, et al. Plasmon-induced transparency in twisted Fano terahertz metamaterials. Optical Materials Express, 2011, 1(3): 391-399.

[83] Zhang C, Wang Y, Yao Y, et al. Active control of electromagnetically induced transparency based on terahertz hybrid metal-graphene metamaterials for slow light applications. Optik, 2020, 200: 163398.

[84] Zhu L, Xin Z, Dong L, et al. Polarization-independent and angle-insensitive electromagnetically induced transparent (EIT) metamaterial based on bi-air-hole dielectric resonators. RSC Advances, 2018, 8(48): 27342-27348.

[85] Du K, Li Q, Lyu Y, et al. Control over emissivity of zero-static-power thermal emitters based on phase-changing material GST. Light-Science and Applications, 2017, 6(1): e16194.

[86] Niloufar R, Junsuk R. Metasurfaces based on phase-change material as a reconfigurable platform for multifunctional devices. Materials, 2017, 10(9): 1046.

[87] Gwin A, Kodama C, Laurvick T, et al. Improved terahertz modulation using germanium telluride (GeTe) chalcogenide thin films. Applied Physics Letters, 2015, 107(3): 031904.

[88] Loke D, Elliott S. Breaking the speed limits of phase-change memory. Science, 2012, 336(6088): 1566-1569.

[89] El-Hinnawy N, Borodulin P, Wagner B, et al. Low-loss latching microwave switch using thermally pulsed non-volatile chalcogenide phase change materials. Applied Physics Letters, 2014, 105(1): 013501.

[90] Li Z, Li J. Multifunctional terahertz metasurface based on GeTe medium. Optics Communications, 2021, 490: 126909.

[91] Kadlec F, Kadlec C, Kužel P. Contrast in terahertz conductivity of phase-change materials. Solid State Communications, 2012, 152(10): 852-855.

[92] Chen Y, Li J. Switchable dual-band and ultra-wideband terahertz wave absorber. Optical Materials Express, 2021, 11(7): 2197-2205.

[93] Wang S, Kang L, Werner D. Hybrid resonators and highly tunable terahertz metamaterials enabled by vanadium dioxide(VO$_2$). Scientific Reports, 2017, 7(1): 4326.

[94] Zhu H, Zhang Y, Ye L, et al. Switchable and tunable terahertz metamaterial absorber with broadband and multi-band absorption. Optics Express, 2020, 28(26): 38626-38637.

[95] Chen Y, Li J. Switchable ultraband terahertz absorber and polarization converter using photoconductive silicon-assisted metasurface. Optical Engineering, 2021, 60(12): 127112.

[96] Chen H. Interference theory of metamaterial perfect absorbers. Optics Express, 2012, 20(7): 7165-7172.

[97] Ke R, Liu W, Tian J, et al. Dual-band tunable perfect absorber based on monolayer graphene pattern. Results in Physics, 2020, 18: 103306.

[98] Song Z, Zhang J. Achieving broadband absorption and polarization conversion with a vanadium dioxide metasurface in the same terahertz frequencies. Optics Express, 2020, 28(8): 12487-12497.

[99] Zhang X, Ye H, Zhao Y, et al. A tunable ultra-wideband cross-polarization conversion based on the band splicing technology. Applied Physics B-Laser and Optics, 2021, 127(5): 69.

第 5 章　微纳结构太赫兹极化转换器

极化转换器具有控制电磁波极化方向的功能,它是一种重要的太赫兹功能器件,随着近年来太赫兹技术的发展，太赫兹功能器件越来越多地得到了研究者的青睐,此外，极化转换器在雷达、天线及电磁干扰方面有着巨大的应用。由于传统的极化转换器具有结构复杂、器件尺寸大等缺点，所以不能满足当今极化转换器应用的需要。超材料极化转换器有效地克服上述缺点，实现高效的极化转换，为未来太赫兹功能器件的应用奠定了良好的基础。

2013 年，Grady[1]等设计了一种超材料太赫兹波极化转换器，如图 5.1 所示，在 $0.67\sim1.85$THz 内实现 52%的极化转换率（PCR）；在 $0.8\sim1.36$THz 内实现 80%的极化转换率。同年，Grady 等又提出并设计了一款正交光栅透射式极化转换器，其结构包括顶层和底层的正交金属光栅、上下介质层及中间倾斜 45° 的金属短线条，构成了典型的三明治结构（图 5.2），其在 $0.52\sim1.82$THz 内的 PCR 超过了 50%。

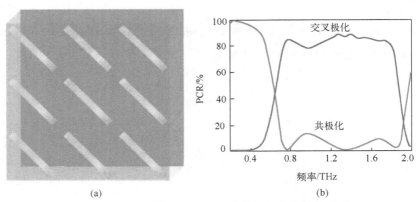

(a)　　　　　　　　　　　　　(b)

图 5.1　Grady 等[1]设计的极化转换器结构与特性曲线

2014 年，澳大利亚阿德莱德大学 Cheng 等[2]设计并制造了一款反射式太赫兹极化转换器，并通过实验验证了该转换器的工作频带和性能，如图 5.3 所示。Cheng 等[2]设计的极化转换器由三层结构组成，其顶层由双开口圆盘、二甲基硅氧烷（介质层）和底层金属底板组成。该极化转换器的作用是将 x 极化波转换成 y 极化波，并通过实验验证了该转换器的性能，在 $0.65\sim1.45$THz 内，正入射极化转换率大于 0.8，相对带宽为 76%。2016 年上海大学 Liu 等[3]设计了一种由双 L 形金属结构组成的新型手性超材料极化转换器，该转换器可以实现太赫兹波线极化波的宽带非对称传输和极化转换（图 5.4）。在 $2.65\sim5.57$THz 内实现极化转换，且极化转换率超过 0.8。该转换

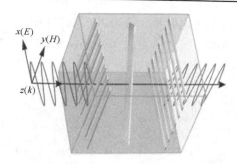

图 5.2　正交光栅透射式极化转换器结构

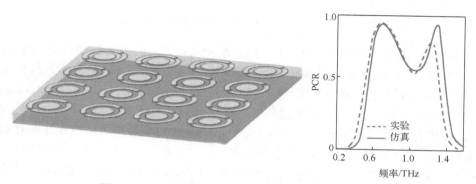

图 5.3　Cheng 等[2]设计的极化转换器的极化转换率

器结构示意图如图 5.4(a)所示，该转换器实现了三波段与极化角无关的极化旋转器，Liu 等[3]还研究了旋光性和手性参数随频率的变化规律，通过电场分布分析了极化转换的物理机理。

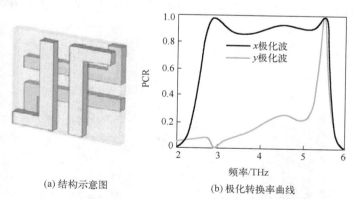

(a) 结构示意图　　　　(b) 极化转换率曲线

图 5.4　双 L 形金属结构组成的新型手性超材料极化转换器结构与特性曲线

2017 年，Cheng[4]等人提出一种三层超材料，该结构由分裂圆盘金属层夹在上下两层金属光栅组成，如图 5.5 所示。利用类二极管非对称传输(AT)效应对太赫兹波实现高幅度和超宽带的线极化转换，在 0.23～1.17THz 范围内，线极化波垂直入射下的极化转换率大于 90%，相对带宽为 134.3%，并通过电场分布进一步说明宽带线极化转换效应的物理机制。

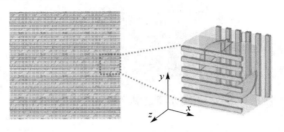

图 5.5 具有 AT 效应的太赫兹极化转换器

2018 年，Xu 等[5]提出并设计了一款超薄透射式交叉极化转换器，其结构示意图如图 5.6 所示。该转换器顶层和底层是金属层，中间介质层由周期性阵列结构组成，其中顶层和底层通过金属通孔连接。该转换器可以在透射模式下将 x 极化入射电磁波转换成 y 极化波，Xu 等[5]还通过等效电路模型和全波仿真去解释转换机制。2020 年，Zou 等人提出了如图 5.7 所示的轮辐形超表面结构反射型太赫兹极化转化器，在频率 1.21～2.83THz 范围内极化转化率达到 93%，相对带宽达到了 80.2%[6]。在入射角 0°～45°范围内，极化转化率仍可保持大于 90%。2020 年初，Zhang 等[7]提出了一种基于 VO_2 多层超材料的极化转换器，该转换器具有吸收功能，如图 5.8 所示。Zhang 等[7]设计的转换器是由 VO_2 圆盘形阵列、SiO_2 介质层、VO_2 和金（Au）层组成的。通过改变圆盘的直径或 SiO_2 的厚度来调节该转换器的性能，这种转换器的设计对入射极化和入射角是鲁棒的。当 VO_2 处于绝缘状态时，其表现为交叉极化转换器，在 2.0～3.0THz 内将线性平面波转换成相应交叉极化波，PCR 大于 0.9。

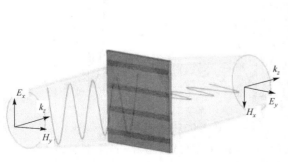
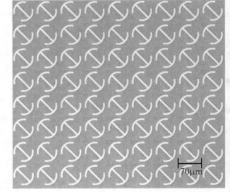

图 5.6　超薄透射式交叉极化转换器的结构示意图　图 5.7　轮辐形超表面结构太赫兹极化转化器

2020 年，Song 等[8]结合 VO_2 的相变属性，设计了一种基于超材料的具有宽带吸收功能和极化转换功能的太赫兹极化转换器，如图 5.9 所示。该吸收器由正方形 VO_2、SiO_2 介质层、VO_2 层和 Au 层组成。当 VO_2 处于金属态时，该转换器工作在吸收器状态，仿真结果表明，在 0.52～1.2THz 内，该转换器的吸收率超过 0.9，相对带宽为 79%。由于该转换器的对称性，它对偏振不敏感，即使在大入射角时也能很好地工作。当 VO_2 处于绝缘态时，该转换器工作在极化转换器状态，仿真结果表明，该转换器可以实现两个正交线极化之间的有效极化转换。在 0.42～1.04THz 内交叉极化波的反射率可以达到 0.9，相对带宽为 85%。

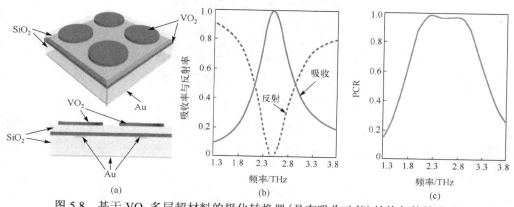

图 5.8　基于 VO_2 多层超材料的极化转换器（具有吸收功能）结构与特性曲线

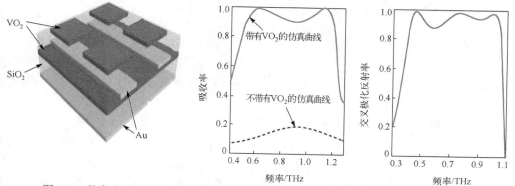

图 5.9　具有宽带吸收功能和极化转换功能的太赫兹极化转换器结构与特性曲线

上述反射式极化转换器一般由顶层极化层、中间介质层和底层金属层构成；透射式极化转换器一般由多层结构组成。通过金属结构层在 x 轴和 y 轴周围的共振模式的不对称性，可以很方便地控制超材料的电磁特性。

2018 年 Zhu 等[9]提出了一种简单的光激发宽带到双带可调谐太赫兹超材料交叉极化转换器（图 5.10）。该转换器是一种夹层结构，以中心切割的十字形金属图案结构作为谐振器，中间介电层作为间隔层，底部金属膜作为基底。该器件在 PCR 超过

95%的情况下具有彼此可相互转换的两种宽带模式，其频带分别为 1.86～2.94THz 和 1.46～2.9THz，宽带的转换峰值达到99.9%，双波段的转换峰值达到99.5%和99.7%。

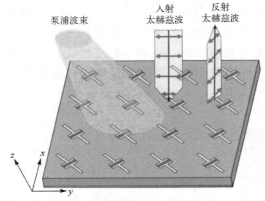

图 5.10　简单的光激发宽带到双带可调谐太赫兹超材料交叉极化转换器结构

2019 年，Guan 等[10]提出了一种基于混合石墨烯-介电超表面的双功能极化转换器（图 5.11）。它可以仅通过施加外部偏置电压，在反射半波板和 1/4 波板之间切换。

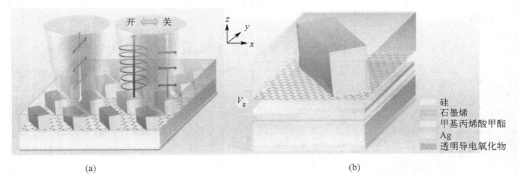

图 5.11　基于混合石墨烯-介电超表面的双功能极化转换器（见彩图）

2021 年，Zhang[11]等人提出 Dirac/VO₂ 复合超表面。该结构的顶层和底层分别为金属光栅，两层介质中间夹杂 Dirac 半金属（Dirac semimetal，DSM），如图 5.12 所示。当 VO₂ 板处于绝缘状态时，所提出的超表面结构表现为非对称传输器件，极化转换率 PCR 达到99%。当 VO₂ 处于金属状态时，超表面在 4.053THz 处可实现宽带线-圆极化转换和线性极化转换。此外，通过改变 Dirac 费米能级和 VO₂ 电导率值来动态控制极化转换。

太赫兹频段的多功能和主动可调谐器件的效果不是很理想，而且这些转换器大多利用法布里-珀罗腔谐振器来增强转换效率，但是对法布里-珀罗多重干扰过程的解释还不够清楚，理论计算也不够详尽。另外，这些转换器仅实现单模反射或透射极化转换并没有涉及频带可调或者高效的双功能极化转换器。

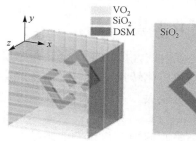
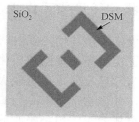

图 5.12　Dirac/VO$_2$复合太赫兹超表面结构

5.1　反射式太赫兹线极化转换器

2013 年，Grady 等[1]设计并制作了第一款基于电磁超材料的太赫兹线极化转换器，是一种典型的金属-介质-金属反射式极化转换器。2021 年，Yin 等[12]提出基于相位梯度超表面的宽带偏振转换器，用于同时操纵太赫兹区域反射波的偏振和波前（图5.13）。2021 年，Qi 等[13]提出了一种与编码相结合的宽带极化转换器（图 5.14）。为了更好地契合太赫兹功能器件的发展和应用，弥补目前反射式极化转换器的带宽不宽和极化转换率不高的缺点，迫切地需要设计高效的极化转换器或者主动可调谐的反射式极化转换器。

图 5.13　基于相位梯度超表面的宽带偏振转换器结构

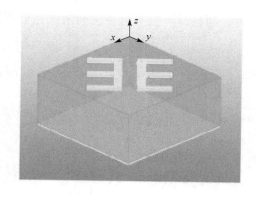

(a)

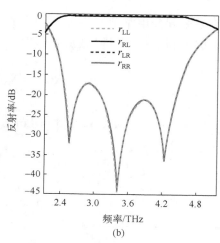

(b)

图 5.14　与编码相结合的宽带极化转换器结构与特性曲线

5.1.1　反射式线极化转换器工作机理

本节设计的线极化转换器均为反射式，即由顶层金属图案层、中间介质层和底层金属层构成。为了实现高效率的线极化转换，应尽可能多地实现能量转换，即入射的电磁波透射率为零且反射率尽可能大。入射波的趋肤深度比所设计底层金属薄膜的厚度大得多时，才能实现透射率为零。另外，反射率尽可能的大即需要该极化转换器的吸收率尽可能的小。根据吸收原理，自由空间阻抗与材料阻抗匹配较低时才能够实现高效的反射效应。当电磁波垂直入射到线极化转换器时，超材料线极化转换器的反射率和透射率可以分别表示为

$$R(\omega) = |S_{11}|^2, \qquad T(\omega) = |S_{21}|^2$$

式中，S_{11} 表示反射系数，S_{21} 表示透射系数。设线极化转换器的厚度为 d，则透射系数 S_{21} 可以表示为

$$S_{21} = \left[\sin(nkd) - \frac{\mathrm{i}}{2}\left(z + \frac{1}{z}\right)\cos(nkd) \right] \mathrm{e}^{\mathrm{i}kd} \tag{5.1}$$

式中，$n = n_1 + \mathrm{i}n_2$ 和 $z = z_1 + \mathrm{i}z_2$ 为超材料极化转换器的负折射率与复阻抗；$k = \omega/c$ 为电磁波在超材料中的传输波数。设定自由空间阻抗为 z_0，则反射系数 S_{11} 可以表示为

$$S_{11} = \frac{z - z_0}{z + z_0} \tag{5.2}$$

式中，$z = \sqrt{\dfrac{\mu}{\varepsilon}}$，$z_0 = \sqrt{\dfrac{\mu_0}{\varepsilon_0}}$，$\mu$ 与 ε 为超材料的磁导率和介电常数，μ_0 与 ε_0 为自由空间的磁导率和介电常数。当 $z = 0$ 或者 $\pm\infty$ 时，超材料阻抗与自由空间阻抗完全不匹配，反射率和透射率可以分别表示为

$$R(\omega) = |S_{11}|^2 = \left| \frac{z - z_0}{z + z_0} \right|^2 = 1 \tag{5.3}$$

$$T(\omega) = |S_{11}|^2 = \lim_{n_2 \to \infty}(\mathrm{e}^{-\mathrm{i}(n_1-1)kd}\,\mathrm{e}^{n_2kd}) = \lim_{n_2 \to \infty} \mathrm{e}^{-2n_2kd} \tag{5.4}$$

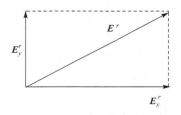

图 5.15　反射波分解图

该超材料极化转换器的吸收率 $A(\omega)$ 可以表示为

$$A(\omega) = 1 - R(\omega) - T(\omega) = 0 \tag{5.5}$$

即几乎所有的入射波的能量都被反射回去了。

图 5.15 为反射波分解图。通过前面的分析可以得出

$$r = |\boldsymbol{E}^r| / |\boldsymbol{E}^i| \tag{5.6}$$

即

$$S_{11}^2 = r^2 = r_{xx}^2 + r_{yx}^2 \tag{5.7}$$

当反射系数只有 y 方向的分量时，就可以完美地实现线极化转换。通过以下公式来计算反射式极化转换的性能，定义为极化转换率：

$$PCR = \frac{r_{yx}^2}{r_{xx}^2 + r_{yx}^2} \tag{5.8}$$

通过式 (5.8) 可以看出当 PCR = 1 时，就达到了 100% 的转化率，即入射 x 极化波被完全转化为 y 极化波。贝尔实验室 Morin 发现升高 VO_2 温度时，其从电介质态转变成金属态，其发生相变时温度为 68℃，相变前后的电导率会有 3~5 个数量级的变化，可以有效地实现对太赫兹波的调控，由于其在主动可调功能器件有很好的应用前景，因此备受关注[14-16]。

VO_2 电导率随温度变化曲线，如图 5.16 所示，表 5.1 是 VO_2 电导率与温度的数据。

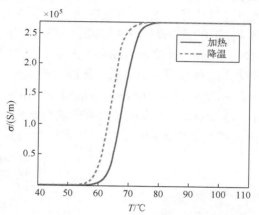

图 5.16　VO_2 电导率随温度变化曲线

表 5.1　VO_2 电导率与温度的数据

温度/℃	金属组分体积分数/%	电导率/(S/m)
40	0.000079	130
60	1.7	820
67	17.3	2.17×10^4
69	69.5	1.58×10^5
80	94.3	2.12×10^5

相变材料的出现给太赫兹相关功能器件的发展奠定了良好的基础，VO_2 就是相变材料中比较典型的应用。VO_2 的相位会随着温度的改变而改变，室温时就可以使

VO_2 发生相变且相变过程可逆，这种特性注定 VO_2 在太赫兹调控器件有很好的应用前景。VO_2 结合超材料的应用在主动可调太赫兹功能器件方面的应用研究备受研究人员的青睐。

5.1.2　单频带太赫兹线极化转换器

随着太赫兹技术的发展，太赫兹功能器件逐渐成为科研工作者研究的热点，在未来的安检、医疗、通信、军事领域会出现更多的太赫兹功能器件的身影。作为太赫兹功能器件中重要部分的极化转换器发展趋势火热，但是单一功能的极化转换器已不再满足科研工作者的需求，主动可调或者双功能的线极化转换器更受青睐。

具有吸收功能主动调谐的单频带太赫兹线极化转换器在室温下可以实现吸收和单频带线极化转换，其结构示意图如图 5.17 所示。本节提出具有吸收功能主动调谐的单频带太赫兹线极化转换器的结构从上到下依次是顶层金属微结构层、中间聚酰亚胺介质层和底层金属金层，其中顶层金属微结构层由同轴双开口圆谐振环和倾斜45°十字金属条及镶嵌在开口环开口处的 VO_2 组成。本节涉及的材料参数如下：聚酰亚胺为中间介质层材料，其介电常数 $\varepsilon = 3.5$；顶层金属微结构层和底层金属层均使用金，其导电率 $\sigma_{gold} = 4.56 \times 10^7 S/m$，厚度为 1μm；底层金属层的厚度大于太赫兹波的趋肤深度，可以很好地避免太赫兹波穿过金属板，从而实现太赫兹波的吸收功能。其他结构参数如下：$P = P_x = P_y = 60μm$，$h = 1μm$，$h_1 = 30μm$，$w = 5μm$，$R_1 = 9μm$，$R_2 = 12μm$，$R_3 = 17μm$，$R_4 = 20μm$，$l = 50μm$。在仿真时太赫兹波从 z 轴负方向垂直入射，边界条件在 x 方向与 y 方向上都设置成周期性，在 z 轴方向上设置为开放条件。

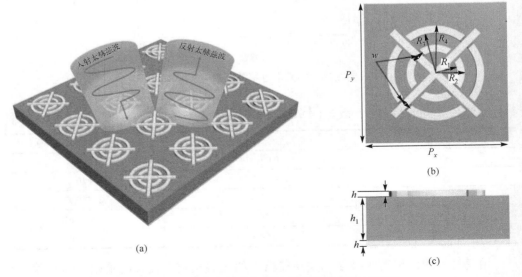

图 5.17　单频带太赫兹线极化转换器的结构示意图

对该转换器在不同的环境温度下的性能进行分析,首先当 VO_2 处于室温时,其处于一种绝缘态,此时本节提出的极化转换器工作在吸收模式,其吸收率如图 5.18(a) 所示,在 1.886THz 处其吸收率达到了 0.968;随着温度升高,当温度大于 68℃时 VO_2 会发生相变,此时 VO_2 处于一种金属态,即工作在极化转换模式,其极化转换率如图 5.18(b) 所示,在 0.843~1.305THz 内其 PCR 都超过了 0.9,相对带宽为 43.2%。接下来根据 VO_2 不同的状态进行分析。

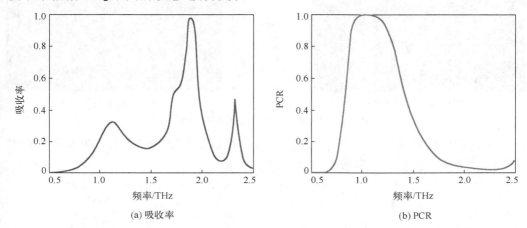

(a) 吸收率　　　　　　　　　　　　　(b) PCR

图 5.18　VO_2 为绝缘态时该转换器的吸收率和 VO_2 为金属态时该转换器的 PCR

1. VO_2 处于绝缘态时该转换器工作在吸收模式

在室温下 VO_2 处于绝缘态,则该转换器就工作在吸收模式,为了清楚地了解这种状态下的吸收模式,选择比较有代表的频率点 1.6THz 和 1.886THz 进行电场仿真,其结果如图 5.19 所示,无论吸收系数较低的 1.6THz 频率点还是吸收系数较高的 1.886THz 频率处,其电场能量基本都集中在外围双开口圆谐振环开口处,这是由于此时开口处形成一个电偶极子谐振,竖直电场能够使开口半环产生电子流,此处能量密度集中,造成电场强度也比较大。再结合该转换器吸收频率点归一化表面阻抗与自由空间阻抗具有良好的匹配性,从而可以实现接近完美的吸收。

接下来对影响吸收态性能的重要结构参数进行逐一分析,其结果如图 5.20 所示。由图 5.20(a) 可知,随着 R_4 的逐渐增大吸收模式下的谐振峰逐渐红移且吸收峰值也在下降,当 $R_4 = 18\mu m$ 时,吸收峰值虽然很高,但是在 1.905THz 处出现大的谐振谷,这是谐振环的尺寸变小使得太赫兹波的谐振效应减弱造成的;当 $R_4 = 20\mu m$ 时吸收效果达到最佳;图 5.20(b) 中是顶层双开口圆环的开口大小 w 的变化对吸收的影响,随着 w 的逐渐增大吸收频带也逐渐发生蓝移且吸收峰值也在逐渐增加,当 $w = 5\mu m$

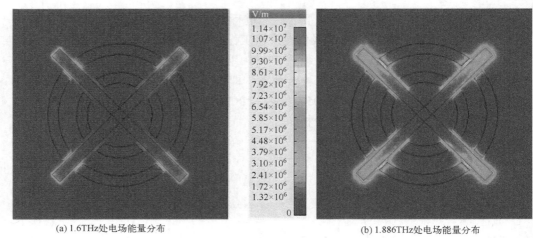

(a) 1.6THz处电场能量分布　　　　　　　　　　　(b) 1.886THz处电场能量分布

图 5.19　　1.6THz 和 1.886THz 处的电场能量分布

时达到最理想的吸收效果，当 $w = 6\mu m$ 时吸收峰值虽然很高但是由于吸收的带宽出现不同程度的谐振谷，所以就不符合设计的需求。

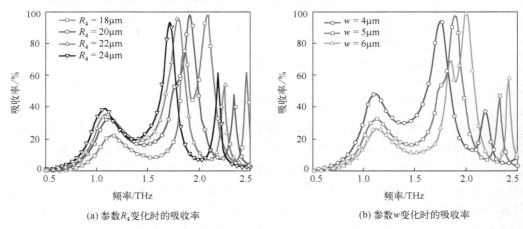

(a) 参数R_4变化时的吸收率　　　　　　　　　　(b) 参数w变化时的吸收率

图 5.20　　绝缘态参数 R_4 和 w 变化下的吸收率

此外本节还对顶层中间十字金属条的长度 l 和介质厚度 h_1 进行仿真分析，其结果如图 5.21 所示。当 $l = 30\mu m$ 时，吸收率很低，这是由于金属条的长度太短不能和开口谐振环形成有效的谐振；随着 l 的逐渐增大其吸收率也逐渐提高，在 $l = 50\mu m$ 时吸收率达到最大值（96.8%）。此外，为了更好地研究影响转换器极化转换性能的结构参数，下面研究介质层厚度 h_1。因此在保持其他尺寸不变的情况下，仿真分析了介质层厚度 h_1 从 25μm 变化到 35μm 时的三个吸收率。其结果如图 5.21（b）所示，当 $h_1 = 30\mu m$ 时，1.886THz 处的吸收率为 96.8%，当 $h_1 = 25\mu m$ 时吸收峰值和 $h_1 = 30\mu m$ 时虽然一致，但是带宽变窄不再符合吸收态的设计需求；当 $h_1 = 35\mu m$

时，吸收率低于 90% 并出现一定红移，综合考量只有当 $h_1 = 30\mu m$ 时吸收率才能达到最佳。

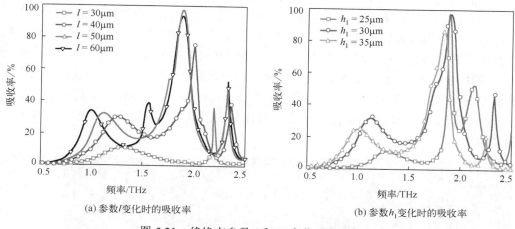

(a) 参数 l 变化时的吸收率　　　　　　　　　(b) 参数 h_1 变化时的吸收率

图 5.21　绝缘态参数 l 和 h_1 变化下的吸收率

由于本节设计的转换器涉及吸收性能，所以把结构设计成对称型来避免入射角 θ 对吸收产生影响。为了验证这一效果，对入射角对吸收率的影响进行仿真分析（图 5.22），入射角为 0°～50°，步长为 10°。入射角 θ 在 0°～50° 内吸收率可达 96.8%，当入射角为 55° 时，吸收率下降至 90% 以下。本节设计的转换器具有极化不敏感特性，很好地满足了隐身材料、传感等领域的应用。

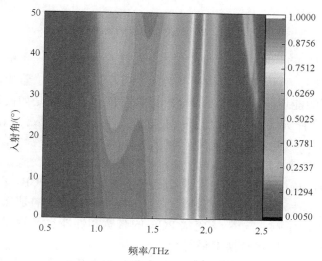

图 5.22　入射角度 θ 对吸收率的影响

2. VO$_2$处于金属态时该转换器工作在极化转换模式

随着环境温度的增加 VO$_2$ 相变为金属态，此时该转换器工作在极化转换模式，为了分析所设计单频带线极化转换器的工作机理，对 1THz 典型频率点进行仿真，得出电场和磁场能量分布(图 5.23)，从图 5.23(a)中可以看出在 1THz 处能量主要聚集在外围双开口谐振环开口处，这是由于开口谐振环可以等效为一个电容，产生电场谐振，而其磁场能量主要聚集在中间倾斜 $-45°$ 的金属臂上(图 5.23(b))，这是因为中间倾斜金属条可以等效为电感元件，此处产生磁场谐振，所以形成一个典型的 LC 谐振，再结合法布里-珀罗谐振效应增强了极化转换性能，使该频带内形成了高效的极化转换率。

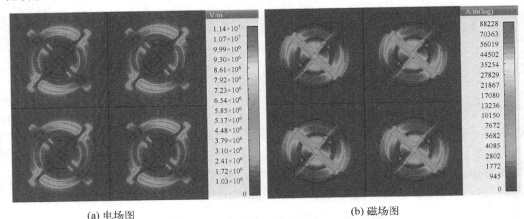

(a) 电场图　　　　　　　　　　　　　　(b) 磁场图

图 5.23　1THz 处的电场和磁场能量分布

上面分析了处于极化转换模式下的工作机理，为了更进一步地了解影响其性能的结构参数有哪些，下面将对其结构参数逐个分析。首先可以看出双开口谐振环开口处聚集着电场的能量，所以接下来分析谐振环的尺寸参数是如何影响极化转换率的。选取外环的半径 R_4 和 w 进行仿真，通过 CST 仿真，其参数化扫描结果如图 5.24 所示。由图 5.24(a)可知，随着 R_4 逐渐增大，PCR 的频带出现轻微红移，并且随着 R_4 的增大，PCR 频带逐渐变宽，这是由于随着谐振环的尺寸变大，入射太赫兹波通过顶层金属层后，在法布里-珀罗谐振效应的影响下造成其 PCR 变大。综合以上分析，可以看出在 $R_4 = 20\mu m$ 时达到最佳效果。图 5.24(b)所示的是当开口环开口大小 w 变化时对 PCR 的影响，随着 w 变宽 PCR 的带宽和性能也开始逐渐提高，这里可以看出当 w 为 5μm 时极化转换率最符合需求。

接下来进一步讨论中间十字金属条的长度 l 和介质厚度 h_1 的变化对 PCR 的影响。在保证其他参数最优的前提下，通过控制变量法和参数化扫描得出其性能曲线如图 5.25 所示。图 5.25(a)所示的是当中间十字金属条的长度 l 变化时对 PCR 的影响，当 $l = 30\mu m$ 时极化转换率很低这是由于金属条的长度太短不能和外围开口谐振环形成谐振作用，随着 l 的增大其极化转换的性能也逐渐提升，当 l 为 $50\mu m$ 时达到最佳。

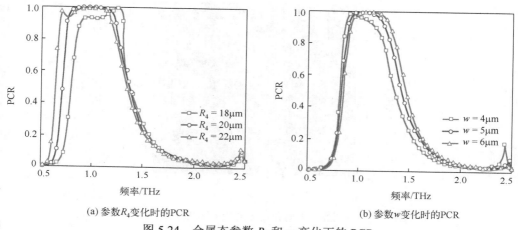

(a) 参数 R_4 变化时的 PCR   (b) 参数 w 变化时的 PCR

图 5.24 金属态参数 R_4 和 w 变化下的 PCR

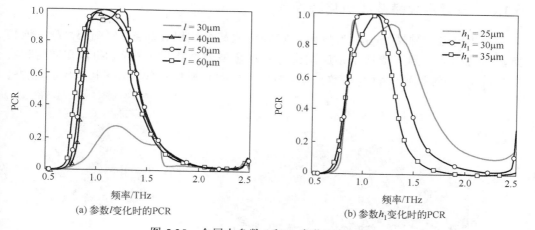

(a) 参数 l 变化时的 PCR   (b) 参数 h_1 变化时的 PCR

图 5.25 金属态参数 l 和 h_1 变化下的 PCR

下面分析极化转换器的结构尺寸对极化转换性能的影响。介质层厚度是一个重要的影响因素，在保持其他尺寸不变的情况下，仿真分析了介质层厚度 h_1 从 $25\mu m$ 变化到 $35\mu m$ 时的三个 PCR，其结果如图 5.25(b) 所示，从中可以看出在 $h_1 = 25\mu m$ 时出现一个谐振谷，使 PCR 低于 0.9，这是由于介质厚度太薄改变了顶层金属微结构和底层金属层之间的谐振；当 $h_1 = 30\mu m$ 时，PCR 的频带最宽且最高；当 h_1 增大到 $35\mu m$ 时，PCR 的带宽变得较窄。综上分析可以看出在保持其他参数最优，当 h_1 为 $30\mu m$ 时，PCR 达到最优。

此外，基于结构设计还研究分析了该转换器对入射角的敏感性，结果如图 5.26 所示，在 0.869～1.306THz 内 PCR 都超过了 90%，在太赫兹波入射角为 0°～40° 内 PCR 的带宽和性能基本不受影响，可以得出该转换器在转换状态对入射角的角度不敏感。

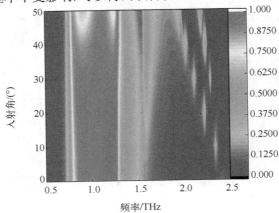

图 5.26　入射角度 θ 对吸收率的影响

5.1.3　宽频带太赫兹线极化转换器

本节提出一种镂空弓字形反射式宽频带太赫兹线极化转换器 (图 5.27)。该转换器的结构从上到下依次是顶层镂空弓字形金属微结构层、中间 SiO_2 介质层和底层金属层。该转换器的材料参数如下：SiO_2 为中间介质层材料，其介电常数 $\varepsilon = 3.75$，

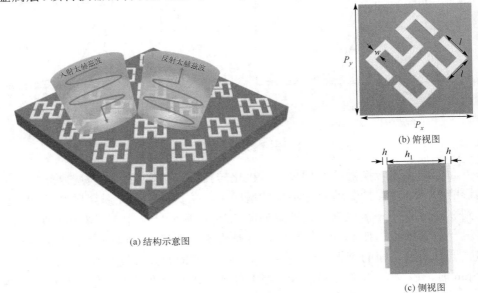

(a) 结构示意图

(b) 俯视图

(c) 侧视图

图 5.27　镂空弓字形宽频带太赫兹线极化转换器

顶部金属微结构层和底层金属层均使用金，其导电率 $\sigma_{\text{gold}} = 4.56 \times 10^7 \text{S/m}$，厚度为 1μm。为了更清楚地描述所提出转换器的结构，其俯视图和侧视图如图 5.27(b) 和 (c) 所示，可以清楚地看到顶层镂空弓字形金属微结构的布局呈倾斜 45°。经过大量计算和运用控制变量法得到最佳的尺寸参数如下：$P_x = P_y = 80$μm，$h = 1$μm，$h_1 = 30$μm，$w = 5$μm。

下面对本节提出的宽频带线极化转换器进行仿真分析与验证。通过 CST 仿真分析得出所提出的反射式宽频带太赫兹线极化转换器的反射系数如图 5.28 所示，共极化系数 (r_{xx}) 在 0.86～1.08THz 内低于 0.1，在 1.13～1.72THz 内低于 0.4；在 0.797～1.617THz 内交叉极化系数 (r_{xy}) 均超过了 0.9，即此频带内入射 x 极化波的能量基本转换成了 y 极化波的能量。

从图 5.29 可以看出在 0.797～1.617THz 内 PCR 都超过了 0.9，相对带宽为 67.9%，可以很好地在该频段内实现极化转换。此外在 0.829～1.146THz 内 PCR 都接近于 1，说明该频段内 x 极化波的能量基本完全转换成 y 极化波的能量，即此处能实现完美的线极化转换。由图 5.30 可以看出在工作频带内相位差均为 π，即在谐振频带内满足 x 极化波转换为 y 极化波的条件和 y 极化波转换成 x 极化波的条件。

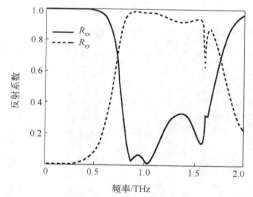

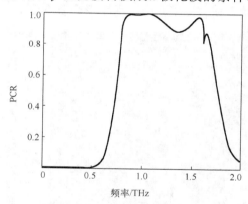

图 5.28　反射式宽频带太赫兹线极化转换器　　　图 5.29　弓字形反射式线极化转换器的 PCR
　　　　　的反射系数

为了更好地研究本节所提出的线极化转换器的工作机理，选取了一个比较有代表性的频率点对它进行电场能量分布和磁场能量分布仿真，仿真结果如图 5.31 所示。图 5.31(a) 是 1THz 处电场能量分布图，从图中可以清晰地看出该频率点的电场能量主要分布在弓字开口处及开口处的金属条上，形成电偶极子谐振，其弓字形内部的能量比较稀疏。图 5.31(b) 是 1THz 处的磁场能量分布图，从图中可以清楚地看出该转换器磁场能量主要集中在镂空弓字形的里面，形成磁谐振。该转换器类似于一个单层的法布里-珀罗谐振腔，再通过电偶极子谐振和磁谐振的作用，使其在 0.797～1.617THz 内的极化转换率超过 90%。通常来说，一个性

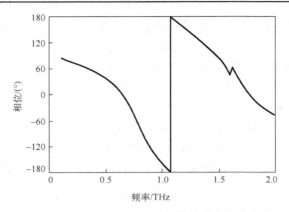

图 5.30　弓字形反射式线极化转换器相位图

能稳定的功能器件都是通过大量的计算和仿真来逐步优化所涉及的参数的，所以该转换器也不例外。一般而言，太赫兹超材料极化转换器的设计离不开对超材料的设计，超材料的结构参数对调控太赫兹波起着决定性作用，所以接下来将分析结构参数的变化对该转换器性能的影响。经过前期的仿真和计算得出，影响该转换器的参数主要有以下几个：弓字形金属宽度 w、介质层厚度 h_1 及太赫兹波入射角 θ。

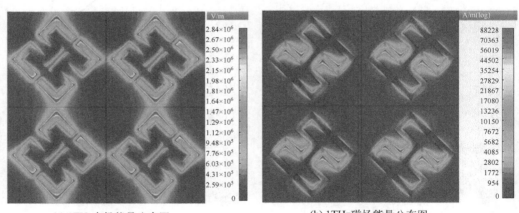

(a) 1THz电场能量分布图　　　　　　　　　(b) 1THz磁场能量分布图

图 5.31　宽频带线极化转换器能量仿真分布图

图 5.32 描述了弓字形金属宽度 w 的变化对极化转换器 PCR 的影响，可以看出当 w 逐渐变宽时该极化转换器的 PCR 带宽稍微变宽，但是 PCR 却变低。w 的变化主要影响到超材料顶层共振层与电磁波的作用面积，使其更好地发挥与底层金属板之间的法布里-珀罗谐振腔之间的谐振作用。当 $w=3\mu m$ 时 PCR 很高但是带宽很小；当 $w=5\mu m$ 时在中心频率点位处 PCR 出现一个谐振谷，此时不符合高效的 PCR 的要求；只有在 $w=4\mu m$ 时带宽和 PCR 才是最高的。

接下来分析介质层厚度 h_1 变化对极化转换器性能的影响，设定顶层弓字形金属宽度为 4μm，现在采用控制变量法对 h_1 在 25～35μm 区间进行参数化扫描，步长为 5μm，结果如图 5.33 所示。随着介质厚度增大，PCR 出现轻微的蓝移现象。当 $h_1 = 25$μm 时可以看出在 1.03THz 和 1.64THz 处极化转换率出现两个较大的谐振谷。当 $h_1 = 35$μm 时在 1.28THz 处也出现一个较大的谐振谷，使工作带宽不能连续，这是由于介质厚度变薄和变厚，都会削弱太赫兹波与超材料之间的法布里-珀罗谐振效应；当 $h_1 = 30$μm 时，在 0.797～1.617THz 内极化转换率都超过了 90%。经过仿真分析和计算得出，当 $h_1 = 30$μm 时该转换器可以获得最佳的工作带宽和 PCR。

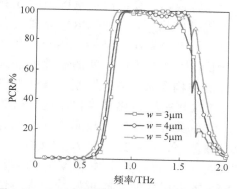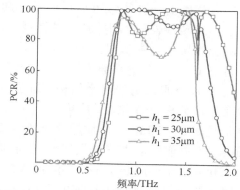

图 5.32　w 对宽频带线极化转换器的性能影响　　图 5.33　h_1 对宽频带线极化转换器的性能影响

通过前面的分析和仿真确定了介质层厚度 h_1 与弓字形金属宽度 w，最后研究一下所设计极化转换器对太赫兹波入射角的依赖性。为了更好地消除该转换器对入射角的依赖，在设计之初就已经把角度 θ 考虑进去，接下来设置入射角分别为 0°、10°、20°、30°、40°、50°、60°。通过参数化扫描和计算得出图 5.34 的结果。从图 5.34

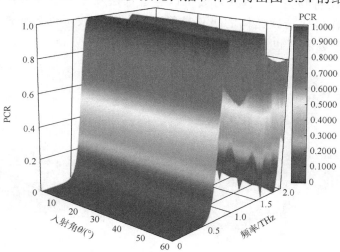

图 5.34　入射角 θ 对宽频带线极化转换器的性能影响

中可以看出在 $0°\sim30°$ 的 PCR 并没有太明显的变化，当入射角增大到 $30°$ 之后，随着角度的增大 PCR 不再是连续的，在 1.25THz 处出现一个明显的波谷。这是由于此处不满足极化转换条件，才会出现图 5.34 中 1.25THz 频率点那样的波谷。通过上面的分析可知，该转换器的各项指标和性能在一个相对较宽的频率内能实现高效的极化转换率且入射角在 $0°\sim30°$ 时表现很好的极化不敏感性。

5.1.4　频带可调反射式太赫兹线极化转换器

本节提出一种频带可调反射式太赫兹线极化转换器，其结构示意图如图 5.35 所示。该转换器的结构依次包括顶层双山形金属微结构层、中间 SiO_2 介质层和底层金属层。其中所提到的金属层均为金属金，其电导率 $\sigma = 4.56 \times 10^7 S/m$；介质层为 SiO_2，其介电常数为 $\varepsilon = 3.75$。顶层双山形金属微结构层之间的空隙处嵌入一块 VO_2 介质来隔开两个结构。为了得到最佳的结构参数，采用控制变量法对所涉及的参数进行优化，最终得出频带可调反射式太赫兹线极化转换器结构参数为单元周期 $P = 70\mu m$，介质层厚度 $h_1 = 30\mu m$，该转换器所涉及的金属层厚度均为 $1\mu m$，其中顶层双山形金属微结构层的各个参数如下：$l_1 = 28\mu m$，$l_2 = 22.5\mu m$，$l_3 = 20\mu m$，$w = 10\mu m$，$w_1 = 5\mu m$；VO_2 的宽度与 w 一致，其中关于 VO_2 的参数数据在前面已经进行了详细的介绍，温度使 VO_2 发生相变的性能正好符合本节所设计极化转换器的需求，也为反射式主动可调太赫兹极化转换器的发展和应用奠定了基础。为了验证本节所提出的极化转换器对太赫兹波的调控性能，用仿真软件 CST 进行仿真。为了获得等效介电常数和等效磁导率各向异性特点，本节采用轴对称双山形结构设计转换器。当电磁波入射到顶层双山形金属微结构层时，一些入射波被反射回去，一些入射波可以穿过顶层双山形金属微结构层到达中间 SiO_2 介质层。在极化转换结构的极化转换下，太赫兹波可以被转换成 x 极化波和 y 极化波分量，透射波也是按照上述过程极化的。

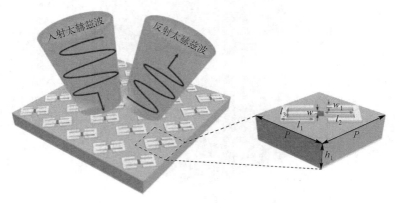

图 5.35　频带可调反射式太赫兹线极化转换器的结构示意图

接下来详细地分析频带可调反射式太赫兹线极化转换器在不同参数下的 PCR。当 VO_2 处于金属态时，x 极化波沿 xoy 界面垂直入射到所设计的极化转换器。仿真结果如图 5.36(a) 所示，在 0.668～1.524THz 内交叉极化系数超过了 0.85，由图 5.36(b) 可以看出，在该频段内极化转换率都超过了 0.9，并且在 1.12THz 处 PCR 接近于 1，也就是说基本上全部的 x 极化波都转换成 y 极化波；在 1.886THz 处交叉极化系数也超过了 0.85，共极化系数低于 0.05，经过计算后的 PCR 如图 5.36(b) 所示，可以看出 PCR 无限接近于 1，在 1.886THz 处完美地实现了 x 极化波转换成 y 极化波。

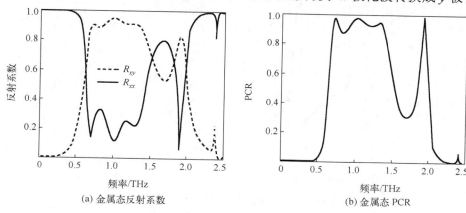

(a) 金属态反射系数　　　　　　　　　(b) 金属态 PCR

图 5.36　金属态反射系数和 PCR

VO_2 作为一种温控材料为太赫兹主动可调功能器件的设计提供了更多的可能，并且室温可控降低了器件设计的难度，并能更好地设计出可调的太赫兹功能器件。由于本节设计的极化转换器采用 VO_2 材料，所以该转换器具有主动可调的功能。图 5.37 是室温下当 VO_2 材料处于绝缘态时，当 x 极化波垂直入射到该转换器的表面时，经过仿真软件的计算得出绝缘态反射系数和 PCR。从图 5.37(a) 可以看出在 1.886THz

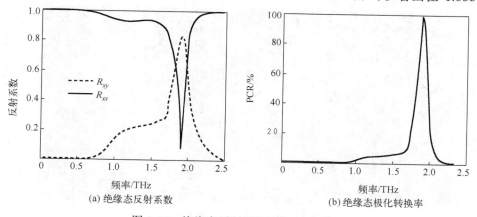

(a) 绝缘态反射系数　　　　　　　　　(b) 绝缘态极化转换率

图 5.37　绝缘态反射系数和极化转换率

处共极化系数低于 0.1，交叉极化系数高于 0.85。由图 5.37(b)可知在 1.886THz 处的 PCR 为 1，即在室温下该转换器在该频率点可以完美地实现 x 极化波转换成 y 极化波。此外作为一个可调的极化转换器，当 VO_2 为金属态时该转换器实现了双频带的极化转换，而在室温下 VO_2 为绝缘态时，该转换器实现了一个频带的完美极化转换。图 5.38(a)与(b)分别是金属态和绝缘态反射系数的相位图，可以看出谐振点位置相位差为 180°，可以很好地满足极化转换要求。

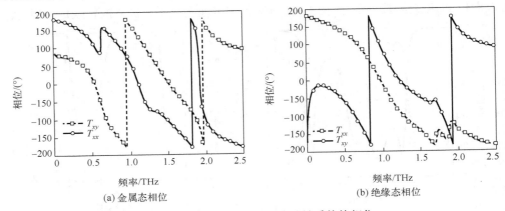

(a) 金属态相位　　　　　　　　(b) 绝缘态相位

图 5.38　金属态和绝缘态时反射系数的相位

　　当 VO_2 为金属态时，本节所提出的极化转换器顶层金属微结构层就可以看成一个完整的金属结构。为了进一步地分析和了解该转换器在 VO_2 不同状态下的工作机制，通过仿真软件分析极化转换频率带上具有代表性的点，得到其电场能量和磁场能量分布图(图 5.39)；其能量主要集中在开口处两侧的金属上，这是由于开口位置可以等效为电容，产生电场谐振。从图 5.39(a)和(b)中可以看出在 1.12THz 处其电场的能量主要集中在金属开口处，在对应频率点处磁场能量分布在中间金属条上及

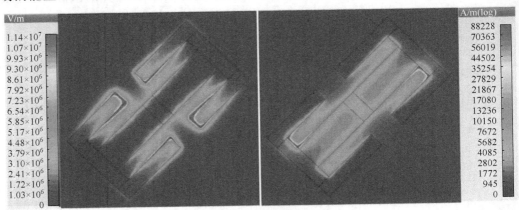

(a) 金属态1.12THz处电场和磁场能量分布图

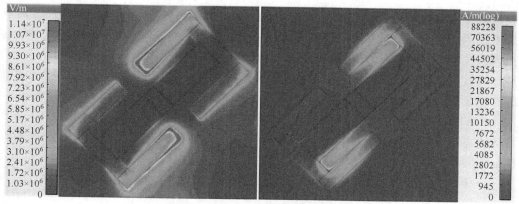

(b) 金属态1.886THz处电场和磁场能量分布图

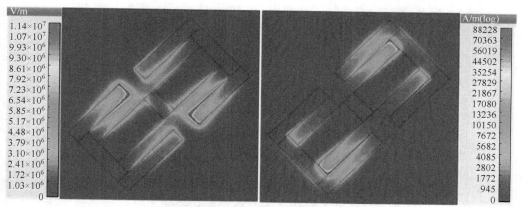

(c) 绝缘态1.886THz处电场和磁场能量分布图

图 5.39　电场和磁场能量分布图

周围，这个金属条可以等效为一个电感元件，此处可以引发磁谐振，这是一个典型的 LC 等效电路。而在第二个频率带上 1.886THz 处却不再是 LC 谐振，从图中可以看出此处的电场能量主要集中在上下两个金属的端点处，这里是由于此处产生了电偶极子谐振；从其磁场能量分布看出，大多数能量集中在上下两个金属结构的 L 弯处及周围，这里是由磁偶极子谐振造成的。至此可以得出，在 VO_2 为金属态时两个谐振频率带的工作机理是不同的，在 0.668～1.524THz 内是由典型的 LC 谐振效应造成的，在 1.872～1.973THz 内是由电偶极子和磁偶极子共同作用造成的。

　　接下来当 VO_2 为绝缘态也就是在室温环境下时，进一步分析其电场和磁场能量分布，挑选具有典型的频率点(1.886THz)进行仿真分析(图 5.39(c))，从图中可以看出电场能量主要集中在金属微结构开口处的左右两个端点，只有少量的能量聚集在上下两个缺口端点处，这里主要是由于在此处产生了一个电偶极子谐振；其磁场的能量分布主要集中在金属结构开口处左右两个缺口端点的金属 L 弯处及周围，这里是由磁偶极子谐振在此处的作用引起的。电偶极子和磁偶极子谐振的共同作用使其在该频段的 PCR 得到了增强。

通过上面的分析清楚地了解到该转换器的工作机理，接下来讨论几何尺寸对 PCR 的影响，首先讨论顶层金属微结构层只有外框时的反射系数和 PCR（图 5.40），在 1.886THz 处的交叉极化系数大于 0.9，共极化系数等于 0.2；然后经过计算得出其对应点的 PCR 为 1；最后，在只有外框作用下该转换器实现了单频带高效极化转换，此时和当 VO$_2$ 处于绝缘态的性能是一致的。

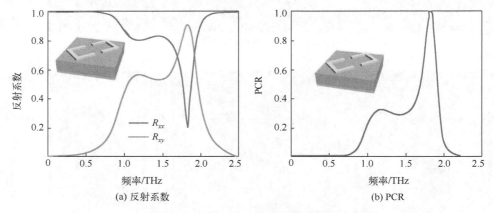

(a) 反射系数　　　　　　　　　　　(b) PCR

图 5.40　只有外框时的反射系数和 PCR

环境温度的变化使 VO$_2$ 出现了相变，所以温度对 VO$_2$ 状态的影响对于该转换器的性能起着决定性作用，所以下面分开研究金属态和绝缘态时结构参数变化对 PCR 的影响。通过前期大量的准备工作和仿真分析得出对该转换器性能有显著影响的几个结构参数，分别是顶层金属微层结构中间金属条宽度 w、山形结构外侧金属条长度 l_1 及介质层厚度 h_1。首先分析中间金属条宽度 w 变化对该转换器 PCR 的影响，图 5.41（a）是当 VO$_2$ 为金属态时的 PCR，从图中可以看出当 $w = 6\mu m$ 时其第一个频带内会出现一个大的波谷，当 $w = 10\mu m$ 时第一个频带出现一个宽度合适且带内 PCR 都最佳的频带，当 $w = 14\mu m$ 时第一个频带内同样会出现一个大的波谷，这是由不同的 w 对太赫兹波的耦合效应不同造成的。而对于第二个频带内的影响从图 5.41（a）中可以看出随着 w 的逐渐增大频带出现稍微蓝移，而对 PCR 影响微乎其微。当 VO$_2$ 为绝缘态时，PCR 随 w 的变化如图 5.41（b）所示，可以看出随着 w 的逐渐增大 PCR 出现轻微蓝移。综上可知只有当 $w = 10\mu m$ 时才是最佳的结构尺寸。

采用控制变量法继续来研究山形的外侧金属条长度 l_1 对结构性能的影响，经过前期的计算，选取了比较有代表性的数据进行参数化仿真，参数点分别是 $l_1 = 22\mu m$、$l_1 = 24m$、$l_1 = 26\mu m$，通过仿真得到如图 5.42 所示的数据曲线，可以看出当 VO$_2$

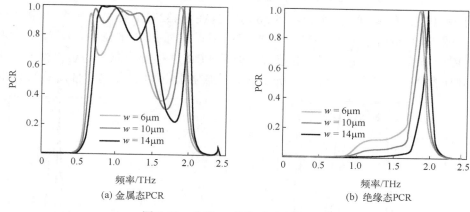

图 5.41　参数 w 变化时对应的 PCR

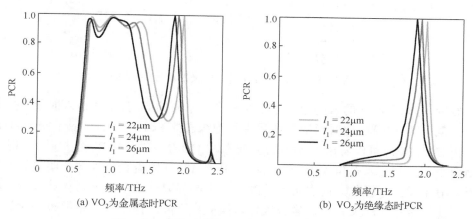

图 5.42　参数 l_1 变化时该转换器对应的 PCR

为金属态时，随着 l_1 的逐渐增大其第一个频带也逐渐变窄，而第二个频带内 PCR 并不受太大影响只是峰值频率点出现红移；当 VO_2 为绝缘态时其性能曲线如图 5.42(b) 所示，l_1 的变化只是影响到其峰值频率点，随着 l_1 增大峰值频率点出现红移，综合上面的计算得出 l_1 最佳的尺寸为 24μm。

　　介质层厚度 h_1 也是不可忽略的因素，介质层厚度 h_1 大小直接影响太赫兹波入射后的耦合情况。选取 $h_1 = 25μm$、$h_1 = 30μm$、$h_1 = 35μm$ 三个优化后比较有代表性的结构参数，仿真结果如图 5.43 所示。其中图 5.43(a) 是 VO_2 为金属态时 h_1 的变化对 PCR 的影响，可以看出随着 h_1 逐渐增大第一频带的变化是相当大的，当 $h_1 = 25μm$ 时，在第一频带内出现一个小的波谷；当 $h_1 = 30μm$ 时频带相对较宽；当 $h_1 = 35μm$ 时，其 PCR 的频带虽然变成一个较大的频带，但是频带内 PCR 在 0.756THz 和 1.781THz 处出现急剧的下滑，形成两个大的波谷，这是由 h_1 的增大使得顶层金属材料和底层金属板之间的耦合效应减弱造成的。随着 h_1 的增大第二个频带出现了轻微蓝移和 PCR 增加，但是当 $h_1 = 35\mu m$ 时，其在 2.432THz 处出现一个 PCR 很低的频带。图 5.43(b) 所示为当 VO$_2$ 为绝缘态时不同 h_1 对 PCR 的影响，随着 h_1 逐渐变大 PCR 的峰值频率点出现一定的蓝移，但是 PCR 并不受影响。综合上面的分析及结合其他参数，最终得出当 $h_1 = 30\mu m$ 时，该转换器可以实现双频带高效的 PCR。

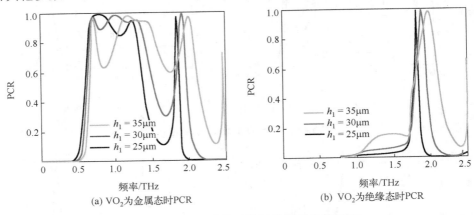

(a) VO$_2$ 为金属态时PCR　　　　　　(b) VO$_2$ 为绝缘态时PCR

图 5.43　参数 h_1 变化时该转换器对应的 PCR

最后，考虑到不同的入射角 θ 会对 PCR 产生不同的影响，下面是入射角 θ 在 0°～60° 内(间隔为 10°)变化时对应的金属态和绝缘态的 PCR，分别对应于图 5.44(a) 和 (b)。从图 5.44(a) 可以看出当 VO$_2$ 为金属态时，随着入射角从 0° 增大到 30° 时 PCR 逐渐变小，但是当入射角大于 40° 之后 PCR 在 1THz 附近会出现一个明显的波谷，由于入射角增大，极化方向也发生了改变，不再局限于单一的 x 极化波或者 y 极化波，不能满足极化转换条件，导致极化转换能力下降。但是入射角的改变对第二个

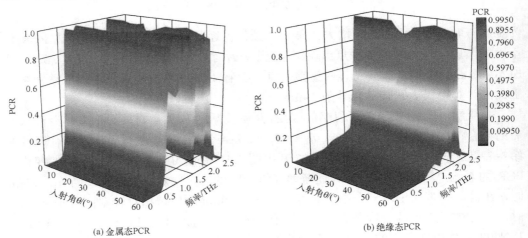

(a) 金属态PCR　　　　　　　　　　(b) 绝缘态PCR

图 5.44　入射角 θ 变化时对应的 PCR

频带并不会产生明显的影响。当 VO$_2$ 为绝缘态时，入射角的改变对 PCR 的影响曲线如图 5.44(b) 所示，随着入射角 θ 的增加，在 30° 时出现一个小的 PCR 下降，其他角度并没有明显的影响，至此可以看出所设计的极化转换器在宽角度范围内都可以实现高效的极化转换，并且由于相变材料 VO$_2$ 的加入使其在可调功能器件方向有了更多的选择。

5.2　透射式太赫兹线极化转换器

极化转换是电磁波的固有特性，在通信、传感等许多领域应用中具有重要意义。非对称传输 (AT) 遵循洛伦兹互逆性原理，类似于类二极管效应。它可以用于定向极化转换器、极化控制装置和成像中的极化敏感传感器。近年来，具有亚波长周期单元及电磁转换作用的超材料引起了研究人员的极大关注。在微波、太赫兹甚至光学区域，超材料的线极化作用已经被验证过，由于其在成像、传感和通信领域的良好应用前景，可以用于电磁波极化控制装置。2013 年，Abasahl 等[17]提出一种实现线到圆极化转换的结构。2017 年，Ma 等[18]设计了一种反射式超材料结构，实现了 0.37~1.05THz 的 PCR。2018 年，Song 等[19]提出了一种频带为 9.0~12.3GHz 的超材料极化转换器。2020 年，Pan 等[20]研究并提出一种基于金属亚波长光栅且 PCR 大于 0.99 的宽带太赫兹极化转换器。一般来说，反射极化转换器的性能要优于透射极化转换器[21-25]。此外，业内迫切需要一种具有近乎完美非对称传输性能的双频或多频极化转换器。

5.2.1　透射式线极化转换器工作机理分析

本节阐述透射型极化转换的机理，当一束 x 极化波垂直入射到超材料的表面时，入射波的电场可以用下面的公式去表述：

$$\boldsymbol{E}_i = E_i \mathrm{e}^{\mathrm{j}\varphi_i} \hat{\boldsymbol{e}}_x \tag{5.9}$$

式中，入射波电场幅值为 E_i；入射波的电场极化方向的单位矢量为 $\hat{\boldsymbol{e}}_x$；入射电磁波电场相位为 φ_i。电磁波入射到超材料极化方向会发生旋转，这是由超材料具有各向异性的属性造成的。那么电场极化方向和入射波极化方向就不在一条直线上，即反射波变成了两个正交场的分量：

$$\begin{aligned}\boldsymbol{E}_t &= E_i T_{xx} \hat{\boldsymbol{e}}_x + E_i T_{yx} \hat{\boldsymbol{e}}_y \\ &= E_i t_{xx} \mathrm{e}^{\mathrm{j}\varphi_{xx}} \hat{\boldsymbol{e}}_x + E_i t_{yx} \mathrm{e}^{\mathrm{j}\varphi_{yx}} \hat{\boldsymbol{e}}_y\end{aligned} \tag{5.10}$$

式中，T_{xx} 为 x 极化波的透射系数；T_{yx} 为 y 极化波的透射系数；t_{xx} 与 t_{yx} 为 x 极化波传输系数的幅值和 y 极化波透射系数的幅值；$\hat{\boldsymbol{e}}_x$ 与 $\hat{\boldsymbol{e}}_y$ 分别为 x 方向和 y 方向的单位

矢量；φ_{xx} 和 φ_{yx} 分别为透射波的相位。本书中所涉及的超材料具有各向异性的属性，能够调控正交方向的幅值和相位，当 x 极化波垂直入射时，会出现以下几种透射波的极化转换状态：$t_{xx} = t_{yx}$ 且 $\varphi_{xx}-\varphi_{yx} = \pm 180°$ 时，反射极化波为线极化波；$t_{xx} = t_{yx}$ 且 $\varphi_{xx}-\varphi_{yx} = \pm 90°$ 时，反射极化波为圆极化波；$t_{xx} = t_{yx}$ 且 $\varphi_{xx}-\varphi_{yx} \neq \pm 90°$ 时，反射极化波为椭圆极化波。本章只涉及线极化波，所以，合理设计超材料的结构就可以实现线极化波之间的转换。

5.2.2　透射式宽频带太赫兹线极化转换器

本节提出一种透射式宽频带太赫兹线极化转换器，其结构示意图如图 5.45(a) 所示。该转换器的结构依次为顶层 x 方向梯度金属光栅、上介质层聚酰亚胺、中间双开口金属环微结构、下介质层聚酰亚胺和底层 y 方向梯度金属光栅(图 5.45)。其中所提到的金属材料层均为金属金，电导率 $\sigma = 4.56 \times 10^7 \text{S/m}$，其厚度为 $1\mu\text{m}$；聚酰亚胺为介质层，其介电常数为 $\varepsilon = 3.5$。

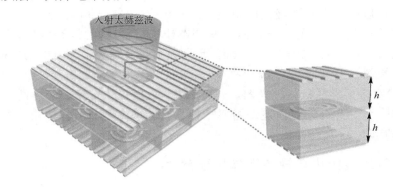

(a) 透射式宽频带太赫兹线极化转换器

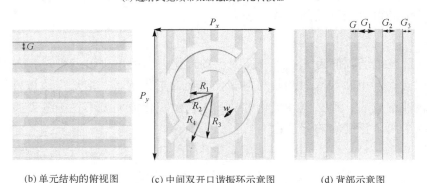

(b) 单元结构的俯视图　　(c) 中间双开口谐振环示意图　　(d) 背部示意图

图 5.45　透射式宽频带太赫兹线极化转换器

为了得到最佳的结构参数，采用控制变量法对所涉及的参数进行优化，最终所得出的透射式宽频带太赫兹线极化转换器的结构参数如下：单元结构周期 $P = P_x = P_y = 60\mu m$，内侧双开口圆环的内径 $R_1 = 9\mu m$，金属环的开口大小 $w = 4\mu m$；外侧双开口圆环的内径 $R_3 = 20\mu m$，金属环的开口大小 $w = 4\mu m$，圆环的宽度 $w_1 = 3\mu m$，聚酰亚胺层的厚度 $h = 20\mu m$，顶层梯度金属光栅和底层梯度金属光栅呈正交分布，顶层梯度金属光栅沿 x 方向，底层梯度金属光栅沿 y 方向且其参数都是一致的，光栅间隔均为 $G = 4\mu m$，$G_1 = 8\mu m$，$G_2 = 6\mu m$，$G_3 = 4\mu m$。

　　在 CST 软件仿真中，入射波为 y 方向的线极化波，由于本节所提出的结构具有正交光栅，所以具有很好的滤波作用。本节所提出的转换器为三明治结构，其中包含两个级联法布里-珀罗谐振腔。当太赫兹波沿着前向($-z$ 方向)垂直入射时，绝大部分 y 极化波可以透过顶层 x 方向金属光栅，然后经过中间极化转换器转换成交叉极化波，只有很少一部分的 y 极化波在没有极化转换的情况下透过中间极化转换器，然后 y 极化波被底层 y 方向的金属光栅反射，y 极化波可以透过底层 x 方向的亚波长金属光栅。x 极化波基本都被顶层 x 方向亚波长金属光栅反射回去，然后，x 极化波和 y 极化波重复以上过程，最终只有 x 极化波透过底层 y 方向亚波长金属光栅。当太赫兹波沿着后向($+z$ 方向)垂直入射时和前向类似不再赘述，只是把 x 极化波转成 y 极化波。因此本节所提出转换器的三明治结构是两个级联类似法布里-珀罗的谐振腔，从而增强了非对称传输现象，拓宽了透射的带宽。

　　本节所提出的转换器结构是正交光栅型，所以当太赫兹波正向入射和反向入射时都可以达到很好的极化转换效果，正向入射 TM 模式下 y 极化波转换成 x 极化波，反向入射 TE 模式下 x 极化波转换成 y 极化波。由图 5.46 与图 5.47 中可以看出正向和反向都可以很好地实现超宽带的极化转换效果。由图 5.46(a) 可知 0~3.6THz 内只有 y 极化波很好地透过所提出的转换器结构，x 极化波的透射系数基本接近于 0；由图 5.46(b) 可知 0.26~3.36THz 内 TM 模式下极化转换率(PCR)都超过了 0.95；而

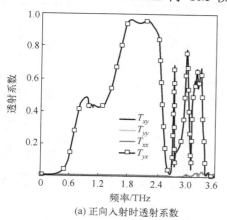

(a) 正向入射时透射系数

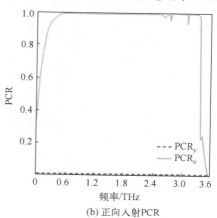

(b) 正向入射PCR

图 5.46　正向入射时透射系数和 PCR

TE 模式下 x 极化波的极化转换率很低,所以可以看出正向入射时可以很好地实现太赫兹波的超宽带极化转换。由图 5.47(a)可以看出,当太赫兹波从该转换器结构的背部入射时,只有 x 极化波在 0.25～3.36THz 内透过底层金属光栅并实现了极化转换;图 5.47(b)所示的是当太赫兹波从背面入射时 TE 模式下 x 极化波转换成 y 极化波的PCR,可以清楚地看出在 0.26～3.36THz 内透射式宽频带线极化器的 PCR 都超过了0.95,对应的 TM 模式下 y 极化波转换成 x 极化波的 PCR 就很低。这是由于正交梯度光栅本身就具有电磁波选择和滤波作用,再加上该结构产生级联法布里-珀罗谐振效应及电磁耦合效应,因此可以看出本节提出的正交的金属光栅结构可以很好地实现不同入射方向时的 PCR,为以后太赫兹器件的应用提供更多的可能。

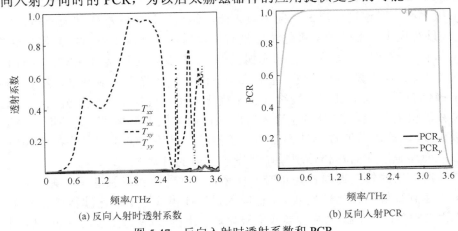

(a) 反向入射时透射系数　　　　　　　　(b) 反向入射 PCR

图 5.47　反向入射时透射系数和 PCR

由图 5.48(a)和(b)中可知,在工作频带内相位差均为 π,即在谐振频带内满足极化转换的条件。另外在谐振频带附近相位差均在 π 周围变化,使得工作频带更宽。

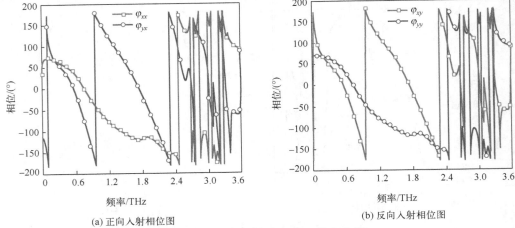

(a) 正向入射相位图　　　　　　　　　　(b) 反向入射相位图

图 5.48　透射式线极化转换器的相位图

为了更好地研究本节所提出的宽频带太赫兹线极化转换器的极化转换机理，在仿真时选择了正向和反向工作频带内 1THz 处的电场能量密度图，其仿真结果如图 5.49 所示。从图 5.49(a)和(b)可以看出，双开口谐振环的开口缝隙处聚集了主要的电场能量，其原因是双开口谐振环开口缝隙处等效为一个电容，产生电场谐振。无论太赫兹波正向入射还是反向入射其作用机理都是一致的，在这里就不再展开讨论。

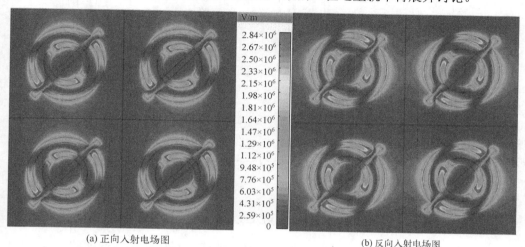

(a) 正向入射电场图　　　　　　　　　　　　(b) 反向入射电场图

图 5.49　透射式宽频带太赫兹线极化转换器的正向入射电场图和反向入射电场图

为了更加清楚地分析影响本节提出的超宽带线极化转换器性能的因素，结合已有的电磁理论基础和 CST 仿真软件，对影响极化转换器性能的参数采用控制变量法进行筛选，其中主要参数有介质层厚度 h、双开口谐振环的开口宽度 w。由电磁理论可知，该结构的多层介质及中间金属微结构之间可以形成两级法布里-珀罗谐振腔，h 的变化能够使整个谐振腔体之间的耦合效应发生巨大变化。w 也是影响电磁波极化转换的一个重要因素，这是由于不同 w 会引起金属条表面电流能量密度发生改变，所以该参数对 PCR 也有很大影响。对上述重要参数进行参数化扫描，可以得出其对该转换器性能的影响。

为了得到性能最佳的极化转换效果，采用控制变量法进行数据优化，经过大量仿真计算得到最佳结构数据。首先确保其他的参数达到最优；然后再对介质层厚度 h 进行逐个分析，其数据范围设置在三个比较具有代表性的数据点（15～25μm，步长为 5μm），得出结果如图 5.50 所示。通过图 5.50(a)和(b)可以看出，当 h 取不同的数值时，本节设计的转换器线极化性能也不同。图 5.50(a)是正向 TM 模式下 y 极化波入射时 h 的变化对 PCR 的影响，可以看出当 $h = 15$μm 时，PCR 在 0～3.6THz 内变窄；当 $h = 20$μm 时 PCR 达到最优；h 继续增大到 25μm 时，PCR 的带宽变窄，由此得出 TM 模式下最佳介质层厚度 $h = 20$μm。图 5.50(b)是反向入射时 TE 模式下

x 极化波垂直入射时 h 的变化对 PCR 的影响，可以看出当 $h = 15\mu m$ 时，其 PCR 在 0～3.6THz 内变窄；当 $h = 20\mu m$ 时其 PCR 达到最优；h 继续增大到 $25\mu m$ 时，PCR 的带宽变窄，由此可以看出当 TM 模式下 y 极化波正向垂直入射时最优的结构参数是 $h = 20\mu m$。综合考虑整个频带及超宽带 PCR 的目标，$h = 20\mu m$ 是最优的选择。

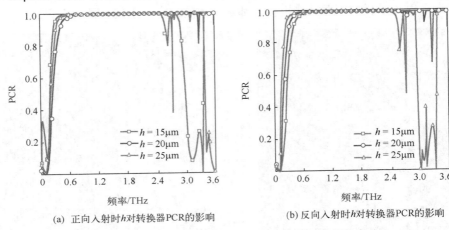

(a) 正向入射时 h 对转换器PCR的影响　　　　(b) 反向入射时 h 对转换器PCR的影响

图 5.50　介质厚度 h 对透射式线极化转换器性能的影响

图 5.51 是双开口谐振环的开口宽度 w 对透射式线极化转换器性能的影响。接下来其数据范围设置为三个比较具有代表性的数据（$3\mu m$、$4\mu m$、$5\mu m$），得出结果如图 5.51 所示。通过图 5.51（a）和（b）的仿真结果可以清楚地看出，当 w 取不同的数值时，所提出的线极化转换器的性能也是不一样的。图 5.51（a）是正向 TM 模式下 y 极化波入射时中间金属双开口圆环的开口大小 w 的变化对 PCR 的影响，可以看出当 $w = 3\mu m$ 时，PCR 在 1.2THz 和 2.8THz 处出现一个断崖式下降，不能满足所设计

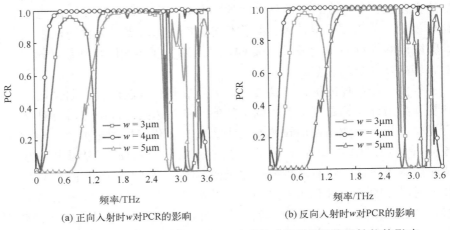

(a) 正向入射时 w 对PCR的影响　　　　　(b) 反向入射时 w 对PCR的影响

图 5.51　双开口谐振环的开口宽度 w 对透射式线极化转换器性能的影响

的超宽带极化转换器的要求；当 $w=4\mu m$ 时 PCR 在 0.26～3.36THz 内都超过了 0.95，达到最优的效果；当 w 继续增大到 5μm 时，PCR 的带宽继续变窄，只有在 1.2～2.5THz 内 PCR 超过了 0.8，由此可以看出在 TM 模式下 y 极化波正向垂直入射时最优的结构参数是 $w=4\mu m$。图 5.51(b) 是反向 TE 模式下 x 极化波垂直入射时中间金属双开口圆环的开口宽度 w 的变化对 PCR 的影响，可以看出当 $w=3\mu m$ 时，在 1.2THz 和 2.8THz 处 PCR 出现一个断崖式下降，不能满足所设计的超宽带极化转换器的要求；当 $w=4\mu m$ 时在 0.26～3.36THz 内 PCR 都超过了 0.95，达到最优的效果；当 w 继续增大到 5μm 时，PCR 的带宽继续变窄，只有在 1.2～2.5THz 内 PCR 超过了 0.9，由此可以看出在 TE 模式下 x 极化波反向垂直入射时最优的结构参数是 $w=4\mu m$。

通过前面的分析确定了本节提出的极化转换器的结构参数，并得到最佳的 PCR。但是在设计之初就考虑到了入射角对该极化转换器性能的影响，接下来通过一组仿真数据分析一下入射角 θ 对 PCR 的影响。图 5.52 是入射角 θ 为 0°～60° 时太赫兹波正向入射时和反向入射时的 PCR，由图 5.52(a) 和 (b) 可以看出入射角 θ 在 0°～30° 时 PCR 带宽较宽；入射角 θ 在 40°～60° 时 PCR 带宽变窄，并出现多个频带 PCR。由于太赫兹波入射角 θ 慢慢增大时，不能很好地满足极化转换的条件，极化转换能力下降。入射波不再是单独的 x 极化波或者是 y 极化波，就不能满足极化转换需要的基本条件，所以极化转换器的转换能力下降即 PCR 下降。通过对比发现正向和反向的极化转换率差别不是很大，这是由于正向和反向入射时只是极化波的模式不同而已，对 PCR 的影响几乎可以忽略不计，但是极化转换的结果却不同，一个是 TM 模式下的 y 极化波转换成 x 极化波，一个是 TE 模式下 x 极化波转换成 y 极化波。通过上面的分析可知，本节设计的宽带线极化转换器可以满足在较大入射角的情况下实现高效的极化转换。

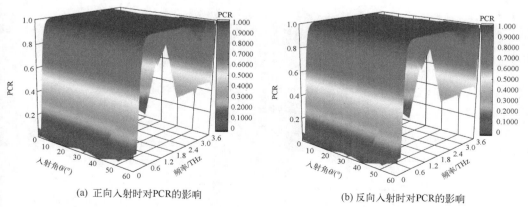

(a) 正向入射时对PCR的影响　　　　　　　　　(b) 反向入射时对PCR的影响

图 5.52　透射式线极化转换器的正向入射角对性能的影响

5.2.3　透射式双频带太赫兹线极化转换器

　　本节介绍了一种具有非对称传输功能的透射式双频带太赫兹线极化转换器。该转换器由三个金属图形层和两个石英介质层构成，其中介质层将三个金属图形层相互分隔。顶部和底部金属图案为亚波长金属光栅，中间层为周期性对称双雷达金属微结构。通过 CST 软件仿真和分析了该转换器在正向与反向太赫兹波入射情况下的性能，并阐述了该转换器的详细设计过程和工作原理。其结果表明，本节提出的反射式双频带太赫兹线极化转换器具有双频带线极化转换和高效非对称传输性能。

　　本节提出的双频带太赫兹线极化转换器三维结构图如图 5.53 所示[26]。顶层由 y 方向亚波长金属光栅组成。底层由 x 方向亚波长金属光栅组成。中间层由对称的双雷达金属微结构组成，金属光栅厚度为 0.2μm。中间由 SiO_2 介质层隔开，其厚度 $h = 20$μm。该转换器可以通过大规模的合成、转移和刻蚀技术来制造对称的双雷达结构阵列层，化学气相沉积法是用于制造该转换器结构的方法之一，并且可以采用电子束光刻技术来制造亚波长金属光栅层。在仿真中，在 x 方向和 y 方向设置周期性边界及在沿+z/-z 方向设置开放边界条件。该转换器结构由沿+z 方向的线性极化太赫兹波照射。为了得到最佳的结构参数，采用控制变量法对所涉及的参数进行优化，最终得出的双频带线极化转换器的结构参数如下：$P = 60$μm，$w_1 = 10$μm，$w_2 = 5$μm，$r_1 = 18$μm，$r_2 = 16$μm，$s = 8$μm，$l = 60$μm。金属铜的电导率 $\sigma = 5.8 \times 10^7$S/m，介质层为 SiO_2，介电常数为 3.75，损耗角正切值为 0.0004。

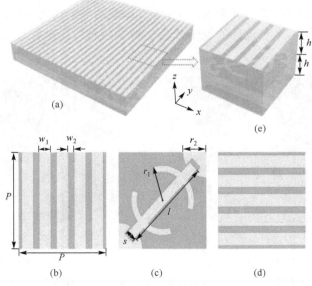

图 5.53　双频带太赫兹线极化转换器三维结构图

　　线极化太赫兹波垂直于所提出结构的表面，并且可以获得相应的透射系数及非对称传输（AT）系数，Δ 定义为前向传播和后向传播的总传输量之差，可以利用式（5.11）进行计算。

$$\begin{cases} \Delta_{\text{lin}}^{x} = |t_{yx}^{f}|^2 - |t_{yx}^{b}|^2 \\ \Delta_{\text{lin}}^{y} = |t_{xy}^{f}|^2 - |t_{xy}^{b}|^2 \end{cases} \tag{5.11}$$

式中，Δ 的下标表示入射波的极化状态；x、y 表示 x 极化和 y 极化，上角标 f 和 b 表示正向和反向。超材料传输系数满足下面的条件：

$$|t_{xy}| \neq |t_{yx}|, \quad t_{xx} \approx t_{yy} \tag{5.12}$$

式（5.12）为线性极化波具有非对称现象的必要条件。

　　当太赫兹波垂直入射到提出的超材料表面时，可以用下面的矩阵公式来表示入射波和透射波的关系：

$$\begin{pmatrix} E_x^t \\ E_y^t \end{pmatrix} = \begin{pmatrix} t_{xx} & t_{xy} \\ t_{yx} & t_{yy} \end{pmatrix} \begin{pmatrix} E_x^i \\ E_y^i \end{pmatrix} \tag{5.13}$$

式中，上角标 $t(i)$ 代表透（入）射波；下角标 x 和 y 表示 $x(y)$ 极化波；$t_{xx}(t_{yy})$ 表示共极化系数；$t_{xy}(t_{yx})$ 表示交叉极化系数。

　　用 PCR 来表征所提出的具有非对称传输功能的双频带太赫兹线极化转换器的极化转换率：

$$\text{PCR}_x = \frac{|T_{yx}|^2}{|T_{yx}|^2 + |T_{xx}|^2}, \quad \text{PCR}_y = \frac{|T_{xy}|^2}{|T_{xy}|^2 + |T_{yy}|^2} \tag{5.14}$$

式中，$T_{yx}(T_{xy})$ 为入射 $x(y)$ 极化系数和透射 $y(x)$ 极化系数；$T_{xx}(T_{yy})$ 为入射 $x(y)$ 极化波透射 $x(y)$ 极化系数。

　　法布里-珀罗谐振腔基本原理如图 5.54（a）所示。太赫兹波是沿-z 方向入射的，绝大部分 x 极化波可以透过顶层 y 方向金属光栅，然后经过中间极化转换器转换成交叉极化波，只有很少一部分的 x 极化波穿过中间金属微结构没有极化转换；最后，x 极化波沿 x 方向底层金属光栅被反射，y 极化波沿 x 方向透过底层金属光栅。同理，y 极化波基本上是由顶层 y 方向金属光栅反射回来的，$x(y)$ 极化波重复上述过程并进行反复反射透射。最后，只有 y 极化波在 x 方向透过下层亚波长金属光栅。当太赫兹波沿+z 方向入射时，它只是将 y 极化波转换为 x 极化波。因此，本节所提出的转换器三明治结构可以作为两个级联的类法布里-珀罗谐振腔，增强了 AT 现象，拓宽了传输带宽。

　　根据图 5.54（a）所示的法布里-珀罗谐振腔的工作原理，两个级联法布里-珀罗类谐振腔可以有效地提高 PCR 和 AT。为了进一步地阐述极化转换过程，使用庞加莱

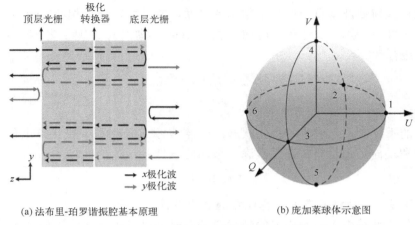

(a) 法布里-珀罗谐振腔基本原理　　　　　　(b) 庞加莱球体示意图

图 5.54　法布里-珀罗谐振腔基本原理与庞加莱球体示意图

球体来可视化极化操作。本节使用线性极化太赫兹波来模拟极化转换器，因此入射太赫兹波的起始位置和结束位置都位于庞加莱球体的赤道。由于相位差的初始值为零，极化的初始状态对应于庞加莱球面上的点 1(图 5.54(b))；然后，它通过点 2 或点 3 沿着庞加莱球体的赤道到达点 6；最后，线极化态在庞加莱球面上转换为交叉线极化，对应极化转换器的功能。图 5.55 为双层结构太赫兹波透射曲线，虽然 T_{yy} 和 T_{yx} 有明显的透射共振峰，但由于 T_{xx} 和 T_{yx} 的透射率太小，不足以满足高效的极化转换。

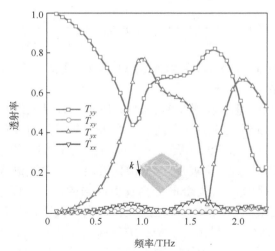

图 5.55　双层结构太赫兹波透射曲线

　　图 5.56(a) 为太赫兹波正向入射时不同频率的透射谱，结果表明：在 0.38～1.34THz 和 1.40～2.25THz 两个太赫兹频段透射率均在 0.95 以上。图 5.56(b) 是沿

+z 轴(向后)和−z 轴(向前)方向入射的太赫兹波在 0.60～1.12THz 和 1.61～1.98THz 两个频段内,非对称传输系数都超过了 0.8。图 5.56(c)描述了 TE 模式下正向入射时的 x 极化的 PCR,图 5.56(d)描述了 TM 模式下反向入射时 y 极化的 PCR。在+z 轴(向后)和−z 轴(向前)方向入射太赫兹下,在 0.38～1.34THz 和 1.40～2.25THz 两个太赫兹波段 PCR 均超过 0.99。因此,由图 5.56 可以看出,两个级联法布里-珀罗类谐振腔可以很好地实现极化转换和非对称传输。此外,沿+z 轴法向入射太赫兹波的器件性能与沿−z 轴法向入射太赫兹波的器件性能相似。

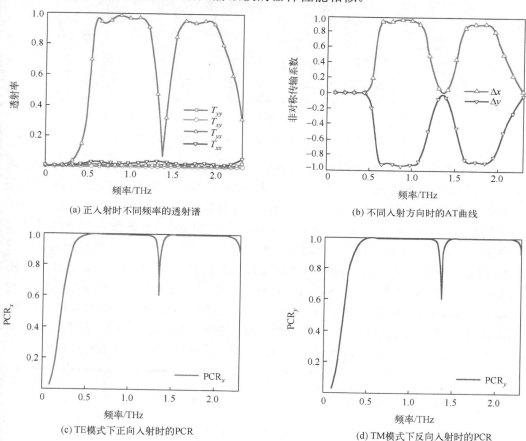

(a) 正入射时不同频率的透射谱

(b) 不同入射方向时的AT曲线

(c) TE模式下正向入射时的PCR

(d) TM模式下反向入射时的PCR

图 5.56　正向和反向入射时的性能曲线

为了进一步阐明所提出的具有非对称传输功能的双频带极化转换器的工作原理,研究了 1.1THz、1.38THz 和 1.6THz 三个频率下的中间金属微结构表面电流分布,如图 5.57 所示,LC 谐振的表面电流方向标记为①,偶极子共振的当前方向标记为②。从图 5.57(a)可以清楚地看到,在 1.1THz 产生了典型的 LC 共振。在 1.38THz 处,由类偶极子谐振与 LC 谐振模式共同作用,如图 5.57(b)所示。图 5.57(c)给出了 1.6THz 处的表面电流分布，呈类偶极子共振。由以上分析可知，LC 谐振与类偶极子共振的完美结合，加上法布里-珀罗谐振效应的共同作用有效地增强了双频带 PCR 和 AT。

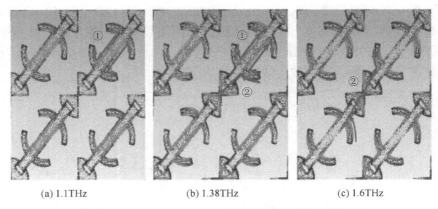

(a) 1.1THz　　　　　　(b) 1.38THz　　　　　　(c) 1.6THz

图 5.57　1.1THz、1.38THz 和 1.6THz 处表面电流分布

下面分析在其他参数达到最优，沿$-z$ 方向入射太赫兹波时，几何参数 r_1、r_2、w_1 和 h 的改变对 PCR 的影响(图 5.58)。图 5.58(a) 给出了参数 r_1 长度从 16~20μm 变化时的 PCR 曲线图，从图中可以看出，随着参数 r_1 的增大，共振频率发生红移，为了实现高效的双频带 PCR，参数 r_1 为 18μm；图 5.58(b) 给出参数 r_2 的变化对 PCR 的影响，当 r_2 从 14μm 逐渐增加到 18μm 时，只有在中间 $r_2 = 16$μm 时获得最佳的双频带 PCR，因此，参数 $r_2=16$μm 可以获得最佳的双频带 PCR。图 5.58(c) 描述了不同参数 w_1 对 PCR 的影响，当参数 w_1 从 8μm 增加到 12μm 时，只有 w_1 为 10μm 时可以获得优秀的性能。所以，参数 w_1 的长度固定为 10μm，以获得最佳的双频带 PCR。图 5.58(d) 为不同介质厚度 h 时正向入射太赫兹波的 PCR 变化曲线。从图 5.58(d) 可以看出，当 $h = 20$μm 时，本节提出转换器实现了完美的双频带极化转换功能。

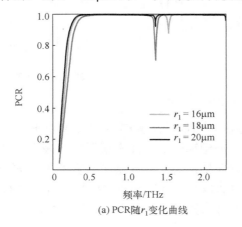

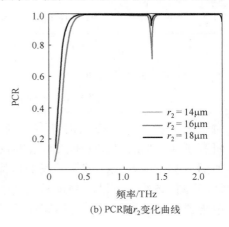

(a) PCR随r_1变化曲线　　　　　　　　　　(b) PCR随r_2变化曲线

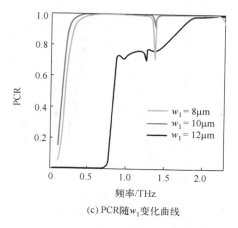

(c) PCR随w_1变化曲线

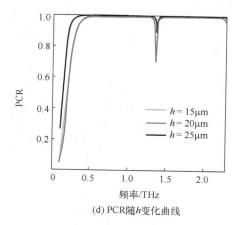

(d) PCR随h变化曲线

图 5.58　结构参数变化时对 PCR 的影响

在其他参数保持最优，沿正方向($-z$)入射太赫兹波时，进一步研究了结构参数 r_1、r_2、w_1 和 h 与非对称传输(AT)系数之间的关系。采用控制变量法来优化结构参数，图 5.59(a)显示了中间金属环半径 r_1 与 AT 系数之间的关系。随着半径 r_1 从 16μm 增加到 20μm，第二工作带宽变窄并且 AT 系数减小。图 5.59(b)描绘了半径 r_2 与 AT 系数之间的关系，随着半径 r_2 从 14μm 增加到 18μm，第二工作带宽变得更宽，AT 系数也得到改善，但是第一工作带宽的 AT 系数变差。图 5.59(c)给出了光栅宽度 w_1 与 AT 系数之间的关系。随着 w_1 从 8μm 增加到 12μm，两个工作带宽的 AT 系数都先出现改善，然后急剧恶化。类似地，图 5.59(d)给出了介质厚度 h 与 AT 系数之间的关系，随着 h 从 15μm 增加到 25μm，两个工作带宽的 AT 系数都会先提高，然后急剧下降。这些计算结果表明，结构参数对转换器 AT 性能有很大的影响。

在设计极化转换器时也将入射角极化敏感性加入了考虑范围，为了进一步地研究太赫兹波入射角 θ 对 PCR 和 AT 系数的影响，通过仿真分析研究了入射角 θ 对

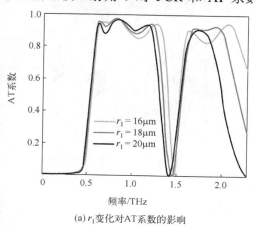

(a)r_1变化对AT系数的影响

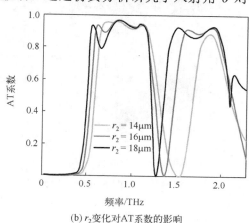

(b)r_2变化对AT系数的影响

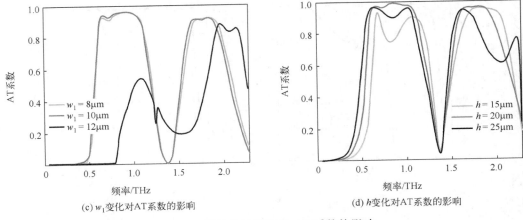

(c) w_1 变化对AT系数的影响　　　　　　　(d) h 变化对AT系数的影响

图 5.59　结构参数变化对 AT 系数的影响

PCR 和 AT 系数的影响，得出结果如图 5.60 所示。图 5.60(a) 展示了本节提出转换器的 PCR 与入射角 θ 的关系。可以得出本节设计的转换器在 0°～60° 的宽入射角下具有完美双频带 PCR 的优异性能。由此得出该转换器的 PCR 对太赫兹波入射角 θ 不敏感。图 5.60(b) 是入射角 θ 和 AT 系数的关系。从图 5.60(b) 中可以看出随着入射角 θ 从 0° 增加到 60°，AT 系数具有不稳定性，当入射角 θ 小于 40° 时，入射角度 θ 对 AT 系数影响很小。当入射角 θ 从 40° 增加到 60° 时，AT 系数变得敏感。本节提出的转换器具有双频极化转换和高效非对称传输的特点，为未来太赫兹器件的开发提供了崭新的途径。

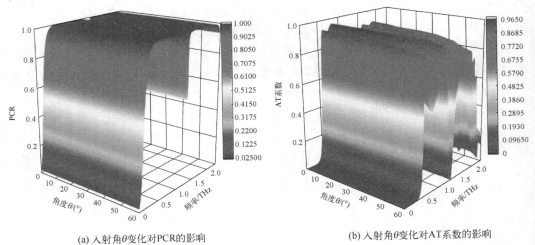

(a) 入射角 θ 变化对PCR的影响　　　　　　(b) 入射角 θ 变化对AT系数的影响

图 5.60　入射角 θ 变化时对 PCR 和 AT 系数的影响

5.2.4　可切换太赫兹宽带吸收和线-圆极化转换

图 5.61 展示了 VO_2 辅助的可切换太赫兹宽带吸收和线-圆极化转换超表面结构[27]，它由 6 层组成，从上到下依次为 VO_2 组合图案、SiO_2、VO_2 薄膜、金光栅、SiO_2 和金属基板。本节设计结构的几何参数设置如下：$P = 100\mu m$，$l = 48\mu m$，$r = 31\mu m$，$d = 3\mu m$，$t_1 = 23\mu m$，$t_2 = 31\mu m$，$w = 30\mu m$，SiO_2 介电常数 $\varepsilon = 3.75$，金属基板为厚度 $0.5\mu m$ 的金薄膜（$\sigma_{Au} = 4.561\times10^7 S/m$）。太赫兹频段 VO_2 介电常数用 Drude 模型来解释：

$$\varepsilon(\omega) = \varepsilon_\infty - \frac{\omega_p^2(\omega)}{\omega^2 + i\gamma\omega} \tag{5.15}$$

$$\omega_p^2(\sigma) = \frac{\sigma}{\sigma_0}\omega_p^2(\sigma_0) \tag{5.16}$$

式中，$\varepsilon_\infty = 12$；$\omega_p(\sigma)$ 是等离子频率；$\sigma_0 = 3\times10^5 S/m$；$\omega_p(\sigma_0) = 1.4\times10^{15} rad/s$；$\gamma$ 是碰撞频率，$\gamma = 5.75\times10^{13} rad/s$。本节假设 VO_2 处于金属态和绝缘态的电导率分别为 $2\times10^5 S/m$ 和 $200 S/m$。

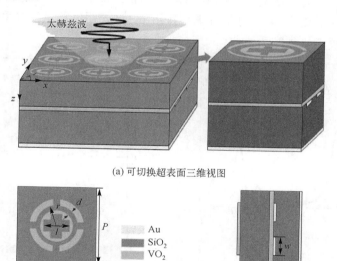

(a) 可切换超表面三维视图

(b) 单元结构的俯视图和侧视图

图 5.61　VO_2 辅助的可切换太赫兹宽带吸收和线-圆极化转换超表面结构图

当 VO_2 为金属态时，VO_2 薄膜厚度远大于入射太赫兹波的趋肤深度，此时太赫兹波无法透过 VO_2 薄膜层，太赫兹波以 TE 模式（y 极化波）垂直入射到超表面，所设计的结构为吸收器。吸收率为

$$A(\omega) = 1 - R(\omega) - T(\omega) = 1 - |S_{11}(\omega)|^2 - |S_{21}(\omega)|^2 \tag{5.17}$$

式中，R、T 分别为反射率和透射率。由于 $T = 0$，公式简化为 $A(\omega) = 1 - R(\omega)$。根据阻抗匹配理论[28]可以解释吸收器的工作机理。吸收器的有效阻抗定义为

$$Z(\omega) = \sqrt{\mu(\omega)/\varepsilon(\omega)} \tag{5.18}$$

当 $Z(\omega)$ 和自由空间阻抗匹配时，反射率为零，可以实现完美吸收。吸收率和相对阻抗的关系可以表示为

$$A(\omega) = 1 - R(\omega) = 1 - \left| \frac{Z - Z_0}{Z + Z_0} \right| = 1 - \left| \frac{Z_r - 1}{Z_r + 1} \right| \tag{5.19}$$

$$Z_r = \sqrt{\frac{1 + |S_{11}(\omega)|^2 - |S_{21}(\omega)|^2}{1 - |S_{11}(\omega)|^2 - |S_{21}(\omega)|^2}} \tag{5.20}$$

式中，Z_0 与 Z 分别为自由空间和吸收器的等效阻抗，$Z_r = Z/Z_0$，$Z_0 = 377\Omega$。本节设计结构的反射、透射和吸收曲线如图 5.62(a) 所示。很明显，在 0.981～2.011THz 内吸收率达到 0.9 以上，带宽比达到 68.6%。如图 5.62(b) 所示，在 0.980～2.010THz 内，相对阻抗实部接近 1，相对阻抗虚部接近 0，这表明结构的阻抗和自由空间相匹配，在吸收频带内达到完美吸收。

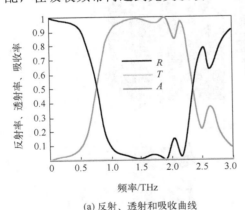

(a) 反射、透射和吸收曲线　　　　　　　　　(b) 相对阻抗曲线

图 5.62　本节设计结构

　　图 5.63 给出了本节设计结构顶层 VO$_2$ 图案不同组合下的太赫兹吸收率曲线。可见只有复合结构才能达到宽带和高吸收性能。图 5.64 说明了不同 VO$_2$ 超表面图案的电场分布图。图 5.64(a) 和 (e) 以及 (c) 和 (g) 表明相反电荷主要集中在 1.12THz 与 1.44THz 处的镂空晶片和 VO$_2$ 薄膜的上下部分，表明电偶极子共振的激发。并且镂空晶片和 VO$_2$ 薄膜处的正负电荷分布相反，导致磁共振。同样，正负电荷在图 5.64(b)

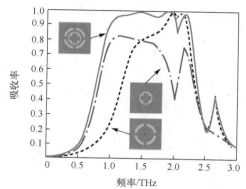

图 5.63　顶层 VO_2 图案不同组合下的太赫兹吸收率曲线

和 (f) 中以 1.97THz 的共振频率聚集在缺陷圆环与 VO_2 膜的纵向边缘附近, 产生磁共振。此外, 在 1.91THz 处的缺陷圆环开口位置与镂空晶片的交界处也存在电荷积累。这是缺陷圆环和镂空晶片的谐振模式的耦合。

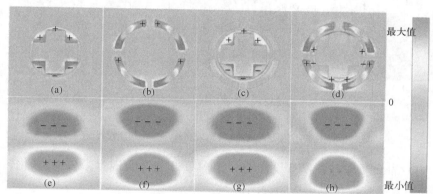

图 5.64　不同 VO_2 超表面图案的电场分布图

(a) 与 (e) 为 1.12THz；　(b) 与 (f) 为 1.97THz；　(c) 与 (g) 为 1.44THz；　(d) 与 (h) 为 1.91THz

　　为了分析本章设计结构的特性, 研究了 SiO_2 厚度 t_1 及镂空圆片与缺陷圆环的间距 d 对吸收率的影响, 如图 5.65 所示。当 t_1 增加时, 吸收率在 1THz 处上升, 在 2THz 处减小, 带宽减小。吸收特性在 $t_1 = 23\mu m$ 时最佳。当 d 增加时, 吸收率在 1.75THz 处略有下降, 在 2THz 处增加, 保持良好的吸收特性和带宽。因此, 在 $t_1 = 23\mu m$ 和 $d = 3\mu m$ 时, 吸收率曲线变得更平坦。

　　图 5.66 为不同太赫兹波偏振角和入射角下的吸收光谱。图 5.66(a) 描绘了不同偏振角 (0° ～ 90°) 的吸收光谱, 表明由于本章所提出结构的对称性, 其对偏振不敏感。图 5.66(b) 与 (c) 是 TE 偏振和 TM 偏振下不同入射角的吸收光谱。TE 偏振和 TM 偏振太赫兹波入射下的峰值吸收率保持在 0.7 以上, 直到入射角超过 60°。结果表明, 入射角在 60° 以内, TE 偏振和 TM 偏振均可实现良好的吸收性能。

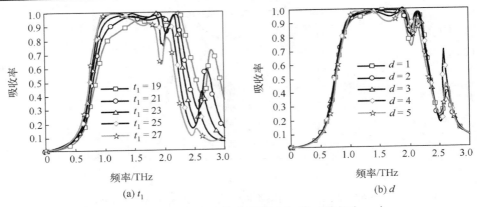

(a) t_1

(b) d

图 5.65 不同参数对吸收率的影响(t_1 和 d 单位为 μm)

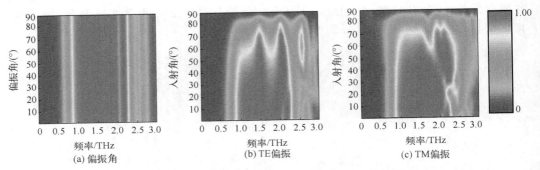

(a) 偏振角

(b) TE偏振

(c) TM偏振

图 5.66 不同太赫兹偏振角和入射角下的吸收光谱

当 VO₂ 为介质态时，本节设计的 VO₂ 辅助超表面实现宽带线-圆极化转换器功能。反射的太赫兹波可以用 E_r 来表示[29]：

$$E_r = E_{xr}e_x - E_{yr}e_y = r_{xy}\mathrm{e}^{\mathrm{j}\varphi_{xy}}E_{yi}e_x - r_{yy}\mathrm{e}^{\mathrm{j}\varphi_{yy}}E_{yi}e_y \tag{5.21}$$

式中，$r_{yy} = |E_{yr}/E_{yi}|$，$r_{xy} = |E_{xr}/E_{yi}|$；r_{yy} 和 r_{xy} 分别表示 y-to-y 和 y-to-x 极化转换的反射幅度；φ_{yy} 和 φ_{xy} 是对应的相位。由于本节提出超表面的各向异性特征，E_{xr} 和 E_{yr} 的幅度和相位是不同的。当 $r_{xy} \approx r_{yy}$ 并且 $\Delta\varphi = \varphi_{yy} - \varphi_{xy} = 2n\pi + \pi/2$（$n$ 为整数）时，超表面结构可以实现线-圆极化转换功能；当 $r_{xx} \approx r_{yy} \approx 0$，$\Delta\varphi = \varphi_{yy} - \varphi_{xy} = 2n\pi + \pi$（$n$ 为整数）时，可以实现线-线极化转换功能。从图 5.67(a) 可以看出，在 0.391~0.517THz、0.673~2.3631THz 内，$r_{xy} \approx r_{yy}$。图 5.67(b) 展示了在 0.391~0.517THz、0.673~2.3631THz 内的相位差 $\Delta\varphi$ 分别为 270°或-90°，满足线-圆极化转换器实现条件。

偏振转换器的性能可以用斯托克斯公式描述[30]。

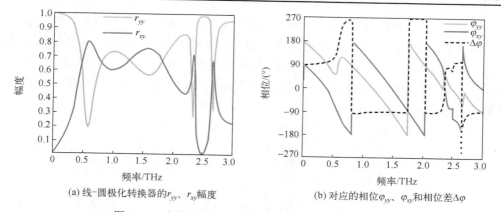

(a) 线-圆极化转换器的r_{yy}、r_{xy}幅度　　　　(b) 对应的相位φ_{yy}、φ_{xy}和相位差$\Delta\varphi$

图 5.67　太赫兹波沿 45°偏振角入射时的性能曲线

$$I = \left|r_{yy}\right|^2 + \left|r_{xy}\right|^2 \tag{5.22}$$

$$Q = \left|r_{yy}\right|^2 - \left|r_{xy}\right|^2 \tag{5.23}$$

$$U = 2\left|r_{yy}\right|\left|r_{xy}\right|\cos\Delta\varphi \tag{5.24}$$

$$V = 2\left|r_{yy}\right|\left|r_{xy}\right|\sin\Delta\varphi \tag{5.25}$$

　　用归一化椭圆率 U/I 来描述极化转换能力。$U/I = -1$ 和 $U/I = 1$ 分别表示右圆极化（RCP）波和左圆极化（LCP）波。图 5.68（a）是根据斯托克斯公式计算得到的归一化椭圆率。可以看出，在 0.391～0.517THz 内，椭圆率是 1，反射波是 LCP 波。在 0.673～2.323THz 内，归一化椭圆率是-1，反射波是 RCP 波。在这里，定义 $\tan(2\alpha) = U/Q$ 和 $\sin(2\beta) = V/I$，α、β 分别是偏振方位角和椭圆角；轴比公式定义为 $AR = 10\log(\tan\beta)$，可以观察到在 0.391～0.517THz 和 0.673～2.323THz 两个频段轴比均在 3dB 以下（图 5.68（b）），表明本节所设计结构具有非常好的圆偏振转换性能。

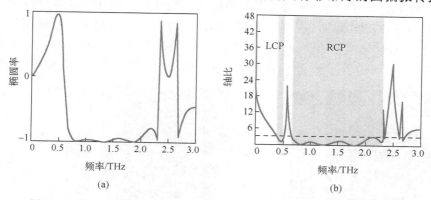

(a)　　　　　　　　　　　　　　(b)

图 5.68　沿 45°偏振角入射时所设计超表面结构的椭圆率和轴比曲线

选择不同的 SiO₂ 厚度(t_2)和金属光栅宽度(w)，计算分析本节设计的超表面结构的椭圆率和轴比(图 5.69)。随着厚度 t_2 从 29μm 增加到 37μm 椭圆率和轴比在 3dB 以下的带宽会变窄。当 w 增加时，椭圆率和轴比在 3dB 以下的带宽会略有增加。但椭圆率在 2~2.323THz 内随着 t_2 和 w 的增加而大于−1。综合考虑，选择的最优尺寸参数为 $t_2 = 33$μm，$w = 30$μm。

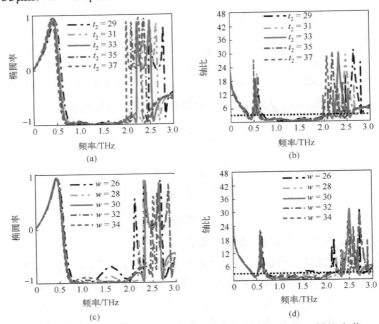

图 5.69　改变 SiO₂ 厚度 t_2 和金属光栅宽度 w 线-圆极化转换器的椭圆率和轴比变化(t_2、w 单位为 μm)

本书研究了偏振角和入射角对线-圆极化转换器性能的影响。不同偏振角入射下的椭圆率和轴比如图 5.70 所示。在偏振角 45° 入射下，线-圆极化转换器的椭圆率在 0.391~0.517THz 为 1，在 0.673~2.328THz 为−1。与之相反，在偏振角 135° 入射下，线-圆极化转换器的椭圆率在 0.391~0.517THz 为−1，在 0.673~2.328THz 为 1。如图 5.70(a) 与 (c) 所示，当入射角在 0°~60° 时，线-圆极化转换器的椭圆率保持良好。

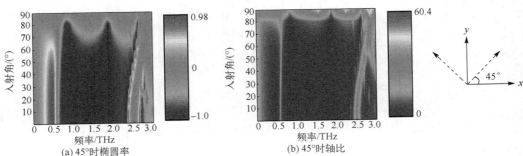

(a) 45°时椭圆率　　　　　　　　(b) 45°时轴比

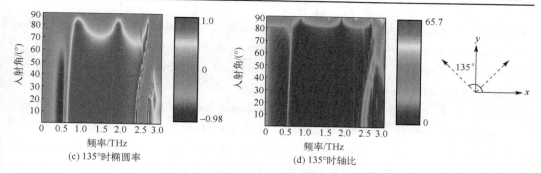

图 5.70　沿 45°和 135°偏振角入射时线-圆极化转换器椭圆率和轴比随入射角变化关系

当入射角大于 60°时，椭圆率在 0.391～0.517THz 逐渐减小到 0。如图 5.70 (b) 与 (d) 所示，当入射角在 0°～80°时，轴比保持良好。

参 考 文 献

[1] Grady N, Heyes J, Chowdhury D, et al. Terahertz metamaterials for linear polarization conversion and anomalous refraction. Science, 2013, 340 (6138): 1304-1307.

[2] Cheng Y, Withayachumnankul W, Upadhyay A, et al. Ultrabroadband reflective polarization convertor for terahertz waves. Applied Physics Letters, 2014, 105 (18): 181111-181114.

[3] Liu D, Xiao Z, Ma X, et al. Broadband asymmetric transmission and polarization conversion of a linearly polarized wave based on chiral metamaterial in terahertz region. Wave Motion, 2016, 16: 1-9.

[4] Cheng Y Z, Gong R Z, Wu L. Ultra-broadband linear polarization conversion via diode-like asymmetric transmission with composite metamaterial for terahertz waves[J]. Plasmonics, 2017, 12: 1113-1120.

[5] Xu P, Jiang W, Wang S, et al. An ultrathin cross-polarization converter with near unity efficiency for transmitted waves. IEEE Transactions on Antennas and Propagation, 2018, 66 (8): 4370-4373.

[6] Zou M Q, Su M Y, Yu H. Ultra-broadband and wide-angle terahertz polarization converter based on symmetrical anchor shaped metamaterial[J]. Optical Materials, 2020, 107: 110062.

[7] Zhang M, Zhang J, Chen A, et al. Vanadium dioxide-based bifunctional metamaterial for terahertz waves. IEEE Photonics Journal, 2020, 12 (1): 1-9.

[8] Song Z, Zhang J. Achieving broadband absorption and polarization conversion with a vanadium dioxide metasurface in the same terahertz frequencies. Optics Express, 2020, 28 (8): 12487-12497.

[9]　Zhu J, Yang Y, Li S. A photo-excited broadband to dual-band tunable terahertz prefect metamaterial polarization converter. Optics Communication, 2018, 413: 336-340.

[10]　Guan S, Cheng J, Chen T, et al. Bi-functional polarization conversion in hybrid graphene-dielectric metasurfaces. Optics Letters, 2019, 44(23): 5683-5686.

[11]　Zhang H Y, Yang C H, Liu M, et al. Dual-function tuneable asymmetric transmission and polarization converter in terahertz region[J]. Results in Physics, 2021, 25: 104242.

[12]　Yin B, Ma Y. Broadband terahertz polarization converter with anomalous reflection based on phase gradient metasurface. Optics Communications, 2021, 493: 126996.

[13]　Qi Y, Zhang B, Ding J, et al. Efficient manipulation of terahertz waves by multi-bit coding metasurfaces and further applications of such metasurfaces. Chinese Physics B, 2021, 30(2): 024211.

[14]　Wen Q, Zhang H, Yang Q, et al. Terahertz metamaterials with VO_2 cut-wires for thermal tunability. Applied Physics Letters, 2010, 97(2): 021111.

[15]　Wang S, Kang L, Werner D. Hybrid resonators and highly tunable terahertz metamaterials enabled by vanadium dioxide (VO_2). Scientific Reports, 2017, 7(1): 4326.

[16]　Wu G, Jiao X, Wang Y, et al. Ultra-wideband tunable metamaterial perfect absorber based on vanadium dioxide. Optics Express, 2021, 29(2): 2703-2711.

[17]　Abasahl B, Dutta-Gupta S, Santschi C, et al. Coupling strength can control the polarization twist of a plasmonic antenna. Nano Letters, 2013, 13(9): 4575-4579.

[18]　Ma S, Wang X, Luo W, et al. Ultra-wide band reflective metamaterial wave plates for terahertz waves. Europhysics Letters, 2017, 117(3): 37007.

[19]　Song K, Su Z, Silva S, et al. Broadband and high-efficiency transmissive-type nondispersive polarization conversion meta-device. Optics Materials Express, 2018, 8(8): 2430-2438.

[20]　Pan W, Chen Q, Ma Y, et al. Design and analysis of a broadband terahertz polarization converter with significant asymmetric transmission enhancement. Optics Communications, 2020, 459: 124901.

[21]　Jing X, Gui X, Zhou P, et al. Physical explanation of Fabry-Perot cavity for broadband bilayer metamaterials polarization converter. Journal of Lightwave Technology, 2018, 36(12): 2322-2327.

[22]　Cheng Y, Fan J, Luo H, et al. Dual-band and high-efficiency circular polarization convertor based on anisotropic metamaterial. IEEE Access, 2020, 8: 7615-7621.

[23]　Cheng Y, Luo H, Chen F, et al. Photo-excited switchable broadband linear polarization conversion via asymmetric transmission with complementary chiral metamaterial for terahertz waves. OSA Continuum, 2019, 2(8): 2391-2400.

[24]　Yu Y, Xiao F, Rukhlenko I, et al. High-efficiency ultra-thin polarization converter based on planar anisotropic transmissive metasurface. International Journal of Electronics and

Communications, 2020, 118: 153141.

[25] Li M, Zhang Q, Qin F, et al. Microwave linear polarization rotator in a bilayered chiral metasurface based on strong asymmetric transmission. Journal of Optics, 2017, 19(7): 075101.

[26] Li J, Bai F. Dual-band terahertz polarization converter with high-efficiency asymmetric transmission. Optical Materials Express, 2020, 10: 1853.

[27] Cheng J, Li J. Switchable terahertz broadband absorption and linear-to-circular polarization conversion. Journal of Modern Optics, 2022, 69(6): 291-297.

[28] Ahsan S, Muhammad Q, Heongyeong J, et al. Tungsten-based ultrathin absorber for visible regime. Scientific Reports, 2018, 8: 2443.

[29] Jiang Y, Wang L, Wang J, et al. Ultra-wideband high-efficiency reflective linear-to-circular polarization converter based on metasurface at terahertz frequencies. Optics Express, 2017, 25(22): 27616-27623.

[30] Yang J, Lan T. High-efficiency, broadband, and wide-angle all-dielectric quarter wave plate based on anisotropic electric and magnetic dipole resonances. Applied Optics, 2019, 58(4): 782-786.

彩　图

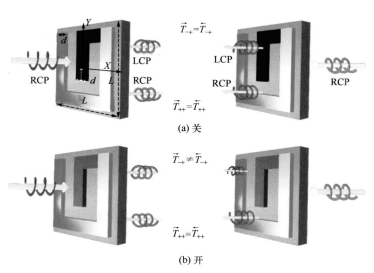

(a) 关

(b) 开

图 1.16　基于金属-VO₂混合结构的手性超表面

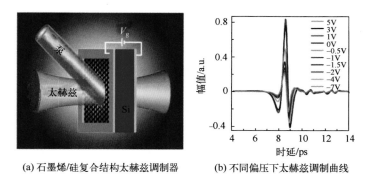

(a) 石墨烯/硅复合结构太赫兹调制器　　(b) 不同偏压下太赫兹调制曲线

图 1.24　石墨烯/硅二极管结构及太赫兹调制特性

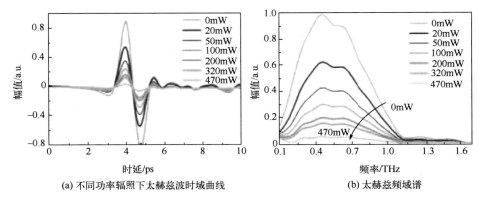

(a) 不同功率辐照下太赫兹波时域曲线　　(b) 太赫兹频域谱

图 1.25　不同光功率下 WS$_2$/Si 的时域波形和频谱

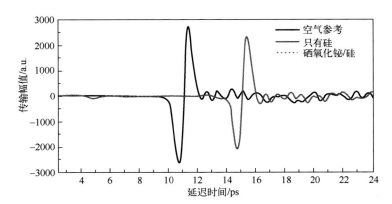

图 1.33　空气、硅片和硒氧化铋/硅样品的太赫兹时域光谱曲线对比

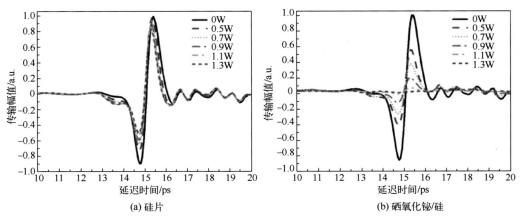

(a) 硅片　　　　　　　　　　(b) 硒氧化铋/硅

图 1.34　硅片和硒氧化铋/硅在不同泵浦功率下归一化太赫兹时域光谱图

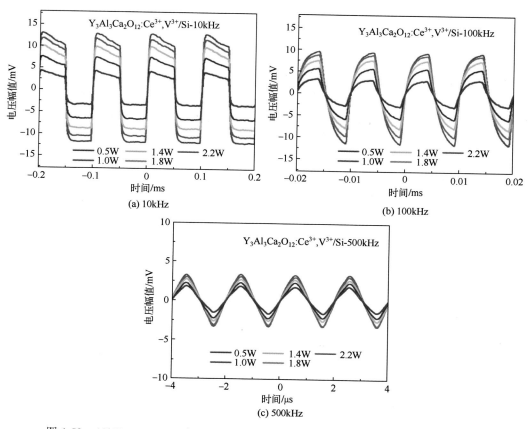

图 1.52　10kHz、100kHz 和 500kHz 三种不同激光调制频率下 $Y_3Al_3Ga_2O_{12}$:Ce^{3+}, V^{3+}/Si 样品的响应测试曲线

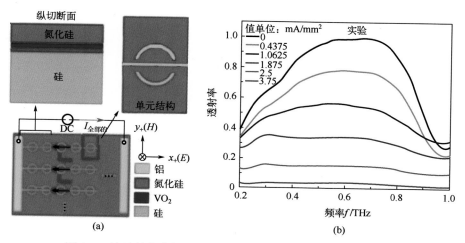

图 2.2　基于低电流控制的 VO_2 复合材料的太赫兹强度调制器

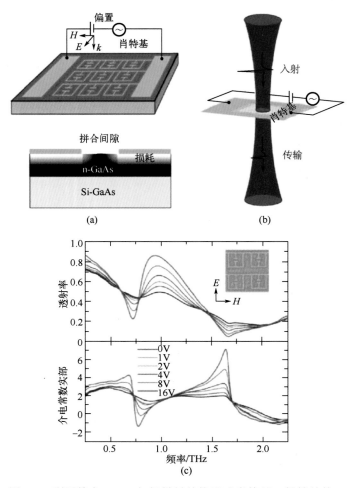

图 2.4 利用掺杂 GaAs 与超材料结构形成肖特基二极管结构，
通过外加偏置电压对太赫兹波进行调控

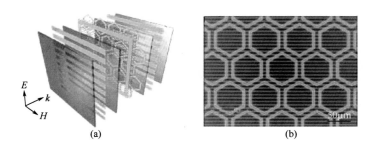

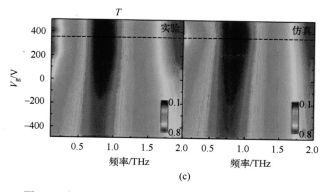

图 2.5　栅极电压控制石墨烯超材料太赫兹波开关器件

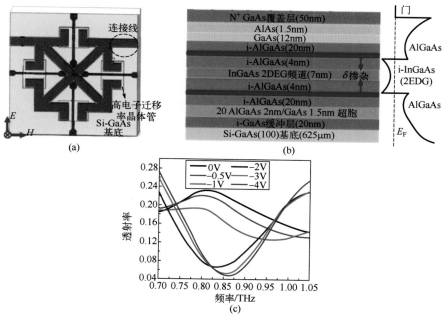

图 2.6　高性能超材料-高电子迁移率晶体管集成太赫兹调制器

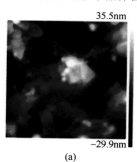

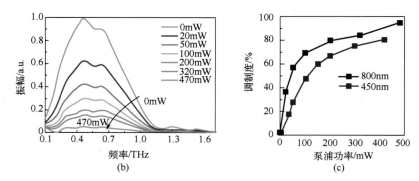

(b)

(c)

图 2.10 液体剥落多层 WS$_2$ 纳米片光控太赫兹调制器

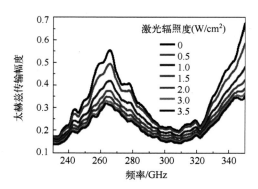

图 2.17 不同激光辐照度下 CsPbBr$_3$ 钙钛矿量子点异质结构的太赫兹传输谱

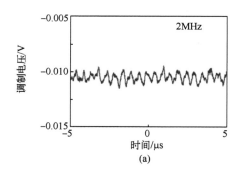

(a)

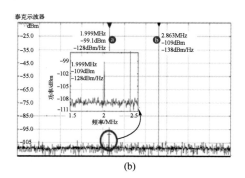

(b)

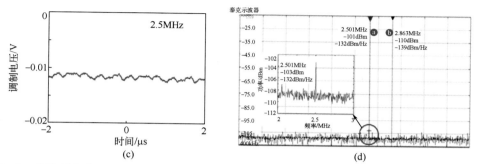

图 2.19　载波频率为 0.27THz 时，不同调制速度下无机钙钛矿量子点太赫兹波调制信号幅度

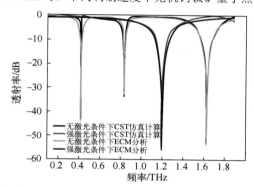

图 2.23　双开口金属环-钙钛矿量子点太赫兹调制器在无激光条件及强激光条件下
对太赫兹波调控的透射谱仿真结果

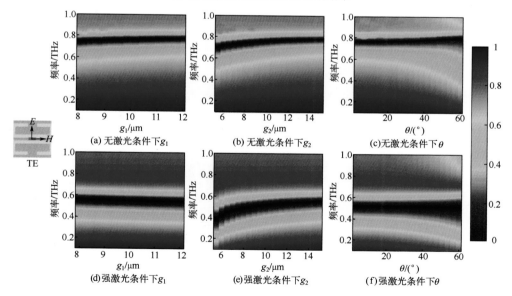

图 2.28　不同参数对仿真结构性能的影响研究

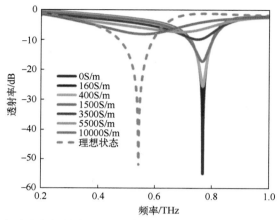

图 2.29 在电磁仿真软件中得到的双 C 超材料-钙钛矿量子点太赫兹调制器
在不同钙钛矿电导率下的太赫兹透射谱结果

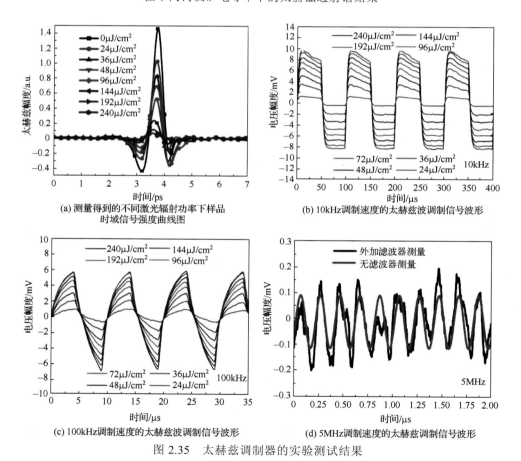

(a) 测量得到的不同激光辐射功率下样品
时域信号强度曲线图

(b) 10kHz调制速度的太赫兹波调制信号波形

(c) 100kHz调制速度的太赫兹波调制信号波形

(d) 5MHz调制速度的太赫兹调制信号波形

图 2.35 太赫兹调制器的实验测试结果

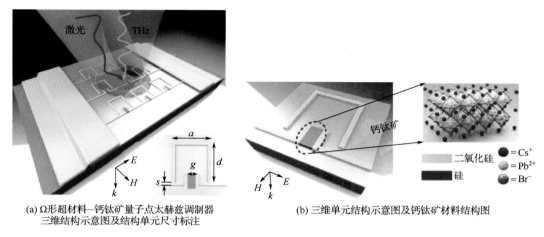

(a) Ω形超材料-钙钛矿量子点太赫兹调制器
三维结构示意图及结构单元尺寸标注

(b) 三维单元结构示意图及钙钛矿材料结构图

图 2.37　Ω形超材料-钙钛矿量子点太赫兹调制器结构

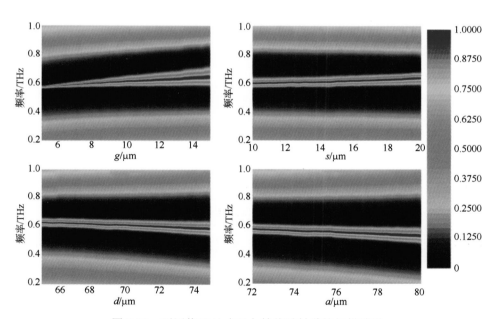

图 2.38　不同物理尺寸下太赫兹透射谱的扫描结果

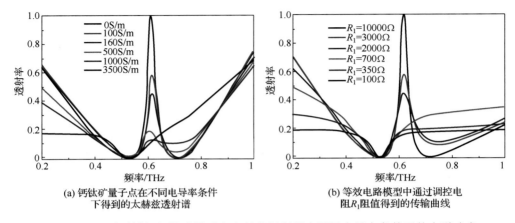

(a) 钙钛矿量子点在不同电导率条件
下得到的太赫兹透射谱

(b) 等效电路模型中通过调控电
阻R_1阻值得到的传输曲线

图 2.41 Ω形超材料-钙钛矿量子点太赫兹调制器在不同电导率条件下的电磁响应

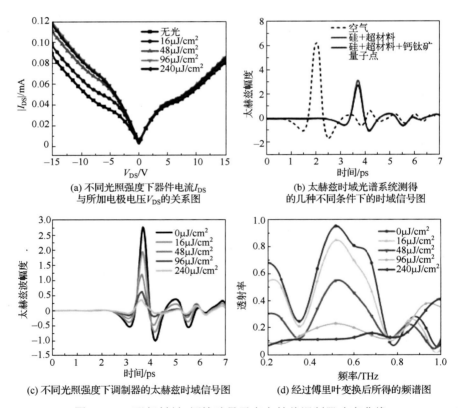

(a) 不同光照强度下器件电流I_{DS}
与所加电极电压V_{DS}的关系图

(b) 太赫兹时域光谱系统测得
的几种不同条件下的时域信号图

(c) 不同光照强度下调制器的太赫兹时域信号图

(d) 经过傅里叶变换后所得的频谱图

图 2.43 Ω形超材料-钙钛矿量子点太赫兹调制器响应曲线

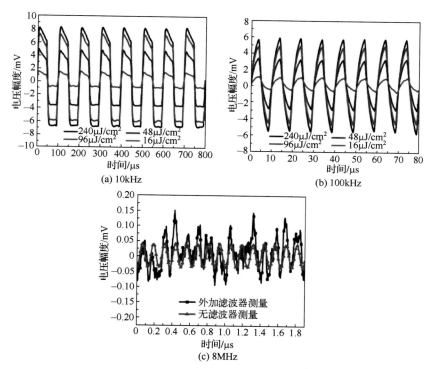

图 2.44　Ω形超材料-钙钛矿量子点太赫兹调制器在不同激光强度下的测试曲线

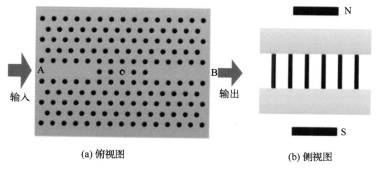

(a) 俯视图　　　　　　　　　　(b) 侧视图

图 3.14　可磁调谐窄带太赫兹滤波器结构示意图

蓝色和黄色的圆圈分别代表硅棒和液晶缺陷，灰色部分是基底

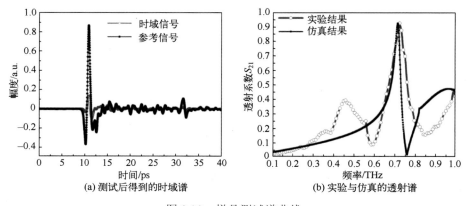

(a) 测试后得到的时域谱　　　　　(b) 实验与仿真的透射谱

图 3.39　样品测试谱曲线

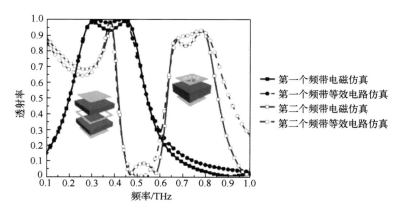

图 3.57　两个通带等效电路模拟和电磁模拟的比较

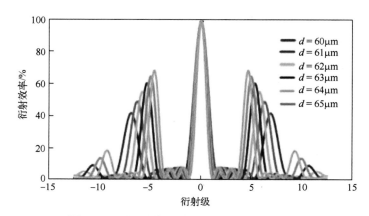

图 3.60　不同光栅常数下太赫兹波衍射效率

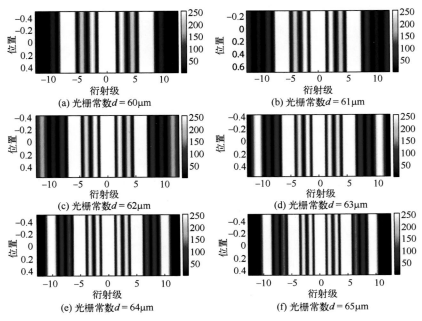

(a) 光栅常数 $d = 60\mu m$ (b) 光栅常数 $d = 61\mu m$

(c) 光栅常数 $d = 62\mu m$ (d) 光栅常数 $d = 63\mu m$

(e) 光栅常数 $d = 64\mu m$ (f) 光栅常数 $d = 65\mu m$

图 3.61 不同光栅常数下太赫兹波衍射强度

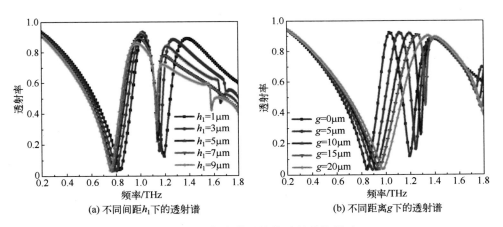

(a) 不同间距 h_1 下的透射谱 (b) 不同距离 g 下的透射谱

图 4.21 结构参数对结构透射谱的影响

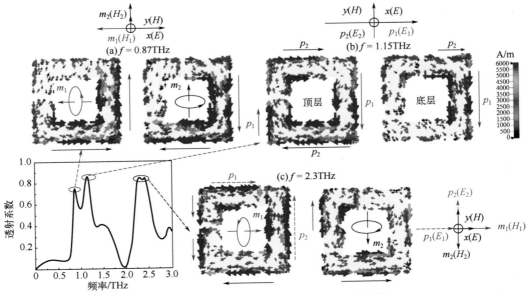

图 4.68　不同频率的双层金属环的电流分布图

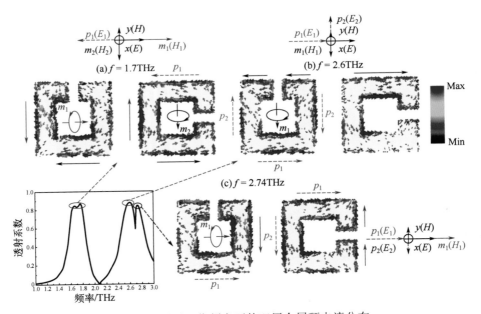

图 4.76　不同工作频率下的双层金属环电流分布

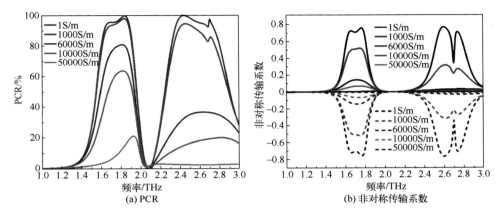

图 4.78　光敏硅电导率对极化转换性能影响

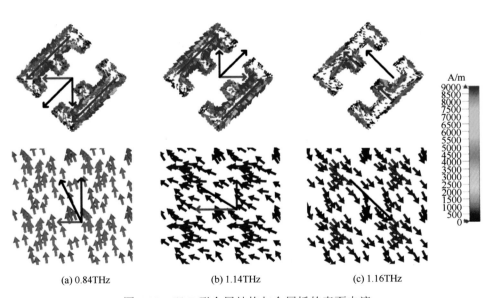

(a) 0.84THz　　　　(b) 1.14THz　　　　(c) 1.16THz

图 4.88　双 E 形金属结构与金属板的表面电流

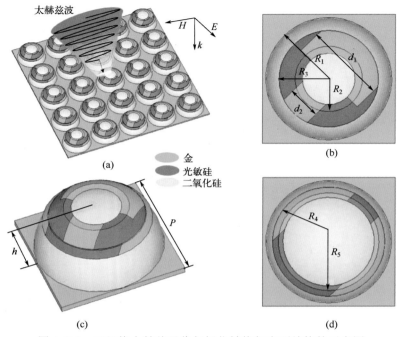

图 4.130 可切换太赫兹吸收与极化转换超表面结构的示意图

(a) 为功能示意图；(b) 为单位结构三维图；(c) 与 (d) 是单元结构俯视图

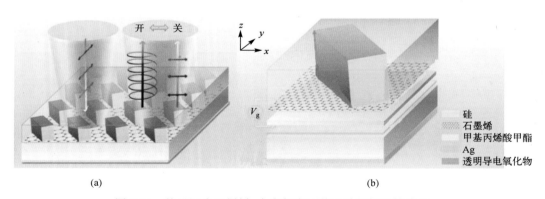

图 5.11 基于混合石墨烯-介电超表面的双功能极化转换器